U0287701

物联网 RFID 技术及应用

付丽华 葛志远 娄 虹 刘 涛 编著

電子工業出版社

Publishing House of Electronics Industry

北京·BEIJING

内 容 简 介

本书主要介绍物联网的体系结构及关键技术、与 RFID 相关的技术及工作原理、RFID 读写器的设计及应用、典型的物联网应用案例等内容。

本书既可以作为应用型本科信息类专业射频识别技术课程的教材，也可以作为本科非信息类专业学生以及物联网工程、自动识别技术企业等人员学习射频识别技术的专业书籍。

图书在版编目（CIP）数据

物联网 RFID 技术及应用 / 付丽华等编著. —北京：电子工业出版社，2021.9

ISBN 978-7-121-41905-8

Ⅰ. ①物… Ⅱ. ①付… Ⅲ. ①无线电信号－射频－信号识别 Ⅳ. ①TN911.23

中国版本图书馆 CIP 数据核字（2021）第 178242 号

责任编辑：夏平飞

印　　刷：北京七彩京通数码快印有限公司

装　　订：北京七彩京通数码快印有限公司

出版发行：电子工业出版社

　　　　　北京市海淀区万寿路 173 信箱　　邮编：100036

开　　本：787×1 092　1/16　印张：22.25　字数：569.6 千字

版　　次：2021 年 9 月第 1 版

印　　次：2023 年 7 月第 3 次印刷

定　　价：89.00 元

凡所购买电子工业出版社图书有缺损问题，请向购买书店调换。若书店售缺，请与本社发行部联系，联系及邮购电话：（010）88254888，88258888。

质量投诉请发邮件至 zlts@phei.com.cn，盗版侵权举报请发邮件至 dbqq@phei.com.cn。

本书咨询联系方式：（010）88254498。

前　言

RFID（Radio Frequency Identification）是一种非接触的自动识别技术，利用射频信号及其空间耦合传输特性，实现对静态或移动待识别物体的自动识别。物联网是在计算机互联网的基础上，利用 RFID、无线数据通信等技术，构造一个覆盖世界上万事万物的网络。

作为物联网感知层的关键技术之一，RFID 技术具有非接触、全天候、识别穿透能力强、无接触磨损、可同时实现对多个物品的自动识别等诸多特点，将其应用到物联网领域，可实现全球范围内物品的跟踪与信息的共享，同时为人们的社会活动、生产生活、行为方法和思维观念带来巨大的变革。

作为实践应用型的书籍，本书注重理论与实践的融合，案例丰富，以实际的应用案例作为导入，以构建 RFID 装置的技术为核心，以装置的应用为目的，以驱动程序设计、研发过程为主线进行讲解。

本书共 7 章，分为 2 个部分。

基础部分（第 1～4 章）：以原理性的介绍为主，包括物联网的结构体系、关键技术，以及 RFID 技术的基本概念、工作原理、国际标准和相关技术。

应用部分（第 5～7 章）：以 RFID 技术及装置的应用和设计为主，包括典型的 RFID 读写器电路构成和程序设计、与 RFID 装置的二次开发相关的技术和案例，以及来自企业的物联网典型应用案例。

● 本书的定位

（1）专业对象

普通高等学校电子信息工程类、物联网工程及与自动识别技术相关专业的专业课；

非自动识别技术专业，如物联网专业、物流工程专业等的专业课、专业选修课；

可以作为实践应用型教材使用。

（2）读者对象

电子信息类、自动识别技术类专业本科生（全部内容）。

与物联网工程、自动识别专业相关的本科生（选修部分章节）。

从事射频识别产品设计、物联网应用、研究的工程技术人员（关注部分章节内容）。

● 本书特色与编写原则

（1）整体采用结构式描述

每章的开篇均以案例分析作为导入，以延伸阅读作为结束。导入的案例与该章内容密切相关：一方面激发读者的学习兴趣；另一方面指明各章的重点。章末为延伸阅读，内容涉及最新的应用、技术及预测，具有一定的引导性和延展性。

（2）理实融合、案例丰富

在教学方面，提供与本书配套的实验（实训）指导书、实验项目板、原理图、开发板及相关的程序源代码，可以满足实践教学的要求；在工程实践方面，可以加入技术交流群、访问网络资源、实现资源共享。

（3）实践案例、自主知识产权

本书中使用的部分设计实例来自作者的实践与总结，均经过验证，所涉及的图纸、源代码可以直接使用。第 7 章的应用案例分别来自沈阳卡得智能科技有限公司和上海庆科信息技术有限公司的行业解决方案，并获得企业的授权。

本书第 1～6 章由付丽华编写；第 7 章由葛志远、娄虹（沈阳卡得智能科技有限公司），刘涛（上海庆科信息技术有限公司）编写。本书涉及的外文资料翻译、校对由胡淼（辽宁大学）完成，全书由付丽华、胡淼组织并统稿，王婷、王帆、石佳鹭（沈阳工学院）参与编辑和校对。本书在成稿过程中，得到了檀亮军（上海庆科信息技术有限公司），赵云鹏、毕佳明、艾莉、刘莹、李娜、李志、贾婷（沈阳工学院）的支持与帮助，特别得到了中国自动识别技术专家谢颖（中国自动识别技术协会前秘书长）及沈阳工学院信息与控制学院刘惠鑫院长、田林琳副院长的大力支持，在此对于参与编写的各位作者、专家及学校的各级领导一并表示感谢！

此外，本书在编写过程中，参考了众多书籍和资料，在此衷心感谢所有书籍和资料的作者、提供者！

由于作者水平有限，书中难免有疏漏之处，敬请广大读者批评指正。

作　者

2021 年 1 月于沈阳

目　录

第1章　物联网概述

【内容提要】

经过多年的概念之后，物联网开始走进人们的生活，无论是物联网子行业的智能家居还是车联网，都逐渐走进人们的视野，并且为生活带来越来越多的便捷。

本章以物联网相关的工作原理为核心，介绍其系统组成、关键技术、典型应用案例，以及主流的云平台，并对物联网技术在我国的发展及展望进行了分析和讨论。

【案例分析】　牛奶去哪了

生产线上又一批新包装的牛奶即将灌装完成。这次的包装是 5L 的桶装，新包装的商品增加了一项新的"待遇"：在生产线的最后一个环节被贴上了一枚电子标签，然后被统一装进包装箱，统一入库。

标签虽小，但功能强大。由于每一枚标签具有全球唯一的代码，因此每桶牛奶便具有了唯一的"身份"。与此同时，生产线的每一桶牛奶的"动态"，均被默默地监视着，监视者是射频读写器，当标签粘贴完毕的时候，射频读写器将获取的信息上传到远在数据中心的系统中，系统中便自动增加了每一枚标签的信息和时间。

由于标签的介入，接下来每桶牛奶的一切行为便尽在掌握之中：

→进入库房时，标签中的信息被识别、被上传到系统中，系统中便记录下每桶牛奶的入库时间；

→销售出库时，系统记录出库的时间；

→在运输过程中，系统记录运输的车辆信息、到达物流中心的时间和地点；

→在配送过程中，系统记录到达超市、商场的信息、商品上架的时间；

→在商品结账时，系统记录消费者购买的时间；

→在消费者的家中，智能冰箱通过网络，获得商品的详细信息，包括保质期等，当临近保质期时，冰箱通过显示屏，提醒消费者尽快饮用。

在本系统中，数据可以分为产生、传输和处理三个阶段，其关键的环节是电子标签。电子标签与桶装牛奶"绑定"，通过对标签信息的读取、网络的传输和处理，便获取了与其相关的所有信息，而且信息是公开、透明的。仔细分析这个系统，会发现这样的现象：本系统的各个物品均可以通过专用设备，实现物品与物品之间的"开口讲话"，如冰箱与牛奶、车辆与牛奶等。

这是个万物互联的网络，这个网络的名称叫物联网。

物联网的概念起源于 1995 年比尔·盖茨写的《未来之路》一书，但限于当时无线网络等硬件和软件的发展，并未引起重视。直到 2005 年，国际电信联盟在突尼斯举行的信息社会世界峰会上正式发布了《ITU 互联网报告 2005：物联网》，才有了正式的物联网概念。

物联网：通过射频识别、红外感应器、全球定位系统、激光扫描器等信息传感设备，按约定的协议，把任何物品与互联网连接起来，进行信息交换和通信，以实现智能化识别、定位、跟踪、监控和管理的一种网络。

1.1　物联网的应用与结构体系

物联网（Internet of Things，IoT）被预言为继互联网之后全球信息产业的又一次科技与经济浪潮，受到各国政府、企业和学术界的重视，美国、欧盟、日本等甚至将其纳入国家和区域信息化战略。

按字面意思理解，物联网就是"物物相连的互联网"，这有两层含义：

第一，物联网的核心和基础仍然是互联网，是在互联网基础上延伸和扩展的网络。

第二，其用户端延伸和扩展到了任何物品与物品之间，进行信息交换和通信。

1.1.1　物联网的应用

物联网三个字中"物"就是物体智能化，"联"就是物体智能后信息的传输，"网"就是建立网络后的应用服务。

图 1.1　物联网的应用领域

物联网的应用领域如图 1.1 所示。从图中可以看出，通过 RFID、GPS 等技术，所有物品都将被赋予生命，人们可以随时随地通过手中的终端了解到任何物品的状况等信息，也将使得人类生活水平更加高质量。

物联网的用途无处不在，除用于环境保护、政府工作、公共安全等公共领域外，还能在人们的日常生活中起到重要作用。比如：

（1）洗衣服的时候，洗衣机会主动"报告"水量少了还是多了。

（2）当携带公文包外出时，它会"提醒"你忘记带什么东西。

（3）可以通过点击手机按钮，在北京遥控远在重庆的电饭煲，为那里的家人煮饭。

（4）驾车时，只需设置好目的地，便可在车上随意睡觉、看电影，车载系统会通过路面接收到的信号智能行驶。

（5）生病时，不需住在医院，只要通过一个小小的仪器，医生就能 24 小时监控病人的体温、血压、脉搏等。

微软"智能家庭"则描述了这样一个未来场景：孩子只要站在屏幕前面的固定区域，靠自己的真实动作就能扮演电脑游戏中的角色。因为传感器将会感知真人动作并传输到电脑转为游戏所需要的动作，而这个游戏也可能就是一款互联网游戏。

物联网概念的问世，打破了之前的传统思维。过去的思路一直是将物理基础设施和 IT 基础设施分开：一方面是机场、公路、建筑物，而另一方面是数据中心、个人电脑、宽带等。

而在物联网时代，钢筋混凝土、电缆将与芯片、宽带整合为统一的基础设施，在此意义上，基础设施更像是一块新的地球工地，世界的运转就在它上面进行，其中包括经济管理、生产运行、社会管理乃至个人生活等。

在实际应用中，可进一步通过 Ethernet 或 WLAN（Wireless Local Area Network，无线局域网）等实现对物体识别信息的采集、处理及远程传送等管理功能。

1.1.2　物联网的结构体系

现阶段物联网的应用是零散的，还远未形成规模。为了突破应用规模化的障碍，驱动物联网产业由启动期走向成长期，整个产业链需要对技术及应用形成系统的、一致的认识，迫切需要建立一套标准的、开放的、可扩展的物联网体系架构。

物联网可划分为一个由感知层、网络层和应用层组成的三层体系，如图 1.2 所示。

图 1.2　物联网的三层体系

1．感知层

感知层主要包括二维码标签和识读器、RFID 标签和读写器、摄像头、GPS、传感器和 M2M 终端、传感器网络和传感器网关等。

在这一层要解决的重点问题是感知、识别物体，采集、捕获信息。感知层要突破的方向是具备更敏感、更全面的感知能力，解决低功耗、小型化和低成本的问题。

2．网络层

网络层是位于物联网三层结构中第二层的信息处理系统，其功能为"传送"，即通过通信网络进行信息传输。

网络层作为纽带连接着感知层和应用层，它由各种私有网络、互联网、有线和无线通信网等组成，相当于人的中枢神经，负责将感知层获取的信息，安全可靠地传输到应用层，然后根据不同的应用需求进行信息处理。物联网网络层包含接入网和传输网，分别实现接入功能和传输功能。

（1）接入网包括光纤接入、无线接入、以太网接入、卫星接入等各类接入方式，实现底层的传感器网络、RFID 网络最后一公里的接入。

（2）传输网由公网与专网组成，典型传输网络包括电信网（固网、移动通信网）、广电网、互联网、电力通信网、专用网（数字集群）等。

物联网的网络层基本上综合了已有的全部网络形式，以构建更加广泛的"互联"。每种网络都有自己的特点和应用场景，互相组合才能发挥出最大的作用，因此在实际应用中，信息往往经由任何一种网络或几种网络组合的形式传输。除此之外，还包括物联网管理中心、信息中心、云计算平台、专家系统等对海量信息进行智能处理的部分。也就是说，网络层不但要具备网络运营的能力，还要提升信息运营的能力。

网络层是物联网成为普遍服务的基础设施，有待突破的方向是向下与感知层的结合，向上与应用层的结合。

3．应用层

应用层是将物联网技术与行业专业技术相结合，实现广泛智能化应用的解决方案集。

物联网通过应用层最终实现信息技术与行业专业技术的深度融合，对国民经济和社会发展具有广泛影响。应用层的关键问题在于信息的社会化共享，以及信息安全的保障。

另外，三层协同工作算法的发展也是一个重要方向，这将显著提升物联网应用的智能化水平。

1.2　物联网的关键技术

物联网作为一种新的信息传播方式，已经受到越来越多的重视。人们可以让尽可能多的物品与网络实现时间、地点的连接，从而对物体进行识别、定位、追踪、监控，进而形成智能化的解决方案，这就是物联网带给人们的生活方式。物联网涉及的关键技术如图 1.3 所示。

物联网的产业链可细分为标识、感知、信息传送和数据处理这 4 个环节，其中的核心技术主要包括射频识别技术、传感技术、网络与通信技术和数据挖掘与融合技术等。

物联网核心技术关系图如图 1.4 所示。

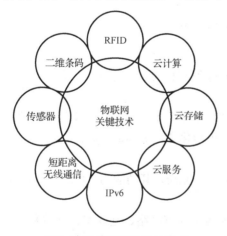

图 1.3　物联网中的关键技术

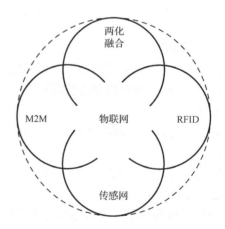

图 1.4　物联网核心技术关系图

1.2.1　射频识别技术

射频识别（Radio Frequency Identification，RFID）技术是一种无接触的自动识别技术，它利用射频信号及其空间耦合传输特性，实现对静态或移动待识别物体的自动识别，用于对采集点的信息进行"标准化"标识。

一方面，RFID 技术可实现无接触的自动识别，具有全天候、识别穿透能力强、无接触磨损、可同时实现对多个物品的自动识别等诸多特点。将这一技术应用到物联网领域，使其与互联网、通信技术相结合，可实现全球范围内物品的跟踪与信息的共享，在物联网"识别"信息和近程通信的层面起着至关重要的作用。

另一方面，产品电子代码（Electronic Product Code，EPC）采用 RFID 电子标签作为载体，大大推动了物联网的发展和应用。将这一技术应用到物联网领域，使其与互联网、通信技术相结合，可实现全球范围内物品的跟踪与信息的共享。

图 1.5 为基于 RFID 的物联网系统结构图。

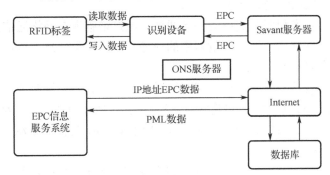

图 1.5　基于 RFID 的物联网系统结构图

在这个由 RFID 电子标签、识别设备、Savant 服务器、Internet、ONS（Object Name Service，对象名解析服务）服务器、EPC 信息服务系统以及众多数据库组成的实物网络中，识别设备读出的 EPC 码只是一个指针，由这个指针从 Internet 找到相应的 IP 地址，并获取该地址中存放的相关物品信息，交给 Savant 软件系统处理和管理。

由于在每个物品的标签上只有一个 EPC 码，计算机需要知道与之匹配的其他信息，因此需要用 ONS 来提供一种自动化的网络数据库服务，工作流程为：

→Savant 将 EPC 码传给 ONS。

→ONS 指示 Savant 到一个保存着产品文件的信息服务器中查找。

→Savant 可以对其进行处理，也可以与信息服务器和系统数据库交互。

1.2.2　传感技术

信息采集是物联网的基础。目前，信息采集主要是通过传感器、传感节点和电子标签等方式完成的。

传感器是一种检测装置，作为获取信息的关键器件，由于其所在的环境通常比较恶劣，因此物联网对传感器技术提出了更高的要求：一是其感受信息的能力，二是传感器自身的智能化和网络化。传感器网络图如图 1.6 所示。

将传感器应用于物联网中可以构成无线自治网络，这种传感器网络技术综合了传感器技术、纳米嵌

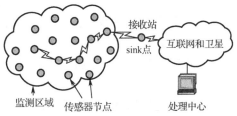

图 1.6　传感器网络图

入技术、分布式信息处理技术、无线通信技术等。可以将集成化微型传感器嵌入到物体中进行数据的实时监测、采集，并将这些信息以无线的方式发给观测者，从而实现"泛在"传感。

在传感器网络中，传感器节点具有端节点和路由的功能：首先是实现数据的采集和处理，其次是实现数据的融合和路由，综合本身采集的数据和收到的其他节点发送的数据，转发到其他网关节点。

传感器节点的好坏直接影响到整个传感器网络的正常运转和功能健全。

1.2.3　网络与通信技术

物联网的实现涉及近程通信技术和远程通信技术。近程通信技术涉及 RFID、蓝牙等，远程通信技术涉及互联网的组网、网关等技术。

作为物联网信息传递和服务支撑的基础通道，通过增强现有网络通信技术的专业性与互联功能，以适应物联网低移动性、低数据率的业务要求，实现信息安全可靠地传送，这是目前物联网研究的一个重点。

传感器网络通信技术，主要包括广域网络通信和近距离通信等两个方面。广域网络通信主要包括 IP 互联网、2G/3G/4G 移动通信、卫星通信等技术，而以 IPv6 为核心的新联网的发展，更为物联网提供了高效的传送通道；在近距离通信方面，当前的主流则是以 IEEE802.15.4 为代表的近距离通信技术。

M2M（Machine to Machine）技术也是物联网实现的关键，是指数据从一台终端传送到另一台终端，也就是机器与机器的对话。M2M 应用系统构成智能化机器、M2M 硬件、通信网络、中间件。M2M 应用包括家庭应用领域、工业应用领域、零售和支付领域、物流运输行业、医疗行业等。

与 M2M 可以实现技术结合的远距离连接技术有 GSM、GPRS、UMTS 等，Wi-Fi、蓝牙、ZigBee、RFID 和 UWB 等近距离连接技术也可以与之相结合，此外还有 XML 和 CORBA，以及基于 GPS、无线终端和网络的位置服务技术等。M2M 还可用于安全检测、自动售货机、货物跟踪等领域，应用广泛。

1.2.4　数据挖掘与融合

从物联网的感知层到应用层，各种信息的种类和数量都成倍增加，需要分析的数据量也成几何级数增加，同时还涉及各种异构网络或多个系统之间数据的融合问题。如何从海量的数据中及时挖掘出隐藏信息和有效数据的问题，给数据处理带来了巨大挑战。因此，怎样合理、有效地整合、挖掘和智能处理海量数据是物联网研究的难题。

结合 P2P（Peer to Peer）、云计算等分布式计算技术，成为解决上述难题的有效途径。

云计算为物联网提供了一种新的高效率计算模式，可通过网络按需提供动态伸缩的廉价计算，具有相对可靠并且安全的数据中心，同时兼有互联网服务的便利、廉价和大型机的能力，可以轻松实现不同设备间的数据与应用共享，用户无须担心信息泄露、黑客入侵等棘手问题。

云计算是信息化发展进程中的一个里程碑，它强调信息资源的聚集、优化和动态分配，节约信息化成本并大大提高了数据中心的效率。

1.3 物联网与自动识别技术

物联网中非常重要的技术就是自动识别技术。自动识别技术融合了物理世界和信息世界，是物联网区别于其他网络（如电信网、互联网）最独特的部分。自动识别技术可以对每个物品进行标识和识别，并可以将数据实时更新，是构造全球物品信息实时共享的重要组成部分，是物联网的基石。通俗讲，自动识别技术就是能够让物品"开口说话"的一种技术。

自动识别技术是应用一定的识别装置，通过被识别物品和识别装置之间的接近活动，自动地获取被识别物品的相关信息，并提供给后台的计算机处理系统来完成相关后续处理的一种技术。

按照应用领域和具体特征的分类标准，自动识别技术可以分为以下 7 种：

（1）IC 卡识别技术。

（2）条码识别技术。

（3）光学字符识别技术。

（4）生物特征识别技术。

（5）图像识别技术。

（6）磁卡识别技术。

（7）射频识别技术。

1.3.1 IC 卡识别技术

卡类识别技术的产生和推广使用加快了人们日常生活信息化的速度。用于信息处理的卡片大致分为非半导体卡和半导体卡两大类。非半导体卡包括磁卡、PET 卡、光卡、凸字卡等；半导体卡主要有 IC 卡等，如图 1.7 所示。

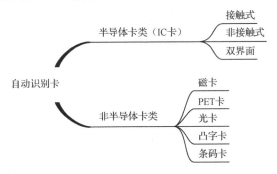

图 1.7 卡类识别技术的分类图

磁卡和 IC 卡是应用非常广泛的两类卡。

1.3.1.1 IC 卡技术基础

IC 卡（Integrated Circuit Card，集成电路卡）是继磁卡之后出现的又一种新型信息工具。IC 卡在有些国家和地区也称智能卡（Smart Card）、智慧卡（Intelligent Card）、微电路卡（Microcircuit Card）或微芯片卡等。它是将一个微电子芯片嵌入符合 ISO 7816 标准的卡基中，做成卡片形式，利用集成电路的可存储特性，保存、读取和修改芯片上的信息，已经广泛应用于包括金融、交通、社保等诸多领域。

IC 卡的主要特性如下：

（1）存储容量大：其内部可含 RAM、ROM、EPROM、EEPROM 等存储器，存储容量从几字节到几兆字节。

（2）体积小，重量轻，抗干扰能力强，便于携带。

（3）安全性高：在无源情况下，数据也不会丢失，数据安全性和保密性都非常好。

（4）智能卡与计算机系统相结合，可以方便地满足对各种信息的采集、传送、加密和管理的需要。

IC 卡按通信方式分为接触式 IC 卡、非接触式 IC 卡和双界面卡，如图 1.8 所示。

（a）接触式 IC 卡　　　　　　　　　　　（b）非接触式 IC 卡

图 1.8　IC 卡

IC 卡起源于 20 世纪 70 年代，国际标准化组织（ISO）与国际电工委员会的联合技术委员会为之制定了一系列的国际标准、规范，极大地推动了 IC 卡的研究和发展。50 年以来，IC 卡已被广泛应用于金融、交通、通信、医疗、身份证明等众多领域。IC 卡发展历程如表 1.1 所示。

表 1.1　IC 卡发展历程

时间节点	代表性事件和成果
1969 年	日本有村国孝提出制造安全可靠的信用卡方法，并于 1970 年获得专利，那时叫 ID 卡（Identification Card）
1974 年	法国的罗兰·莫雷诺将芯片放入卡片中，发明了带集成电路芯片的塑料卡片，并取得了专利权，成为早期的 IC 卡。他在专利申请书中对他这项发明做了如下阐述：卡片是具有可进行自我保护的存储器
1976 年	法国布尔（Bull）公司研制出世界第一张 IC 卡
1984 年	法国的 PTT 将 IC 卡用于电话卡，由于安全可靠，获得了商业上的成功
1996 年初	非接触式 IC 卡的电子车票系统（AFC）在 1200 万人口的韩国首都汉城（首尔）投入运营

虽然 IC 卡进入我国较晚，但在政府的支持下，发展迅速。1995 年底，国家金卡办为统筹规划全国 IC 卡的应用，组织拟定了金卡工程非银行卡应用总体规划。为保证 IC 卡的健康发展，在国务院金卡办的领导下，原信息产业部、公安部、原卫生部、原国家工商行政管理局等部门纷纷制定了 IC 卡在本行业的发展规划。

随着我国信息化进程的深入，IC 卡类产品在各行业的应用日益广泛，我国 IC 卡行业以及相关配套产业也步入了快速发展阶段。目前，国内 IC 卡企业逐渐掌握了相关核心技术，无论是芯片设计、制造和测试、模块封装、卡基生产、卡片印刷，还是芯片操作系统（Chip Operating System，COS）和应用软件开发，以及相关废料回收，技术水平和自主创新能力都大幅提升，基本能够满足市场的各类差异性需求，IC 卡行业的整体竞争力不断提高。

1.3.1.2　接触式 IC 卡

接触式 IC 卡通过读写设备的触点与 IC 卡的触点接触后进行数据的读写。

国际标准 ISO 7816 对此类卡的机械、电气特性等进行了规定：具有标准形状的铜皮触点，通过和卡座的触点相连后实现外部设备的信息交换。按芯片的类型分类，接触式 IC 卡可以分为4 类：存储卡、逻辑加密卡、CPU 卡和超级智能卡。接触式 IC 卡的结构和功能如表 1.2 所示。

表 1.2　接触式 IC 卡的结构和功能

类　型	结构和功能	应 用 说 明
存储卡	卡内的集成电路是电擦除的可编程只读存储器（EEPROM），只有数据存储功能，没有数据处理能力	该卡本身不提供硬件加密功能，只能存储通过系统加密的数据，很容易被破解
逻辑加密卡	卡内的集成电路包括加密逻辑电路和可编程只读存储器（EEPROM）。卡中有若干个密码口令，只有在密码输入正确后，才能对相应区域的信息内容进行读出或写入	密码输入出错一定次数后，该卡会自动封锁，成为死卡。 此类卡适用于需加密的系统，如食堂就餐卡
CPU 卡	也称智能卡，卡内的集成电路包括： （1）中央处理器（CPU）； （2）可编程只读存储器（EEPROM）； （3）随机存储器（RAM）； （4）芯片操作系统（COS）； （5）只读存储器（ROM）	该卡相当于一个带操作系统的单片机系统，严格防范非法用户访问卡中的信息。发现数次非法访问后，也可锁住某个信息区域，但可以通过高级命令进行解锁，保证卡中的信息绝对安全，系统高度可靠。 此卡适用于绝密系统中，如银行金融卡等
超级智能卡	在卡上具有 MPU 和存储器，并装有键盘、液晶显示器和电源，有的卡上还具有指纹识别装置等	此卡也适用于绝密系统中

1．接触式 IC 卡的结构

IC 卡读写器要能读写符合 ISO 7816 标准的 IC 卡。IC 卡接口电路作为 IC 卡与设备接口IFD（Interface Device）内的 CPU 进行通信的唯一通道，为保证通信和数据交换的安全与可靠，其产生的电信号必须满足下面的特定要求。

（1）完成 IC 卡插入与退出的识别操作

IC 卡接口电路对 IC 卡插入与退出的识别，即卡的激活和释放有很严格的时序要求。如果不能满足相应的要求，IC 卡就不能进行正常操作，严重时将损坏 IC 卡或 IC 卡读写器。

（2）通过触点向卡提供稳定的电源

IC 卡接口电路应能在下表规定的电压范围内，向 IC 卡提供稳定的电流。

符　号	最　小　值	最　大　值	条　件
V_{cc}/V	4.5	5.5	A 类
	2.7	3.3	B 类

续表

符 号	最 小 值	最 大 值	条 件
I_{cc}/mA		60	A 类，在最大允许频率
		50	B 类，在最大允许频率
		0.5	时钟停止

（3）通过触点向卡提供稳定的时钟

IC 卡接口电路向卡提供时钟信号。时钟信号的实际频率范围在复位应答期间应为：A 类卡，1～5MHz；B 类卡，1～4MHz。

接触式 IC 卡的实际构成为：半导体芯片、电极模片、塑料基片等，其外观及内部结构如图 1.9 所示。

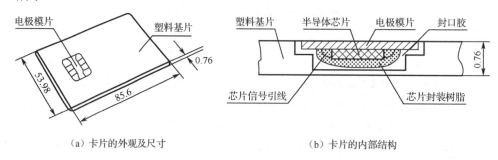

（a）卡片的外观及尺寸 　　　　　　　（b）卡片的内部结构

图 1.9　接触式 IC 卡的外观及内部结构

2．接触式 IC 卡工作原理

接触式 IC 卡获取工作电压的方法：接触式 IC 卡通过其表面的金属电极触点将卡的集成电路与外部接口电路直接接触连接，由外部接口电路提供卡内集成电路工作的电源。

接触式 IC 卡与读写器交换数据的原理：接触式 IC 卡通过其表面的金属电极触点将卡的集成电路与外部接口电路直接接触连接，通过串行方式与读写器交换数据（通信）。其基本要求如下：

（1）完成 IC 卡插入与退出的识别操作。

（2）通过触点向 IC 卡提供稳定的电源。

（3）通过触点向 IC 卡提供稳定的时钟。

1.3.1.3　CPU 卡

IC 卡从接口方式上分为接触式 IC 卡、非接触式 IC 卡及复合卡；从器件技术上分为非加密存储卡、加密存储卡及 CPU 卡。非加密卡没有安全性，可以任意改写卡内的数据；加密存储卡是在普通存储卡的基础上增加了逻辑加密电路，成了加密存储卡（逻辑加密卡）。

加密存储卡由于采用密码控制逻辑来控制对 EEPROM 的访问和改写，在使用之前需要校验密码才可以进行写操作，所以对于芯片本身来说是安全的，但在应用上是不安全的。具体存在以下不安全性因素：

（1）密码在线路上是明文传输的，易被截取。

（2）对于系统商来说，密码及加密算法都是透明的。

（3）逻辑加密卡无法认证应用是否合法。

例如，假设有人伪造了 ATM，你无法知道它的合法性，当插入信用卡，输入 PIN 的时候，信用卡的密码就被截获了。再如 Internet 网上购物，如果使用加密存储卡，则购物者同样无法确定网上商店的合法性。

正是由于加密存储卡使用上的不安全因素，促进了 CPU 卡的发展。

CPU 卡又称智能卡，其卡内的集成电路中带有微处理器 CPU、存储单元［包括随机存储器 RAM、程序存储器 ROM（Flash）、用户数据存储器 EEPROM］以及 COS。装有 COS 的 CPU 卡相当于一台微型计算机，不仅具有数据存储功能，同时还具有命令处理和数据安全保护等功能。

因此，CPU 卡芯片通俗地讲就是指芯片内含有一个微处理器，它的功能相当于一台微型计算机。CPU 卡内部结构如图 1.10 所示。

CPU 卡可适用于金融、保险、交警、政府行业等多个领域，具有用户空间大、读取速度快、支持一卡多用等特点。CPU 卡从外形上来说和普通 IC 卡、射频卡并无差异，但是性能上有巨大提升，安全性比普通 IC 卡提高了很多，通常 CPU 卡内含有随机数发生器、硬件 DES、3DES 加密算法等，配合 COS 可以达到金融级别的安全等级。

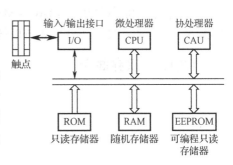

图 1.10　CPU 卡内部结构

COS 一般是紧紧围绕着它所服务的智能卡的特点而开发的。由于不可避免地受到了智能卡内微处理器芯片的性能及内存容量的影响，因此 COS 在很大程度上不同于通常微机上的操作系统（如 DOS、UNIX 等）。

CPU 卡可以做到对人、对卡、对系统的三方合法性认证。在认证过程中，密钥在线路上不以明文出现，每次的送出都是经过随机数加密的，而且因为有随机数的参加，所以确保了每次传输的内容不同，即使数据被截获了，也是没有任何意义的。

这不单是密码对密码的认证，也是方法对方法的认证。例如，早期在军队中使用的密码电报，发送方将报文按一定的方法加密成密文发送出去，接收方收到后又按一定的方法将密文解密。通过这种认证方式，线路上就没有了攻击点，同时卡也可以验证应用的合法性；但是因为系统方用于认证的密钥及加密算法在应用程序中，所以还是不能排除系统商的攻击性。因此，引入了 SAM 卡的概念。

1.3.1.4　SAM 卡

SAM（Security Access Module）卡是一种具有特殊性能的 CPU 卡，用于存放密钥和加密算法，可完成交易中的相互认证、密码验证和加密、解密运算，一般用作身份标志。

由于 SAM 卡的出现，便有了一种更完整的系统解决方案。

在发卡时，将主密钥存入 SAM 卡后，由 SAM 卡中的主密钥对用户卡的特征字节（如应用序列号）加密生成子密钥，将子密钥注入用户卡中。由于应用序列号的唯一性，因此使每张用户卡内的子密钥都不同。密钥一旦注入卡中，则不会在卡外出现。在使用时，由 SAM 卡的主密钥生成子密钥存放在 RAM 区中，用于加密、解密数据。

认证过程：

（1）通过 SAM 卡系统，送随机数 X，SAM 卡生成子密钥对随机数加密。

（2）SAM 卡解密 Y，得结果 Z。

（3）比较 X、Z，如果相同，则表示系统是合法的。

这样，在应用程序中的密钥就转移到了 SAM 卡中，认证成为卡-卡之间的认证，系统商不再存在责任。卡与外界进行数据传输时，若以明文方式传输，则数据易被截获和分析。同时，也可以对传输的数据进行篡改，要解决这个问题，CPU 卡提供了线路保护功能。

线路保护分为两种：

一是将传输的数据进行 DES（Data Encryption Standard，数据加密标准）加密，以密文形式传输，防止截获分析。

二是对传输的数据附加 MAC（Message Authentication Code，报文鉴别码），接收方收到后首先进行校验，校验正确后才予以接收，以保证数据的真实性与完整性。

1.3.1.5 双界面卡

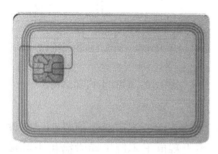

图 1.11 双界面卡

双界面卡将接触式 IC 卡与非接触式 IC 卡组合到一张卡片中，操作独立，但可以公用一个 CPU、操作系统和存储空间。卡片包括一个微处理器芯片和一个与微处理器相连的天线线圈，由读写器产生的电磁场提供能量，通过射频方式实现能量供应和数据传输，如图 1.11 所示。

双界面卡是由 PVC 层和芯片线圈组成的，基于单芯片的、集接触式与非接触式接口为一体的智能卡。它有两个操作界面，对芯片的访问，既可以通过接触方式，也可以相隔一定距离，以射频方式访问芯片。

卡片上有一个芯片、两个接口，通过接触界面和非接触界面都可以执行相同的操作。两个界面分别遵循两个不同的标准：接触界面符合 ISO/IEC 7816；非接触符合 ISO/IEC 14443。

根据接触式智能卡系统与非接触式智能卡系统的关系，双界面 IC 卡可以分为如下三种类型：

（1）仅仅是物理地组合到一张卡片中，两个 EEPROM，两套系统互相独立。

（2）彼此操作独立，但共享卡内部分存储空间。

（3）完全融合，接触式与非接触式运行状态相同，公用一个 CPU 管理。

三种双界面 IC 卡中，只有最后一种双界面 IC 卡才是真正意义上的非接触式双界面 CPU 卡。

1.3.2 条码识别技术

条码识别技术起源于 20 世纪 40 年代，是迄今为止最经济、最实用的一种自动识别技术，它通过条码符号保存相关数据并通过条码识读设备实现数据的自动采集。

条码又称条形码，是将宽度不等的多个黑条和空白，按照一定的编码规则排列，用以表达一组信息的图形标识符。常见的条码是由反射率相差很大的黑条（简称条）和白条（简称空）排成的平行线图案，如图 1.12 所示。

图 1.12 书籍的条码

条码可以标出物品的生产国、制造厂家、商品名称、生产日期、图书分类号、邮件起止地点、类别、日期等许多信息，因而在商品流通、图书管理、邮政管理、银行系统等许多领域都得到了广泛的应用。

条码技术具有以下几个方面的优点：

（1）输入速度快：与键盘输入相比，条码输入的速度是键盘输入的 5 倍以上，并且能实现"即时数据输入"。

（2）可靠性高：键盘输入数据出错率为三百分之一，利用光学字符识别技术出错率为万分之一，而采用条码技术误码率低于百万分之一。

（3）采集信息量大：利用传统的一维条码一次可采集几十位字符的信息，二维条码更可以携带数千个字符的信息，并有一定的自动纠错能力。

（4）灵活实用：条码标识既可以作为一种识别手段单独使用，也可以与有关识别设备组成一个系统实现自动化识别，还可以与其他控制设备连接起来实现自动化管理。

另外，条码标签易于制作，对设备和材料没有特殊要求，识别设备操作容易，不需要特殊培训，且设备也相对便宜。

1.3.2.1　条码的符号与编码

条码是利用"条"和"空"构成二进制的"0"和"1"，并以它们的组合来表示某个数字或字符，反映某种信息的。不同码制的条码在编码方式上有所不同，一般有以下两种。

1．宽度调节编码法

宽度调节编码法即条码符号中的条和空由宽、窄两种单元组成的条码编码方法，如图 1.13 所示，按照这种方式编码时：

（1）窄单元（条或空）表示逻辑值"0"。

（2）宽单元（条或空）表示逻辑值"1"。

宽单元通常是窄单元的 2～3 倍。

2．模块组配编码法

模块组配编码法即条码符号的字符由规定的若干个模块组成的条码编码方法，如图 1.14 所示。

图 1.13　宽度调节编码法条码符号结构

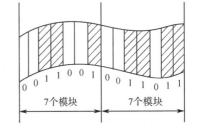

图 1.14　模块组配编码法条码符号结构

按照这种方式编码，条与空是由模块组合而成的。

（1）一个模块宽度的条模块表示二进制的"1"。

（2）一个模块宽度的空模块表示二进制的"0"。

1.3.2.2　条码的符号结构

条码符号结构如图 1.15。条码符号通常由如下部分构成：左右侧空白区、起始字符、数据字符、校验字符、终止字符，具体功能如表 1.3 所示。

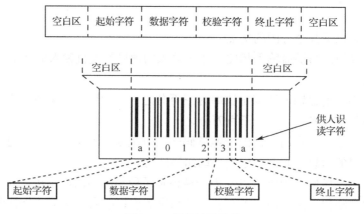

图 1.15　条码符号结构

表 1.3　条码符号的功能

区　域	功　能
左侧空白区	位于条码左侧无任何符号的空白区域，主要用于提示扫描器准备开始扫描
起始字符	条码符号的第一位字符，用于标识一个条码符号的开始，扫描器确认此字符存在后开始处理扫描脉冲
数据字符	位于起始字符后的字符，用来标识一个条码符号的具体数值，允许双向扫描
校验字符	用来判定此次扫描是否为有效的字符，通常是一种算法运算的结果。扫描器读入条码进行解码时，先对读入各字符进行运算，如运算结果与校验字符相同，则判定此次识读有效
终止字符	位于条码符号右侧，表示信息结束的特殊符号
右侧空白区	在终止字符之外的无印刷符号的空白区域

条码可分为一维条码和二维条码。

1.3.2.3　一维条码

一维条码就是通常所说的传统条码。一维条码按照应用可分为商品条码和物流条码。商品条码包括 EAN 码和 UPC 码，物流条码包括 128 码、ITF 码、39 码、库德巴（Codabar）码等。一维条码的码制及部分图例如表 1.4 所示。

表 1.4　一维条码的码制及部分图例

码制	基本描述	应用	图例
25 码	25 码是一种只有条表示信息的非连续型条码。 每一个条码字符由规则排列的 5 个条组成，其中有两个条为宽单元，其余的条和空，以及字符间隔是窄单元，故称为"25 码"	主要应用于运输、仓储、工业生产线、图书情报等领域的自动识别管理	起始字符 1　2　3　4　5　8 终止字符 左侧空白区　　　　　右侧空白区

码制	基本描述	应用	图例
交叉25码	交叉25码是在25码的基础上发展起来的，是由美国的Intermec公司于1972年发明的。 交叉25码弥补了25码的许多不足之处，不仅增大了信息容量，而且由于自身具有校验功能，还提高了交叉25码的可靠性	—	012345
39码	39码是1975年由美国的Intermec公司研制的一种条码，它具有自检验功能。 39码的每一个条码字符由9个单元组成（5个条单元和4个空单元），其中3个单元是宽单元（用二进制"1"表示），其余是窄单元（用二进制"0"表示），故称为"39码"	首先在美国国防部得到应用。 目前广泛应用在汽车行业、材料管理、经济管理、医疗卫生和邮政、储运等领域	ABC-1234
库德巴码	库德巴码是1972年研制出来的，它广泛应用于医疗卫生和图书馆行业，也用于邮政快件上。 库德巴码每一个字符由7个单元组成（4个条单元和3个空单元），其中两个或3个是宽单元（用二进制"1"表示），其余是窄单元（用二进制"0"表示）	美国输血协会还将库德巴码规定为血袋标识的代码，以确保操作准确，保护人类生命安全	A 1 2 3 4 5 6 7 8 9

1．商品条码

商品标识代码（Identification Code for Commodity）是由国际物品编码协会（EAN）和美国统一代码委员会（UCC）规定的、用于标识商品的一组数字，包括 EAN/UCC-13 码、EAN/UCC-8 码和 UCC-12 码。

（1）EAN/UCC-13 码

EAN/UCC-13 码标准码共 13 位数，由国家代码、厂商代码、商品代码及校验码组成。条码结构及说明如表 1.5 和表 1.6 所示。

表 1.5　EAN/UCC-13 码结构

结构种类	厂商代码	商品代码	校验码
结构一	X13 X12 X11 X10 X9 X8 X7	X6 X5 X4 X3 X2	X1
结构二	X13 X12 X11 X10 X9 X8 X7 X6	X5 X4 X3 X2	X1
结构三	X13 X12 X11 X10 X9 X8 X7 X6 X5	X4 X3 X2	X1

表 1.6　EAN/UCC-13 码的结构说明

名　称	描　述	备　注
国家代码（前缀码）	2～3 位数字（X13X12 或 X13X12X11）组成	在最新的编码系统中，EAN 已将 690～699 分配给中国使用

续表

名 称	描 述	备 注
厂商代码	由 7~9 位数字组成	在我国，由中国物品编码中心负责分配和管理：统一分配、注册，因此编码中心有责任确保每个厂商识别代码在全球范围内的唯一性
商品代码	由 3~5 位数字组成	由厂商负责编制，由 3 位数字组成的商品项目代码有 000~999 共有 1000 个编码容量，可标识 1000 种商品； 由 4 位数字组成的商品项目代码可标识 10000 种商品； 由 5 位数字组成的商品项目代码可标识 100000 种商品
校检码（校验位）	根据编码规则计算得出	

EAN/UCC-13 码主要应用于超市和其他零售业，因此这种码是比较常见的，随便拿起身

边的一个从超市买来的商品都可以从包装上看得到这种码。中国可用的国家代码有 690~699，如图 1.16 所示。

（2）EAN/UCC-8 码

图 1.16 EAN//UCC-13 码举例

EAN/UCC-8 码用于标识小型商品，由 8 位数字组成，其结构如表 1.7 所示，其中 X8X7X6 为前缀码。计算校验码时只需在 EAN/UCC-8 码前添加 5 个 "0"，然后按照 EAN/UCC-13 码中的校验码计算即可。EAN/UCC-8 码用于商品编码的容量很有限，应慎用。

表 1.7　EAN/UCC-8 码的结构

商品项目识别代码	校 验 码
X8 X7 X6 X5 X4 X3 X2	X1

（3）UCC-12 码

UCC-12 码可以用 UPC-A 商品条码和 UPC-E 商品条码的符号表示。

UCC-12 码的结构如表 1.8 所示，具体含义如下：

厂商识别代码：由左起 6~10 位数字组成。X12 为系统字符。

商品项目代码：由 1~5 位数字组成。

校验码：校验码为 1 位数字，计算方法同 EAN/UCC-13 代码。

表 1.8　UCC-12 码的结构

厂商识别代码和商品项目代码	校 验 码
X12 X11 X10 X9 X8 X7 X6 X5 X4 X3 X2	X1

UPC-E 商品条码所表示的 UCC-12 码由 8 位数字（X8~X1）组成，是将系统字符为 "0" 的 UCC-12 码进行消零压缩所得。其中，X7~X2 为商品项目识别代码；X8 为系统字符，取值为 0；X1 为校验码，校验码为消零压缩前 UPC-A 商品条码的校验码。

2. 物流条码

物流条码是供应链中用以标识物流领域中具体实物的一种特殊代码，是整个供应链过程，包括生产厂家、配销业、运输业、消费者等环节的共享数据。它贯穿整个贸易过程，并通过物流条码数据的采集、反馈，提高整个物流系统的经济效益。物流条码标识的内容主要有项

目标识（货运包装箱代码 SCC-14）、动态项目标识（系列货运包装箱代码 SSCC-18）、日期、数量、参考项目（客户购货订单代码）、位置码、特殊应用（医疗保健业等）及内部使用，具体规定参见相关国家标准。

目前，现存的条码码制多种多样，但国际上通用的和公认的物流条码码制有三种：ITF-14 条码、EAN/UCC-128 条码及 EAN/UCC-13 条码。选用条码时，要根据货物和商品包装的不同，采用不同的条码码制：单个大件商品，如电视机、电冰箱、洗衣机等商品的包装箱往往采用 EAN/UCC-13 条码；储运包装箱常常采用 ITF-14 条码或 EAN/UCC-128 条码，包装箱内可以是单一商品，也可以是不同的商品或多件头商品小包装。

ITF-14 条码的组成见 GB/T 16830《储运单元条码》。EAN/UCC-128 条码是一种连续型、非定长条码，能更多地标识贸易单元中需表示的信息，如产品批号、数量、规格、生产日期、有效期、交货地等，是使信息伴随货物流动的全面、系统、通用的重要商业手段。

1.3.2.4 二维条码

二维条码技术是在一维条码无法满足实际应用需求的前提下产生的。由于受信息容量的限制，一维条码通常是对商品的标识，而不是对商品的描述。

1. 定义

二维条码（2-Dimensional Bar Code）是用某种特定的几何图形按一定规律在平面（二维方向上）分布的黑白相间的图形记录数据符号信息的。

在代码编制上，二维条码利用构成计算机内部逻辑基础的"0""1"比特流的概念，使用若干个与二进制相对应的几何形体来表示文字数值信息，通过图像输入设备或光电扫描设备自动识读以实现信息自动处理，因此能在很小的面积内表达大量的信息。

在二维条码设备开发研制、生产方面，美国、日本等国的设备制造商生产的识读设备、符号生成设备，已广泛应用于各类二维条码应用系统。

二维条码技术已在我国的汽车行业自动化生产线、医疗急救服务卡、涉外专利案件收费、火车票、珠宝玉石饰品管理及银行汇票上得到了应用。

我国香港特别行政区已将二维条码应用在特别行政区的护照上。

由于二维条码通过水平和垂直两个方向表示信息，因此可以承载大量数据。一维条码与二维条码的对比如图 1.17 所示。图 1.18 显示了一些典型的二维条码。

符号类型	二维条码	一维条码
数据类型	文字、数字、二进制	文字和数字
数据容量	大约2000字符	大约20字符
数据密度	20～100	1
数据修复能力	有	无

图 1.17 一维条码与二维条码的对比

Data Matrix　　Maxi Code　　Aztec Code　　QR Code　　Vericode

PDF417　　　Ultracode　　　Code 49　　　Code 16K

图 1.18　典型的二维条码

国外对二维条码技术的研究始于 20 世纪 80 年代末。在二维条码符号表示技术研究方面，已研制出多种码制，常见的有 PDF417、QR Code、Code 49、Code 16K、Code One 等。这些二维条码的密度都比传统的一维条码有了较大的提高，如 PDF417 的信息密度是一维条码 39 码的 20 多倍。

二维条码除左右（条宽）的粗细及黑白线条有意义外，上下的条高也有意义。与一维条码相比，由于左右（条宽）、上下（条高）的线条皆有意义，故可存放的信息量就比较大。除此之外，二维条码还具有安全性高、读取率高、错误纠正能力强等特性。

对于行排式二维条码可用线扫描器多次扫描识读，而对于矩阵式二维条码仅能用图像扫描器识读。一维条码通常是对商品的标识，而二维条码是对商品的描述。

2．二维条码的分类

根据构成原理、结构形状的差异，二维条码可分为两大类型：行排式二维条码（2D Stacked Bar Code）；矩阵式二维条码（2D Matrix Bar Code）。

（1）行排式二维条码

行排式二维条码（又称堆积式二维条码或层排式二维条码），其编码原理是建立在一维条码基础之上的，按需要堆积成二行或多行。

它在编码设计、校验原理、识读方式等方面继承了一维条码的一些特点，识读设备与条码印刷与一维条码技术兼容。但由于行数的增加，需要对行进行判定，其译码算法与软件也不完全相同于一维条码。

有代表性的行排式二维条码有 PDF 417、Code 49、Code 16K、RSS-14 系列等，如图 1.19 所示。

 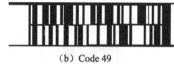

（a）PDF417　　　　　　　　　　　　（b）Code 49

（c）Code 16K　　　　　　　　　　　（d）RSS-14

图 1.19　常见的行排式二维条码

另有限定式 RSS 和扩展式 RSS 系列，如图 1.20 所示。

（a）RSS-14

（b）层排式 RSS-14

（d）全方位层排式 RSS-14

（c）截短式 RSS-14 系列

（e）限定式 RSS

图 1.20　RSS 系列条码

（2）矩阵式二维条码

矩阵式二维条码（又称棋盘式二维条码），它是在一个矩形空间通过黑、白像素在矩阵中的不同分布进行编码的。

在矩阵相应元素位置上，用点（方点、圆点或其他形状）的出现表示二进制"1"，点的不出现表示二进制的"0"，点的排列组合确定了矩阵式二维条码所代表的意义。

矩阵式二维条码是建立在计算机图像处理技术、组合编码原理等基础上的一种新型图形符号自动识读处理码制。具有代表性的矩阵式二维条码有 QR Code、Data Matrix、Maxi Code、Code One、汉信码等，如图 1.21 所示。

QR Code

Data Matrix

Maxi Code

汉信码

图 1.21　常见矩阵式二维条码

1）QR Code

QR Code 二维条码由日本在 1994 年研制，具有如下特点：

① 超高速识读（是 PDF417 的 10 倍）。

② 全方位识读。

③ 字符覆盖面广，能够有效表示中国汉字和日本汉字（1817 字符）、数字型字符（0～9）、字母数字型数据（数字 0～9，大写字母 A～Z）、9 个其他字符（Space、$、%、*、+、-、.、/、:）。不同的版本，内容不同，支持的字符类别、数量也有差异。

④ 可扩展性强，可以有 21×21 模块～177×177 模块，可用 1～16 个 QR Code 链接扩大信息表示规模。

⑤ 具有极强的纠错能力。

2）汉信码

汉信码是一种全新的二维矩阵条码，由中国物品编码中心牵头组织相关单位合作开发，完全具有自主知识产权，2007 年成为国家标准，2011 年上升为国际标准。和国际上其他二维条码相比，更适合汉字信息的表示，而且可以容纳更多的信息。图 1.22 为汉信码的样例及生成软件的主界面。

（a）汉信码样例

（b）汉信码生成软件的主界面

图 1.22　汉信码样例及生成软件的主界面

汉信码的主要技术特点如表 1.9 所示。

表 1.9　汉信码的主要技术特点

特　　点	详　细　描　述
具有高度的汉字表示能力和汉字压缩效率	汉信码支持 GB18030 中规定的 70 244 个汉字信息字符，并且采用 12 比特的压缩比率，每个符号可表示 12～2174 个汉字字符
信息容量大	在打印精度支持的情况下，每平方英寸最多可表示 7829 个数字字符、2174 个汉字字符、4350 个英文字母
编码范围广	汉信码可以将照片、指纹、掌纹、签字、声音、文字等可数字化的信息进行编码
支持加密技术	汉信码是第一种在码制中预留加密接口的条码，它可以与各种加密算法和密码协议进行集成，因此具有极强的保密防伪性能
抗污损和畸变能力强	汉信码具有很强的抗污损和畸变能力，可以被附着在常用的平面或桶装商品上，并且可以在缺失两个定位标的情况下进行识读
纠错能力强	汉信码采用世界先进的数学纠错理论，采用太空信息传输中常采用的 Reed-Solomon 纠错算法，使得汉信码的纠错能力可以达到 30%
可供用户选择的纠错能力	汉信码提供四种纠错等级，使得用户可以根据自己的需要在 8%、15%、23%和 30%各种纠错级上进行选择，从而具有高度的适应能力
容易制作且成本低	利用现有的点阵、激光、喷墨、热敏/热转印、制卡机等打印技术，即可在纸张、卡片、PVC，甚至金属表面上印出汉信码。由此所增加的费用仅是油墨的成本，可以真正称得上是一种"零成本"技术
条码符号的形状可变	汉信码支持 84 个版本，可以由用户自主进行选择，最小条码仅有指甲大小
外形美观	汉信码在设计之初就考虑到人的视觉接受能力，所以较之现有国际上的二维条码技术，汉信码在视觉感官上具有突出的特点

汉信码作为一种矩阵式二维条码，它具有汉字编码能力强、抗污损、抗畸变、信息容量大等特点，是一种十分适合在我国广泛应用的二维条码，具有广阔的市场前景。

① 政府及主管部门：政府办公、电子政务、国防军队、医疗卫生、公安出入境、公安消防、贵重物品防伪、海关管理、食品安全、产品追踪、金融保险、质检监察、交通运输、人口管理、出版发行、票证/卡等。

② 移动商务、互联网及相关行业：移动通信、票务业、广告业、互联网等。

③ 供应链管理：装备制造、物流业、零售业、流通业、物流供应链等。

④ 其他领域。

【知识链接1.1】 汉信码的研发始末

2005 年 12 月 26 日，由 2 位院士（倪光南、何德全）担任组长的专家组对《二维条码新码制开发与关键技术标准研究》进行了鉴定，专家们一致认为：该课题攻克了二维条码码图设计、汉字编码方案、纠错编译码算法、符号识读与畸变矫正等关键技术，研制的汉信码具有抗畸变、抗污损能力强、信息容量高等特点，达到了国际先进水平。专家们建议相关部门尽快将该课题的研究成果产业化，并积极组织试点及推广，同时建议将汉信码国家标准申报成为国际标准。

中国物品编码中心在完成国家重大标准专项课题《二维条码新码制开发与关键技术标准研究》的基础上，于 2006 年向国家知识产权局申请了如下六项技术专利成果：

（1）《纠错编码方法》。

（2）《数据信息的编码方法》。

（3）《二维条码编码的汉字信息压缩方法》。

（4）《生成二维条码的方法》。

（5）《二维条码符号转换为编码信息的方法》。

（6）《二维条码图形畸变校正的方法》。

1.3.2.5　一维条码和二维条码的比较

一维条码和二维条码的比较如表 1.10 所示。

表 1.10　一维条码和二维条码的比较

项　　目	一　维　条　码	二　维　条　码
外观	一维条码由纵向黑条和白条组成，黑白相间且条纹的粗细不同，通常条纹下还会有英文字母或阿拉伯数字	二维条码通常为方形结构，不单由横向和纵向的条码组成，而且码区内还会有多边形的图案，同样二维条码的纹理也是黑白相间，粗细不同，二维条码是点阵形式
作用	一维条码可以识别商品的基本信息，例如商品代码、价格等，但并不能提供商品更详细的信息，要调用更多的信息，需要电脑数据库的进一步配合	不但具备识别功能，而且可显示更详细的商品内容。例如衣服，不但可以显示衣服名称和价格，还可以显示采用的是什么材料、每种材料占的百分比、衣服尺寸大小、适合身高多少的人穿着以及一些洗涤注意事项等，无须电脑数据库的配合，简单方便
优缺点	技术成熟，使用广泛，信息量少，只支持英文或数字。 设备成本低廉，需与电脑数据库结合	点阵图形，信息密度高，数据量大，具备纠错能力。编码专利权，需支付费用。 生成后不可更改，安全性高。 支持多种文字，包括英文、中文、数字等

项　目	一　维　条　码	二　维　条　码
容量	密度低、容量小	密度高、容量大
纠错	可以校检码进行错误侦测，但没有错误纠正能力	有错误检验及错误纠正能力，并可根据实际应用设置不同的安全等级
方向性	不存储资料，垂直方向的高度是为了识读方便，并弥补印刷缺陷或局部损坏	携带资料，对印刷缺陷或局部损坏，由于具有错误纠正机制，因此可以进行资料信息的恢复
用途	主要用于对商品的标识	用于对商品的描述
依赖性	多数场合须依赖资料库及通信网络的存在	可不依赖资料库及通信网络的存在而单独应用
识读设备	用线性扫描器识读，如光笔、线性型 CCD、激光枪等	对于堆叠式，可用线性扫描器多次扫描，或用图像扫描仪识读；对于矩阵式，则仅能用图像扫描仪识读

一维条码与二维条码应用处理：虽然一维条码和二维条码的原理都是用符号来携带资料，达成资料的自动辨识，但是从应用的观点来看，一维条码偏重于"标识"商品，而二维条码则偏重于"描述"商品。因此，相较于一维条码，二维条码（2D）不仅只保存关键值，并可将商品的基本资料编入二维条码中，达到资料库随着产品走的效果，进一步提供许多一维条码无法达成的应用。例如：一维条码必须搭配电脑资料库才能读取产品的详细资讯，若为新产品，则必须再重新登录，对产品特性为多样少量的行业构成应用上的困扰。

此外，一维条码稍有磨损即会影响条码阅读效果，故不太适用于工厂型行业。除了这些资料重复登录与条码磨损等问题，二维条码还可有效解决许多一维条码所面临的问题，让企业充分享受资料自动输入、无键输入的好处，为企业与整体产业带来相当的利益，也拓宽了条码的应用领域。

1.3.3　光学字符识别技术

光学字符识别（Optical Character Recognition，OCR）是指对文本资料进行扫描，然后对图像文件进行分析处理，获取文字及版面信息的过程。光学字符识别已有 30 多年历史，近几年又出现了图像字符识别（Image Character Recognition，ICR）和智能字符识别（Intelligent Character Recognition，ICR），实际上这三种自动识别技术的基本原理大致相同。

光学字符识别是图像识别技术的一种。它是针对印刷体字符，采用光学的方式将文档资料转换成为原始资料黑白点阵的图像文件，然后通过识别软件将图像中的文字转换成文本格式，以便文字处理软件进一步编辑加工的系统技术。其目的就是让计算机知道它到底看到了什么，尤其是文字资料。

1.3.3.1　OCR 技术的发展历程

也许提到"OCR"，许多人会觉得非常陌生，其实 OCR 技术的应用无处不在，而 OCR 也在时刻改变着人们的生活。

1. OCR 技术由来已久

1929 年，德国科学家 Tausheck 首先提出了 OCR 的概念，并且申请了专利。几年后，美国科学家 Handel 也提出了利用该技术对文字进行识别的想法。但这种梦想直到计算机的诞生才变成了现实。OCR 的意思就演变成为利用光学技术对文字和字符进行扫描识别，转化成计算机内码。

在 60～70 年代，世界各国相继开始了 OCR 的研究，而研究的初期，多以文字的识别方法为主，且识别的文字仅为 0～9 的数字。以同样拥有方块文字的日本为例，1960 年左右开始研究 OCR 的基本识别理论，初期以数字为对象，1965—1970 年之间开始有一些简单的产品，如印刷文字的邮政编码识别系统，识别邮件上的邮政编码，帮助邮局做区域分信的作业，因此至今邮政编码一直是各国所倡导的地址书写方式。

2. 汉字 OCR 技术发展迅速

对于汉字的识别最早可以追溯到 20 世纪 60 年代。OCR 技术的发展进程如表 1.11 所示。

表 1.11　OCR 技术的发展进程

时　间	代表性事件
1966 年	BM 公司的 Casey 和 Nagy 发表了第一篇关于印刷体汉字识别的论文，在这篇论文中他们利用简单的模板匹配法识别了 1000 个印刷体汉字
20 世纪 70 年代	日本学者做了许多工作，其中有代表性的系统有 1977 年东芝综合研究所研制的可以识别 2000 个汉字的单体印刷汉字识别系统
20 世纪 80 年代初期	日本武藏野电气研究所研制的可以识别 2300 个多体汉字的印刷体汉字识别系统，代表了当时汉字识别的最高水平。 此外，日本的三洋、松下、理光和富士等公司也有其研制的印刷汉字识别系统。这些系统在方法上，大都采用基于 K-L 数字变换的匹配方案，使用了大量专用硬件，其设备有的相当于小型机甚至大型机，价格极其昂贵，没有得到广泛应用

我国 OCR 技术自 20 世纪 70 年代才开始对数字、英文字母及符号的识别进行研究。同国外相比，我国的光学字符识别研究起步较晚。但由于我国政府对汉字自动识别输入的研究从 80 年代开始给予了充分的重视和支持，经过科研人员十多年的辛勤努力，汉字识别技术的发展和应用有了长足进步：

从简单的单体识别发展到多种字体混排的多体识别，从中文印刷材料的识别发展到中英混排印刷材料的双语识别。各个系统可以支持简、繁体汉字的识别，解决了多体多字号混排文本的识别问题，对于简单的版面可以进行有效的定量分析，同时汉字识别率可达 98% 以上。

1.3.3.2　OCR 技术的应用

1. OCR 的"三级跳"

任何一项技术要从实验室走向市场，都要实现技术、产品和应用的"三级跳"。对于 OCR 技术来说也是如此。如前所述，OCR 在中国经历了几十年的发展，技术和产品已经非常成熟了，其识别率也已经达到相当高的水平，而在应用方面，却远远落后于欧美以及日本等国家和地区。因此，实现 OCR 从技术、产品顺利"跳入"应用领域就成了许多有识之士的奋斗目标。

从行业消费者的需求来看，电子政务、金融、保险、税务、工商等行业用户对信息识别的需求已越来越广泛，由此大力促进了识别技术的大规模应用。而个人消费者对资料电子化、手写识别技术等需求拓展了 OCR 技术在这一领域的应用之路。与此同时，网络时代的特征也在影响着 OCR 应用市场的前进步伐，政府、公司、家庭、个人均是网络时代的组成部分，个人资料电子化、商务办公自动化等需求的呼声越来越高涨，从这个角度来看，OCR 应用市场的崛起颇有"时势造英雄"的意味。

在成熟的技术应用和市场的需求下，以成熟完备的技术积累为基础，信息识别领域的应用导向将 OCR 市场送上了更高的台阶。

2. 无处不在的 OCR

当前，OCR 已经逐步进入了人们日常学习、生活、工作等各个领域。通常情况下，银行的客户存单一般都需要进行图像存档，以前的存档方法是通过微拍的方式，非常耗时、耗力。现在通过 OCR 技术，用扫描仪对存单进行扫描，对存单的关键字段进行识别，然后进行索引、存盘，极大地方便了查找。

从上面应用中不难发现，只要涉及表格、文字方面的信息处理，OCR 就能很好地发挥优势。因此，保险公司的保单、超市的进货单、增值税发票，甚至人大代表的选票，都可以用 OCR 进行识别，而且识别率相当高。

1.3.3.3　OCR 系统的工作流程

一个 OCR 系统，从影像到结果输出，须经过影像输入、影像前处理、文字特征抽取、比对识别，最后经人工校正将认错的文字更正并将结果输出，详细的工作流程及描述如表 1.12 所示。

表 1.12　OCR 系统的工作流程及描述

步　骤	环　节	描　　述
1	影像输入	OCR 处理的档案必须通过光学仪器，如影像扫描仪、传真机或任何摄影器材，将影像转入计算机
2	影像前处理	影像前处理是 OCR 系统中须解决问题最多的一个模块，包含影像正规化、去除噪声、影像矫正等的影像处理，及图文分析、文字行与字分离等的文件前处理
3	文字特征抽取	单以识别率而言，特征抽取是 OCR 的核心。 特征分为两类：一类为统计特征，一类为结构特征
4	对比数据库	当输入文字运算、处理特征后，需要与数据库或特征数据库进行比对
5	对比识别	根据不同的特征，选用不同的数学距离函数，利用各种特征比对方法的相异互补性，识别出结果
6	字词后处理	利用比对后的识别文字与其可能的相似候选字群，根据前后的识别文字，找出最合乎逻辑的词，并做出更正
7	字词数据库	为字词后处理所建立的词库
8	人工校正	是 OCR 最后的环节。 本功能实现了文字影像与识别文字的对照、屏幕信息的定位、每一个识别文字的候选字功能、拒认字功能，并在字词后处理中特意标出可能有问题的字词，大大降低了校验者的工作量
9	结果输出	输出需要的档案格式

1.3.4 生物特征识别技术

生物特征识别（Biometric Recognition 或 Biometric Authentication）技术是计算机科学中，利用生物特征对人进行识别并进行访问控制的学科。

生物特征识别技术主要是指通过人类生物特征进行身份认证的一种技术，这里的生物特征通常具有唯一的（与他人不同）、可以测量或可自动识别和验证、遗传性或终身不变等特点。所谓生物特征识别的核心在于如何获取这些生物特征，并将之转换为数字信息，存储于计算机中，利用可靠的匹配算法来完成验证与识别个人身份的过程。

生物特征包括身体特征和行为特征，身体特征包括指纹、静脉、掌形、视网膜、虹膜、人体气味、脸型、血管、DNA、骨骼等；行为特征则包括签名、语音、行走步态等。

生物特征识别系统则对生物特征进行取样，提取其唯一的特征转化成数字代码，并进一步将这些代码组成特征模板，当人们与识别系统交互进行身份认证时，识别系统通过获取其特征并与数据库中的特征模板进行比对，以确定二者是否匹配，从而决定接受或拒绝该人。

由于人体特征具有人体所固有的不可复制的唯一性，这一生物密钥无法复制、失窃或被遗忘，因此生物特征识别比传统的身份鉴定方法更具安全、保密和方便性。生物特征识别技术具有不易遗忘、防伪性能好、不易伪造或被盗、随身"携带"和随时随地可用等优点。

1.3.4.1 生物特征识别的起源及发展

生物特征识别的应用可以追溯到古埃及，当时人们根据生物特征识别技术，通过给人身体的某一个特定部位进行测量，并记录下数据，当要证明某个人的身份时，就和记录的数据进行比对。

在我国古代也用到了生物特征识别技术，秦汉时期，人们将写好的文书用黏土封口，然后再摁上自己的指纹作为凭证。

到了 20 世纪末期，近代的生物特征识别技术开始蓬勃发展，但是由于生物特征识别设备在当时是一个高成本产物，因而并没有得到普及，只在一些高度安保环境中才使用。随着计算机应用的发展，生物特征识别技术越来越成熟，生物特征识别产品成本也越来越低，生物特征识别技术已经在刑侦、政府、军队、电信、金融、商业等领域得到了广泛应用。

我国生物特征识别行业最早发展的是指纹识别技术，基本与国外同步，早在 20 世纪 80 年代初就开始了研究，并掌握了核心技术，产业发展相对比较成熟。而我国对于人脸识别、虹膜识别、掌形识别等生物认证技术研究的开展则在 1996 年之后。1996 年，现任中国科学院副秘书长、模式识别国家重点实验室主任谭铁牛入选中科院的"百人计划"，辞去英国雷丁大学的终身教授职务回国，开辟了基于人类生物特征的身份鉴别等国际前沿领域新的学科研究方向，开始了我国对人脸、虹膜、掌纹等生物特征识别领域的研究。

1.3.4.2 生物特征识别的基本原理和特点

1. 生物特征识别的基本原理

生物特征识别原理如图 1.23 所示。

完成整个生物特征识别，首先要对生物特征进行取样，样品可以是指纹、面相、语音等；其次要经过生物特征提取，系统提取唯一的生物特征，并转化为特征代码，再将特征代码存入数据库，形成识别数据库；当人们通过生物特征识别系统进行身份认证的时候，识别系统将获取被认证人的特征，然后通过一种特征匹配算法将被认证人的特征与数据库中的特征代码进行比对，从而决定接受还是拒绝该人。

图 1.23　生物特征识别原理

2. 生物特征识别的特点

生物特征识别技术的特点，决定了该技术作为个人身份鉴别的有效性，其特点如下：

（1）普遍性

生物特征识别所依赖的身体特征基本上是人类与生俱来的，因此不需要向有关部门申请或制作。

（2）唯一性和稳定性

经研究和经验表明，每个人的指纹、掌纹、面部、发音、虹膜、视网膜、骨架等都与别人不同，且终生不变。

（3）不可复制性

随着计算机技术的发展，复制钥匙、密码卡以及盗取密码、口令等都变得越发容易，然而要复制人类的活体指纹、掌纹、面部、虹膜等生物特征就困难得多。

综上所述，利用生物特征进行身份验证的方法，不依赖各种人造的和附加的物品来证明人的自身，而用来证明自身的恰恰是人的本身，所以它不会丢失、不会遗忘，很难伪造和假冒，是一种"只认人、不认物"，方便安全的保安手段。

1.3.4.3　生物特征识别的主要内容

1. 指纹识别

指纹在我国古代就被用来代替签字画押，证明身份。

指纹大致可分为弓、箕、斗三种基本类型，如图 1.24 所示，并且具有每个人不同、终身不变的特性。

图 1.24　基本的纹形图案

指纹识别是目前最成熟、最方便，且可靠、无损伤和价格便宜的生物特征识别技术解决方案，已经在许多领域中得到了广泛的应用。

指纹识别具有如下优点：

（1）专一性强，复杂程度高。指纹是人体独一无二的特征，并且它们的复杂度足以提供用于鉴别的足够特征。

（2）可靠性高。想要增加可靠性，只需登记更多的指纹。

（3）速度快、使用方便。扫描指纹的速度很快，使用非常方便。

（4）设备小、价格低。指纹采集装置更加小型化，可以很容易地与其他设备相结合，并且随着电子传感芯片的快速发展，其价格也会更加低廉。

同时，指纹识别也具有如下缺点：

（1）某些人或某些群体的指纹因为指纹特征很少，故而很难成像。

（2）目前的指纹识别技术，在识别过程中只存储指纹特征数据而不存储指纹图像，因此指纹数据存储不全面。

（3）每一次使用指纹时都会在指纹采集装置上留下用户的指纹印痕，而这些指纹痕迹存在被用来复制指纹的可能性。

2．掌纹识别

手掌几何学是基于这样一个事实：几乎每个人的手的形状都是不同的，而且这个手的形状在人达到一定年龄之后就不再发生显著变化。当用户把他的手放在手形读取器上时，一个手的三维图像就被捕捉下来，读取器对手指和指关节的形状和长度进行测量，从而得到掌纹的特征信息，如图 1.25 所示。

根据被识别对象部位的不同，手形数据的读取可分为下列三种范畴：手掌的应用、手中血管的模式及手指的几何分析。

映射出手的不同特征是相当简单的，不会产生大量数据集。但是，即使有了相当数量的记录，手掌几何学也不一定能够将人区分开来，这是因为手的特征是很相似的。与其他生物特征识别方法相比，手掌几何学不能获得最高程度的准确度。当数据库持续增大时，就需要在数量上增加手掌的明显特征，以便用来清楚地将人与模板进行辨认和比较。

3．与眼睛相关的识别技术

与眼睛相关的识别技术主要包括虹膜识别、视网膜识别和角膜识别，其中常用的是虹膜识别和视网膜识别。

（1）虹膜识别

虹膜是位于人眼表面黑色瞳孔和白色巩膜之间的圆环状区域，在红外光下呈现出丰富的纹理信息，如斑点、条纹、细丝、冠状、隐窝等细节特征。虹膜从婴儿胚胎期的第 3 个月起开始发育，到第 8 个月虹膜的主要纹理结构已经成形。

除非经历危及眼睛的外科手术，此后几乎终生不变，如图 1.26 所示。

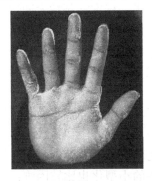

图 1.25　掌纹的特征信息

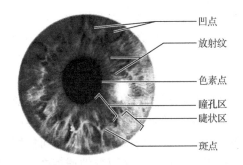

凹点
放射纹
色素点
瞳孔区
睫状区
斑点

图 1.26　虹膜图像

虹膜识别通过对比虹膜图像特征之间的相似性来确定人们的身份，其核心是使用模式识别、图像处理等方法对人眼睛的虹膜特征进行描述和匹配，从而实现自动的个人身份认证。

英国国家物理实验室的测试结果表明：虹膜识别是各种生物特征识别方法中错误率最低的。从普通家庭门禁、单位考勤到银行保险柜、金融交易确认，应用后都可有效简化通行验证手续、确保安全。如果手机加载"虹膜识别"，那么即使手机丢失也不用担心信息泄露。机场通关安检中采用虹膜识别技术，将缩短通关时间，提高安全等级。

（2）视网膜识别

视网膜是眼睛底部的血液细胞层。视网膜扫描采用低密度的红外线去捕捉视网膜的独特特征，血液细胞的唯一模式就因此被捕捉下来。某些人认为视网膜是比虹膜更为唯一的生物特征。

视网膜识别的优点在于它是一种极其固定的生物特征，因为它是"隐藏"的，具有如下特点：

① 不可能受到磨损、老化等影响。

② 使用者无须与设备进行直接的接触。

③ 它是一个最难欺骗的系统，因为视网膜是不可见的，故而不会被伪造。

④ 视网膜识别也有一些不完善的地方，如视网膜技术可能会给使用者带来健康方面的损伤，这需要进一步的研究。

⑤ 设备投入较为昂贵，识别过程的要求也高。

因此，视网膜识别在普遍推广应用上具有一定的难度。

4．人脸（面部）识别

面部识别系统是通过分析面部特征的唯一形状、模式和位置来辨识人，如图 1.27 所示。

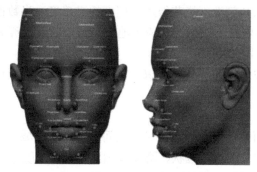

图 1.27　人脸识别的数据采集

面部识别采集处理的方法主要是标准视频和热成像技术。标准视频技术通过一个标准的摄像头摄取面部的图像或者一系列图像，在面部被捕捉之后，一些核心点被记录（如眼睛、鼻子和嘴的位置以及它们之间的相对位置）下来后形成模板；热成像技术通过分析由面部的毛细血管的血液产生的热线来产生面部图像，与视频摄像头不同，热成像技术并不需要在较好的光源条件下，因此即使在黑暗情况下也可以使用。

面部生物特征识别技术的吸引力在于它能够人机交互，用户不需要与设备直接接触。但相对指纹识别来说，早期的可靠性较差，主要原因在于：

使用者面部的位置与周围的光环境都可能影响系统的精确性，并且设备十分昂贵，只有比较高级的摄像头才可以高速有效地捕捉面部图像，设备的小型化也比较困难；此外，面部识别系统对于因人体面部（如头发、饰物、变老等）的变化需要通过人工智能来得到补偿。

但是，随着机器知识学习系统的不断完善及高速运算的 IC 的出现及算法的改进，早期制约人脸识别的因素逐渐被解决，目前此项技术基本成熟，正在逐步代替指纹识别。

5．语音识别

语音识别主要包括两方面：语言和声音。声音识别是对基于生理学和行为特征的说话者噪音和语言学模式的运用，它与语言识别不同之处在于不对说出的词语本身进行辨识，而是通过分析语音的唯一特性，如发音的频率，来识别出说话的人。

声音辨识技术使得人们可以通过说话的噪音来控制能否出入限制性的区域。例如，通过电话拨入银行、数据库服务、购物或语音邮件，以及进入保密的装置。语言识别则要对说话的内容进行识别，主要可用于信息输入、数据库检索、远程控制等方面。现在身份识别方面更多的是采用声音识别。

声音识别也是一种非接触的识别技术，用户可以很自然地接受，使用方便。但由于非人性化的风险、远程控制和低准确度，它并不可靠；并且声音的变化范围大（如音量、速度和音质等），会直接影响采集与比对的精确度，一个患上感冒的人有可能被错误地拒认从而无法使用该声音识别系统。同时，随着数字化技术的发展，音频数字处理技术很可能欺骗声音识别系统，其安全性受到了挑战。

6．签名识别

签名识别也被称为签名力学辨识，它是建立在签名时的力度上的。它分析的是笔的移动，例如加速度、压力、方向以及笔画的长度，而非签名的图像本身。签名识别和声音识别一样，是一种行为测定学。签名力学的关键在于区分出不同的签名部分，有些是习惯性的，而另一些在每次签名时都不同。

签名作为身份认证的手段已经有几百年了，应用范围从独立宣言到信用卡都可见到，是一种能很容易被大众接受而且是一种公认的较为成熟的身份识别技术。然而，签名辨识的问题仍然存在于获取辨识过程中使用的度量方式以及签名的重复性。签名系统已被控制在某种方式上去接受变量，如果不降低接受率，就无法持续地衡量签名的力度。

7．DNA识别

人体内的DNA在整个人类范围内具有唯一性（除双胞胎可能具有同样结构的DNA外）和永久性。因此，除对双胞胎个体的鉴别可能失去它应有的功能外，这种方法具有绝对的权威性和准确性。

DNA鉴别方法主要根据人体细胞中DNA分子的结构因人而异的特点进行身份鉴别。这种方法的准确性优于其他任何身份鉴别方法，同时有较好的防伪性。然而，DNA的获取和鉴别方法（DNA鉴别必须在一定的化学环境下进行）限制了DNA鉴别技术的实时性；另外，某些特殊疾病可能改变人体DNA的结构组成，系统无法正确地对这类人群进行鉴别。

8．其他识别技术

除了以上介绍的几种生物特征识别技术，现在开发和研究中的还有通过静脉、耳朵形状、按键节奏、身体气味、行走步态等的识别技术。

五类主要的人体生物特征的自然属性如表1.13所示。

表1.13　五类主要的人体生物特征的自然属性

自然属性	虹膜	指纹	面部	DNA	静脉
唯一性	因人而异	因人而异	因人而异	亲子相近同卵双胞胎相同	唯一性
稳定性	终生不变	终生不变	随年龄段改变	终生不变	终生不变
抗磨损性	不易磨损	易磨损	较易磨损	不受影响	不受影响

续表

自然属性	虹 膜	指 纹	面 部	DNA	静 脉
痕迹残留	不留痕迹	接触时留有痕迹	不留痕迹	体液、细胞中含有	不留痕迹
遮蔽情况	可戴手套面罩	不能戴手套	不能戴面罩	不需接触	

从上表列出的特性可以看出，某一应用领域可能特别需要某种生物特征，如刑侦应用与指纹识别、亲子鉴定与 DNA 等。与其他生物特征相比，虹膜组织更适合信息安全和通道控制领域。例如，虽然多种特征都具有因人而异的自然属性，但虹膜的重复率极低，远远低于其他特征。又如，痕迹可以给刑侦带来很大方便，但痕迹易被他人利用来造假，则不利于信息安全。另外，虹膜相对不易因伤受损，大大减少了因外伤而导致无法识别的可能性。而静脉识别更完美，精确度可以和虹膜识别媲美，无须接触，操作方便，适应人群广泛。

1.3.5 常见的自动识别技术比较

常用自动识别技术的比较如表 1.14 所示。

表 1.14 常用自动识别技术的比较

项 目	识 别 技 术			
	条 码	OCR	IC 卡	射 频 识 别
信息载体	纸或物质表面	物质表面	存储器	存储器
信息量	小	小	大	大
读写性	只读	只读	读/写	读/写
读取方式	光电扫描转换	光电转换	电路接口	无线通信
人工识读性	受制约	简单容易	不可能	不可能
保密性	无	无	好	好
智能化	无	无	有	有
受污染/潮湿影响	很严重	很严重	可能	没有影响
光遮盖	全部失效	全部失效	没有影响	没有影响
受方向和位置影响	很小	很小	单向	没有影响
识读速度	慢（<4s）	慢（<3s）	慢（<4s）	很快（<0.5s）
识读距离	近	很近	接触	远
使用寿命	较短	较短	长	最长
国际标准	有	无	不全	有，并持续更新
价格	最低	较高	较高	较高

由表可见，射频识别最突出的特点是可以非接触识读（识读距离从几厘米至几十米）、可识别高速运动物体、抗恶劣环境、保密性强、高准确性和安全性、识别唯一、无法伪造、可同时识别多个识别对象等。

1.4 物联网与云技术

云技术是指在广域网或局域网内将硬件、软件、网络等系列资源统一起来，实现数据的计算、存储、处理和共享的一种托管技术。

云技术（Cloud Technology）是基于云计算商业模式应用的网络技术、信息技术、整合技术、管理平台技术、应用技术等的总称，可以组成资源池，按需使用，灵活便利。

【知识链接 1.2】　最著名的云计算例子——亚马逊的 EC2 网格

亚马逊弹性计算云（Elastic Compute Cloud，EC2）是一个让使用者可以租用云端电脑运行所需应用的系统。EC2 借由提供 Web 服务的方式让使用者可以弹性地运行自己的 Amazon 机器映像档，使用者可以在这个虚拟机器上运行任何自己想要的软件或应用程序。它提供可调整的云计算能力，旨在使开发者的网络规模计算变得更加容易。

《纽约时报》租用了这个网格创建了数据容量达 4TB 的 PDF 文件库，包含了从 1851—1920 年之间纽约时报发表的 1100 万篇文章。

据《纽约时报》的 Derek Gottfrid 说，他使用了 100 个亚马逊的 EC2 实例和一个 Hadoop 应用程序，在不到 24 小时的时间里就编排完成了全部的 1100 万篇文章，并且生成了另外 1.5TB 数据，累计用了 240 美元。

即使云计算没有作为一项主流的服务应用，但是它能提供这种难得的处理能力也是一种可行的选择。

云计算技术将变成重要支撑。技术网络系统的后台服务需要大量的计算、存储资源，如视频网站、图片类网站和更多的门户网站。伴随着互联网行业的高速发展和应用，将来每个商品都有可能存在自己的识别标志，都需要传输到后台系统进行逻辑处理，不同程度级别的数据将会分开处理，各类行业数据皆需要强大的系统后台支撑，这只能通过云计算来实现。

最简单的云计算技术在网络服务中已经随处可见，如搜寻引擎、网络信箱等，使用者只要输入简单指令即能得到大量信息。

未来如手机、GPS 等都可以通过云计算技术发展出更多的应用服务。未来的云计算不仅能实现资料搜寻、分析的功能，像分析 DNA 结构、基因图定序、解析癌症细胞等工作也可以通过这项技术轻易完成。

云技术的一个发展方向是将实验室中的云计算理论与半成熟的理论（如软件即服务或面向服务架构等）结合起来，将企业应用和功能置于云中。例如，与其将一些已经成熟的服务（如电邮服务）加入云应用中，不如想象一下，将企业的供应链系统加入云应用中，实现与供应商的实时链接。从逻辑上讲，企业可以将业务流程和功能分割成小的功能块，并将其与云技术结合，从而创造出个性化的业务功能，同时将原先一两年才能完成的架构搭建工作缩短到数周或数月完成。

1.4.1　云计算技术

2006 年，27 岁的 Google 高级工程师克里斯托夫·比希利亚第一次向 Google 董事长兼 CEO 施密特提出"云计算"的想法，在施密特的支持下，Google 推出了"Google 101 计划"，并正式提出"云"的概念，由此拉开了一个计算技术及商业模式的变革。

Google 的云计算概念是一个形象的说法，包含两个层次的含义：一是商业层面，即"云"；一个是技术层面，即"计算"。把云和计算相结合，用来说明 Google 在商业模式和计算架构上与传统的软件和硬件公司的不同。

云计算（Cloud Computing）是分布式计算（Distributed Computing）、并行计算（Parallel Computing）、效用计算（Utility Computing）、网络存储（Network Storage Technologies）、虚拟化（Virtualization）、负载均衡（Load Balance）等传统计算机和网络技术发展融合的产物。同时，云计算是一个很时尚的概念，它既不是一种技术，也不是一种理论，而是一种商业模式的体现方式。

"云计算"代表了一个时代需求，反映了市场关系的变化，拥有了更为庞大的数据规模，就可以提供更广更深的信息服务，而软件和硬件影响相对缩小。

【应用案例 1.1】 云存储

在云计算出现之前，对于日常工作和生活的文件，通常采用移动硬盘、U 盘等实物存储装置进行备份，因此使用时必须将存储装置随身携带，而且往往存储容量有限。

但云计算的出现彻底改变了这一格局：通过云计算服务提供商提供的云存储技术，只需要一个账户和密码，就可以在任何有互联网的地方对数据进行访问和使用，其便捷性远远优于移动硬盘。在成本方面，远远低于各类存储装置的价格，而且更具灵活性，不但摆脱了办公地点等空间、地域的限制，而且在一定程度上也摆脱了存储容量的限制。

云计算是一个新领域，使用了与 Linux、高性能计算和虚拟化等有关的技术，对于 IBM 和惠普等公司来说，大型计算机的复苏和服务器的发展以及数据中心在能力、数据和处理器利用率方面的效率已经使云计算成为现实。

【应用案例 1.2】 云"决策"

在 GPS 被广泛应用之前，如果到一个陌生的地方出差或者旅游，那么必须准备一张最新版的当地地图，否则将寸步难行。即使有了地图，有时也需要拿着地图进行问路和确认。

GPS 的出现，改变了出行的效率和规划：只需要有智能手机和网络，便可以拥有最新版的全世界地图。在拥有智慧交通的城市中，还可以通过地图获得最佳的出行路线和解决方案，如获取实时的交通路况、天气状况等。

正是基于云计算技术的 GPS，把这一切变为了可能。所有的服务，均存储在服务提供商的"云"中，通过手机终端便可以访问相关的信息，从而为访问者提供决策方案。

1.4.1.1 云计算的关键技术

云计算实际上包含多种技术，如软件即服务（SaaS）和硬件即服务（HaaS）。软件即服务是 Salesforce 公司提出的一种发布软件的新方式，而硬件即服务则是亚马逊和其他公司推出的通过网络提供存储和计算能力的新方式。

云计算系统的平台管理技术能够使大量的服务器协同工作，方便进行业务部署和开通，快速发现和恢复系统故障，通过自动化、智能化的手段实现大规模系统的可靠运营。

云计算系统核心技术为并行计算，并行计算是指同时使用多种计算资源解决计算问题的过程。通过并行计算集群完成数据的处理，再将处理的结果返回给用户。

1. 虚拟化技术

虚拟化技术是指计算元件在虚拟的基础上而不是真实的基础上运行，它可以扩大硬件的容量，简化软件的重新配置过程，减少软件虚拟机相关开销和支持更广泛的操作系统。

通过虚拟化技术可实现软件应用与底层硬件相隔离，包括将单个资源划分成多个虚拟资源的分裂模式，也包括将多个资源整合成一个虚拟资源的聚合模式。虚拟化技术根据对象可分成存储虚拟化、计算虚拟化、网络虚拟化等，计算虚拟化又分为系统级虚拟化、应用级虚拟化和桌面虚拟化等。

在云计算实现中，系统虚拟化是一切建立在"云"上的服务与应用的基础。虚拟化技术主要应用在 CPU、操作系统、服务器等方面，是提高服务效率的最佳解决方案。

2．分布式海量数据存储

云计算系统由大量服务器组成，同时为大量用户服务，因此云计算系统采用分布式存储的方式存储数据，用冗余存储的方式（集群计算、数据冗余和分布式存储）保证数据的可靠性。冗余存储的方式通过任务分解和集群，用低配机器替代超级计算机的性能来保证低成本，这种方式保证分布式数据的高可用、高可靠和经济性，即同一份数据存储多个副本。

云计算系统中广泛使用的数据存储系统是 Google 的 GFS 和 Hadoop 团队开发的 GFS。

3．海量数据管理技术

由于云计算需要对分布的、海量的数据进行处理、分析，因此数据管理技术必需能够高效地管理大量的数据。

云计算系统中的数据管理技术主要是 Google 的 BigTable 数据管理技术和 Hadoop 团队开发的开源数据管理模块 HBase。由于云数据存储管理形式不同于传统的 RDBMS 数据管理方式，如何在规模巨大的分布式数据中找到特定的数据，也是云计算数据管理技术所必须解决的问题。同时，由于管理形式的不同造成传统的 SQL 数据库接口无法直接移植到云数据管理系统中，因此研究关注于为云数据管理提供 RDBMS 和 SQL 的接口，如基于 Hadoop 子项目 HBase 和 Hive 等。

另外，在云数据管理方面，如何保证数据安全性和数据访问高效性也是研究关注的重点问题之一。

4．编程方式

云计算提供了分布式的计算模式，客观上要求必须有分布式的编程模式。

云计算采用了一种思想简洁的分布式并行编程模型 Map-Reduce。Map-Reduce 是一种编程模型和任务调度模型，主要用于数据集的并行运算和并行任务的调度处理。在该模式下，用户只需要自行编写 Map 函数和 Reduce 函数即可进行并行计算。其中，Map 函数定义各节点上的分块数据的处理方法，Reduce 函数定义中间结果的保存方法以及最终结果的归纳方法。

5．云计算平台管理技术

云计算资源规模庞大，服务器数量众多并分布在不同的地点，同时运行着数百种应用，如何有效地管理这些服务器，保证整个系统提供不间断的服务是巨大的挑战。

1.4.1.2　云技术的现状

同许多技术创新一样，云计算的应用遇到了传统的系统和设想的阻碍。

尽管云计算能够提供节省成本的好处，但是其在新兴市场的应用将超过在欧洲或者美洲市场的应用。由于各地区发展的程度和地域的差异，因此差别较大。各地区的云技术发展现状对比如表 1.15 所示。

不过，IBM 已经在中国、南非和越南等国家建立了云计算中心，使得当地的个人、团体和企业能够立即访问以前无法接触到的应用程序。

表 1.15　各地区的云技术发展现状对比

地　区	发 展 状 况
发达国家和地区	大多数企业已经拥有依赖于传统的硬件、软件和常规的工作方式的基础设施
东南亚、印度、撒哈拉以南的非洲	中小企业很少拥有复杂的客户端/服务器基础设施

同云计算、网络计算和/或公用计算的其他实例一样，这些中心以运行在大型计算机或者刀片式服务器上的虚拟化的 Linux 实例为基础，能够极大地促进这些中心所在地的经济。

云计算的概念也许对于 IT 经理是有魅力的，但是像许多颠覆当前做事方法的想法一样，云计算也存在一些阻力，如隐私和控制的问题。不过，云计算的价值在于它使用户回到了大型计算机的世界，无论用户使用的是移动电脑还是掌上电脑，其计算能力都远远超过三四十年前的大型计算机。

对于企业而言，如亚马逊、Salesforce、IBM、甲骨文和微软等，为用户提供网络存储和软件等服务，帮助它们进行客户关系管理。

1.4.1.3　云技术的应用

1. 云计算与物联网

云计算和物联网之间的关系可以用一个形象的比喻来说明："云计算"是"互联网"中的神经系统的雏形，"物联网"是"互联网"正在出现的末梢神经系统的萌芽。

【应用案例 1.3】　人与车"互动"的车联网

车联网的概念源于物联网，即车辆物联网，是以行驶中的车辆为信息感知对象，借助新一代信息通信技术，实现车与 X（即车与车、人、路、服务平台）之间的网络连接，提升车辆整体的智能驾驶水平，为用户提供安全、舒适、智能、高效的驾驶感受与交通服务，同时提高交通运行效率，提升社会交通服务的智能化水平。

在车联网中，通过各种传感器及设备，可以实现如下的人与车互动：

（1）采集并分析司机的驾驶习惯，实时监测车辆各零部件如轮胎、刹车片、空调等状态。

（2）提供实时交通路况，供司机决策。

（3）适时给司机提供驾驶建议。

（4）可以将上述数据和保险公司数据库结合，提供最合适的保险计划。

2. 云安全

云安全（Cloud Security）是一个从"云计算"演变而来的新名词。云安全的策略构想是：使用者越多，每个使用者就越安全，因为如此庞大的用户群，足以覆盖互联网的每个角落，只要某个网站被挂马或某个新木马病毒出现，就会立刻被截获。

"云安全"通过网状的大量客户端对网络中软件行为的异常进行监测，获取互联网中木马、恶意程序的最新信息，推送到 Server 端进行自动分析和处理，再把病毒和木马的解决方案分发到每一个客户端。

3. 云存储应用

云存储是在云计算概念上延伸和发展出来的一个新概念，是指通过集群应用、网格技术或分布式文件系统等功能，将网络中大量各种不同类型的存储设备通过应用软件集合起来协同工作，共同对外提供数据存储和业务访问功能的一个系统。

当云计算系统运算和处理的核心是大量数据的存储和管理时，云计算系统中就需要配置大量的存储设备，那么云计算系统就转变成为一个云存储系统，所以云存储是一个以数据存储和管理为核心的云计算系统。

4．云呼叫应用

云呼叫中心是基于云计算技术而搭建的呼叫中心系统，企业无须购买任何软硬件系统，只需具备人员、场地等基本条件，就可以快速拥有属于自己的呼叫中心，软硬件平台、通信资源、日常维护与服务由服务器商提供。

云呼叫系统具有建设周期短、投入少、风险低、部署灵活、系统容量伸缩性强、运营维护成本低等众多特点；无论是电话营销中心还是客户服务中心，企业只需按需租用服务，便可建立一套功能全面、稳定、可靠、座席可分布全国各地、全国呼叫接入的呼叫中心系统。

5．私有云应用

私有云（Private Cloud）是将云基础设施与软硬件资源创建在防火墙内，为机构或企业内各部门提供共享数据中心内的资源。

私有云计算同样包含云硬件、云平台、云服务三个层次。

6．云游戏应用

云游戏是以云计算为基础的游戏方式，在云游戏的运行模式下，所有游戏都在服务器端运行，并将渲染后的游戏画面压缩后通过网络传送给用户。在客户端，用户的游戏设备不需要任何高端处理器和显卡，只需要基本的视频解压能力就可以了。

7．云教育应用

视频云计算应用在教育行业的实例：流媒体平台采用分布式架构部署，分为 Web 服务器、数据库服务器、直播服务器和流服务器，如有必要可在信息中心架设采集工作站、搭建网络电视或实况直播应用，在各个学校已经部署录播系统或直播系统的教室配置流媒体功能组件，这样录播实况可以实时传送到流媒体平台管理中心的全局直播服务器上，同时录播的学校也可以上传到信息中心的流存储服务器上，方便今后的检索、点播、评估等各种应用。

8．云会议应用

云会议是基于云计算技术的一种高效、便捷、低成本的会议形式。使用者只需要通过互联网界面，进行简单易用的操作，便可快速高效地与全球各地团队及客户同步分享语音、数据文件及视频，而会议中数据的传输、处理等复杂技术由云会议服务商帮助使用者进行操作。

目前，国内云会议主要集中在以 SaaS 模式为主体的服务内容，包括电话、网络、视频等服务形式，基于云计算的视频会议就叫云会议。云会议是视频会议与云计算的完美结合，带来了最便捷的远程会议体验。及时语移动云电话会议是云计算技术与移动互联网技术的完美融合，通过移动终端进行简单的操作，随时随地高效地召集和管理会议。

9．云社交应用

云社交（Cloud Social）是一种物联网、云计算和移动互联网交互应用的虚拟社交应用模式，以建立著名的"资源分享关系图谱"为目的，进而开展网络社交。云社交的主要特征就是把大量的社会资源统一整合和评测，构成一个资源有效池向用户按需提供服务。参与分享的用户越多，创造的价值就越大。

1.4.2　云计算与大数据

从技术上来看，大数据和云计算的关系就像一枚硬币的正反面一样密不可分。大数据必然无法用单台的计算机进行处理，必须采用分布式架构。大数据的特色在于对海量数据进行分布式数据挖掘，但它必须依托云计算的分布式处理、分布式数据库和云存储、虚拟化技术。

随着云时代的来临，大数据的关注度也越来越高。大数据分析常和云计算联系到一起，因为实时的大型数据集分析需要向数十、数百或甚至数千的电脑分配工作。大数据需要特殊的技术，以有效地处理在指定时间范围内可承受的大量数据。适用于大数据的技术，包括大规模的并行处理数据库、数据挖掘、分布式文件系统、分布式数据库、云计算平台、互联网和可扩展的存储系统。

【应用案例 1.4】　疫情期间的通行证——大数据行程卡

通信大数据行程卡，是由中国信通院联合中国电信、中国移动、中国联通三家基础电信企业利用手机"信令数据"，通过用户手机所处的基站位置获取，为全国 16 亿手机用户免费提供的查询服务。手机用户可通过服务，查询本人前 14 天到过的所有地市信息，包括长途自驾、乘坐火车时途经的地点等。

在 2020 年疫情最为严重的阶段，截至 2020 年 3 月 25 日，累计查询量已超过 4.5 亿次。

整合是云计算的主要功能，无论采取何种数据分析模型或运算方式，它都是通过将海量的服务器资源通过网络进行整合，以整理出有效的数据信息，并将其分配给各个目标客户，从而解决用户因存储资源不足所带来的问题。大数据则是数据爆发式增长所带来的一个全新的研究领域，对于大数据的研究，主要集中在如何对其进行存储和有效的分析，大数据是依靠云计算技术进行存储和计算的。

1．云计算与大数据的联系

云计算与大数据的联系如表 1.16 所示。

表 1.16　云计算与大数据的联系

联　　系	详　细　描　述
云计算是大数据分析的前提	进入信息化时代之后，数据量在不断增长，大部分企业都能通过大数据获得额外收益。在大数据分析的过程中，如果提取、处理和利用数据的成本超过了数据价值的本身，大数据分析也就没有了利用价值，功能越强大的云计算能力，就越能降低数据提取过程中的成本
云计算能够过滤无用信息	对于大数据系统收集的所有数据来说，大部分数据都是没有利用价值的，因此需要过滤出能为企业提供经济效益的可用数据。 云计算可以提供按需拓展的存储资源，可以用来过滤掉无用的数据，是处理外部网络数据的最佳选择
云计算助力企业虚拟化建设	企业引入云计算系统，可以用信息来指导决策，通过将服务软件应用于云平台，还可将数据转化到企业现有系统中，帮助企业强化管理模式。 上升到我国互联网整体发展层面，云计算与企业相结合将使得大数据分析变得更加简单，也成为推动企业虚拟化建设的重要手段，将使企业在全球市场更具竞争力

2．云计算与大数据的区别

云计算与大数据的区别如图 1.28 所示。

可以这样来理解：云计算技术就是一个容器，大数据则是存放在这个容器中的水，大数据是要依靠云计算技术进行存储和计算的。因此，云计算是硬件资源的虚拟化，而大数据是海量数据的高效处理。

图 1.28　云计算与大数据的区别

从工作原理的角度观察：云计算相当于计算机和操作系统，将大量的硬件资源虚拟化后再进行分配使用。

可以说，大数据相当于海量数据的"数据库"。通过大数据领域的发展也可以看出，当前的大数据发展一直在向着近似于传统数据库体验的方向发展。简言之，传统数据库给大数据的发展提供了足够大的空间。

大数据的总体架构包括三层：数据存储、数据处理和数据分析。

数据首先要通过存储层存储下来，其次根据数据需求和目标来建立相应的数据模型和数据分析指标体系，最后对数据进行分析进而产生价值。而中间的时效性又通过中间数据处理层提供的强大的并行计算和分布式计算能力来完成。三者相互配合，这让大数据产生最终价值。

1.4.3　云服务

云服务（Cloud Serving），是基于互联网相关服务的增加、使用和交互模式，通常涉及通过互联网来提供动态易扩展且经常是虚拟化的资源。

云是网络、互联网的一种比喻说法。云服务指通过网络以按需、易扩展的方式获得所需服务。这种服务可以是 IT 和软件、互联网相关的，也可以是其他服务。它意味着计算能力也可作为一种商品通过互联网进行流通。

1.4.3.1　市场

从云计算的服务模式上看，个人云的诞生其实是整个云计算服务整体的一个延伸，个人云服务领域必将得以不断拓展，其市场价值也会得到凸显。

2020 年 7 月 29 日，中国信通院发布《云计算白皮书（2020 年）》，这是中国信通院第 6 次发布云计算白皮书。白皮书提到，云计算自 2006 年提出至今，大致经历了形成阶段、发展阶段和应用阶段。过去十年是云计算突飞猛进的十年，全球云计算市场规模增长数倍，我国云计算市场从最初的十几亿增长到现在的千亿规模，各国政府纷纷推出"云优先"策略，我国云计算政策环境日趋完善，云计算技术不断发展成熟，云计算应用从互联网行业向政务、金融、工业、医疗等传统行业加速渗透。

近几年，全球云计算市场保持稳定增长态势。2019 年，以 IaaS、PaaS 和 SaaS 为代表的全球云计算市场规模达到 1883 亿美元，增速达 20.86%。预计未来几年，市场平均增长率在 18%左右，到 2023 年市场规模将超过 3500 亿美元，如图 1.29 所示。

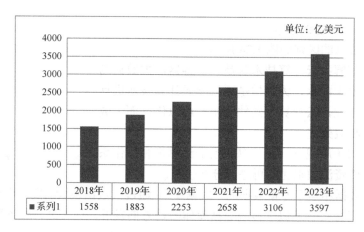

图 1.29　全球云计算市场规模及发展趋势
（资料来源：Gartner，中国信通院。）

1.4.3.2　形式

简单来说，云服务可以将企业所需的软硬件、资料都放到网络上，在任何时间、地点，使用不同的 IT 设备互相连接，实现数据存取、运算等目的。当前，常见的云服务有公共云（Public Cloud）与私有云（Private Cloud）两种。

1. 公共云成本较低

公共云是最基础的服务，多个客户可共享一个服务提供商的系统资源，他们无须架设任何设备及配备管理人员，便可享有专业的 IT 服务，这对于一般创业者、中小企来说，无疑是一个降低成本的好方法。公共云还可细分为以下 3 类：

（1）Software-as-a-Service，SaaS（软件即服务）。

（2）Platform-as-a-Service，PaaS（平台即服务）。

（3）Infrastructure-as-a-Service，IaaS（基础设施即服务）。

平日常用的 Gmail、Hotmail、网上相册都属于 SaaS，主要以单一网络软件为主导；至于 PaaS 则以服务形式提供应用开发、部署平台，加快用户自行编写 CRM（客户关系管理）、ERP（企业资源规划）等系统的功能，用户必须具备丰富的 IT 知识。

2. IaaS 满足企业不同需要

上述公共云服务成本较低，但使用灵活度不足，不满足这种服务模式的中小企业，不妨考虑 IaaS 的 IT 资源管理模式。

IaaS 架构主要通过虚拟化技术与云服务结合，直接提升整个 IT 系统的运作能力，当前的 IaaS 服务提供商，如第一线安莱公司，会以月费形式提供具有顶尖技术的软硬件及服务，如服务器、存储系统、网络硬件、虚拟化软件等。IaaS 让企业可以自由选择使用哪些软硬件及服务，中小企业可根据行业的需要、发展规模，建设最适合自己的 IT 系统。

这种服务模式能为中小企业带来多重优势：

（1）企业不必配备花费庞大的 IT 基建设备，却可享受同样专业的服务。

（2）管理层可根据业务发展的规模、需求，调配所需的服务组合。

（3）当有新技术出现时，企业可随时向服务提供商提出升级要求，不必为增加硬件而烦恼。

（4）IaaS 服务提供商拥有专业的顾问团队，中小企业可免除系统管理、IT 支持方面的支出。

3．大企业倾向架设私有云

近年来，市场竞争不断加剧，就算大型企业也关注成本的节约，因而也需要云服务。虽然公共云服务提供商需遵守行业法规，但是大企业（如金融、保险行业）为了兼顾行业、客户私隐，不可能将重要数据存放到公共网络上，故倾向于架设私有云端网络。

私有云的运作形式与公共云类似。然而，架设私有云却是一项重大投资，企业需自行设计数据中心、网络、存储设备，并且要有专业的顾问团队。企业管理层必须充分考虑使用私有云的必要性，以及是否拥有足够资源来确保私有云正常运作。

4．IaaS：基础设施即服务

消费者通过 Internet 可以从完善的计算机基础设施获得服务。

5．SaaS：软件即服务

它是一种通过 Internet 提供软件的模式，用户无须购买软件，而是向提供商租用基于 Web 的软件，来管理企业经营活动。

6．PaaS：平台即服务

PaaS 实际上是指将软件研发的平台作为一种服务，以 SaaS 的模式提交给用户。因此，PaaS 也是 SaaS 模式的一种应用。但是，PaaS 的出现可以加快 SaaS 的发展，尤其是加快 SaaS 应用的开发速度。

7．按需计算

顾名思义，按需（On-Demand）计算将计算机资源（处理能力、存储等）打包成类似公共设施的可计量的服务。在这一模式中，客户只需为他们所需的处理能力和存储支付费用。

按需计算服务的客户端基本上将这些服务作为异地虚拟服务器来使用。无须投资自己的物理基础设施，公司与云服务提供商之间执行现用现付的方案。

按需计算本身并不是一个新概念，但它因云计算而获得新生。在过去的岁月里，按需计算由一台服务器通过某种分时方式来提供。

1.4.3.3　相关问题

当前云服务存在的问题及详细描述如表 1.17 所示。

表 1.17　当前云服务存在的问题及详细描述

存在的问题	详　细　描　述
数据隐私问题	如何保证存放在云服务提供商的数据隐私不被非法利用，不仅需要技术的改进，也需要法律的进一步完善
数据安全性	有些数据是企业的商业机密，数据的安全性关系到企业的生存和发展。 云计算数据的安全性问题解决不了，会影响云计算在企业中的应用
用户的使用习惯	如何改变用户的使用习惯，使用户适应网络化的软硬件应用是长期且艰巨的挑战
网络传输问题	云计算服务依赖网络，目前网速低且不稳定，使云应用的性能不高。 云计算的普及依赖网络技术的发展
缺乏统一的技术标准	云计算的美好前景让传统 IT 厂商纷纷向云计算方向转型，但是由于缺乏统一的技术标准，尤其是接口标准，各厂商在开发产品和服务的过程中各自为政，这为将来不同服务之间的互联互通带来严峻挑战

1.4.3.4　优势和不足

云开发的优势之一就是规模经济。

利用云计算供应商提供的基础设施，同在单一的企业内开发相比，开发者能够得到更好、更便宜和更可靠的应用。如果需要，该应用就能够利用云的全部资源而无须企业投资类似的物理资源。

关于成本，由于云服务遵循一对多的模式，与单独的桌面程序部署相比，成本极大地降低了。云应用通常是租用的，以每个用户为基础计价，而不是购买或许可软件程序（每个桌面一个）的物理复制。它更像是订阅模型而不是资产购买（和随之而来的贬值）模型，这意味着更少的前期投资和一个更可预知的月度业务费用流。

例如：部门喜欢云应用是因为所有的管理活动都经由一个中央位置而不是从单独的站点或工作站来管理。这使得员工能够通过 Web 进行远程访问应用。其他的好处包括用需要的软件可快速装备用户（称为快速供应），当有更多的用户导致系统重负时可添加更多计算资源（自动扩展）。当需要更多的存储空间或带宽时，公司只需要从云中添加另外一个虚拟服务器即可。这比自己的数据中心购买、安装和配置一个新的服务器容易得多。

对开发者而言，升级一个云应用比传统的桌面软件更容易，只需要升级集中的应用程序，应用特征就能快速顺利地得到更新，而不必手工升级组织内的每台计算机。有了云服务，一个改变就能影响运行应用的每一个用户，这大大降低了开发者的工作量。

云服务的不足之处及具体内容如表 1.18 所示。

表 1.18　云服务的不足之处及具体内容

不 足 之 处	具 体 内 容
安全性	长期以来，基于 Web 的应用被认为是具有潜在的安全风险的，因此对于用户来说，云开发最大的不足正是基于 Web 的应用带来安全问题。也就是说，利用云托管的应用和存储在少数情况下会产生数据丢失。虽然一个大的云托管公司可能比一般的企业有更好的数据安全和备份的工具，但由于这一原因，许多公司还是宁愿将应用、数据和 IT 操作保持在自己的掌控之下
潜在不足	潜在的不足就是云计算宿主离线所导致的事件。 尽管多数公司说这是不可能的，但它确实发生了，亚马逊的 EC2 业务在 2008 年 2 月 15 日经受了一次大规模的服务中止，并抹去了一些客户的应用数据；该次业务中止由一个软件部署所引起，它错误地终止了数量未知的用户服务。因此，如果一个公司依赖于第三方的云平台来存放数据而没有其他的物理备份，那么该数据可能就处于危险之中

1.5　物联网云平台

要实现物联网，离不开的是物联网云平台。

一般情况下，用手机无法与非同一个局域网下的其他硬件设备直接进行点对点通信，而需要一个位于互联网上的服务器做中转，这个服务器就是现在流行的所谓物联网云端。近几年物联网已经成为各行各业和资本争相追逐的风口，物联网热度持续不减，一个全球化的智能互联时代即将到来。

1.5.1　中国移动 OneNET 平台

2014 年 10 月，中国移动物联网设备云——OneNET 正式上线。

2017 年 11 月,中国移动物联网开放平台 OneNET 实现了 NB-IoT(Narrow Band Internet of Things,窄带物联网)设备通过窄带蜂窝网络接入平台的能力,成为全国首家支持 CoAP+LWM2M 协议、遵循 IPSO 组织制定的 Profile 国际规范、实现 NB-IoT 场景解决方案的物联网平台。

OneNET 拥有流分析、设备云管理、多协议配置、轻应用快速生成、API、在线调试几项功能,以其领先的平台能力优势,覆盖了新能源、环境保护、车联网等行业应用领域,帮助开发者轻松实现设备接入与设备连接,快速完成产品开发部署,还为智能硬件、智能家居产品提供完善的物联网解决方案。

OneNET 优势:

(1)一站式托管——高效性、低成本。

(2)多协议智慧解析——包容性、适应性;数据存储和大数据分析——可靠性、安全性。

(3)多维度支撑——即时性、持续性。

OneNET 定位为 PaaS 服务,即在物联网应用和真实设备之间搭建高效、稳定、安全的应用平台。OneNET 平台的架构如图 1.30 所示。

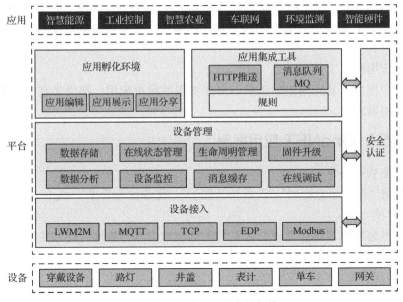

图 1.30 OneNET 平台的架构

面向设备应用,OneNET 适配多种网络环境和常见传输协议,提供各类硬件终端的快速接入方案和设备管理服务。

面向企业应用,OneNET 提供丰富的 API 和数据分发能力以满足各类行业应用系统的开发需求,使物联网企业可以更加专注于自身应用的开发,而不用将工作重心放在设备接入层的环境搭建上,从而缩短物联网系统的形成周期,降低企业研发、运营和运维成本。

OneNET 主要功能如下:

(1)设备接入

支持多种行业及主流标准的设备接入,如 CoAP(LWM2M)、MQTT、Modbus、HTTP等,满足多种应用场景的使用需求;提供多种语言开发 SDK,帮助开发者快速实现设备接入;支持用户协议自定义,通过上传解析脚本来完成协议的解析。

（2）设备管理

提供设备生命周期管理功能，支持用户进行设备注册、设备更新、设备查询、设备删除；提供设备在线状态管理功能，提供设备上下线的消息通知，方便用户管理设备的在线状态；提供设备数据存储能力，便于用户进行设备海量数据存储与查询；提供设备调试工具以及设备日志，便于用户快速调试设备以及定位设备问题。

（3）数据及访问安全

提供 TLS 以及 DTLS（适用于 CoAP 协议）加密通道，保证用户数据的传输安全；支持用户采用私有协议以及私有加密方式进行数据传输，保证数据安全；分布式结构、异地双活等多重数据保障机制，提供安全的数据存储服务；支持安全的访问鉴权机制，有效降低密钥以及访问令牌被仿冒的风险。

（4）丰富 API 支持

开放的 API 接口，通过简单的调用快速实现生成应用；不断丰富的 API 种类，包括设备增删改查、数据流创建、数据点上传、命令下发等，帮助用户便捷地构建上层应用。

（5）应用集成工具

提供消息队列 MQ，便于用户应用系统快速获取设备数据/事件；提供 HTTP 推送服务，可以将数据以 HTTP 请求的方式主动推送至应用系统；支持简单规则配置，用户可自定义数据处理逻辑。

（6）简易应用孵化工具

为初创用户提供简易应用生成工具，快速实现的简单应用；提供丰富的图表展示组件，满足多场景使用需求。

【应用案例 1.5】 OneNET 应用案例

1. 与 Hi 电展开合作

协助其解决"设备状态检测""设备位置监管""设备信息管理""反向控制设备"等问题。

2. 农业种植

协助上海凤彬网络工程有限公司完成黑龙江珍珠山木耳基地改造，实现智慧种植，极大提升农副产业的营收。

3. 智慧工厂项目

快速实现工厂智能化和生产效率提升；智能光伏发电项目，让新能源迈向智慧道路。

1.5.2 百度天工智能物联网平台

2016 年 7 月，百度推出了名为"天工"的智能物联网平台，该平台是更侧重于面向工业制造、能源、物流等行业的产业物联网。

百度天工是一个端到云的全栈物联网平台，包含物接入、物解析、物管理、时序数据库，规则引擎等五大产品，以千万级设备接入能力、百万数据点每秒的读写性能、超高的压缩率、端到端的安全防护和无缝对接天算智能大数据平台的能力，为客户提供极速、安全、高性价比的智能物联网服务。

百度天工云平台架构如图 1.31 所示。

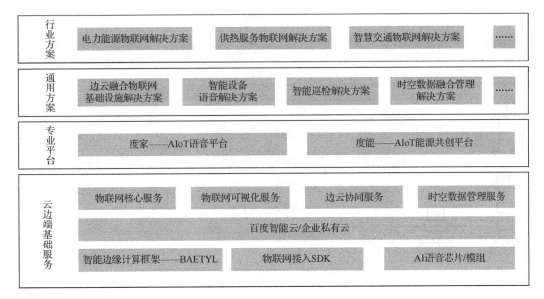

图 1.31　百度天工云平台架构

百度天工作为智能化的物联网平台，是"云计算+大数据+人工智能"的三位一体，天工提供更多的行业软件 SaaS 服务，能够降低产业客户的上云成本，真正实现产业物联网。

【应用案例 1.6】　百度天工云平台应用案例

1. 风力发电

百度天工已经将深度学习等人工智能技术应用于风机的预测性维保领域，将风机的故障预测准确率提升到 90%，故障预测召回率高达 99%，实现了人工智能与物联网的深度融合，极大地降低了设备运维成本和停机时间，延长了设备的生命周期。

2. 铁路应用

太原铁路局使用了百度天工物联网平台高并发、高效率的数据接入，大数据对海量数据的清洗、变形、分析和机器学习算法进行调度优化。最终运行的效果表明，太原铁路局实现了业内实时最优物流调度，比原有调度效率提升 59%。

1.5.3　阿里 Link 物联网平台

2017 年 6 月 10 日，在 IoT 合作伙伴计划大会 2017（ICA）上，阿里巴巴 IoT 联合近 200 家 IoT 产业链企业宣布成立 IoT 合作伙伴联盟。10 月 12 日，阿里云在云栖大会上发布了 Link 物联网平台，希望借助阿里云在云计算、人工智能领域的积累，将物联网打造为智联网。

阿里 Link 物联网平台将建设物联网云端一体化使能平台、物联网市场、ICA 全球标准联盟三大基础设施，推动生活、工业、城市三大领域的智联网建设。

阿里 Link 物联网平台架构如图 1.32 所示。

阿里 Link 物联网平台的优势如下：

阿里 Link 物联网平台融合了云上网关、规则引擎、共享智能平台、智能服务集成等产品和服务，使开发者能够实现全球快速接入、跨厂商设备互联互通、调用第三方智能服务等，快速搭建稳定可靠的物联网应用。

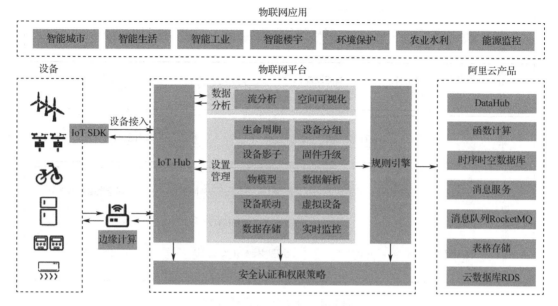

图 1.32　阿里 Link 物联网平台架构

【应用案例 1.7】 阿里 Link 物联网平台应用案例

　　无锡鸿山与阿里云联合打造的首个物联网小镇，借助飞凤平台，无锡鸿山实现了交通、环境、水务、能源等多个城市管理项目的在线运营，遍布整个小镇的传感设备将这座城市每个角落都连接起来，从数据采集、流转、计算到可视化展现，鸿山小镇建立起诸如污染监控、排水全链路仿真、市政设施监控等多个项目的城市运营智能化。

1.5.4　腾讯 QQ 物联智能硬件开放平台

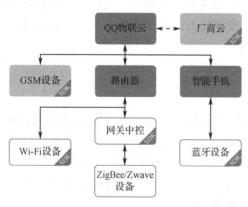

图 1.33　腾讯 QQ 物联智能硬件开放平台架构

　　2014 年 10 月，"QQ 物联智能硬件开放平台"发布，将 QQ 账号体系及关系链、QQ 消息通道能力等核心能力，提供给可穿戴设备、智能家居、智能车载、传统硬件等领域合作伙伴，实现用户与设备及设备与设备之间的互联互通，充分利用和发挥腾讯 QQ 的亿万手机客户端及云服务的优势，更大范围帮助传统行业实现互联网化。腾讯 QQ 物联智能硬件开放平台架构如图 1.33 所示。

　　该平台的优势：帮助传统硬件快速转型为智能硬件，帮助合作伙伴降低云端、APP 端等研发成本，提升用户黏性并通过开放腾讯丰富的网络服务给予硬件更多想象空间。

【应用案例 1.8】 QQ 物联智能硬件开放平台应用案例

　　硬件设备接入 QQ 物联平台后，用户可在 QQ 中通过扫描二维码、局域网内查找等方式找到这个设备，添加为 QQ 好友。

设备拥有自己的在线状态、昵称/备注名等与普通 QQ 好友相同的属性。

此外，除了 QQ 物联，腾讯还有一个物联网的重要平台，即微信平台。微信平台是微信继连接人与人、连接企业/服务与人之后，推出的连接物与人、物与物的 IoT 解决方案。

1.5.5 中国电信 NB-IoT

2017 年 5 月 17 日，中国电信宣布建成全球首个覆盖最广的商用新一代物联网（NB-IoT）网络；7 月 13 日，物联网 NB-IoT（窄带物联网）在京正式商用。

NB-IoT 作为物联网的新兴技术，可广泛服务于政务行业、物流行业、零售、个人消费、智能家庭等，从而实现设备之间的互联互通，实现数据的实时获取，提升企业效率并节约成本。

NB-IoT 具有如下优势：

（1）覆盖最广，基于 4G 全覆盖网络部署，有移动网络的地方均可提供物联网服务。

（2）规模最大，全网 31 万基站同步升级。

（3）质量最优，基于 800MHz 低频段承载，具有信号穿透能力更强、覆盖能力更优的特点，使得网络质量更稳定。

【应用案例 1.9】 中国电信 NB-IoT 应用案例

1. 在中关村大街建立 NB-IoT 试点

将 NB-IoT 应用于智能路灯、智能垃圾桶、智能井盖等。

2. 中国电信同 ofo、华为达成合作，推出基于 NB-IoT 的智能锁

它由中国电信提供 NB-IoT 网络，华为提供芯片和软件技术，通过使用 NB-IoT 网络和模块，ofo 关锁结单时间将小于 5s，电池待机时间可达 2 年以上。

1.6 延伸阅读：物联网技术在中国的发展及展望

"感知中国"是中国发展物联网的一种形象称呼，就是中国的物联网。通过在物体上植入各种微型感应芯片使其智能化，借助无线网络，实现人和物体"对话"，物体和物体之间"交流"。

自 2009 年 8 月提出"感知中国"以来，物联网被正式列为国家五大新兴战略性产业之一，写入"政府工作报告"，物联网在中国受到了全社会极大的关注，其受关注程度是在美国、欧盟以及其他各国不可比拟的。物联网这个词在中文习惯里比"感知中国"更朗朗上口，而且与互联网很对应，所以成了更被大众接受的说法，其覆盖范围与时俱进，因此物联网已被贴上"中国式"标签。

1.6.1 "十四五"重点规划产业：物联网产业

在我国的"十四五"规划中，将物联网产业作为重点规划，预计至 2025 年，中国物联网整体市场规模将达到 2 万亿元，年复合增长率超过 10%，并指出了重点细分领域和发展路径。中国"十四五"对物联网产业的规划如表 1.19 所示。

表 1.19　中国"十四五"对物联网产业的规划

重点细分领域	发　展　路　径
物联网设备	核心元器件围绕物联网感知层信息获取、关键技术开发和产业化，优先发展先进传感器、无线传感器网络产业，大力开发射频识别（RFID）、监测、定位以及红外等领域核心传感器及元器件，积极培育物联网智能终端设备制造，加快形成物联网信息感知核心产品制造与网络及技术服务的产业集群
网络基础与数据处理	围绕物联网网络层数据传输、存储、处理以及控制等环节，攻克关键技术，优化提升大容量数据传输、存储和分析处理软硬件产业，培育物联网网络综合业务运营商。重点支持 3G、4G、软交换等下一代网络传输技术与设备研发、制造；支持大容量数据交换和存储设备研制造；支持探索、开发异构网络、超级网络运算中心、云计算，优化复杂网络结构
应用服务及标准化推广	围绕关键技术，立足产业基础，聚焦市场趋势，探寻适宜商业模式，研发基于特定应用领域的嵌入式操作系统及中间件，推进系统解决方案标准化进程，培育服务商和产业集群，创新发展物联网系统集成产业。重点发展物联网系统集成与解决方案提供、网络运营以及信息服务等物联网相关高新技术服务业，着力发展公共管理与服务、行业应用、个人家庭应用等领域的物联网系统集成产业

1.6.2　中国和世界物联网大会

世界物联网大会（World Internet Of Things Convention，WIOTC）是构建万物互联智慧世界的国际组织（非社团组织），也是大会名称。在亚洲、欧洲、美洲、非洲、大洋洲设立洲际总部，在欧盟、法国、新加坡、德国、美国、中国香港特别行政区、日内瓦等国家和地区建有分支机构 20 多个。

世界物联网大会是全球性物联网新经济国际机构和大会品牌，全球总部设于北京，先后组织召开了近 40 场国际会议和论坛，首次提出了世界物联网的理念和认知（物联网代表"智慧革命"），发布了《世界物联网北京宣言》，建立了《世界物联网排行榜》，汇集了全球三十多个物联网组织、科研机构和标准组织及四千多家物联网企业技术、资本资源。

"2020 世界物联网大会"于 2020 年 12 月 20 日在北京召开，本届大会围绕"物联网推动世界经济复兴"主题，展开了世界物联的高峰会、高端对话、人工智能与物联网、智慧物流、世界物联网 500 强企业授牌、世界物联网大奖、永不落幕的线上物交会启动仪式等线上线下多种形式活动。

世界物联网大会主席何绪明在致辞中表示，全球有物联网组织、开发机构 3000 多家，企业 10 万余家，为物联网工作的人员近亿人，产值达 10 万亿美元，年增长率达 20%左右。2020 年全球经济负增长的情况下，物联网产业发展势头未减。

会上，中国工程院院士李伯虎作了"智慧物联网的研究与实践"主题演讲，他提到，在新一代人工智能技术引领下，新互联网技术、新信息通信技术、新一代人工智能技术的飞速发展及其与应用领域新专业技术的深度融合成为新时代核心技术中的关键技术。

中国工程院院士倪光南出席大会并发表"拥抱万物互联新时代"主题演讲，他表示，物联网将会成为万物互联智能世界一个新的基础设施，今后物联网将会进入到各个领域且不断深入，按照相关智库估计，2023 年物联网市场规模有望达到 2.8 万亿美元，涵盖智能家居、智慧办公、智慧医疗、穿戴装置、移动支付、智能制造等各个领域。

第2章 RFID技术概述

【内容提要】

射频识别（RFID）技术是从20世纪80年代起走向成熟的一种自动识别技术，它通过射频信号自动识别目标对象并获取相关数据。

本章的主要内容为：RFID工作原理、系统构成、中间件、技术标准、RFID与物联网的关系以及RFID技术的发展前景。

【案例分析】 图书的自助借阅和归还

随着科技的进步，智能设备与无人设备越来越多地应用到生活当中，RFID技术已被广泛应用于物流、仓储、无人超市、图书馆、医药等行业。

现在图书馆正在普及自助借还书机，其外观与银行ATM机相似，读者可以通过上面自带的软件系统查找要借阅的图书，根据上面的提示输入验证信息，就可以实现借书和还书了。

自助借还书机通常具备借书、还书、查询和续借等功能，支持多类型的读者卡，支持多本图书同时处理。设备设计严谨，具有防止借阅过程中偷换、抽换书籍或一书登录多书借出的功能，可根据需求显示读者姓名、借阅资料题名与归还日期等相关信息。人机交互界面简单易懂，借还书方便快捷，大大减少图书馆工作人员的工作负担。

在智慧图书馆的项目中，使用RFID技术，具有安全性高、隐藏性好、使用寿命长等特点，而且能更好地解放馆员的劳动力，快速实现图书的借还。

在智慧图书馆建设的项目中，图书馆自助借还书系统是核心应用之一。它以RFID标签为载体，将书籍信息与标签信息绑定，通过设备自动识别读者的信息、书籍的信息，操作简便，可以高效完成借书与还书的所有流程。

使用图书馆自助借还书系统，可以帮助图书馆在有限的人力资源下，增进流通速率、简化借还流程，提升图书馆的服务品质，更重要的是实现了全天候为读者服务的功能。该类应用系统不但可以摆脱传统方式下在实体图书馆借还的空间限制，而且可以延长服务时间，充分体现了"以读者为本，利用至上"的服务理念。

2.1 RFID 工作原理

射频识别技术是 20 世纪 80 年代发展起来的一种新兴非接触式自动识别技术。RFID 识别工作无须人工干预，操作快捷方便，可工作于各种恶劣环境，也可以用于识别高速运动物体、同时识别多个目标的场合。

2.1.1 RFID 识别过程

RFID 系统工作过程如图 2.1 所示。

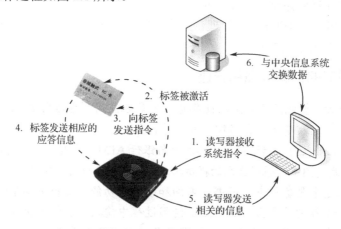

图 2.1　RFID 系统工作过程

工作过程如下：工作时，射频标签进入感应磁场后，如果接收到读写器发出的特殊射频信号，就能凭借感应电流所获得的能量发送出存储在芯片中的产品信息（无源标签），或者主动发送某一频率的信号（有源标签），读写器读取信息并解码后，送至中央信息系统进行有关数据处理。

从 RFID 系统结构图可知，RFID 工作原理如下：

（1）由读写器发射特定频率的无线电波能量。

（2）当射频标签进入感应磁场后，接收读写器发出的射频信号。

（3）凭借感应电流所获得的能量，射频标签进入工作模式。

（4）在只读工作模式下，发送出存储在芯片中的产品信息（Passive Tag，无源标签或被动标签），或者由标签主动发送某一频率的信号（Active Tag，有源标签或主动标签）。

（5）在读写模式下，射频标签将对接收到的指令进行解析，并根据指令进行应答。

（6）射频读写器读取信息并解码后，送至中央信息系统进行有关数据处理。

RFID 系统由三部分组成：射频标签、射频识别读写设备、应用软件。RFID 系统结构如图 2.2 所示。

1．射频识别标签

射频识别标签又称射频标签、电子标签，主要由存有识别代码的大规模集成电路芯片和收发天线构成。每个标签具有唯一的电子编码，附着在物体上用来标识目标对象，因此标签是被识别的目标，是信息的载体，本书统称为应答器或射频标签。

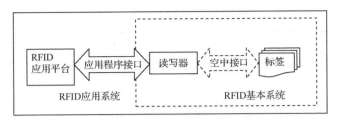

图 2.2 RFID 系统结构

2．读写器

射频识别读写设备是连接信息服务系统与标签的纽带，主要起着目标识别和信息读取（有时还可以写入）的功能，本书统称为阅读器或读写器。

3．应用软件

针对各个不同应用领域的管理软件。

【知识链接 2.1】 射频识别技术的基础—电磁能

RFID 技术实现的基础是电磁能。电磁能量是自然界存在的一种能量形式。

追溯历史，公元前中国先民即发现并开始利用天然磁石，并用磁石制成指南车。到了近代，越来越多的人对电、磁、光进行深入的观察及数学基础研究，其中的代表人物是美国人本杰明·富兰克林（Benjamin Franklin，1706—1790）。

1846 年，英国科学家米歇尔·法拉第（Michael Faraday，1791—1867）发现了光波与电波均属于电磁能量。

1864 年，苏格兰科学家詹姆士·克拉克·麦克斯韦（James Clerk Maxwell，1831—1879）发表了他的电磁场理论。

1887 年，德国科学家海因里希·鲁道夫·赫兹（Heinrich Rudolf Hertz，1857—1894）证实了麦克斯韦的电磁场理论并演示了电磁波以光速传播并可以被反射，具有类似光的极化特性，赫兹的实验不久也被俄国科学家亚历山大·斯捷潘诺维奇·波波夫（Александр Степанович Попов，1859—1906）重复。

1896 年，无线电工程师伽利尔摩·马可尼（Guglielmo Marchese Marconi，1874—1937）成功地实现了横越大西洋的越洋电报，由此开创了利用电磁能量为人类服务的先河。

1922 年，诞生了雷达（Radar）。作为一种识别敌方空间飞行物（飞机）的有效兵器，雷达在第二次世界大战中发挥了重要的作用，同时雷达技术也得到了极大的发展。至今，雷达技术还在不断发展，人们正在研制各种用途的高性能雷达。

2.1.2 RFID 技术的特征

射频识别技术作为非接触式识别技术，具有明显的特征，如表 2.1 所示。

表 2.1 射频识别技术特征

技 术 特 征	特 征 描 述
读取方便快捷	数据的读取无须光源，甚至可以透过外包装进行。 有效识别距离更大，采用自带电池的主动标签时，有效识别距离可达到 30m 以上

续表

技 术 特 征	特 征 描 述
识别速度快	当标签进入磁场时，读写器就可以即时读取其中的信息，而且能够同时处理多个标签，实现批量识别
数据容量大	相对于条码而言，RFID 标签可以根据用户的需要扩充到数 10K 字节
使用寿命长，应用范围广	由于采用无线通信方式，使其可以应用于粉尘、油污等高污染环境和放射性环境，而且其封闭式包装使得其寿命大大超过印刷的条形码
标签数据可动态更改	利用读写器可以写入数据，从而赋予 RFID 标签交互式便携数据文件的功能，而且写入时间相比打印条形码更少
更好的安全性	不仅可以嵌入或附着在不同形状、类型的产品上，而且可以为标签数据的读写设置密码保护，从而具有更高的安全性
动态实时通信	标签以 50～100 次/s 的频率与读写器进行通信，所以只要 RFID 标签所附着的物体出现在读写器的有效识别范围内，就可以对其位置进行动态的追踪和监控

2.1.3　RFID 技术发展

RFID 技术起源于英国，其技术基础是雷达技术，最早是在第二次世界大战中用于空中作战行动中的敌我识别。当时，英国曾使用 RFID 技术确认进场飞机是否为己方飞机，以避免误击。这种技术的基本系统构成包括一个发射器、一个接收机和对应的天线。现在，RFID 的发射器被标签取代，接收器则演变为 RFID 标签的读写器，而天线则被内置到标签当中。

事实上，RFID 最初设定为一种与传统意义上的标签完全不同的电子产品，只不过被人们赋予了吊牌标签的形状和标签的定义（在英文中，RFID 标签使用的名词是 Tag，而不是标签的 Label）。但标签行业是一个对新生事物充满高涨热情的行业，这种貌似标签的电子产品很快吸引了标签行业的关注，并将其真正应用到标签的制造中，成为标签走进智能化时代的突破口。

诞生之初，RFID 的应用领域局限在军事方面。资料显示，自 20 世纪 90 年代起，这项技术开始被美国军方广泛应用在武器和后勤管理系统。美国在伊拉克战争中利用 RFID 对武器和物资进行精确地调配，保证前线弹药和物资的准确供应。和以往的"充足"供应不同，现代化的管理实现了准确供应，从而降低了成本。此后，美国军方在 2005 年规定，所有军需物资均使用 RFID 标签。这实际上已经是 RFID 技术与标签结合的一种形式。

在民用领域的应用，目前已知最早可以追溯到 20 世纪 60 年代，不过那时虽然有人将该技术运用到商业领域，但应用面非常窄，而且只是试验性的，远非规模化应用。至 20 世纪80、90 年代，随着相关技术日臻成熟，欧洲率先在公路收费系统启用 RFID 技术，这是该技术首次在民用市场实现规模化应用。首先将 RFID 技术运用在零售业的是沃尔玛。在商场和仓库配送中心广泛采用 RFID 标签后，沃尔玛货物短缺和商品短暂脱销的情况大幅减少，极大地提升了消费者的购物满意度。

RFID 技术的发展，可按 10 年期划分，如表 2.2 所示。

表 2.2 RFID 技术的发展

年　代	主要应用及成就
1941—1950 年	雷达的改进和应用催生了 RFID 技术, 目前已发展成为一种生机勃勃的 AIDC(Auto Identification and Data Collection, 自动识别与数据采集) 新技术。其中, 1948 年哈里·斯托克曼发表的《利用反射功率的通信》奠定了 RFID 技术的理论基础
1951—1960 年	早期 RFID 技术的探索阶段, 主要处于实验室研究
1961—1970 年	RFID 技术的理论得到了发展, 开始了一些应用尝试。例如用电子防盗器（EAS）来对付商场里的窃贼, 该防盗器使用存储量只有 1 比特的射频标签来表示商品是否已售出, 这种射频标签的价格不仅便宜, 而且能有效地防止偷窃行为, 这是 RFID 技术首个商用示例
1971—1980 年	RFID 技术与产品研发处于一个大发展时期, 各种 RFID 技术测试得到加速, 在工业自动化和动物追踪方面出现了一些最早的商业应用及标准, 如工业生产自动化、动物识别、车辆跟踪等
1981—1990 年	RFID 技术及产品进入商业应用阶段, 开始较大规模的应用, 但在不同的国家对射频识别技术应用的侧重点不尽相同, 美国人关注的是交通管理、人员控制, 欧洲则主要关注动物识别以及工商业的应用
1991—2000 年	由于射频识别技术的厂家和应用日益增多, 相互之间的兼容和连接成了困扰 RFID 技术发展的瓶颈, 因此 RFID 技术标准化问题日趋为人们所重视, 希望通过全球统一的 RFID 标准, 使射频识别产品得到更广泛应用, 成为人们生活中的重要组成部分。 RFID 技术产品和应用在 20 世纪 90 年代以后有了一个飞速的发展, 美国 TI（Texas Instruments）成为 RFID 方面的推动先锋, 建立德州仪器注册和识别系统（Texas Instruments Registration and Identification Systems, TIRIS）, 目前被称为 TI-RFID 系统（Texas Instruments Radio Frequency Identification System）, 已经是一个主要的 RFID 应用开发平台
2001—2010 年	RFID 技术的理论得到丰富和完善, RFID 的产品种类更加丰富, 有源射频标签、无源射频标签及半无源射频标签均得到发展, 单芯片射频标签、多射频标签识读、无线可读写、无源射频标签的远距离识别、适应高速移动物体的射频识别技术与产品正在成为现实并走向应用, 如我国的身份证和票证管理、铁路车号识别、动物标识、特种设备与危险品管理、公共交通及生产过程管理等多个领域
2011 年至今	UHF 标签开始规模生产, 成本大幅降低; MW 标签在部分国家已经得到应用; 随着物联网技术的推广和应用, 以及新材料在射频标签上的应用, 如纺织洗涤行业的纺织品标签、耐高温的陶瓷标签、抗金属标签等, RFID 技术被应用到更多领域

进入 21 世纪, RFID 标签和识读设备成本不断降低, 其在全球的应用领域也更加广泛, 甚至有人称之为条码的终结者。

同时, RFID 技术的标准化纷争促使出现了多个全球性技术标准和技术联盟, 其中主要有 EPC Global、AIM Global、ISO/IEC、UID、IP-X 等。这些组织主要在标签技术、频率、数据标准、传输和接口协议、网络运营和管理、行业应用等方面试图达成全球统一的平台。目前, 我国 RFID 技术标准主要参考 EPC Global 的标准。

1999 年, 麻省理工学院 Auto-ID 中心正式提出了产品电子代码（EPC）的概念。EPC 的概念、RFID 技术与互联网技术相结合, 构筑无所不在的"物联网"。这个概念尤其是在美国前总统奥巴马提出"智慧地球"之后引起了全球的广泛关注。

2.1.4　国内外应用现状

目前，RFID 技术的应用已趋成熟。在北美、欧洲、大洋洲、亚太地区及非洲南部都得到了相当广泛的应用。RFID 典型应用领域如图 2.3 所示。

（a）不停车收费系统（ETC）

（b）养殖业应用

（c）生产线

（d）地铁出入站

（e）集装箱的电子锁

（f）危险品管理

图 2.3　RFID 典型应用领域

（1）道路交通自动收费管理，如北美部分收费高速公路的自动收费、中国部分高速公路自动收费管理、东南亚国家部分收费公路的自动收费管理。

（2）动物识别（养牛、养羊、赛鸽等），如大型养殖场、家庭牧场、赛鸽比赛。

（3）生产线产品加工过程自动控制，主要应用在大型工厂的自动化流水作业线上。

（4）各类基于射频卡的小额消费应用，如地铁票、校园卡、饭卡、高校手机一卡通、乘车卡、会员卡、城市一卡通、驾照卡、健康卡（医疗卡）等。

（5）集装箱、物流、仓储自动管理，如大型物流、仓储企业。

（6）储气容器的自动识别管理，如危险品管理。

（7）铁路车号自动识别管理，如北美铁路、中国铁路、瑞士铁路等。

（8）旅客航空行包的自动识别、分拣、转运管理，如北美部分机场。

（9）车辆出入控制，如停车场、垃圾场、水泥场车辆出入、称重管理等。

（10）汽车遥控门锁、门禁控制/电子门票等。

（11）文档追踪、图书管理，如图书馆、档案馆等。

（12）邮件/快运包裹自动管理，如北美邮局、中国邮政。

国内 RFID 成功的行业应用有中国铁路的车号自动识别系统，其辐射作用已涉及铁路红外轴温探测系统的热轴定位、轨道衡、超偏载检测系统等。

目前，已经推广的应用项目还有电子身份证、电子车牌、铁路行包自动追踪管理等。在近距离 RFID 应用方面，许多城市已经实现了公交射频卡作为预付费电子车票、预付费电子饭卡等的应用。

在 RFID 技术研究及产品开发方面，国内已具有了自主开发低频、高频与微波 RFID 射频标签与读写器的技术能力及系统集成能力。与国外 RFID 先进技术之间的差距主要体现在 RFID 芯片技术方面。尽管如此，在标签芯片设计及开发方面，国内已有多个成功的低频 RFID 系统标签芯片面市。

2.2 RFID 系统构成

1. 应答器

应答器由芯片及内置天线组成。芯片内保存有一定格式的电子数据，作为待识别物品的标识性信息，是射频识别系统真正的数据载体。内置天线用于和射频天线间进行通信。

应答器与阅读器之间通过耦合元件实现射频信号的空间（无接触）耦合；在耦合通道内，根据时序关系，实现能量的传递和数据交换。

2. 阅读器

阅读器（也称读写器）是读取或读/写应答器信息的设备，主要任务是控制射频模块向标签发射读取信号，并接收标签的应答，对标签的对象标识信息进行解码，将对象标识信息连带标签上其他相关信息传输到主机以供处理。

阅读器在工作时无须人工干预，通过天线与应答器建立无线通信，通过射频识别信号自动识别目标对象并获取相关数据，从而实现对应答器的识别码和内存数据的读出或写入操作。此外，阅读器还可以识别高速运动物体，并可同时识别多个 RFID 标签，操作快捷方便。

RFID 阅读器有固定式的和手持式的，手持 RFID 读写器包含低频、高频、特高频、有源等形式。

3. 应用软件

应用软件通常为安装在计算机上的软件，根据逻辑运算判断该应答器的合法性。

RFID 应用软件除标签和阅读器上运行的软件外，介于阅读器与企业应用之间的中间件也是其中的一个重要组成部分。

中间件是位于平台（硬件和操作系统）和应用之间的通用服务，如图 2.4 所示。这些服务具有标准的程序接口和协议。针对不同的操作系统和硬件平台，它们可以有符合接口和协议规范的多种实现。

在 RFID 系统中，中间件为企业应用提供一系列计算功能，在产品电子代码规范中被称为 Savant。其主要任务是对读写器读取的标签数据进行过滤、汇集和计算，减少从读写器传往企业应用的数据量。同时，Savant 还提供与其他 RFID 支撑系统进行互操作的功能。

在设计应用系统时，用户可以根据工作距离、工作频率、工作环境要求、天线极性、寿

图 2.4　中间件概念模型

命周期、大小及形状、抗干扰能力、安全性和价格等因素选择适合自己应用的 RFID 系统。

2.2.1 应答器

射频识别，实际上就是对存储器的数据进行非接触读、写或删除处理。

2.2.1.1 应答器工作原理

从技术上来说，"智能标签"包含了 RFID 射频部分和一个具有超薄天线环路的 RFID 芯片的 RFID 电路，这个天线与一个塑料薄片一起被嵌入到标签内。通常，在这个标签上还粘有一个纸标签，在纸标签上可以清晰地印上一些重要信息。当前的智能标签一般为信用卡大小，对于小的货物还有 4.5cm×4.5cm 尺寸的标签，也有 CD 和 DVD 上用的直径为 4.7cm 的圆形标签。

相对条形码或磁条等其他 ID 技术而言，应答器技术的优势在于阅读器和应答器之间的无线连接：读/写单元不需要与应答器之间的可视接触，因此可以完全集成到产品里面。这意味着应答器适合恶劣的环境，应答器对潮湿、肮脏和机械影响不敏感。因此，应答器系统具有非常高的读可靠性、快速数据获取，最后一点也是重要的一点就是节省劳力和纸张。

1. 应答器的构成

应答器（Tag）的样式虽然多种多样，但内部结构基本一致。应答器内部结构如图 2.5 所示。

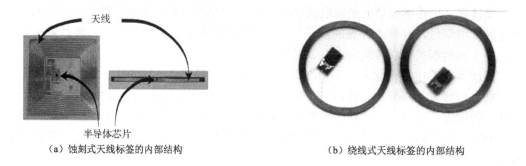

（a）蚀刻式天线标签的内部结构　　　　　（b）绕线式天线标签的内部结构

图 2.5　应答器内部结构

应答器控制部分主要由编解码电路、微处理器（CPU）和 EEPROM 存储器等组成，结构如图 2.6 所示。

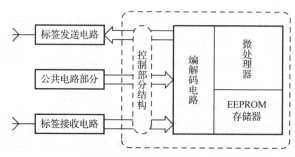

图 2.6　应答器控制部分的结构

编解码电路工作在前向链路时，将应答器接收电路传来的数字基带信号进行解码后传给微处理器；工作在反向链路时，将微处理器传来的、处理好的数字基带信号进行编码后送到应答器发送电路端。微处理器用于控制相关协议、指令及处理功能。EEPROM 存储器用于存储应答器的相关信息和数据，存储时间可以长达几十年，并且在没有供电的情况下，其数据信息不会丢失。

2. 应答器的特性

（1）数据存储：与传统形式的标签相比，容量更大（1～1024bit），数据可随时更新，可读写。

（2）读写速度：与条码相比，无须直线对准扫描，读写速度更快，可多目标识别、运动识别。

（3）使用方便：体积小，容易封装，可以嵌入产品内。

（4）安全：专用芯片、序列号唯一、很难复制。

（5）耐用：无机械故障、寿命长、抗恶劣环境。

（6）应答器感应效果：比一般的条码要好很多。

应答器也可以与条码共同使用，如图 2.7 所示。

图 2.7　与条码共同使用的应答器

2.2.1.2　应答器分类

目前，应答器的分类方法有很多种，通用的依据有 5 种，分别是供电方式、载波频率、激活方式、作用距离、读写方式，其中最常用的方法是载波频率。

1. 按供电方式划分

按供电方式应答器分为有源标签（有源卡）和无源标签（无源卡）。

项　目	有　源　标　签	无　源　标　签
定义	指应答器卡内有电池提供电源	指应答器卡内无电池，它利用波束供电技术将接收到的射频能量转化为直流电源为卡内电路供电
应用	作用距离较远，但寿命有限、体积较大、成本高，且不适合在恶劣环境下工作	作用距离相对比较短，但寿命长且对工作环境要求不高

2. 按载波频率划分

目前，常用的 RFID 产品按应用频率的不同分为低频（LF）、高频（HF）、超高频（UHF）、微波（MW），相对应的代表性频率分别为：

（1）低频：135kHz 以下，如 125kHz、134.2kHz。

（2）高频：13.56MHz、27.12MHz。

（3）超高频：860～960MHz。

（4）微波：2.4GHz、5.8GHz。

对一个 RFID 系统来说，它的频段概念是指读写器通过天线发送、接收并识读的标签信号频率范围。从应用概念来说，应答器的工作频率也就是射频识别系统的工作频率，它直接决定系统应用的各方面特性。在 RFID 系统中，系统工作就像平时收听调频广播一样，应答器和读写器也要调制到相同的频率才能工作。

应答器的工作频率不仅决定着射频识别系统工作原理（电感耦合还是电磁耦合）、识别距离，还决定着应答器及读写器实现的难易程度和设备成本。LF 和 HF 频段 RFID 应答器一般采用电感耦合原理，而 UHF 及微波频段的 RFID 应答器一般采用电磁耦合原理。不同频段的

RFID 产品有不同的特性，被用在不同的领域，因此要正确选择合适的频率。

（1）低频（LF）

频率范围为 120～135kHz，RFID 技术首先在低频得到广泛的应用和推广。

该频率主要是通过电感耦合的方式进行工作的，也就是在读写器线圈和应答器线圈间存在着变压器耦合作用。通过读写器交变磁场的作用在应答器天线中感应的电压被整流，可作供电电压使用。

低频标签一般为无源标签，其工作能量通过电感耦合方式从读写器耦合线圈的辐射近场中获得。低频标签与读写器之间传送数据时，低频标签需要位于读写器天线辐射的近场区内。低频标签的阅读距离一般小于 1m。

低频的最大的优点在于：其标签靠近金属或液体的物品上时标签受到的影响较小，同时低频系统非常成熟，读写设备的价格低廉。但缺点是读取距离短、无法同时进行多标签读取（防碰撞）以及信息量较少，一般的存储容量为 128～512bit。

低频标签的典型应用有：动物识别、容器识别、工具识别、电子闭锁防盗（带有内置应答器的汽车钥匙）等。低频标签虽然成本较高，但节省能量，穿透非金属物能力强，工作频率不受无线电频率管制约束，最适合用于含水分较高的物体，如水果等。低频标签的主要特性及应用如表 2.3 所示。

表 2.3　低频标签的主要特性及应用

项　　目	描　　述
主要特性	● 工作在低频的应答器工作频率为 120～135kHz，TI 的工作频率为 134.2kHz。该频段的波长大约为 2500m。 ● 除金属材料影响外，低频一般能够穿过任意材料的物品而不降低它的读取距离。 ● 工作在低频的读写器在全球没有任何特殊的许可限制。 ● 低频产品有不同的封装形式。好的封装形式比较贵，但是有 10 年以上的使用寿命。 ● 虽然该频率的磁场区域下降很快，但是能够产生相对均匀的读写区域。 ● 相对于其他频段的 RFID 产品，该频段数据传输速率比较慢。 ● 应答器的价格相对于其他频段要贵
主要应用	● 畜牧业的管理系统。 ● 汽车防盗和无钥匙开门系统。 ● 马拉松赛跑系统。 ● 停车场自动收费和车辆管理系统。 ● 自动加油系统。 ● 酒店门锁系统。 ● 门禁和安全管理系统

虽然低频系统成熟，读写设备价格低廉，但是由于其谐振频率低，标签需要制作电感值很大的绕线电感，且常常需要封装片外谐振电容，因此其标签的成本反而比其他频段高。

低频标签的表现形式多种多样，除标准的卡式封装外，还有其他的典型封装，适合不同的应用场合，如图 2.8 所示。

 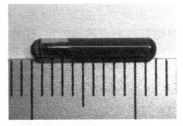 

图 2.8 典型的低频卡实物图

（2）高频（HF）

工作频率为 13.56MHz。在该频率的应答器不再需要线圈进行绕制，可以通过腐蚀或者印刷的方式制作天线。

应答器一般通过负载调制的方式进行工作。也就是通过应答器上负载电阻的接通和断开促使读写器天线上的电压发生变化，实现用远距离应答器对天线电压进行振幅调制。如果人们通过数据控制负载电压的接通和断开，那么这些数据就能够从应答器传输到读写器。

具有低频和高频的双频应答器内部结构如图 2.9 所示。

高频标签的主要特性及应用如表 2.4 所示。

图 2.9 双频应答器内部结构

表 2.4 高频标签的主要特性及应用

项　　目	描　　述
主要特性	● 工作频率为 13.56MHz，该频率的波长大概为 22m。 ● 除了金属材料，该频率的波长可以穿过大多数的材料，但是往往会降低读取距离。应答器需要离开金属一段距离。 ● 该频段在全球都得到认可并没有特殊的限制。 ● 虽然该频率的磁场区域下降很快，但是能够产生相对均匀的读写区域。 ● 该系统具有防冲撞特性，可以同时读取多个应答器。 ● 可以把某些数据信息写入标签中。 ● 数据传输速率比低频要快，价格不是很贵
主要应用	● 图书管理系统的应用。 ● 瓦斯钢瓶的管理应用。 ● 服装生产线和物流系统的管理和应用。 ● 三表预收费系统。 ● 酒店门锁的管理和应用。 ● 大型会议人员通道系统。 ● 固定资产的管理系统。 ● 医药物流系统的管理和应用。 ● 智能货架的管理

（3）超高频（UHF）

工作频率为 860～960MHz。UHF 系统通过电场来传输能量。电场能量下降的不是很快，但是读取的区域不是很好定义。该频段读取距离比较远，无源可达 10m 左右。

UHF 频段的远距离 RFID 系统在北美得到了很好的发展。欧洲的应用则以有源 2.45GHz 系统为主，5.8GHz 系统在日本和欧洲均有较为成熟的应用。UHF 应答器的应用范围非常广泛，为满足特殊环境下的应用，其封装材质、形式也是千变万化。图 2.10 展示了 4 种典型的 UHF 标签。

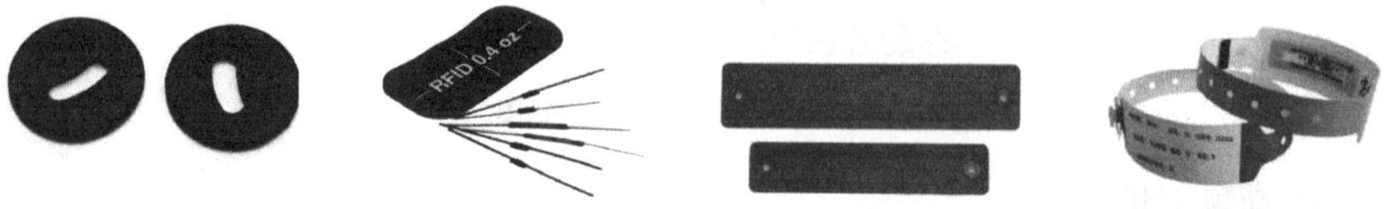

（a）耐高温洗衣标签　　（b）轮胎 RFID 标签　　（c）UHF 抗金属标签　　（d）UHF 腕带标签

图 2.10　典型的 UHF 标签

超高频标签的主要特性及应用如表 2.5 所示。

表 2.5　超高频标签的主要特性及应用

项　　目	描　　述
主要特性	● 在该频段，全球的定义不同，欧洲和部分亚洲国家定义的频率为 868MHz，北美定义的频段为 902～905MHz，日本定义的频段为 950～956MHz，该频段的波长约为 30cm。 ● UHF 频段的电波不能通过许多材料，尤其是灰尘、雾等悬浮颗粒物质。相对于高频的应答器来说，该频段的应答器不需要与金属分开。 ● 应答器的天线一般是长条和标签状。天线有线性和圆极化两种设计，满足不同应用的需求。 ● 该频段有好的读取距离，但是对读取区域很难进行定义。 ● 有很高的数据传输速率，在很短的时间内可以读取大量的应答器
主要应用	● 供应链上的管理和应用。 ● 生产线自动化的管理和应用。 ● 航空包裹的管理和应用。 ● 集装箱的管理和应用。 ● 铁路包裹的管理和应用。 ● 后勤管理系统的应用

截至目前，Walmart、Tesco、美国国防部和麦德龙超市已经在它们的供应链上应用 RFID 技术。在将来，UHF 的产品会得到更多的应用。

（4）微波

频率为 433MHz、2.45GHz、5.8GHz。

微波有源 RFID 技术具有低发射功率、通信距离长、传输数据量大、可靠性高和兼容性好等特点，与无源 RFID 相比，在技术上的优势非常明显，被广泛应用于公路收费、港口货运管理等领域。

3．按激活方式划分

RFID 标签按激活方式可分为被动式、半被动式（也称半主动式）、主动式三类。

（1）被动式

被动式标签没有内部供电电源，其内部集成电路通过接收到的电磁波进行驱动，这些电磁波是由 RFID 读写器发出的。当标签接收到足够强度的信号时，可以向读写器发出数据。这些数据不仅包括 ID 号（全球唯一标识 ID），还可以包括预先存储于标签内 EEPROM 中的数据。

由于被动式标签具有价格低廉、体积小巧、无须电源等优点，因此目前市场上的 RFID 标签主要是被动式的。

（2）半被动式

半被动式类似于被动式，不过它多了一个小型电池，电力恰好可以驱动标签 IC，使得标签 IC 处于工作的状态。这样的好处在于，天线可以不用承担接收电磁波的任务，只作回传信号之用。比起被动式，半被动式有更快的反应速度，更高的效率。

（3）主动式

与被动式和半被动式不同的是，主动式标签本身具有内部电源供应器，用以供应内部 IC 所需电源以产生对外的信号。一般来说，主动式标签拥有较长的读取距离和较大的记忆体容量，可以用来存储读写器所传送来的一些附加信息。

4．按作用距离划分

根据 RFID 识别系统作用距离的远近情况，电子标签天线与读写器天线之间的耦合可分为以下 4 类，如表 2.6 所示。

表 2.6　作用距离的定义及应用

定义	典型距离	应　　用
密耦合	0～1cm	实际应用中，通常需要将电子标签插入读写器中或将其放置到读写器天线的表面。密耦合系统利用的是电子标签与读写器天线无功近场区之间的电感耦合（闭合磁路）构成无接触的空间信息传输射频通道工作的。 密耦合系统的工作频率一般局限在 30MHz 以下的任意频率。由于密耦合方式的电磁泄漏很小、耦合获得的能量较大，因而适合要求安全性较高、作用距离无要求的应用系统，如电子门锁等
近耦合	15cm	系统利用的是电子标签与读写器天线无功近场区之间的电感耦合构成无接触的空间信息传输射频通道工作的。典型工作频率为 13.56MHz，也有一些其他频率，如 6.75MHz、27.125MHz 等
遥耦合	最远 1m	工作原理及频率与近耦合系统的一致，但是与应答器的响应场强、调制方式、调制参数等有关
远距离	1～10m	所有的远距离系统均是利用电子标签与读写器天线辐射远场区之间的电磁耦合构成无接触的空间信息传输射频通道工作的。 远距离系统的典型工作频率为 915MHz、2.45GHz、5.8GHz；此外，还有一些其他频率，如 433MHz 等

远距离系统的电子标签根据其中是否包含电池分为无源电子标签（不含电池）和半无源电子标签（含电池）。一般情况下，包含有电池的电子标签的作用距离较无电池的电子标签的作用距离要远一些。半无源电子标签中的电池并不是为电子标签和读写器之间的数据传输提供能量，而是只给电子标签芯片提供能量，为读写存储数据服务。

5．按读写方式划分

根据应答器的读写方式可以分为只读型标签和读写型标签两类。

（1）只读型标签

在识别过程中，内容只能读出不可写入的标签称为只读型标签。只读型标签所具有的存储器是只读型存储器。只读型标签又分为只读标签、一次性编程只读标签和可重复编程只读标签三种，如表 2.7 所示。

表 2.7　只读型标签的类型

标 签 类 型	详 细 描 述
只读标签	只读标签的内容在标签出厂时已被写入，识别时只可读出，不可再改写。存储器一般由 ROM 组成
一次性编程只读标签	标签的内容只可在应用前一次性编程写入，识别过程中标签内容不可改写。一次性编程只读标签的存储器一般由 PROM、PAL 组成
可重复编程只读标签	标签内容经擦除后可重新编程写入，识别过程中标签内容不改写。可重复编程只读标签的存储器一般由 EPROM 或 GAL 组成

（2）读写型标签

识别过程中，标签的内容既可被读写器读出，又可由读写器写入的标签是读写型标签。读写型标签可以只具有读写型存储器（如 RAM 或 EEROM），也可以同时具有读写型存储器和只读型存储器。读写型标签应用过程中数据是双向传输的。

各频段应答器的常用参数对比如表 2.8 所示。

表 2.8　各频段应答器的常用参数对比

工作频率	标 准	最大读写距离	受方向影响	芯片价格（相对）	数据传输速率（相对）	目前使用情况
125kHz	ISO 11784/11785 ISO 18000-2	10cm	无	一般	慢	大量使用
13.56MHz	ISO/IEC 14443	10cm	无	一般	较慢	大量使用
	ISO/IEC 15693	单向 180cm 全向 100cm	无	一般	较快	
860～960MHz	ISO/IEC 18000-6（EPC）	10m	一般	一般	读快，写较慢	大量使用
2.4GHz	ISO/IEC 18001-3	10m	一般	较高	较快	可能大量使用

2.2.2　阅读器

应答器的读写设备通过天线与 RFID 应答器进行无线通信，可以实现对应答器识别码和内存数据的读出或写入操作。

根据具体实现功能的特点，阅读器（Reader）也有一些其他较为流行的别称，其中最常用的为读写器，如表 2.9 所示。

表 2.9　阅读器别称一览表

中 文 名 称	英 文 名 称
阅读器	Reader
查询器	Interrogator
通信器	Communicator
扫描器	Scanner
读写器	Reader and Writer

续表

中 文 名 称	英 文 名 称
编程器	Programmer
读出装置	Reading Device
便携式读出器	Portable Readout Device
AEI 设备	Automatic Equipment Identification Device

RFID 读写器通过射频识别信号自动识别目标对象并获取相关数据，无须人工干预，可识别高速运动物体并可同时识别多个 RFID 标签，操作快捷方便。RFID 读写器有固定式的和手持式的，手持 RFID 读写器包含低频、高频、UHF、有源等类型。

RFID 读写器的主要功能就是配合天线一起对不同频段的 RFID 卡片进行读写，可应用于一卡通、移动支付、二代身份证、门禁考勤、图书管理系统、家校通、服装生产线和物流系统的管理和应用、开放式人员管理、酒店门锁的管理和应用、大型会议人员通道系统、固定资产的管理系统、医药管理、智能货架管理、贵重物品管理、产品防伪等。

读写器从接口上来看主要有：并口读写器、串口读写器、网口读写器、USB 接口读写器、PCMICA 接口读写器和 SD 接口读写器。

2.2.2.1　读写器的工作原理

射频读写设备的工作过程描述如下：

（1）读写器通过发射天线发送一定频率的射频信号，当射频卡进入发射天线工作区域时产生感应电流，射频卡获得能量被激活。

（2）射频卡将自身编码等信息通过卡内置发送天线发送出去。

（3）读写器的接收天线接收到从射频卡发送来的载波信号，经天线调节器传送到读写器，读写器对接收的信号进行解调和解码后，送到后台主系统进行相关处理。

（4）处理器根据逻辑运算判断该卡的合法性，针对不同的设定，做出相应的处理和控制，发出指令信号控制执行机构动作。

通常情况下，应答器读写设备应根据应答器的读写要求以及应用需求情况来设计。随着射频识别技术的发展，应答器读写设备也形成了一些典型的系统实现模式，本节的重点也在于介绍这种读写器的实现原理。

从最基本的原理角度出发，应答器读写设备一般均遵循如图 2.11 所示的工作过程。

读写器对应应答器读写设备，读写器与应答器之间必然通过空间信道实现读写器向应答器发送命令，应答器接收读写器的命令后做出必要的响应，由此实现射频识别。

此外，在射频识别应用系统中，由于通过读写器获取的信息，或由读写器向应答器写入的标签信息，要么需要回送应用系统，要么来自应用系统，因此就形成了应答器读写设备与应用系统之间的接口（Application Program Interface，API）。一般情况下，要求读写器能够接收来自应用系统的命令，并且根据应用系统的命令或约定的协议做出相应的响应（回送收集到的标签数据等）。

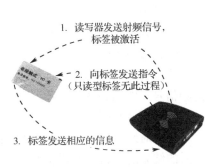

1. 读写器发送射频信号，标签被激活

2. 向标签发送指令（只读型标签无此过程）

3. 标签发送相应的信息

图 2.11　读写器工作过程

2.2.2.2 读写器的基本结构

从电路实现角度来说，读写器本身又可划分为两大部分，即射频模块（射频通道）与基带模块。读写器内部结构示意图如图 2.12 所示。

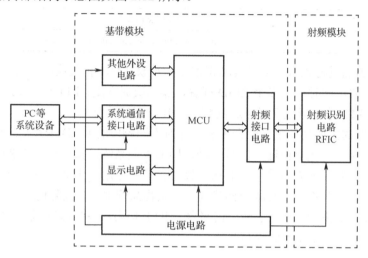

图 2.12　读写器内部结构示意图

1. 射频模块的任务和功能

射频模块通常以 RFIC 为核心，实现的任务主要有以下两项。

（1）向应答器发送射频信号

实现将读写器欲发往应答器的命令调制（装载）到射频信号（也称为读写器/应答器的射频工作频率）上，经发射天线发送出去。发送出去的射频信号（可能包含有传向标签的命令信息）经过空间传送（照射）到应答器上，应答器对照射其上的射频信号做出响应，形成返回读写器天线的反射回波信号。

（2）接收应答信息

实现将应答器返回到读写器的回波信号进行必要的加工处理，并从中解调（卸载）提取出应答器回送的数据。

2. 基带模块的任务和功能

基带模块以 MCU 为核心，通常还包括电源电路、系统通信接口电路、显示电路以及声光提示等其他辅助电路，实现的任务主要包含以下两项。

（1）编码和调制

将读写器智能单元（通常为 MCU）发出的命令加工（编码）实现为便于调制（装载）到射频信号上的编码调制信号。

（2）解调和解码

实现对经过射频模块解调处理的标签回送数据信号进行必要的处理（包含解码），并将处理后的结果送入读写器智能单元。

一般情况下，读写器的智能单元也划归基带模块部分。智能单元从原理上来说，是读写器的控制核心，从实现角度来说，通常采用嵌入式 MCU，通过编写相应的 MCU 控制程序，实现对收发信号的智能处理以及与后端应用程序之间的通信功能，即设计应用程序编程接口

（Application Programming Interface，API）。

　　射频模块与基带模块的接口为调制/解调，在系统实现中，射频模块通常包括调制/解调部分，也包括解调之后对回波小信号的必要加工处理（如放大、整形）等。射频模块的收发分离是采用单天线系统时射频模块必须处理好的一个关键问题。

2.2.2.3　读写器的分类

　　同应答器相比，射频读写设备的分类方法相对较少，常用的方法如下。

1．按通信方式分类

　　（1）读写器先发言（Reader Talk First，RTF）

　　读写器首先向标签发送射频能量，标签只有在被激活且收到完整的读写器命令后，才对命令做出响应，返回相应的数据信息。

　　（2）标签先发言（Tag Talk First，TTF）

　　读写器只发送等幅的、不带信息的射频能量。标签激活后，反向散射标签数据信息。

　　（3）全双工（Full Duplex，FDX）和半双工（Half Duplex，HDX）

　　全双工方式是指 RFID 系统工作时，允许标签和读写器在同一时刻双向传送信息。

　　半双工方式是指 RFID 系统工作时，在同一时刻仅允许读写器向标签传送命令或信息，或者是标签向读写器返回信息。

2．按应用模式分类

　　（1）固定式读写器

　　天线、读写器和主控机分离，读写器和天线可分别固定安装，主控机一般在其他地方安装或安置。读写器可有多个天线接口和多种 I/O 接口。图 2.13 展示了两种固定式读写器，图 2.14 展示了一种固定式读写器天线。

　　（2）便携式读写器

　　读写器、天线和主控机集成在一起。读写器只有一个天线接口，读写器与主控机的接口与厂家设计有关。

　　（3）一体式读写器

　　天线和读写器集成在一个机壳内，固定安装，主控机一般在其他地方安装或安置。一体式读写器与主控机可有多种接口，如图 2.15 所示。

（a）XCRF-510 型读写器　　　　　　　　　　　　　（b）SR-8x02 工业级读写器

图 2.13　固定式读写器

图 2.14　固定式读写器天线

图 2.15　一体式读写器

（4）模块式读写器

模块式读写器一般作为系统设备集成的一个单元，读写器与主控机的接口与应用有关，如图 2.16 所示。

（a）带有屏蔽罩的模块式读写器

（b）模块式读写器的典型结构

（c）SD 卡接口的模块式读写器

图 2.16　模块式读写器

2.2.3　应用软件

应用软件（Application）通常指安装在计算机上的软件，根据逻辑运算判断该应答器的合法性。

RFID 应用软件除了标签和读写器上运行的软件，介于读写器与企业应用之间的中间件也是其中的一个重要组成部分。中间件为企业应用提供一系列计算功能，在产品电子代码（EPC）规范中被称为 Savant。其主要任务是对读写器读取的标签数据进行过滤、汇集和计算，减少从读写器传往企业应用的数据量。同时，Savant 还提供与其他 RFID 支撑系统进行互操作的功能。Savant 定义了读写器和应用两个接口。

用户可以根据工作距离、工作频率、工作环境要求、天线极性、寿命周期、大小及形状、抗干扰能力、安全性和价格等因素选择适合自己应用的 RFID 系统。

2.2.3.1　应用软件的分类

RFID 软件可以分为 4 类：前端软件、中间件软件、后端软件和其他软件。

1. 前端软件

设备供应商提供的系统演示软件、驱动软件、接口软件、集成商或者客户自身开发的 RFID

前端操作软件等，如表 2.10 所示。

表 2.10　前端软件的功能

功　能	说　明
读/写功能	读功能就是从应答器中读取数据；写功能就是将数据写入应答器
防碰撞功能	很多时候不可避免地会有多个应答器同时进入读写器的读取区域，要求同时识别和传输数据时，就需要前端软件具有防碰撞功能
安全功能	确保应答器和读写器双向数据交换通信的安全
检/纠错功能	由于使用无线方式传输数据很容易被干扰，使得接收到的数据产生畸变，从而导致传输出错

2．中间件软件

为实现采集的信息在后台的传递与分发而开发的中间件。

中间件（Middleware）是基础软件的一类，属于可复用软件的范畴。顾名思义，中间件处于操作系统软件与用户应用软件的中间。中间件在操作系统、网络和数据库之上，应用软件的下层，总的作用是为处于自己上层的应用软件提供运行与开发的环境，帮助用户灵活、高效地开发和集成复杂的应用软件。

RFID 中间件是用来加工和处理来自读写器的所有信息和事件流的软件，是连接读写器和企业应用的纽带，使用中间件提供一组通用的应用程序接口（API），就能连接 RFID 读写器，读取 RFID 标签数据。它要对标签数据进行过滤、分组和计数，以减少发往信息网络系统的数据量并防止错误识读、多读信息。关于 RFID 中间件的详细分类及应用，见本章的 2.3 节。

3．后端软件

处理这些采集的信息的后台应用软件和管理信息系统软件，其具有的功能如下：

（1）RFID 系统管理：系统设置以及系统用户信息和权限。

（2）应答器管理：在数据库中管理应答器序列号和每个物品对应的序号和产品名称、型号规格、芯片内记录的详细信息等，完成数据库内所有应答器的信息更新。

（3）数据分析和存储：对整个系统内的数据进行统计分析，生成相关报表，对采集到的数据进行存储和管理。

4．其他软件

开发平台或者为模拟其系统性能而开发的仿真软件等，如开发平台、测试软件、评估软件、演示软件、模拟性能而开发的仿真软件等。

2.2.3.2　中间件

中间件结构参考模型如图 2.17 所示。

中间件从诞生到现在，虽然仅有 10 多年时间，但发展极其迅速，是有史以来发展最快的软件产品。在技术上，中间件还处于成长阶段，没有统一的标准和模型，通常都是用 C++ 语言以面向对象的技术来实现的，但是它的特性已超出面向对象的表达能力。由于它属于可重用构件，目前趋向于用构件技术来实现。然而，中间件涉及软件的所有标准、规范和技术，因此有更多的内涵，因为它包括平台功能，自身具有自治性、自主性、隔离性、社会化、激发性、主动性、并发性、认识能力等特性，近似于 Agent（代理）的结构。

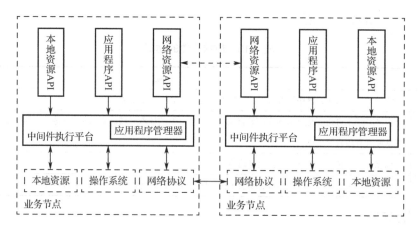

图 2.17 中间件结构参考模型

1. 中间件的定义

目前很难给中间件一个严格的定义，国际上各家机构都有不同的定义，如 IDC 对中间件给出的定义是：中间件是一种独立的系统软件或服务程序，分布式应用软件借助这种软件在不同的技术之间共享资源，中间件位于客户端/服务器的操作系统之上，管理计算资源和网络通信。

这些服务程序或软件具有标准的程序接口和协议。针对不同的操作系统和硬件平台，它们可以有符合接口和协议规范的多种实现。中间件为处于其上层的应用软件提供运行与开发的环境，帮助用户灵活、高效地开发和集成复杂的应用软件。

2. 中间件的作用

通常，中间件是位于硬件操作系统和软件之间的通用服务。这些服务具有标准的程序接口和协议。针对不同的操作系统和硬件平台，它们可以有符合接口和协议规范的多种实现。

简言之，中间件是为上层应用提供底层服务的软件。它对用户是透明的，用户并不关心处理是怎样进行的，只要能顺利地完成事务处理获取所需消息即可。由此可见，中间件是一种独立的服务程序，分布式应用软件借助中间件在不同技术之间共享资源；并且，中间件位于服务器操作系统之上，和 OS、DB 并列为三大软件基础，在金融、电信、交通、电子商务都有着广泛的应用。

由于标准接口对于可移植性及互操作性的重要性，中间件已成为许多标准化工作的主要部分。对于应用软件开发，中间件远比操作系统和网络服务更为重要，中间件提供的程序接口定义了一个相对稳定的高层应用环境，不管底层的计算机硬件和系统软件怎样更新换代，只要将中间件升级更新，并保持中间件对外的接口定义不变，应用软件几乎不需任何修改，从而保护了企业在应用软件开发和维护中的重大投资。同时，它使设计者集中设计与应用有关的部分，大大简化了设计和维护工作。

3. 中间件的特点及优势

中间件的特点及优势如表 2.11 所示。

表 2.11 中间件的特点及优势

中间件的特点	中间件的优势
（1）满足大量应用的需要； （2）运行于多种硬件和 OS 平台； （3）支持分布计算，提供跨网络、硬件和 OS 平台的透明性的应用或服务的交互； （4）支持标准的协议； （5）支持标准的接口	（1）缩短应用的开发周期、节约应用的开发成本、降低系统初期的建设成本； （2）降低应用开发的失败率、保护已有的投资； （3）简化应用集成、减少维护费用、提高应用的开发质量； （4）保证技术进步的连续性； （5）增强应用的生命力

4．中间件的分类

好比一个大型城市的交通系统，将网络看作市区道路，通过交通工具（如汽车）实现通信，每分钟将有数以万辆的汽车在道路上行驶，如果没有相应的交通设施和管理规划，城市就会乱成一团，发生各种交通事故。中间件系统就相当于这些配套的交通设施。按照中间件在分布式系统中承担的职责不同，可以划分为以下几类中间件产品。

（1）通信处理（消息）中间件

在分布式系统中，需要建网和制定出通信协议，以保证系统能在不同平台之间通信，实现分布式系统中可靠的、高效的、实时的跨平台数据传输，这类中间件称为消息中间件，也是市面上销售额最大的中间件产品，主要产品有 BEA 的 eLink、IBM 的 MQSeries、TongLINK 等。实际上，一般的网络操作系统（如 Windows）已包含了其部分功能。

（2）事务处理（交易）中间件

在分布式事务处理系统中，经常要处理大量事务，每项事务常常要多台服务器上的程序按顺序协调完成。一旦中间发生某种故障，不但要完成恢复工作，而且要自动切换系统，达到系统永不停机，实现高可靠性运行。

要使大量事务在多台应用服务器上实时并发运行，并进行负载平衡的调度，实现与高可靠性的大型计算机系统同等的功能，就要求中间件系统具有监视和调度整个系统的功能。BEA 的 Tuxedo 由此而著名，它成为增长率最高的厂商。

（3）数据存取管理中间件

在分布式系统中，重要的数据都集中存放在数据服务器中，它们可以是关系型、复合文档型、具有各种存放格式的多媒体型，或者是经过加密或压缩存放的，该中间件将为在网络上虚拟缓冲存取、格式转换、解压等带来方便。

（4）Web 服务器中间件

浏览器图形用户界面已成为公认规范，但它的会话能力差、不擅长做数据写入、受 HTTP 协议的限制等，这样就必须进行修改和扩充，形成了 Web 服务器中间件，如 SilverStream 公司的产品。

（5）安全中间件

一些军事、政府和商务部门上网的最大障碍是安全保密问题，而且不能使用国外提供的安全措施（如防火墙、加密、认证等），必须用国产产品。产生不安全因素是由操作系统引起的，但必须要用中间件去解决，以适应灵活多变的要求。

（6）跨平台和架构的中间件

当前，开发大型应用软件通常采用基于架构和构件的技术，在分布式系统中，还需要集成各节点上的不同系统平台上的构件或新老版本的构件，由此产生了架构中间件。

（7）专用平台中间件

为特定应用领域设计领域参考模式，建立相应架构，配置相应的构件库和中间件，为应用服务器开发和运行特定领域的关键任务（如电子商务、网站等）。

（8）网络中间件

它包括网管、接入、网络测试、虚拟社区、虚拟缓冲等，也是当前最热门的研发项目。

5．典型的中间件

主流的中间件产品有 IBM MQSeries 和 BEA Tuxedo。

（1）IBM MQSeries

IBM 公司的 MQSeries 是 IBM 的消息处理中间件。MQSeries 提供一个具有工业标准、安全、可靠的消息传输系统，它用于控制和管理一个集成的系统，使得组成这个系统的多个分支应用（模块）之间通过传递消息完成整个工作流程。MQSeries 基本由一个信息传输系统和一个应用程序接口组成，其资源是消息和队列。

MQSeries 的关键功能之一是确保信息可靠传输，即使在网络通信不可靠或出现异常时也能保证信息的传输。同时，MQSeries 是灵活的应用程序通信方案。MQSeries 支持所有的主要计算平台和通信模式，也支持先进的技术（如 Internet 和 Java），拥有连接主要产品（如 Lotus Notes 和 SAP/R3 等）的接口。

（2）BEA Tuxedo

BEA 公司的 Tuxedo 作为电子商务交易平台，属于交易中间件。它允许客户端和服务器参与一个涉及多个数据库协调更新的交易，并能够确保数据的完整性。BEA Tuxedo 一个特色功能是能够保证对电子商务应用系统的不间断访问。它可以对系统构件进行持续的监视，查看是否有应用系统、交易、网络及硬件的故障。一旦出现故障，BEA Tuxedo 就会先从逻辑上把故障构件排除，然后进行必要的恢复性步骤。

2.3 RFID 中间件

RFID 中间件的功能是负责管理读写器和应用软件之间的数据流。通过中间件及信息服务，使得 RFID 系统的相关信息可以在全球得到共享。

RFID 中间件是一种面向消息的中间件（Message-Oriented Middleware，MOM），信息（Information）是以消息（Message）的形式，从一个程序传送到另一个或多个程序。信息可以以异步（Asynchronous）的方式传送，所以传送者不必等待回应。面向消息的中间件包含的功能不仅是传递（Passing）信息，还必须包括解译数据、安全性、数据广播、错误恢复、定位网络资源、找出符合成本的路径、消息与要求的优先次序以及延伸的除错工具等服务。

RFID 中间件技术涉及的内容比较多，包括并发访问技术、目录服务及定位技术、数据及设备监控技术、远程数据访问、安全和集成技术、进程及会话管理技术等。但任何 RFID 中间件应能够提供数据读出和写入、数据过滤和聚合、数据的分发、数据的安全等服务。根据 RFID 应用需求，中间件必须具备通用性、易用性、模块化等特点。

RFID 应用的范围愈发广泛，涉及制造、物流、医疗、运输、零售等领域。然而，RFID

系统的运营除了标签、天线、设备的认证，还要有应用软件，才能迅速推广。而中间件可称为是 RFID 运作的中枢，因为它可以加速关键应用的问世。

2.3.1 RFID 扮演的角色

面对目前各式各样 RFID 的应用，企业最关注的第一个问题是："我要如何将现有的系统与这些新的 RFID Reader 连接？"这个问题的本质是企业应用系统与硬件接口的问题。因此，透明度是整个应用的关键，正确抓取数据、确保数据读取的可靠性以及有效地将数据传送到后端系统都是必须考虑的问题。传统应用程序与应用程序之间（Application to Application）数据通透是通过中间件架构解决的，并发展出各种 Application Server 应用软件；同理，中间件的架构设计解决方案便成为 RFID 应用的一项极为重要的核心技术。

RFID 中间件扮演 RFID 标签和应用程序之间的中介角色，如图 2.18 所示，从应用程序端使用中间件所提供一组通用的应用程序接口（API），即能连接 RFID 读写器，读取 RFID 标签数据。这样一来，即使存储 RFID 标签情报的数据库软件或后端应用程序增加或改由其他软件替代，或者读写 RFID 标签的读写器种类增加等情况发生时，应用端不需修改也能处理，省去多对多连接的维护复杂性问题。

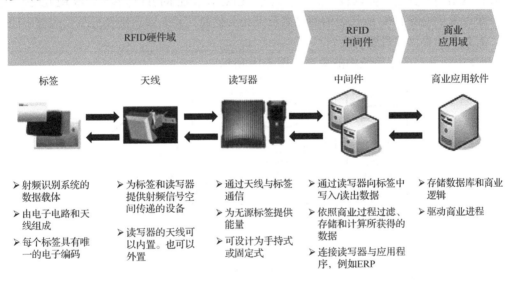

图 2.18　RFID 中间件在系统中的作用

2.3.2 RFID 中间件的架构

RFID 中间件从架构上可以分为以下两种。

1. 以应用程序为中心

以应用程序为中心的设计概念是通过 RFID Reader 厂商提供的 API 和以 Hot Code 方式直接编写特定 Reader 读取数据的 Adapter，并传送至后端系统的应用程序或数据库，从而达成与后端系统或服务串接的目的。

2. 以架构为中心

随着企业应用系统复杂度的增加，企业无法以 Hot Code 方式为每个应用程序编写

Adapter，同时面对对象标准化等问题，企业可以考虑采用厂商所提供标准规格的 RFID 中间件。这样一来，即使存储 RFID 标签情报的数据库软件改由其他软件替代，或读写 RFID 标签的读写器种类增加等情况发生时，应用端不做修改也能应付。

RFID 中间件具有以下特色：

（1）独立并介于 RFID 读写器与后端应用程序之间，并且能够与多个 RFID 读写器以及多个后端应用程序连接，以减轻架构与维护的复杂性。

（2）数据流（Data Flow）。RFID 的主要目的在于将实体对象转换为信息环境下的虚拟对象，因此数据处理是 RFID 最重要的功能。RFID 中间件具有数据的搜集、过滤、整合与传递等特性，以便将正确的对象信息传到企业后端的应用系统。

（3）处理流（Process Flow）。RFID 中间件使用程序逻辑及存储再转送（Store-and-Forward）的功能来提供顺序的消息流，具有数据流设计与管理的能力。

（4）标准（Standard）。RFID 为自动数据采样技术与辨识实体对象的应用。EPC Global 目前正在研究为各种产品的全球唯一识别码提出通用标准，即 EPC。EPC 在供应链系统中以一串数字来识别一项特定的商品，通过无线射频辨识标签由 RFID 读写器读入后，传送到计算机或应用系统中的过程称为对象命名服务（Object Name Service）。对象命名服务系统会锁定计算机网络中的固定点抓取有关商品的消息。EPC 存放在 RFID 标签中，被 RFID 读写器读出后，即可提供追踪 EPC 所代表的商品名称及相关信息，并立即识别及分享供应链中的商品数据，有效率地提供信息透明度。

RFID 中间件在应用系统中的关系如图 2.19 所示。

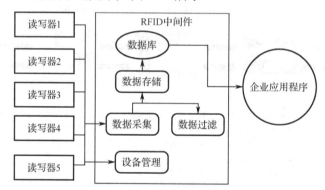

图 2.19 RFID 中间件在应用系统中的关系

在 RFID 应用中，透明度是整个应用的关键，正确抓取数据、确保数据读取的可靠性及有效地将数据传送到后端系统都是必须考虑的问题。传统应用程序之间的数据通透是通过中间件架构来解决的，并由此发展出各种 Application Server 应用软件。

以前的网络主要是客户机与服务器（C/S）结构或浏览器/服务器（B/S）形式的两层结构，随着企业信息的不断扩大，企业级应用不再满足于简单的两层系统，而是向着三层及多层体系结构发展。中间件就是在其中加入一个中间层，以支持更多的功能和服务。

2.3.3 中间件发展方向

1. 与读写器管理系统的融合

中间件是读写器与后台应用系统之间的桥梁，而读写器通常有设备管理需求，比如软件版本下载、设备告警管理、参数配置等，读写器管理系统也是直接与读写器交互的软件模块。于是，如何处理好中间件与读写器管理系统之间的关系成为一个亟待解决的问题。

从软件部署（部署在同一台主机上）、软件模块重用（重用读写器通信模块）等角度考虑，中间件与读写器管理系统的融合势必成为中间件本身的一个优势。

2．对多标准标签的支持

RFID 技术在国内外的发展和应用方兴未艾，国际上多个标准化组织都试图统一 RFID 标准，但在一定的时期内，势必出现多标签并存的情况。于是，对多标准标签的支持也是中间件系统的一个发展方向。

3．对多厂商读写器的支持

中间件与读写器之间的接口、通信方式以及信息格式，也无法做到统一标准。对多厂商读写器的支持、至少对少数几家主流厂商的读写器的支持，是对中间件的基本要求。

2.3.4　RFID 中间件的应用举例

基本的 RFID 系统一般由 3 部分组成：标签、读写器以及应用支撑软件。中间件是应用支撑软件的一个重要组成部分，是衔接硬件设备（如标签、读写器）和企业应用软件（如企业资源规划、客户关系管理等）的桥梁。中间件的主要任务是对读写器传来的与标签相关的数据进行过滤、汇总、计算、分组，减少从读写器传往企业应用的大量原始数据、生成加入了语意解释的事件数据。可以说，中间件是 RFID 系统的"中枢神经"。

对于 RFID 中间件的设计，有诸多问题需要考虑。例如，如何实现软件的诸多质量属性、如何实现中间件与硬件设备的隔离、如何处理与设备管理功能的关系、如何实现高性能的数据处理等。

2.3.4.1　RFID 网络框架结构

RFID 网络框架结构如图 2.20 所示。

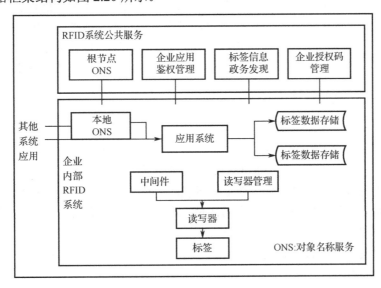

图 2.20　RFID 网络框架结构

标签数据经过中间件的分组、过滤等处理上报给应用系统；应用系统负责事件数据的持久化存储，以及标签绑定的业务信息的管理。

RFID 系统共享公共服务平台提供的根节点 ONS、企业应用鉴权管理、标签信息政务发现和企业授权码管理等公共服务。其中，根节点 ONS 连同所有企业级 RFID 系统的内部 ONS，组成一个 ONS 树，任何一个标签都可以在 ONS 树上找到标签所对应的标签信息库的地址，即可以进一步访问到标签对应的详细信息。

中间件的功能在于接受应用系统的请求，对指定的一个或者多个读写器发起操作命令，如标签清点、标签标识数据写入、标签用户数据区读写、标签数据加锁、标签杀死等，并接收、处理、向后台应用系统上报结果数据。

其中，标签清点是最基本也是应用最广泛的功能。

2.3.4.2　标签清点功能概述

标签清点的工作流程可简单描述为：应用系统以规则的形式定义对标签数据的需求，规则由应用系统向中间件提出，由中间件维护。规则中定义了：需要哪些读写器的清点数据，标签数据上报周期（事件周期）的开始和结束条件，标签数据如何过滤，标签数据如何分组，上报数据是原始清点数据、新增标签数据还是新减标签数据，标签数据包含哪些原始数据等。

（1）应用系统指定某项规则，向中间件提出对标签数据的预订。

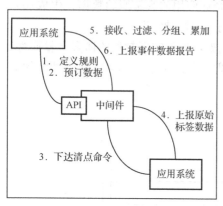

图 2.21　中间件标签清点概要流程图

中间件根据应用系统对标签数据的预订情况，适时启动事件周期，并向读写器下发标签清点命令。读写器将一定时间周期（读取周期）中清点到的数据，发送给中间件。读取周期可由中间件与读写器私下协商确定。

（2）中间件接收读写器上报的数据。

中间件根据规则的定义，对接收数据做过滤、分组、累加等操作，并在事件周期结束时，按照规则的要求生成数据结果报告，发送给规则的预订者。

过滤过程可去除重复数据、应用系统不感兴趣的数据，大大降低了组件间的传输数据量。

中间件标签清点概要流程图如图 2.21 所示。

2.3.4.3　标签清点实现原理

如前所述，规则是整个中间件功能的关键元素。规则相当于应用系统发给中间件的订货单，定义了对货品（标签数据）的时间（事件周期）和规格（如何过滤、如何分组、报告样式等）的要求，原理描述部分参考 EPC Global 相关内容。

规则、报告有自身的信息模型，表征其承载的信息，同时，规则拥有其自身的状态机模型。在接受应用系统的长期预订、单次预订时，这些预订操作会激发规则的状态变迁，如从"未被请求"状态跃迁到"已被请求"状态。

规则由应用系统通过 API 定义。

1.　规则信息模型

规则信息模型的描述采用了统一建模语言（UML），在面向对象的语境中，规则可表征为一个类（ECS pec）。从信息模型描述中可看出，一个规则类，与其他多个类具有关联关系，或者说拥有如下属性：一个或者多个逻辑读写器的列表（Readers）、事件周期边界定义（Boundaries）、一个或者多个报告的定义（Report Specs）、是否在报告中包含规则本身的标记（Include Spec In Reports）。

2．报告信息模型

与规则信息模型类似，其中事件报告组类（EC Reports）拥有如下属性：规则名称（Spec Name）、事件上报时间（Date）、事件周期时长（Total Milliseconds）、事件周期结束条件（Termination Condition）、规则定义类实例（Spec）、一个或者多个报告类的实例列表（Reports）。

报告类（EC Report）中包含了具体的标签数据信息。

3．标签清点 API

应用系统下发的定义规则、预订数据等请求，以调用中间件提供的 API 的方式完成。API 调用过程可采用 Java RMI、SOAP 等相关具体技术实现。

4．规则状态机模型

规则从其定义开始，可能存在于 3 种状态：未被请求状态（Unrequested）、已被请求状态（Requested）和激活状态（Active）。

当规则创建之后，还没有被任何客户端（即应用系统）预订，规则处于 Unrequested 状态；对规则的第一个预订动作将使规则跃迁到 Requested 状态；当事件周期开始条件满足时，规则进入 Active 状态；当事件周期结束条件满足时，如果规则存在预订者，则跃迁到 Requested 状态，否则跃迁到 Unrequested 状态。

2.4　RFID 与 EPC

在物联网中实现万物互联的前提条件之一是物品具有唯一的编码，基于 RFID 技术的 EPC 编码及编码系统，实现了该需求。

2.4.1　EPC 技术

EPC 是一种编码系统，它赋予物品唯一的电子编码。EPC 编码以 RFID 标签为载体，其位长通常为 64 位或 96 位，也可扩展为 256 位。对不同的应用，规定有不同的编码格式，主要存放企业代码、商品代码和序列号等。最新的 GEN2 标准的 EPC 编码可兼容多种编码。

它建立在 EAN/UCC（全球统一标识系统）条型编码的基础之上，并对该条形编码系统做了一些扩充，用以实现对单品进行标志。

EPC 编码系统是新一代的、与 GTIN 兼容的编码标准，它是全球统一标识系统的延伸和拓展，是全球统一标识系统的重要组成部分，是 EPC 系统的核心与关键。

2.4.1.1　EPC 的起源

在过去的 30 年里，EAN/UCC 编码已大大提高了供应链内的生产效率，并且已成为全球最通用的标准之一。

随着因特网的飞速发展，信息数字化和全球商业化促进了更现代化的产品标识和跟踪方案的研发，条码已经成为识别产品的主要手段。但条码也存在如下缺点：

（1）条码是可视传播技术。扫描仪必须"看见"条码才能读取它，这表明人们通常必须将条码对准扫描仪才有效。相反，无线电频率识别并不需要可视传输技术，RFID 标签只要在读写器的读取范围内即可。

（2）受外界的影响大。如果印有条码的横条被撕裂、污损或脱落，就无法扫描这些商品。

（3）唯一产品的识别对于某些商品非常必要。条码只能识别产品的制造商和名称，却不能识别产品的唯一性。牛奶纸盒上的条码到处都一样，辨别哪盒牛奶先超过有效期将是不可能的。

1999 年，麻省理工学院（MIT）成立了自动识别技术中心（Auto -ID Center），提出 EPC 概念，其后世界四个著名研究性大学——剑桥大学、阿德雷德大学、Keio 大学、复旦大学相继加入参与研发 EPC，并得到了 100 多个国际大公司的支持，其研究成果已在一些公司中试用，如宝洁公司、Tesco 公共股份有限公司等。

关于编码方案，目前已有 EPC-96 Ⅰ 型，EPC-64 Ⅰ 型、Ⅱ 型、Ⅲ 型，EPC-256 型等，并得到了 UCC 和国际 EAN 的支持。

2.4.1.2　EPC 的结构

EPC 是下一代产品标识代码，它可以对供应链中的对象（包括物品、货箱、货盘、位置等）进行全球唯一的标识。

EPC 是由标头、厂商识别代码、对象分类代码、序列号等数据字段组成的一组数字，其编码结构及特性如表 2.12 和表 2.13 所示。

表 2.12　EPC 编码结构

编码类型		版本号（标头）	域名管理（厂商识别代码）	对象分类代码	序列号
EPC-64	Ⅰ型	2	21	17	24
	Ⅱ型	2	15	13	34
	Ⅲ型	2	26	13	23
EPC-96	Ⅰ型	8	28	24	36
EPC-256	Ⅰ型	8	32	56	160
	Ⅱ型	8	64	56	128
	Ⅲ型	8	128	56	64

表 2.13　EPC 特性

特性	详细描述
科学性	结构明确，易于使用、维护
兼容性	EPC 编码标准与目前广泛应用的 EAN/UCC 编码标准是兼容的，GTIN 是 EPC 编码结构中的重要组成部分，目前广泛使用的 GTIN、SSCC、GLN 等都可以顺利转换到 EPC 中去
全面性	可在生产、流通、存储、结算、跟踪、召回等供应链的各环节全面应用
合理性	由 EPC Global、各国 EPC 管理机构（中国的管理机构称为 EPC Global China）、被标识物品的管理者分段管理、共同维护、统一应用，具有合理性
国际性	不以具体国家、企业为核心，编码标准全球协商一致，具有国际性
无歧视性	编码采用全数字形式，不受地方色彩、语言、经济水平、政治观点的限制，是无歧视性的编码

出于成本等因素的考虑，早期参与 EPC 测试所使用的编码标准采用的是 64 位数据结构。

2.4.2　EPC 系统构成

EPC 系统是一个非常先进的、综合性的复杂系统，其最终目标是为每一单品建立全球的、开放的标识标准。EPC 系统的应用与发展具有如下的现实意义：

（1）能够推动自动识别技术的快速发展。

（2）通过整个供应链对货品进行实时跟踪。

（3）通过优化供应链来给用户提供支持。

（4）提高全球消费者的生活质量。

EPC 系统由 EPC 编码系统、射频识别系统及信息网络系统等三部分组成，如表 2.14 所示。

表 2.14　EPC 系统的构成及功能

系 统 构 成	名　　称	功　　能
EPC 编码系统	EPC 代码	用来标识目标的特定代码
射频识别系统	EPC 标签	贴在物品之上或者内嵌在物品之中
	读写器	识读 EPC 标签
信息网络系统	EPC 中间件	EPC 系统的软件支持系统
	对象名称服务（ONS）	给 EPC 中间件指明了存储产品相关信息的服务器
	EPC 信息服务（EPC IS）	EPC 的相关数据可以在企业内部或者企业之间共享

EPC 由分别代表版本号、制造商、物品种类以及序列号的编码组成。EPC 是唯一存储在 RFID 标签中的信息。这使得 RFID 标签能够维持低廉的成本并具有灵活性，这是因为在数据库中无数的动态数据能够与 EPC 相链接。

EPC 射频识别系统是实现 EPC 代码自动采集的功能模块，主要由射频标签和射频读写器组成。

射频标签是 EPC 的物理载体，附着于可跟踪的物品上，可全球流通并对其进行识别和读写。

射频读写器与信息系统相连，是读取标签中的 EPC 代码并将其输入网络信息系统的设备。EPC 系统射频标签与射频读写器之间利用无线感应方式进行信息交换，具有以下特点：

（1）非接触识别。

（2）可以识别快速移动物品。

（3）可同时识别多个物品等。

EPC 射频识别系统为数据采集最大限度地降低了人工干预，实现了自动化，是"物联网"形成的重要环节。EPC 系统结构如图 2.22 所示。EPC 系统中具有编码标准，此外还包括应答器、读写器、中间件、对象名称服务、实体标记语言等。

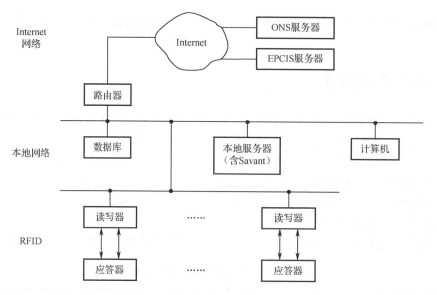

图 2.22　EPC 系统结构

各部分的功能如下：

（1）应答器（载体）

即 EPC 标签，是信息的载体，装有 EPC 编码，它应附着在物品上。

（2）读写器（获取 EPC）

也称 EPC 码读写器，用于读或读写 EPC 标签，并能连接于本地网络之中。

（3）中间件（神经系统）

Savant 是连接读写器和应用程序的软件，亦称为中间件，它是物联网中的核心技术，可认为是该网络的神经系统，故称为 Savant。

（4）对象名称服务（信使）

ONS（Object Naming Service）的作用类似于 Internet 中的域名解析服务（DNS），它给 Savant 指明了存储产品有关信息的服务器（EPCIS 灵魂）。

（5）实体标记语言（Physical Markup Language，PML）

系统中，EPC 信息描述采用实体标记语言（PML），PML 是在可扩展标记语言（XML）基础上发展而来的，是用于描述有关物品信息的一种计算机语言。

2.4.2.1　EPC 标签

EPC 标签是产品代码的信息载体，主要由天线和芯片组成。EPC 标签中存储的唯一信息是 96 位或者 64 位产品电子代码。为了降低成本，EPC 标签通常是被动式射频标签。根据其功能级别的不同，EPC 标签可分为 5 类，目前所开展的 EPC 测试使用的是 Class l/Gen 2 标签，如表 2.15 所示。Gen 是 generation 的缩写，它包括 Class0 协议和 Class1 协议。其中，Class0 协议下的标签是只读的，不可以写入；而 Class1 协议下的标签虽然是可读写的，但是只能写一次，写完后就成为只读标签，这两种协议下的标签都不具有保密性。Class1 协议和 Class2 协议都是 EPC 的标准协议。

表 2.15 EPC 标签分类

类 别	属 性	主 要 功 能
Class 0	只读型标签满足物流、供应链管理应用，如超市的结账付款、超市货架扫描、集装箱货物识别、货物运输通道以及仓库管理等	● 必须包含 EPC 代码、24 位自毁代码以及 CRC（Cyclic Redundance Check）代码； ● 可以被读写器读取； ● 可以被重叠读取； ● 可以自毁； ● 存储器不可以由读写器写入
Class 1	又称身份标签，它是一种无源的、反向散射式标签	● 具备 Class0 标签的所有特征； ● 具有一个产品电子代码标识符和一个标签标识符； ● Class1 EPC 标签具有自毁功能，能够使标签永久失效； ● 可选的密码保护访问控制和可选的用户内存等特性
Class 2	一种无源的、反向散射式标签	● 具备 Class 1 EPC 标签的所有特征； ● 扩展的 TID（Tag Identifier，标签标识符）； ● 扩展的用户内存、选择性识读功能； ● 在访问控制中加入了身份认证机制，并将定义其他附加功能
Class 3	一种半有源的、反向散射式标签	● 具备 Class 2 EPC 标签的所有特征； ● 具有完整的电源系统和综合的传感电路，其中，片上电源用来为标签芯片提供部分逻辑功能
Class 4	有源的、主动式标签	● 具备 Class 3 EPC 标签的所有特征； ● 具有标签到标签的通信功能； ● 主动式通信功能和特别组网功能

【知识链接 2.2】 关于 EPC 标签的 Class 与 Gen（代）的概念

Class 描述的是标签的基本功能，比如它里面存储器的情况或有无电池。

Gen 是指标签规范的主要版本号。通常所说的第二代 EPC，实际上是第二代 EPC Class 1，这表明它是规范的第二个主要版本，针对拥有一次写入内存的标签。

EPC Class 的目的是为了提供一种模块化结构，涵盖一系列众多的可能类型的标签功能。

2.4.2.2 读写器

读写器是用来识别 EPC 标签的电子装置，与信息系统相连实现数据的交换。EPC 读写器应该具有下述功能和特征：

（1）空中接口功能。

（2）防碰撞功能。

（3）与计算机网络的连接。

EPC 读写器结构如图 2.23 所示。

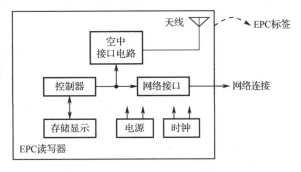

图 2.23 EPC 读写器结构

1．空中接口电路

空中接口电路包括收/发两个通道，具有编码、调制、解调、解码等功能，射频功率由天线辐射，并经天线接收从标签返回的信息。空中接口电路是读写器和标签之间交换信息的纽带。

2．控制器

控制器可以采用微控制器（MCU）或数字信号处理器（DSP）。

3．网络接口

网络接口应具有支持以太网、无线局域网（IEEE 802.11）等网络连接方式，这也是 EPC 读写器的重要特点。

EPC 读写器使用多种方式与 EPC 标签交换信息，近距离读取被动标签最常用的方法是电感耦合方式。只要靠近，盘绕读写器的天线与盘绕标签的天线之间就形成了一个磁场，标签利用这个磁场发送电磁波给读写器，返回的电磁波被转换为数据信息，也就是标签中包含的 EPC 代码。

读写器的基本任务就是激活标签，与标签建立通信并且在应用软件和标签之间传送数据。EPC 读写器和网络之间不需要 PC 作为过渡，所有的读写器之间的数据交换可以直接通过一个对等的网络服务器进行。读写器的软件提供了网络连接能力，包括 Web 设置、动态更新、TCP/IP 读写器界面、内建兼容 SQL 的数据库引擎。

当前，EPC 系统和 EPC 读写器技术已基本完善。Auto-ID Labs 提出的 EPC 读写器工作频率为 860～960MHz。

2.4.2.3　EPC 信息网络系统

信息网络系统由本地网络和全球互联网组成，是实现信息管理、信息流通的功能模块。EPC 系统的信息网络系统是在全球互联网的基础上，通过 EPC 中间件、对象名称服务（ONS）和 EPC 信息服务（EPC IS）来实现全球"实物互联"。

1．EPC 中间件

EPC 中间件是具有一系列特定属性的"程序模块"或"服务"，并被用户集成以满足他们的特定需求。EPC 中间件以前被称为"Savant"。

EPC 中间件是加工和处理来自读写器的所有信息和事件流的软件，是连接读写器和企业应用程序的纽带，主要任务是在将数据送往企业应用程序之前进行标签数据校对、读写器协调、数据传送、数据存储和任务管理。

EPC 中间件与其他应用程序通信如图 2.24 所示。

2．ONS

ONS 是一个自动的网络服务系统，类似于域名解析服务（DNS），ONS 给 EPC 中间件指明了存储产品相关信息的服务器。

ONS 是联系 EPC 中间件和 EPC 信息服务的网络枢纽，并且 ONS 设计与架构都以因特网 DNS 为基础，因此可以使整个 EPC 网络以因特网为依托，迅速架构并顺利延伸到世界各地。

3．EPC IS

EPC IS 提供了一个模块化、可扩展的数据和服务的接口，使得 EPC 的相关数据可以在企业内部或者企业之间共享。它处理与 EPC 相关的信息，例如：

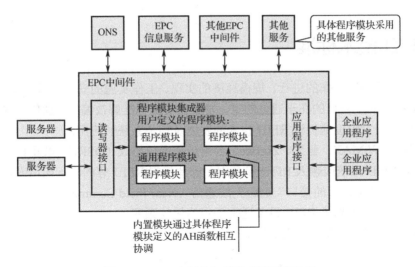

图 2.24　EPC 中间件与其他应用程序通信

　　EPC 的观测值：What、When、Where、Why，通俗地说，就是观测对象、时间、地点以及原因，这里的原因是一个比较宽泛的说法，它应该是 EPC IS 步骤与商业流程步骤之间的一个关联，如订单号、制造商编号等商业交易信息。

　　EPC IS 有两种运行模式：一种是 EPC IS 信息被已经激活的 EPC IS 应用程序直接应用；另一种是将 EPC IS 信息存储在资料档案库中，以备今后查询时进行检索。

　　独立的 EPC IS 事件通常代表独立步骤，比如 EPC 标记对象 A 装入标记对象 B，并与一个交易码结合。对于 EPC IS 资料档案库的 EPC IS 查询，不仅可以返回独立事件，而且还有连续事件的累积效应，比如对象 C 包含对象 B，对象 B 包含对象 A。

2.4.2.4　EPC 系统的特点及应用

EPC 系统的主要特点如下：

（1）采用了 EPC 编码方法，可以识别物品到单件。

（2）信息系统的网络基础是 Internet，将企业的 Intranet、RFID 与 Internet 有机地结合起来。

（3）着眼于全球的系统。

（4）目前仍需要较多的投入，对于低价值的识别对象，必须考虑由此引进的成本。

EPC 射频标签的典型应用如下：

（1）供应链管理。

（2）自动化生产线的管理。

（3）航空包裹的管理。

（4）集装箱的管理。

（5）停车场的管理。

（6）不停车收费的管理。

（7）图书馆的管理。

（8）仓储管理。

2.5 RFID 技术标准

标准能够确保协同工作的进行、规模经济的实现、工作实施的安全性以及其他许多方面。

RFID 标准化的主要目的在于通过制定、发布和实施标准解决编码、通信、空中接口和数据共享等问题，最大限度地促进 RFID 技术的发展及相关系统的应用。

由于 Wi-Fi、WiMAX、蓝牙、ZigBee、专用短程通信协议（DSRC）以及其他短程无线通信协议正用于 RFID 系统或融入 RFID 设备中，因此使得 RFID 等的实际应用变得更为复杂。此外，RFID 当中"接口间的接口"近距无线通信（Near Field Communication，NFC）的采用有其根源所在：因其用到了 RFID 设备通常采用的最佳频率。

与 RFID 标准相关的问题如表 2.16 所示。

表 2.16　与 RFID 标准相关的问题

问　题	详　细　描　述
接口技术问题	比如中间件技术，RFID 中间件扮演 RFID 标签和应用程序之间的中介角色，从应用程序端使用中间件提供的一组通用的应用程序接口（API），即能连到 RFID 读写器，读取 RFID 标签数据。 RFID 中间件采用程序逻辑及存储并转发（Store-and-Forward）的功能来提供顺序的消息流，具有数据流设计与管理的能力
一致性问题	主要指其能够支持多种编码格式，比如支持 EPC、DOD 等规定的编码格式，也包括 EPC Global 所规定的标签数据格式标准
性能问题	尤其是指数据结构和内容，即数据编码格式及其内存分配
电池辅助及传感器的融合	目前，RFID 同传感器逐步融合，物品定位采用 RFID 三角定位法以及更多复杂的技术，还有一些 RFID 技术中用传感器代替芯片。比如，将能够实现温度和应变传导的声表面波（SAW）标签用于 RFID 技术中。然而，几乎所有的传感器系统，包括有源 RFID 等，都需要从电池获取能量

目前，RFID 还未形成统一的全球化标准，市场为多种标准并存的局面，但随着全球物流行业 RFID 大规模的应用，RFID 标准的统一已经得到业界的广泛认同。RFID 系统主要由数据采集和后台数据库网络应用系统两大部分组成。

已经发布或者正在制定中的标准主要是与数据采集相关的，其中包括射频标签与读写器之间的空中接口、读写器与计算机之间的数据交换协议、RFID 标签与读写器的性能和一致性测试规范以及 RFID 标签的数据内容编码标准等。后台数据库网络应用系统目前并没有形成正式的国际标准，只有少数产业联盟制定了一些规范，现阶段还在不断演变中。

RFID 标准争夺的核心主要在 RFID 标签的数据内容编码标准这一领域。目前，形成了五大标准化组织，分别代表了国际上不同团体或者国家的利益。大体情况如下：

（1）EPC Global 由北美 UCC 产品统一编码组织和欧洲 EAN 产品标准组织联合成立，在全球拥有上百家成员，得到了零售巨头沃尔玛，制造业巨头强生、宝洁等跨国公司的支持。

（2）AIM、ISO、UID 则代表了欧美国家和日本。

（3）IP-X 的成员则以非洲、大洋洲、亚洲等国家为主。

比较而言，EPC Global 由于综合了美国和欧洲厂商，实力相对占上风。

下面简要介绍各个标准体系。

2.5.1　ISO/IEC18000 系列国际标准的构成

在 RFID 技术发展的前 10 年中，有关 RFID 技术的国际标准的研讨空前热烈，国际标准化组织 ISO/IEC 联合技术委员会 JTC1 下的 SC31 下级委员会成立了 RFID 标准化研究工作组 WG4。尤其是在 1999 年 10 月 1 日正式成立的，由麻省理工学院（MIT）发起的 Auto-ID Center 非营利性组织在规范 RFID 应用方面所发挥的作用越来越明显。

Auto-ID Center 在对 RFID 理论、技术及应用研究的基础上，所做出的主要贡献如下：

（1）提出 EPC 概念及其格式规划。为简化射频标签芯片功能设计、降低射频标签成本、扩大 RFID 应用领域奠定了基础。

（2）提出了实物互联网的概念及构架，为 EPC 进入互联网搭建了桥梁。

（3）建立了开放性的国际自动识别技术应用公用技术研究平台，为推动低成本的 RFID 标签和读写器的标准化研究创造了条件。

目前，可供射频卡使用的几种标准有 ISO/IEC 10536、ISO/IEC 14443、ISO/IEC 15693 和 ISO/IEC 18000。应用最多的是 ISO/IEC 14443、ISO/IEC 15693 和 ISO/IEC 18000-6，每个标准都由物理特性、射频功率和信号接口、初始化和防冲撞以及传输协议等四部分组成。

ISO/IEC 18000 标准体系是基于物品管理的射频识别的通用国际标准，按工作频率的不同分为如下 7 部分，并对以往发布的标准具有一定的兼容性：

第 1 部分：全球公认的普通空中接口参数。

第 2 部分：频率低于 135kHz 的空中接口。

第 3 部分：频率为 13.56MHz 的空中接口。

第 4 部分：频率为 2.45GHz 的空中接口。

第 5 部分：频率为 5.8GHz 的空中接口（注：终止使用）。

第 6 部分：频率为 860～960MHz 的空中接口。

第 7 部分：频率为 433.92MHz 的空中接口。

相关标准的空中接口参数在后续的章节中将结合具体的内容进行详细介绍。

2.5.2　EPC Global

EPC Global 是由 UCC 和 EAN 联合发起的非营利性组织，全球最大的零售商沃尔玛连锁集团、英国 Tesco 等 100 多家美国和欧洲的流通企业都是 EPC 的成员，同时由美国 IBM 公司、微软、Auto-ID Lab 等进行技术支持。此组织除发布工业标准外，还负责 EPC Global 号码注册管理。

EPC Global 系统是一种基于 EAN/UCC 编码的系统。

作为产品与服务流通过程信息的代码化表示，EAN/UCC 编码具有一整套涵盖了贸易流通过程各种有形或无形的产品所需的全球唯一的标识代码，包括贸易项目、物流单元、位置、资产、服务关系等标识代码。

EAN/UCC 标识代码随着产品或服务的产生在流通源头建立，并伴随着该产品或服务的流动贯穿全过程。EAN/UCC 标识代码是固定结构、无含义、全球唯一的全数字型代码。在 EPC 标签信息规范 1.1 中采用 64～96 位的产品电子代码；在 EPC 标签 2.0 规范中采用 96～256 位的产品电子代码。

读取 EPC 标签时，它可以与一些动态数据连接，例如该贸易项目的原产地或生产日期等。这与全球贸易项目代码（GTIN）和车辆识别码（VIN）十分相似，EPC 就像一把钥匙，用以解开 EPC 网络上相关产品信息这把锁。

与目前商务活动中使用的许多编码方案类似，EPC 包含用来标识制造厂商的代码以及用来标识产品类型的代码。但 EPC 使用额外的一组数字——序列号来识别单个贸易项目。EPC 所标识产品的信息保存在 EPC Global 网络中，而 EPC 则是获取有关这些信息的一把钥匙。

EPC Global 提出的"物联网"体系架构由 EPC 编码、EPC 标签及读写器、EPC 中间件、ONS 服务器和 EPC IS 服务器等部分构成。各部分的功能如下：

（1）EPC 存储在 RFID 标签上，这个标签包含一块硅芯片和天线。

（2）EPC 中间件对读取到的 EPC 编码进行过滤和容错等处理后，输入到企业的业务系统中。它通过定义与读写器的通用接口（API）实现与不同制造商的读写器的兼容。

（3）ONS 服务器根据 EPC 及用户需求进行解析，以确定与 EPC 相关的信息存放在哪个 EPC IS 服务器上。

（4）EPC IS 服务器存储并提供与 EPC 相关的各种信息。这些信息通常以 PML 的格式存储，也可以存放于关系数据库中。

EPC 编码的一个重要特点是该编码是针对单品的。

它的基础是 EAN/UCC，并在 EAN/UCC 基础上进行扩充。根据 EAN/UCC 体系，EPC 编码系统也分为 5 种：

（1）SGTIN（Serialized Global Trade Identification Number）。

（2）SGLN（Serialized Global Location Number）。

（3）SSCC（Serial Shipping Container Code）。

（4）GRA（Global Returnable Asset Identifier）。

（5）GIAI（Global Individual Asset Identifier）。

1. EPC 标签比特流编码

EPC 标签的码数据包括 2 部分：可变长的码头和值序列。

Auto-ID 中心以麻省理工学院（MIT）为领队，在全球拥有实验室。

Auto-ID 中心构想了物联网的概念，这方面的研究得到 100 多家国际大公司的通力支持。企业和用户是 EPC Global 网络的最终受益者，通过 EPC Global 网络，企业可以更高效地运行，可以更好地实现基于用户驱动的运营管理。

2. EPC Global 服务

EPC Global 为期望提高其有效供应链管理的企业提供如下服务：

（1）分配、维护和注册 EPC 管理者代码。

（2）对用户进行 EPC 技术和 EPC 网络相关内容的教育和培训。

（3）参与 EPC 商业应用案例实施和 EPC Global 网络标准的制定。

（4）参与 EPC Global 网络、网络组成、研究开发和软件系统等的规范制定和实施。

（5）引领 EPC 研究方向。

（6）认证和测试。

（7）与其他用户共同进行试点和测试。

3. EPC Global 系统成员

EPC Global 将系统成员大体分为两类：终端成员和系统服务商。

终端成员包括制造商、零售商、批发商、运输企业和政府组织。一般来说，终端成员就是在供应链中有物流活动的组织。

系统服务商是指那些给终端用户提供供应链物流服务的组织机构，包括软件和硬件厂商、系统集成商和培训机构等。

EPC Global 在全球拥有上百家成员。

EPC Global 入会注册是获得 EPC Global 网络访问权的第一步。

入会注册包括：

（1）获得 EPC 厂商识别代码，为其托盘、包装箱、资产和单件物品分配全球唯一对象分类代码和系列号。

（2）获得一个用户代码和安全密码，通过"电子屋"随时访问地区或全球的 EPC 网络和无版税的 EPC 系统。

（3）第一时间参与 EPC Global 有关技术的研发、应用，参加各标准工作组的工作，获得 EPC Global 有关技术资料。

（4）使用 EPC Global China 的相关技术资源，与 EPC Global China 的专家进行技术交流。

（5）参加 EPC Global China 举办的市场推广活动。

（6）参加 EPC Global China 组织的宣传、教育和培训活动，了解 EPC 发展的最新进展，并与其他系统成员一起分享 EPC 的商业实施案例。

（7）直接和那些早期接纳 EPC 现在也加入了 EPC Global China 的用户取得联系并相互交流。

（8）可优先被推荐参与 EPC Global 举办的活动。

（9）成为 EPC Global China 网站的高级会员，下载有关技术资料。

（10）对 EPC Global China 的工作提出建议。

4．会员需要的花费

参照发达国家和邻近地区的 EPC 收费标准，提出我国的 EPC 注册收费标准。

5．EPC Global 的管理架构

为实现和管理 EPC 的工作，国际物品编码协会（EAN）和美国统一代码委员会（UCC）在 2003 年 11 月成立了全球产品电子代码中心 EPC Global，其组织架构如图 2.25 所示。

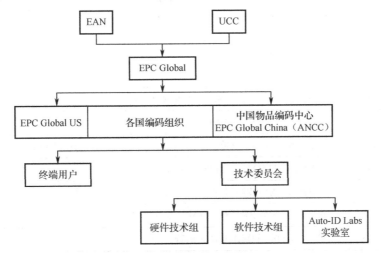

图 2.25　EPC Global 组织架构

2.5.3　UID

主导日本 RFID 标准研究与应用的组织是 T-引擎论坛（T-Engine Forum）。该论坛拥有 475 家成员。值得注意的是，UID 成员绝大多数都是日本的厂商，如 NEC、日立、东芝等，少数来自国外的著名厂商也有参与，如微软、三星、LG 和 SKT 等。

T-引擎论坛下属的泛在识别中心（Ubiquitous ID Center，UID）成立于 2002 年 12 月，具体负责研究和推广自动识别的核心技术，即在所有的物品上植入微型芯片，组建网络进行通信。

UID 的核心是赋予现实世界中任何物理对象唯一的泛在识别号（Ucode）。它具备了 128 位（128bit）的充裕容量，提供了 340×1036 编码空间，更可以用 128 位为单元进一步扩展至 256 位、384 位或 512 位。Ucode 的最大优势是能包容现有编码系统的元编码设计，可以兼容多种编码，包括 JAN、UPC、ISBN、IPv6 地址，甚至电话号码。

Ucode 标签具有多种形式，包括条码、射频标签、智能卡、有源芯片等。泛在识别中心把标签进行分类，并设立了多个不同的认证标准。

2.5.4　中国 RFID 标准推行现状

中国 RFID 有关的标准化活动，由信标委自动识别与数据采集技术分委会对口国际 ISO/IEC JTC1 SC31，负责条码与射频部分国家标准的统一归口管理。

条码与物品编码领域国家标准主管部门是国家标准化管理委员会，射频领域国家标准主管部门是工业和信息化部和国家标准化管理委员会，该领域的技术归口由信标委自动识别与数据采集技术分委会负责。

中国 ISO/IEC JTC1 SC31 秘书处设在中国物品编码中心。挂靠在中国物品编码中心的中国自动识别技术协会，于 2003 年开始组织其射频工作组的业内资深专家开始跟踪和进行 ISO/IEC18000 国际标准的研究，目前已经发布的国家标准如表 2.17 所示。

表 2.17　国家标准

编　号	名　称
GB/T 20563—2006	《动物射频识别　代码结构》
GB/T 22334—2008	《动物射频识别　技术准则》
GB/T 28925—2012	《信息技术　射频识别　2.45GHz 空中接口协议》
GB/T 28926—2012	《信息技术　射频识别　2.45GHz 空中接口符合性测试方法》
GB/T 29261.3—2012	《信息技术　自动识别和数据采集技术　词汇　第 3 部分：射频识别》
GB/T 29266—2012	《射频识别　13.56MHz 标签基本电特性》
GB/T 29272—2012	《信息技术　射频识别设备性能测试方法　系统性能测试方法》
GB/T 29768—2013	《信息技术　射频识别　800/900MHz 空中接口协议》
GB/T 29797—2013	《13.56 MHz 射频识别读/写设备规范》

2.6　延伸阅读：RFID 技术的发展前景

当今，随着物联网技术的快速发展，RFID 技术逐渐成为物联网感知层的重要组成部分，也得到了全球各地的高度重视。

2.6.1　RFID 在中国

近年来，中国陆续发布了相关政策，支持物联网和 RFID 技术的发展，RFID 产业发展趋势将越来越好。

RFID 作为物联网的子行业，位于感知层，是物联网发展的基础，也是实现物联网的前提。物联网应用层的发展必须在感知层的支撑上进行，因此若要发展物联网，感知层是物联网产业中的优先发展产业。物联网的发展使得应用层需求呈现多元化及复杂化趋势，应用场景不断拓展，释放新型技术需求，这驱动着感知层相关技术的创新升级。

RFID 技术相较于其他感知技术（二维码、条形码等），具备无须接触、无须可视、可完全自动识别等优势，在适用环境、读取距离、读取效率、可读写性等方面的限制相对较低。随着物联网的应用范围不断拓展，RFID 将成为重点发展和主流的感知层技术，而未来成本的逐步下降令其有望在高度智能化的社会中进一步替代二维码、条形码的市场份额，且行业内自身存在更新换代需求，技术革新将不断驱动行业的可持续健康发展。

智能时代下传统行业变革加快，RFID 需求量提升。人工智能、云计算、大数据、量子计算等新一代智能技术的出现意味着第四次工业革命的序幕悄然拉开，技术社会发展的引擎正由互联网逐步转向智能技术。人类社会迎来智能时代，智能技术应用开始赋能各行各业，行业智能化加速，导致 RFID 需求量得以提升。

近年来，传感技术、网络传输技术的不断进步使得 RFID 芯片的硬件成本不断下降，基于互联网、物联网的集成应用解决方案不断成熟，RFID 技术在智能化管理等众多领域得到了更广泛的应用。

1．零售业中大有作为

近年来，超高频无源 RFID 标签在服装零售行业的应用爆发。由于该技术可以解决鞋服零售行业库存高、补货不及时、物流效率低、盘点耗时长等核心痛点，零售巨头如快时尚服装连锁品牌 UR、Zara 均采用 RFID 标签和 RFID 应用解决方案，以实现追溯商品从工厂到零售的全链条动态，从而提高运转效率。此外，无人零售的兴起也使得 RFID 的需求量增长，行业迎来新的发展机会。

2．超高频 RFID 将成为行业发展的重心

在中国市场中，高频 RFID 技术的应用依然是行业发展的主流趋势，而超高频则是未来发展趋势。在中国，RFID 在电子票证、出入控制、手机支付等领域已经形成了成熟的应用模式，这些领域的应用多集中于低、高频段。高频应用方面，国内厂商的芯片设计、制造和票证制作工艺、封装技术等都逐渐凸显出强劲的竞争实力和优势，经过数年的快速发展，国内 RFID 高频产业链已经不断完善，并可以比肩国际水平，成为这一市场的中坚力量。

3．"一带一路"倡议将助力 RFID 在海外业务的发展

随着中国 RFID 高频技术的持续突破，为响应"一带一路"倡议，越来越多的 RFID 企业

将陆续出海，参与海外市场竞争。而在超高频 RFID 领域，中国目前在整体市场的占有率还处于较低水平，但随着超高频 RFID 在鞋服新零售、无人便利店、图书管理、医疗健康、航空、物流、交通等诸多领域不断普及、发展，超高频 RFID 在未来将成为行业发展的重点突破口。

物联网的发展使得应用层需求呈现多元化及复杂化趋势，智能技术赋能传统行业导致 RFID 需求量显著提升，成为行业发展新契机，驱动中国 RFID 行业可持续发展。

2.6.2　RFID 全球化发展的制约

RFID 应用十分广泛，涉及社会生活的方方面面，在物流、零售、制造业、服装业、医疗、身份识别、防伪、资产管理、交通、食品、汽车、军事、金融支付等领域均可应用。RFID 对于提高企业运营效率、降低运营成本效果显著。

相对于条形码，可存储信息和多标签同时扫描的 RFID 电子标签具有技术和功能上的优越性。但成本的差距一直阻碍了 RFID 技术的普及。近年来，随着技术的进步和应用规模的逐渐扩大，RFID 电子标签的成本显著降低，这将有助于行业的良性发展。

1．标准问题

标准（特别是关于数据格式定义的标准）的不统一是制约 RFID 发展的首要因素。

每个 RFID 标签中都有一个唯一的识别码，如果数据格式有很多种且互不兼容，那么不同标准的 RFID 产品就不能通用，这对经济全球化下的物品流通是十分不利的。而数据格式的标准涉及各个国家自身的利益和安全。美国、日本及中国等均制定了自己的标准，预计其他国家也会陆续制定自己的标准。如何让这些标准相互兼容，让一个 RFID 产品能顺利地在世界范围中流通，是当前重要而急切需要解决的问题。

2．人才的制约

RFID 是技术密集型行业，技术人员是发展的重要基础。以我国为例，大体情况如下：

（1）由于我国 RFID 行业的起步时间较晚，基础较为薄弱，高端人才相对缺乏。

（2）行业的广阔市场前景吸引了大批新加入的工业机器人系统集成厂商，大批企业的加入加剧了对高端技术人才的争夺。

3．技术的制约

目前，RFID 企业集中在 RFID 标签封装领域，在技术含量和附加值最高的 RFID 芯片设计及制造领域还需要不断优化。该领域仍由国外品牌所主导，对于部分国家而言，需要从外国进口，芯片技术的薄弱阻碍行业良性发展。

总之，互联网智能时代下的传统行业将会加快优化步伐，大大促进 RFID 的应用需求。智能技术应用开始赋能各行各业，行业智能化加快，RFID 将更好地发挥其优势，RFID 产业链也将不断完善。未来，随着 RFID 技术的持续突破，将会有越来越多的 RFID 应用场景出现，实现数据采集自动化。

第3章 RFID 与无线通信技术

【内容提要】

射频前端的基本功能是实现射频能量和信息传递，本章的重点内容为 RFID 射频前端的电路构成、工作原理、参数的计算和调制解调技术，此外还包括无线通信技术、电磁波技术、天线技术以及 RFID 与电磁兼容技术。

【案例分析】 "捕获"无线信号

根据射频识别原理，无线信号是由读写器的天线端发射出来的，然后应答器接收无线信号，并对其进行处理，进而获取能量和数据信息。这里有个关键问题——作为接收装置，应答器是如何检测到无线信号是否被发射出来，以及无线信号的频率和强度呢？

对于无线信号的检测，通常的方法是使用频谱分析，可以直观地看到无线信号的强度（功率）、频率等。但是频谱分析仪属于专业仪器，通常体积较大，不便于携带，同时价格比较昂贵且操作较为复杂，而应答器体积小又高度集成。那如何解决这个问题呢？

遇到图 3.1 中的电路，"捕获"电波的问题就可以迎刃而解。

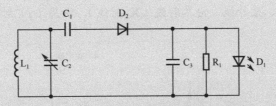

图 3.1 可以"捕获"无线信号的电路及原理图

将该电路置于读写器或者其他信号源的射频场区域内，当读写器或信号源发射出与本电路谐振频率一致的无线信号时，发光二极管 D_1 将会被点亮，并且 D_1 的亮度会随着电路与射频信号源之间距离的变化而变化：距离越近，亮度越高；反之，亮度变低。当超过一定的距离时，D_1 将熄灭。

D_1 被点亮，说明有电流通过本电路，而电流来自射频场内的无线信号，即该电路成功地"捕获"了指定频率的无线信号。

无线电技术的原理：导体中电流强弱的改变会产生无线电波。

利用这一现象，通过调制可将信息加载于无线电波之上。当电波通过空间传播到达收信端时，电波引起的电磁场变化又会在导体中产生电流，通过解调将信息从电流变化中提取出来，就达到了信息传递的目的。

3.1 电磁波技术

无线电波或射频波是指在自由空间（包括空气和真空）传播的电磁波。波长大于 1mm、频率小于 300GHz 的电磁波是无线电波。

【知识链接 3.1】 电磁波、无线电波和声波的区别

【定义】

电磁波：是由同相且互相垂直的电场与磁场在空间中衍生发射的振荡粒子波，是以波动的形式传播的电磁场，具有波粒二象性。

无线电波：属于电磁波的一种，是指在所有自由空间（包括空气和真空）传播的电磁波。

声波：是指发声体产生的振动在空气或其他物质中的传播。

【产生方式】

电磁波是电磁场的一种运动形态。变化的电场会产生磁场（即电流会产生磁场），变化的磁场则会产生电场。变化的电场和变化的磁场构成了一个不可分离的统一的场，这就是电磁场，而变化的电磁场在空间的传播形成了电磁波。

声波是一种机械波，由声源振动产生，始于空气质点的振动，如吉他弦、人的声带或扬声器产生的振动。

【分类】

电磁波为横波，可用于探测、定位、通信等。电磁波谱（波长从长到短）是无线电波、微波、红外线、可见光、紫外线、伦琴射线（X 射线）、伽马（γ）射线等的组合。电磁波的波谱图如图 3.2 所示。

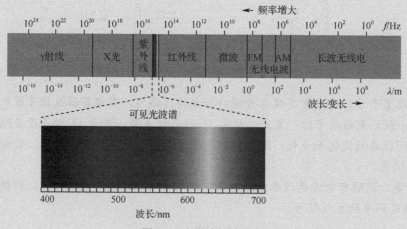

图 3.2 电磁波的波谱图

电磁波可以应用于无线电广播、电视、手机通信、卫星信号、导航、遥控、定位、家电（微波炉、电磁炉）红外波、工业、医疗器械等方面。

声波根据其频率的不同可分为以下几种：

（1）频率低于 20Hz 的声波称为次声波或超低声。

（2）频率 20Hz～20kHz 的声波称为可闻声。

（3）频率 20kHz～1GHz 的声波称为超声波。

（4）频率大于 1GHz 的声波称为特超声或微波超声。

3.1.1　无线电波的主要传播方式

无线电波是一种能量的传播形式，电场和磁场在空间中是相互垂直的，并都垂直于传播方向，在真空中的传播速度等于光速，约为 300 000km/s。

无线通信是利用无线电波的传播特性而实现的。

无线电波的波段划分如表 3.1 所示。

表 3.1　无线电波的波段划分

波段名称		波长范围/m	频段名称	缩写名称	频率范围
超长波		1 000 000～10 000	甚低频	VLF	3～30kHz
长波		10 000～1000	低频	LF	30～300kHz
中波		1000～100	中频	MF	300～3000kHz
短波		100～10	高频	HF	3～30MHz
超短波	米波	10～1	甚高频	VHF	30～300MHz
	分米波	1～0.1	超高频	UHF	300～3000MHz
	厘米波	0.1～0.01	特高频	SHF	3～30GHz
	毫米波	0.01～0.001	极高频	EHF	30～300GHz

根据频谱和需要，可以进行通信、广播、电视、导航和探测等，但不同波段的无线电波的传播特性有很大差别。

无线电波传输不依靠电线，也不像声波那样，必须依靠空气介质传播，有些电波能够在地球表面传播，有些电波能够在空间直线传播，也能够从大气层上空反射传播，有些电波甚至能穿透大气层，飞向遥远的宇宙空间。

任何一种无线信号传输系统均由发信部分、收信部分和传输介质三部分组成。

传输无线信号的介质主要有地表、对流层和电离层等，这些介质的电特性对不同波段的无线电波的传播有着不同的影响。根据介质及不同介质分界面对电波传播产生的主要影响，可将电波传播方式分成以下几种。

1．地表传播

对有些电波来说，地球本身就是一个障碍物。

当接收天线距离发射天线较远时，地面就像拱形大桥将两者隔开。那些走直线的电波就过不去了。只有某些电波能够沿着地球拱起的部分传播出去，这种沿大地与空气的分界面传播的电波叫地表面波，简称地波。

地波传播无线电波沿着地球表面的传播方式，称为地面波传播。其特点是信号比较稳定，但电波频率越高，地面波随距离的增加衰减越快。因此，这种传播方式主要适用于长波和中波波段。

2．天波传播

声音碰到墙壁或高山就会反射回来形成回声，光线射到镜面上也会反射。无线电波也能够反射。在大气层中，从几十公里至几百公里的高空有几层电离层，形成了一种天然的反射体，就像一只悬空的金属盖，电波射到电离层就会被反射回来，走这一途径的电波就称为天波或反射波。在电波中，主要是短波具有这种特性。

【知识链接 3.2】 电离层是怎样形成的

有些气层受到阳光照射，就会产生电离。

太阳表面温度大约为 6000℃，它辐射出来的电磁波包含很宽的频带。其中紫外线部分会对大气层上空气体产生电离作用，这是形成电离层的主要原因。

电离层一方面反射电波，另一方面也吸收电波。电离层对电波的反射和吸收与频率（波长）有关。频率越高，吸收越少；频率越低，吸收越多。所以，短波的天波可以用作远距离通信。

此外，反射和吸收与白天还是黑夜也有关。白天，电离层可把中波几乎全部吸收掉，收音机只能收听当地的电台，而夜里却能收到远距离的电台。对于短波，电离层吸收得较少，所以短波收音机不论白天黑夜都能收到远距离的电台。不过，电离层是变动的，反射的天波时强时弱，所以，从收音机听到的声音忽大忽小，并不稳定。

3. 视距传播、散射传播及波导模传播

视距传播是指：若收、发天线离地面的高度远大于波长，电波直接从发信天线传到收信地点（有时有地面反射波）。这种传播方式仅限于视线距离以内。目前广泛使用的超短波通信和卫星通信的电波传播均属这种传播方式。

散射传播是利用对流层或电离层中介质的不均匀性或流星通过大气时的电离余迹对电磁波的散射作用来实现超视距传播的。这种传播方式主要用于超短波和微波远距离通信。

超短波的传播特性比较特殊，它既不能绕射，也不能被电离层反射，而只能以直线传播。以直线传播的波就叫作空间波或直接波。由于空间波不会拐弯，因此它的传播距离就受到限制。发射天线架得越高，空间波传得越远。所以电视发射天线和电视接收天线应尽量架得高一些。尽管如此，传播距离仍受到地球拱形表面的阻挡，实际只有 50km 左右。

超短波不能被电离层反射，但它能穿透电离层，所以在地球的上空就无阻隔可言，这样，我们就可以利用空间波与发射到遥远太空去的宇宙飞船、人造卫星等取得联系。

波导模传播是指：电波在电离层下缘和地面所组成的同心球壳形波导内的传播。长波、超长波或极长波利用这种传播方式能以较小的衰减进行远距离通信。

在实际通信中往往是取以上五种传播方式中的一种作为主要的传播途径，但也有是几种传播方式并存来传播无线电波的。一般情况下都是根据使用波段的特点，利用天线的方向性来选定一种主要的传播方式。

3.1.2 与 RFID 有关的无线电波频率

无线电波频谱图如图 3.3 所示。到目前为止，仅有极少数的几个频率（频段）被用于 RFID 技术。

RFID 的主要频段有：125kHz、134.2kHz、13.56MHz、860～960MHz、2.45GHz 和 5.8GHz。不同工作频率的 RFID 系统工作距离各有不同，应用领域也有差异。

1. 低频（Low Frequency）

使用的频段范围为 10kHz～1MHz，常见的主要规格有 125kHz、134kHz。多数国家属于

开放频道（ISM），然而数据传输速度慢，主要用于宠物、门禁管制和防盗追踪。

ISM（Industry、Scientific、Medical）频段，这个频段是开放给工业、科学及医学使用的，并不需要取得 FCC 的授权，使用者在使用时只要符合 FCC 的传输功率规定，不干扰现存 ISM 频段上的系统即可。全球各地在 125/134kHz、13.56MHz 及 2.4GHz 频段附近都有类似免执照的 ISM 频段，但各国 ISM 频段规划则有些许不同。

2．高频（High Frequency）

使用的频段范围为 1～300MHz，常见的主要规格为 13.56MHz。13.56MHz 的最佳传输距离为 1m 以下，主要应用于生产管理、会员卡、识别证、飞机票和建筑物出入管理。

3．超高频（Ultrahigh Frequency）

使用的频段范围为 300MHz～1GHz，常见的主要规格有 433MHz、860～960MHz。主动式和被动式的应用在这个频段都很常见，被动式 860～960MHz 的传输距离最远可达近 10m，通信质量佳，适合供应链管理，然而各国频率法规不一，跨区应用必然会成为现阶段运用的障碍。

4．微波（Microwave）

使用的频段范围为 1GHz 以上，常见的主要规格有 2.45GHz、5.8GHz。2.45GHz 的最佳传输距离为 100m，穿透性较差，适合电子收费系统（Electronic Toll Collection，ETC）、及时定位系统（Real-Time Locating System，RTLS）。

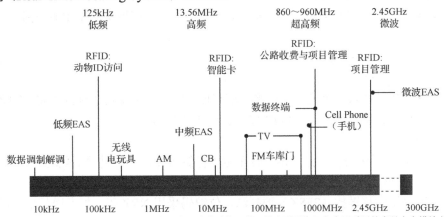

注：EAS（Electronic Article Surveillance，电子商品防盗系统）是目前大型零售行业广泛采用的商品安全措施之一。

图 3.3　无线电波频谱图

3.1.3　RFID 相关的空中接口标准

应答器的工作频率不仅决定着射频识别系统工作原理（电感耦合还是电磁耦合）、识别距离，还决定着应答器及读写器实现的难易程度和设备成本。

3.1.3.1　LF 频段的国际标准

LF 频段，其工作频率范围为 30～300kHz。典型工作频率有 125kHz 和 134kHz。

根据国际标准定义，ISO18000-2 对低频 RFID 进行了一些规范。除此之外，在低频段还包括如下的标准。

ISO 11784：动物的射频识别——代码结构。

ISO 11785：动物的射频识别——技术标准。

ISO 14223-1：动物的射频识别——空中接口。

ISO 14223-2：动物的射频识别——协议定义。

ISO 11784 和 11785 分别规定了动物识别的代码结构和技术标准。标准中没有规定应答器样式尺寸，因此可以设计成适合所涉及动物的各种形式，如玻璃管状、耳标或项圈等。

技术标准规定了应答器的数据传输方法和读写器规范。工作频率为 134.2kHz，数据传输方式有全双工和半双工两种，读写器数据以差分双相代码表示。应答器采用 FSK 调制，NRZ 编码。

由于较长的应答器充电时间和工作频率的限制，通信速率较低。

1. 技术标准——国际标准 ISO/IEC 11785

ISO/IEC 11785 规定了电子标签的数据传输方法和读写器规范，以便激活电子标签的数据载体。制定该技术标准的目的是使范围广泛的不同制造商的电子标签能够使用一个共同的读写器来询问。动物识别用的符合国际标准的读写器能够识别和区分使用全双工/半双工系统（负载调制）的电子标签和使用时序系统的电子标签。

（1）全双工/半双工系统

全双工/半双工电子标签通过"活化场"得到电源，并立即开始传输存储的数据。因为是不需要副载波的负载调制过程，同时数据表示成差分双相码（Differential Binary Phase，DBP），所以把读写器频率除以 32 即可以得到速率。当频率为 134.2kHz 时，传输速率（位率）为 4194bit/s。

全双工/半双工数据报文包括了 11 位的起始域（头标）、64 位（8 字节）有用数据、16 位（2 字节）CRC 以及 24 位（3 字节）终止域（尾标）。

每传输 8 位后，插入一个逻辑 1 电平的填充位，以便避免出现头标为"00000000001"的情况。在给定传输速率的情况下，传输 128 位大约需要 30.5 ms。

（2）时序系统

每 50ms 后，"活化场"暂停 3ms。时序电子标签事先已经通过"活化场"充入了能量，场内暂停后 1～2ms 开始传输存储的数据。

电子标签采用频移键控（2FSK）调制法，位编码采用 NRZ 码，把发送频率除以 16 就可以得到比特率。因此，在频移键控情况下，逻辑 0 和逻辑 1 在频率及比特率方面的对应关系如表 3.2 所示。

表 3.2 逻辑数字在频率及比特率方面的对应关系

数 字	频 率	比 特 率
逻辑 0	基频 133.2kHz	8387bit/s
逻辑 1	基频 123.2kHz	7762bit/s

时序数据报文包括了 8 位起始域 01111110b、64 位（8 字节）有用数据、16 位（2 字节）CRC 以及 24 位（3 字节）终止域，没有填充位。

在给定传输速率的情况下，传输 112 位最多需要 13.5ms（"1"序列）。

3.1.3.2 HF 频段 ISO/IEC15693 协议国际标准

该标准适用于识别无触点集成电路卡——遥耦合卡（Vicinity Integrated Circuit Card，

VICC）。本部分为标准的节选，对应 18000-3-1 协议。

遥耦合设备（Vicinity Coupling Device，VCD）相关参数如下：

（1）在 $H_{min}\sim H_{max}$ 的连续场中 VICC 可工作。

（2）最小工作磁场强度 H_{min} 为 0.15A/m。

（3）最大工作磁场强度 H_{max} 为 5A/m。

1．Reader→Tag

（1）工作频率和调制方式

工作频率 f_c 为 13.56MHz±7kHz。

调制采用 ASK 方式，有 10%和 100%两种调制度。由 Reader 来决定调制度，Tag 应能够解调两种调制度，如图 3.4 所示，Tag 能工作在 10%~30%调制度之间。

数据编码采用脉冲位置调制方式（Pulse Position Modulation），Tag 要能支持两种编码格式，Reader 来选择采用哪种编码格式，并会在发送 SOF 的时候告诉 Tag。

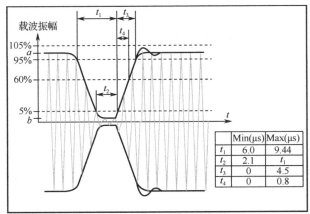

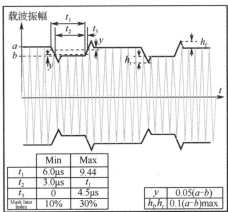

（a）100%幅度调制的载波　　　　　　　　（b）10%幅度调制的载波

图 3.4　ASK 方式下的两种调制度

（2）两种编码格式

① 256 选 1。

一个单字节的值由槽（Pause）的位置表示。256 选 1 的完整时序图如图 3.5 所示。

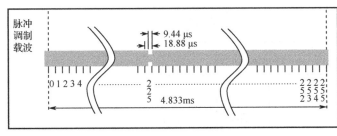

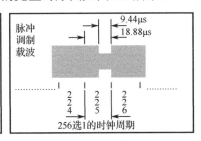

（a）256选1的完整时序图　　　　　　　　（b）一个时间周期的细节

图 3.5　256 选 1 的完整时序图

槽的位置在连续的 256 个时间周期中的某一处，其中的时间周期为 18.88μs（256/f_c），这决定了字节的值，数据传输数率是 1.65kbit/s（f_c/8192）。

② 4 选 1。

脉冲位置一次决定了 2 位, 连续 4 个形成了一个字节, 数据传输数率是 26.84kbit/s(f_c/512), 如图 3.6 所示。

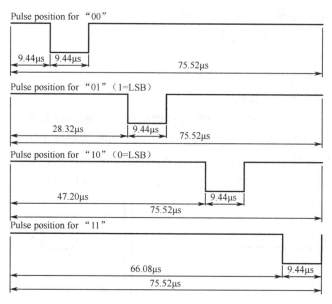

图 3.6 4 选 1 的时序图

两种编码格式数据在传输时以 SOF (Start of Frame) 开头, 以 EOF (End of Frame) 结尾。

256 中出 1 和 4 中出 1 有各自的 SOF, 但两者的 EOF 相同, EOF 传输时 LSB 先传输, 如图 3.7 所示。

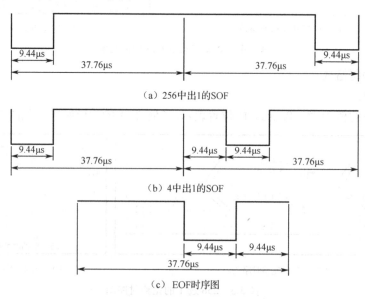

图 3.7 SOF 和 EOF 的时序图

2．Tag→Reader

协议中规定 Tag 有四种状态，分别为断电、就绪、选择和静默。Tag 的状态转换如图 3.8 所示。

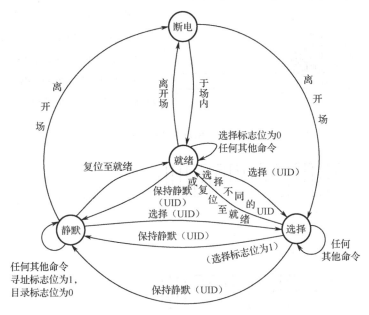

图 3.8　Tag 的状态转换

可以使用一种或两种副载波，选择哪一种是由 Reader 决定的，并依据 ISO/IEC 15693-3 中的协议头的第一位而定，Tag 要能支持这两种模式，工作频率为 13.56MHz±7kHz。

Tag 在电感耦合区域应当能与 Reader 通信，方法是调制载波以产生副载波 f_s。副载波的产生是在 Tag 中切换负载产生的。

（1）使用一种副载波

使用一种副载波时，负载调制副载波的频率 f_{s1} 是 $f_c/32$（423.75kHz），如图 3.9 所示。

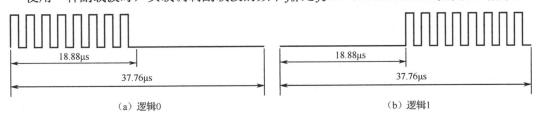

（a）逻辑0　　　　　　　　　　　（b）逻辑1

图 3.9　Tag 应答的逻辑 0 和逻辑 1 时序图

逻辑 0 开始是 8 个 $f_c/32$（423.75kHz）的脉冲，接着是未调制的 $256/f_c$（18.88μs）。

逻辑 1 开始是未调制的 $256/f_c$（18.88μs），接着是 8 个 $f_c/32$（423.75kHz）的脉冲。

使用一种副载波时，SOF 和 EOF 均包括三个部分，分别如图 3.10 的（a）和（b）所示。

（2）使用两种副载波

使用两种副载波时，频率 f_{s1} 是 $f_c/32$（423.75kHz），频率 f_{s2} 是 $f_c/28$（484.28kHz），当两种副载波并存时，它们之间的相位应当连续，逻辑 0 和逻辑 1 分别如图 3.11（a）和（b）所示。

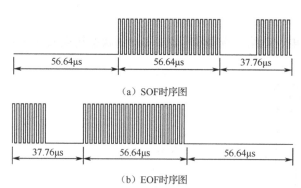

（1）未调制的时间 768/f_c（56.64μs）。

（2）24 个 f_c/32（423.75kHz）的脉冲。

（3）一个逻辑 1，开始是 256/f_c（18.88μs）的未调制时间，接下来是 8 个 f_c/32（423.75kHz）的脉冲。

（1）一个逻辑 0，开始是 8 个 f_c/32（423.75kHz）的脉冲，接下来是未调制的时间 256/f_c（18.88μs）。

（2）24 个 f_c/32（423.75kHz）的脉冲。

（3）未调制的时间 768/f_c（56.64μs）。

图 3.10　Tag 应答的 SOF 和 EOF 的时序图及定义

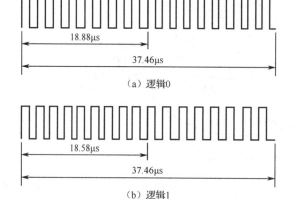

开始是 8 个 f_c/32（423.75kHz）的脉冲；

接着是 9 个 f_c/28（484.28kHz）的脉冲。

开始是 9 个 f_c/28（484.28kHz）的脉冲；

接着是 8 个 f_c/32（423.75kHz）的脉冲。

图 3.11　两种副载波时逻辑 0 和 1 的时序图

使用两种副载波时，SOF 和 EOF 均包括三个部分，分别如图 3.12（a）和（b）所示。

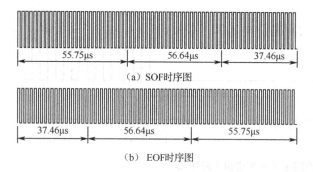

（1）27 个 f_c/28（484.28kHz）的脉冲。

（2）24 个 f_c/32（423.75kHz）的脉冲。

（3）一个逻辑 1，开始是 9 个 f_c/28（484.28kHz）的脉冲，接下来是 8 个 f_c/32（423.75kHz）的脉冲。

（1）一个逻辑 0，开始是 8 个 f_c/32（423.75kHz）的脉冲，接下来是 9 个 f_c/28（484.28kHz）的脉冲。

（2）24 个 f_c/32（423.75kHz）的脉冲。

（3）27 个 f_c/28（484.28kHz）的脉冲。

图 3.12　两种副载波是 SOF 和 EOF 的时序图

这里列出的都是高数据速率，同时低数据速率也可被采用。对于低数据速率，使用同样的副载波，脉冲的数目和时间应当乘以 4。

3.1.3.3　HF 频段 ISO/IEC14443 协议国际标准

该标准适用于识别无触点集成电路卡——近耦合卡（PICC）。本部分为标准的节选，详见相关标准。

1．信号接口

近耦合设备（Proximity Coupling Device，PCD）和 PICC 之间的初始化对话通过下列连续操作进行：

（1）PCD 的射频工作场激活 PICC。

（2）PICC 静待来自邻近耦合设备的命令。

（3）PCD 命令的传送。

（4）PICC 响应的传送。

这些操作使用下面段落中规定的射频功率和信道接口。

（1）功率传输

PCD 产生一个被调制用来通信的射频场，它能通过耦合给 PICC 传送功率。

（2）频率

射频工作场频率（f_c）是 13.56MHz±7kHz。

（3）工作场

最小未调制工作场磁场强度是 1.5A/m，以 H_{min} 表示。

最大未调制工作场磁场强度是 7.5A/m，以 H_{max} 表示。

PICC 应持续工作在 H_{min} 与 H_{max} 之间。

从制造商特定的角度说，PCD 应产生一个大于 H_{min}，但不超过 H_{max} 的场。另外，PCD 应能将功率提供给任意的邻近卡。

在任何可能的 PICC 的状态下，PCD 不能产生高于在 ISO/IEC14443-1 中规定的交变电磁场。PCD 工作场的测试方法在国际标准 ISO/IEC 10373 中有相关规定。

2．信道接口

PICC 的能量是读写器通过发送频率为 13.56MHz 的交变磁场来提供的。由读写器产生的磁场强度必须为 1.5～7.5A/m。

国际标准 ISO/IEC 14443 规定了两种读写器和 PICC 之间的数据传输方式：A 型和 B 型。一张 IC 卡只需选择两种方式之一。

符合标准的读写器必须同时支持这两种传输方式，以便支持所有的 PICC。读写器在"闲置"的状态时能在两种通信方式之间周期地转换，如图 3.13 所示。

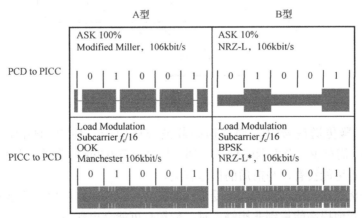

图 3.13 ISO/IEC 14443 规定数据传输方式

读写器（PCD）到卡（PICC）的数据传输参数如表 3.3 所示，卡（PICC）到读写器（PCD）

的数据传输参数如表 3.4 所示。

表 3.3　读写器（PCD）到卡（PICC）的数据传输参数

PCD→PICC	A 型	B 型
调制	ASK 100%	ASK 10%（键控度 8%～12%）
位编码	改进的 Miller 编码	NRZ 编码
同步	位级同步（帧起始，帧结束标记）	每个字节有一个起始位和一个结束位
比特率	106kbit/s	106kbit/s

表 3.4　卡（PICC）到读写器（PCD）的数据传输参数

PICC→PCD	A 型	B 型
调制	振幅调制	相位调制
位编码	Manchester 编码	NRZ 编码
同步	1 位"帧同步"（帧起始、帧结束标记）	每个字节有 1 个起始位和 1 个结束位
比特率	106kbit/s	106kbit/s

A 型卡在读写器向卡传送信号时，是通过 13.65MHz 的射频载波传送信号的。其采用的方案为同步、改进的 Miller 编码方式，通过 ASK 100%传送。A 型调制波形如图 3.14 所示。

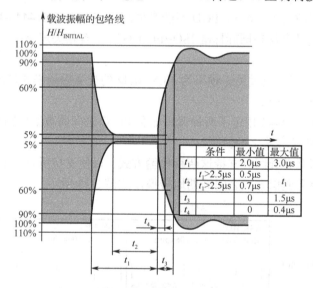

图 3.14　A 型调制波形

当卡向读写器传送信号时，通过调制载波传送信号。使用 847kHz 的副载波传送 Manchester 编码。简单说，当表示信息"1"时，信号会有 0.3μs 的间隙；当表示信息"0"时，信号可能有间隙也可能没有，与前后的信息有关。

这种方式的优点是信息区别明显，受干扰的机会少，反应速度快，不容易误操作；缺点是在需要持续不断地提高能量到非接触卡时，能量有可能会出现波动。

B 型卡在读写器向卡传送信号时，也是通过 13.65MHz 的射频载波传送信号的，但采用的是异步、NRZ 编码方式，通过 ASK 10%传送。B 型调制波形如图 3.15 所示。

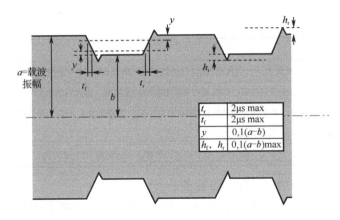

图 3.15　B 型调制波形

在卡向读写器传送信号时，则采用 BPSK 编码进行调制。即：

● 信息"1"和信息"0"的区别在于信息"1"的信号幅度大，即信号强。

● 信息"0"的信号幅度小，即信号弱。

这种方式的优点是持续不断的信号传递，不会出现能量波动的情况。

从 PCD 到 PICC 的通信信号接口主要区别在信号调制方面，A 型调制使用 RF 工作场的 ASK100%调制原理产生一个"暂停（Pause）"状态进行 PCD 与 PICC 间的通信。

B 型调制使用 RF 工作场的 ASK10%调幅进行 PCD 与 PICC 间的通信，此时调制指数最小应为 8%，最大应为 14%。

根据二者的设计方案不同，可看出 A 型和 B 型有以下不同：

（1）B 型接收信号时，不会因能量损失而使芯片内部逻辑及软件停止工作。

在 NPAUSE 到来时，A 型的芯片得不到时钟，而 B 型用 ASK 10%，卡片可以从读写器获得持续的能量。

采用 B 型时由于容易稳压，所以比较安全可靠。A 型采用 ASK 100%调制方式，在调制发生时无能量传输，仅仅靠卡片内部电容维持，所以卡片的通信必须达到一定的速率，以便在电容电量耗完之前结束本次调制，否则卡片会复位。

（2）副载波采用 BPSK 调制技术，B 型较 A 型方案降低了 6dB 的信号噪声，抗干扰能力更强。

（3）外围电路设计简单。读写器到卡及卡到读写器的编码方式均采用 NRZ 方案，电路设计对称，设计时可使用简单的 UARTS，B 型更容易实现。

3.1.3.4　微波频段的国际标准

UHF 与微波频段的射频标签，简称为微波应答器，其典型工作频率为：433.92MHz，862（902）～960MHz，2.45GHz，5.8GHz。

微波 RFID 技术是目前 RFID 技术最为活跃和发展最为迅速的领域，微波频段的相关标准有 ISO/IEC 18000-4、ISO/IEC 18000-6 和 ISO/IEC 18000-7，相关的参数及应用如下：

标 准 名 称	内　　容
ISO/IEC 18000-4	2.45GHz 以有源 RFID 电子标签为主，多频点、远距离、多用途

续表

标 准 名 称	内　　容
ISO/IEC 18000-6	（1）基本上是整合了一些现有 RFID 厂商的产品规格和 EAN/UCC 所提出的标签架构要求而定出的规范。它只规定了空中接口协议，对数据内容和数据结构无限制，因此可用于 EPC。 （2）实际上，若采用 ISO/IEC 18000-6 对空中接口的规定加上 EPC 系统的编码结构再加上 ONS 架构，就可以构成个完整的供应链标准
ISO/IEC 18000-7	433.92MHz 主要为有源 RFID 电子标签，单频点、远距离（100m 以内），大多作为全球追踪货柜使用

本节的重点内容是 ISO/IEC 18000-6 标准。

ISO/IEC 18000 系列中最重要的是 18000-6 标准，因为其规范频率 860～960MHz 为 Logistic Management 的最佳选择，已成为轨迹 Supply Chain RFID 应用技术的重要标准。

ISO/IEC 18000-6 标准基本上是整合一些现有的 RFID 厂商产品规格、EAN/UCC 所提出的 Global Tag 架构及有关参与人士的意见而制定的规范。它是以可在世界上任何地方被使用为出发点，而且经整合后，对现在全球五大厂商所生产的产品皆有兼容性。

ISO/IEC 18000-6 之标签规格亦符合 EPC 的 Tag Code Structure，本协议的标签只是单纯的数据载体，故可存放 EPC 而达到 Auto-ID 中心的要求。

ISO/IEC 18000-6 主要定义了空中接口协议，而不考虑标签和读写器的数据连接或实际应用（物理实施），故 ISO/IEC 18000-6 并不对数据连接和结构作规定。在空中接口方面，该标准定义了两种类型的协议：A 型和 B 型，如表 3.5 所示。该标准中规定：读写器需要同时支持这两种类型，并能够在两种类型之间切换，电子标签至少支持一种类型。

表 3.5　A 型与 B 型的比较

参　　数	A 型	B 型
前向链路编码（Forward Link Encoding）	PIE 编码	曼彻斯特编码
调制指数（Modulation Index）	27%～100%	18%或 100%
数据速率（Data Rate）	33kbit/s（平均）	10 或 40kbit/s
返回链路编码（Return Link Encoding）	FMO	FMO
碰撞仲裁（Collision）	ALOHA	二进制
应答器唯一标识符（Tag Unique Identifier）	64 位（40 位 SUID）	64 位
存储区寻址（Memory Addressing）	按块可达 256 位	字节块、1、2、3 或 4 字节
前向链路差错检测（Error Detection Return）	所有命令 5 位 CRC（所有长命令另附 16 位 CRC）	16 位 CRC
返回链路差错检测（Error Detection Return Link）	16 位 CRC	16 位 CRC
碰撞仲裁线性度（Collision Arbitration Linearity）	可达 250 个应答器	可达 2^{256}

（1）A 型的物理接口

A 型协议的通信机制是基于一种"读写器先发言"，即基于读写器的命令与电子标签的回答之间交替发送的机制。

整个通信中的数据信号定义为 4 种：0、1、SOF、EOF。A 型协议中的通信机制如表 3.6 所示。

表 3.6 A 型协议中的通信机制

工 作 模 式	要　　　求
读写器→电子标签	(1) 读写器发送的数据传输采用 ASK 调制，调制指数为 30%（误码不超过 3%）； (2) 数据编码采用脉冲宽度编码，即通过定义下降沿之间的不同宽度来表示不同的数据信号
电子标签→读写器	(1) 电子标签通过反向散射给读写器传输信息，数据速率为 40kbit/s； (2) 数据采用双相间隔码来编码，是在一个位窗内采用电平变化来表示逻辑的： ● 如果电平从位窗的起始处翻转，则表示逻辑 "1"； ● 如果电平除了在位窗的起始处翻转，还在位窗的中间翻转，则表示逻辑 "0"

（2）B 型的物理接口

B 型的传输机制也是基于"读写器先发言"的，即基于读写器命令与电子标签的回答之间交换的机制。B 型协议中的通信机制如表 3.7 所示。

表 3.7 B 型协议中的通信机制

工 作 模 式	要　　　求
读写器→电子标签	(1) 读写器到电子标签之间的数据传输采用 ASK 调制，调制指数为 11%或 99%； (2) 位速率规定为 10kbit/s 或 40kbit/s； (3) 曼彻斯特编码
电子标签→读写器	(1) 数据速率为 40kbit/s； (2) 同 A 型采用一样的编码

【知识链接 3.3】 ISO/IEC 18000-6 与 EPC 的比较

因为 ISO/IEC 18000-6 与 EPC 均采用 UHF 的频率，所以在市场上引起很多困惑，到底它们之间差别在哪里？又是否有相似之处？

ISO/IEC 18000-6 国际标准是信息技术领域基于单品管理的 UHF 频段射频识别（RFID）技术的空中接口通信技术标准，是射频识别空中接口技术标准系列 ISO 18000 中最重要的一部分。

EPC C1G2 标准是 EPC Global 基于 EPC 和物联网概念推出的旨在为每件物品赋予唯一标识代码的电子标签和读写器之间的空中接口通信技术标准。该技术标准的基本定位是工业级的全球统一技术标准。

由于 EPC 和物联网概念的拉动，以及 C1G2 标准的基础地位和作用，因此该标准引起了人们的普遍关注。这种关注的最大驱动因素是沃尔玛关于采用 EPC 技术的强制号令及推进时间表。关注点大致包括：相关技术满足应用需求的情况；相关技术的可实现性及完备性；标准中采用的知识产权情况以及有关知识产权的使用是否免费的问题；满足标准的产品的推出情况（推出的时间、性能测试及产品价格等）。

ISO /IEC 18000-6 主要是对 Air Interface Protocol 作规范而不考虑其基础设施的架构（如网络技术及资讯应用平台）。基本上，ISO /IEC 18000-6 与 EPC 的标签规格是可相容的，而且 ISO/IEC 18000-6 是以在世界上任何地方被采用为出发点的。

理论上，ISO /IEC 18000-6 是一个比 EPC 系统更有弹性的系统，只是 ISO /IEC 18000-6

一直没有被有效推广,导致许多认同上的问题。实际上,若采用 ISO/IEC 18000-6 对 Air Interface 之规格加上 EPC 系统之 Code Structure 与 ONS 架构,就可以完成一个融合的标准,避免了许多的争端。

3.2 天线技术

在无线通信和广播的应用中,天线是不可或缺的基本设备。在无线通信系统中,需要将来自发射机的导波能量转变为无线电波或者将无线电波转换为导波能量,这种把高频电能变为电磁场能量或把电磁场能量变为高频电能的装置称为天线。

发射机所产生的已调制的高频电能(或导波能量)经馈线传输到发射天线,通过天线转换为某种极化的电磁波能量,并向所需方向发射。到达接收点后,接收天线将来自空间特定方向的某种极化的电磁波能量又转换为已调制的高频电能,经馈线输送到接收机输入端。

由此可见,天线的作用就是在高频电能和电磁波之间进行能量转换。因此,从理论上讲,发射天线可以当作接收天线使用,接收天线也可以充当发射天线使用。天线有各种各样的形式,如由直线导线、环形导线等构成的线天线和由金属板或金属网构成的面天线。按用途,天线可分为发射和接收两大类。

无线电发射机输出的射频信号功率,通过馈线(电缆)输送到天线,由天线以电磁波形式辐射出去。电磁波到达接收地点后,由天线接收下来(仅仅接收很小一部分功率),并通过馈线送到无线电接收机。

可见,天线是发射和接收电磁波的一个重要的无线电设备,没有天线也就没有无线通信。所以,空间的无线电波信号通过天线传送到电路。电路里的交流电流信号最终通过天线传送到空中。因此,天线是无线电波信号和电路里的交流电流信号的一种转换装置,如图 3.16 所示。

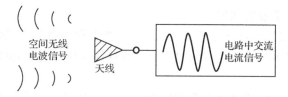

图 3.16　空间电波与电路电流通过天线转换的示意图

天线的出现,导致了无线通信设备的出现。

发射天线将传输线上的信号转化成电磁波并将其发射到自由空间中,在通信链路的另一端,接收天线收集入射到它上面的电磁波并把它重新转化成传输线上的信号。

3.2.1　天线的基础知识

对天线的定义以及各种关于天线的思想,实际上与特定的背景有关,不同的定义和想法在不同的场合下会有不同的作用。

天线的基本功能是辐射和接收无线电波。

发射信号时,把高频电流转换为电磁波;接收信号时,把电磁波转换为高频电流。

3.2.1.1　电磁波的传输机制

按照麦克斯韦电磁场理论，变化的电场在其周围空间会产生变化的磁场，而变化的磁场又会产生变化的电场。这样，变化的电场和变化的磁场之间相互依赖，相互激发，交替产生，并以一定速度由近及远地在空间传播出去。

周期性变化的磁场激发周期性变化的电场，周期性变化的电场激发周期性变化的磁场。电磁波不同于机械波，它的传播不需要依赖任何弹性介质，它只靠"变化电场产生变化磁场，变化磁场产生变化电场"的机理来传播。

当电磁波频率较低时，主要由有形的导电体才能传递；当电磁波频率逐渐提高时，电磁波就会外溢到导体之外，不需要介质也能向外传递能量，这就是一种辐射。

在低频的电振荡中，磁电之间的相互变化比较缓慢，其能量几乎全部返回原电路而没有能量辐射出去。然而，在高频率的电振荡中，磁电互变甚快，能量不可能返回原振荡电路，于是电能、磁能随着电场与磁场的周期变化以电磁波的形式向空间传播出去。

根据以上的理论，每一段流过高频电流的导线都会有电磁辐射。有的导线用作传输，就不希望有太多的电磁辐射损耗能量；有的导线用作天线，就希望能尽可能地将能量转化为电磁波发射出去。于是就有了传输线和天线。无论是天线还是传输线，都是电磁波理论或麦克斯韦方程在不同情况下的应用。

对于传输线，这种导线的结构应该能传递电磁能量，而不会向外辐射；对于天线，这种导线的结构应该能尽可能将电磁能量传递出去。不同形状、尺寸的导线在发射和接收某一频率的无线信号时，效率相差很多，因此要取得理想的通信效果，必须采用适当的天线。

高频电磁波在空中传播时，如遇着导体，就会发生感应作用，在导体内产生高频电流，这样在接收端，可以用导线接收来自远处的无线信号。

因此，天线的主要研究内容为：采用怎样结构的导线能够实现高效的发射和接收。

发射天线的作用是将发射机的高频电流（或波导系统中的导行波）的能量有效地转换成空间的电磁能量，而接收天线的作用则恰恰相反，它们的功能如图 3.17 所示。因此，天线实际上是一个换能器。

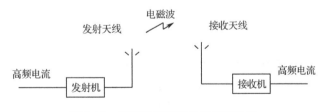

图 3.17　发射天线和接收天线的功能

3.2.1.2　天线的工作原理

天线的工作原理是：当导体上通以高频电流时，在其周围空间会产生电场与磁场。

按电磁场在空间的分布特性，电磁场可分为近区、中间区、远区。

设 R 为空间一点到导体的距离，是高频电流信号的波长。

$R < \lambda/2\pi$ 时的区域称为近区，在该区内的电磁场与导体中电流、电压有紧密的联系。

$R > \lambda/2\pi$ 时的区域称为远区，在该区域内电磁场能离开导体向空间传播，它的变化相对于导体上的电流、电压要滞后一段时间，此时传播出去的电磁波已不与导线上的电流、电压有直接的联系了，该区域的电磁场称为辐射场。

发射天线将传输线上的信号转化成电磁波并将其发射到自由空间中，在通信链路的另一端，接收天线收集到入射到它上面的电磁波并把它重新转化成传输线上的信号。

按照不同的依据，天线可以分为不同的种类，如表 3.8 所示。

表 3.8　天线分类

依　　据	种　　类
工作性质	发射天线和接收天线
用途	通信天线、广播天线、电视天线、雷达天线
方向性	全向天线和定向天线
工作波长	超长波天线、长波天线、中波天线、短波天线、超短波天线、微波天线
结构形式和工作原理	线天线和面天线等，描述天线的基本参数有：方向图、方向性系数、增益、输入阻抗、辐射效率、极化和频宽
维数	（1）一维天线：由许多电线组成，这些电线或者像手机上用到的直线，或者是一些灵巧的形状，就像出现电缆之前在电视机上使用的老兔子耳朵。单极和双极天线是两种最基本的一维天线。 （2）二维天线：变化多样，有片状（一块正方形金属）、阵列状（组织好的二维模式的一束片），还有喇叭状、碟状
使用场合	（1）手持台天线：就是个人使用手持对讲机的天线，常见的有橡胶天线和拉杆天线两大类。 （2）车载天线：是指原设计安装在车辆上的通信天线，最常见的是吸盘天线。车载天线结构上也有缩短型、四分之一波长、中部加感型、八分之五波长、双二分之一波长等形式的天线。 （3）基地台天线：在整个通信系统中具有非常关键的作用，尤其是作为通信枢纽的通信台站。常用的基地台天线有玻璃钢高增益天线、四环阵天线（八环阵天线）、定向天线等

3.2.1.3　天线的基本参数

天线既然是空间无线电波信号和电路中的交流电流信号的转换装置，必然一端和电路中的交流电流信号接触，一端和自由空间中的无线电波信号接触。因此，天线的基本参数可分为两部分：

（1）一部分描述天线在电路中的特性（即阻抗特性）。

（2）一部分描述天线与自由空间中电波的关系（即辐射特性）。

另外，从实际应用出发引入了带宽这一参数。

描述天线阻抗特性的主要参数：输入阻抗。

描述天线辐射特性的主要参数：方向图、增益、极化、效率。

1．输入阻抗

天线输入阻抗的意义在于天线和电路的匹配方面。

当天线和电路完全匹配时，电路里的电流全部送到天线部分，没有电流在连接处被反射回去。完全匹配状态是一种理想状态，现实中，不太可能做到理想的完全匹配，只有使反射回电路的电流尽可能小，当反射电流小到要求的程度时，就认为天线和电路匹配了。

通常，电路的输出阻抗设计为 50Ω 或 75Ω。要使天线和电路连接时相匹配，天线的输入阻抗就应设计成和电路的输出阻抗相等。

　　但天线的输入阻抗通常很难准确设计成等于电路的输出阻抗，因此在实际的天线和电路的连接处始终存在或多或少的反射电流，即一部分功率被反射回去，不能向前传输，如图 3.18 所示。

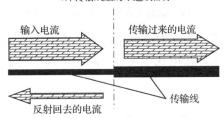

图 3.18　电流在传输线不连续处产生反射的示意图

　　描述匹配的参数如表 3.9 所示。电压驻波比（Voltage Standing Wave Ratio，VSWR）和回波损耗（Return Loss，RL）都是描述匹配的参数，只是表达的形式不同而已。

　　驻波比是一个数值，用来表示天线和电波发射台是否匹配。如果 VSWR 的值等于 1，则表示发射传输给天线的电波没有任何反射，全部发射出去，这是最理想的情况。如果 VSWR 值大于 1，则表示有一部分电波被反射回来，最终变成热量，使得馈线升温。被反射的电波在发射台输出口也可产生相当高的电压，有可能损坏发射台。

　　天线驻波比的意义表示天馈线与基站（收发信机）匹配程度的指标，见式（3.1）：

$$VSWR=U_{max}/U_{min}$$ 　　　　　　　　　（3.1）

式中，U_{max} 为馈线上波峰电压；U_{min} 为馈线上波谷电压。

　　驻波比的产生，是由于入射波能量传输到天线输入端未被全部吸收（辐射）、产生反射波，叠加而成的。因此，VSWR 越大，反射越大，匹配越差。

表 3.9　描述匹配的参数

参　　数	对参数的一些描述
电压驻波比 （VSWR）	设输入电流为 1，被反射回去的电流为 Γ，那么电压驻波比为： $$(1+\Gamma)/(1-\Gamma)$$ （1）电压驻波比只是个数值，没有单位。 （2）当 $\Gamma=1/3$ 时，电压驻波比则为 2；当电流被全部反射时，$\Gamma=1$，电压驻波比为 $+\infty$；当没有反射电流时，$\Gamma=0$，电压驻波比为 1。 （3）反射功率按 Γ^2 计算，如反射电流 $\Gamma=1/3$，那么反射功率 $\Gamma^2=1/9$
回波损耗（RL）	回波损耗通常用对数表示，如果反射电流是 Γ，那么回波损耗为 $20\lg\Gamma$，单位为 dB。 （1）当 $\Gamma=1/3$ 时，回波损耗为 -9.5424dB； （2）当电流被全部反射时，$\Gamma=1$，回波损耗为 0dB； （3）当没有反射电流时，$\Gamma=0$，回波损耗为 $-\infty$dB

2. 方向函数 $F(\theta, \varphi)$ 和方向图

通常使用方向函数来描述天线在空间不同位置的辐射情况。

辐射方向图 $F(\theta, \varphi)$ 和方向性 D 如图 3.19 所示。

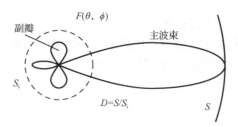

图 3.19　辐射方向图 $F(\theta, \varphi)$ 和方向性 D

定向的单波束或者多波束用于点对点通信或者一点对多点通信，全向（在一个指定平面内有均匀辐射特性）波束用于广播电视等场合，赋形主波束用于卫星通信和电视覆盖特定区域的情况。

3．方向性 D

在离天线同样距离处测得的方向图上最大功率密度与各向同性平均功率密度之比，即 $D=S/S_i$。S 和 S_i 分别是同距离处的实际功率密度和各向同性功率密度。

4．天线增益

定向天线在空间某方向的辐射功率密度与无损耗的点源天线在该方向辐射功率密度之比称为天线增益。

5．天线的阻抗

天线和馈线的连接处称为天线的输入端或馈电点。

对于线天线，天线输入端的电压与电流的比值称为天线的输入阻抗；对于面天线，则常用馈线上电压驻波比来表示天线的阻抗特性。

一般来说，天线的输入阻抗是复数，实部称为输入电阻，以 R_i 表示；虚部称为输入电抗，以 X_i 表示。天线的输入阻抗与天线的几何形状、尺寸、馈电点位置、工作波长和周围环境等因素有关。线天线的直径较粗时，输入阻抗随频率的变化较平缓，天线的阻抗带宽较宽。

研究天线阻抗的主要目的是为实现天线和馈线间的匹配。欲使发射天线与馈线相匹配，天线的输入阻抗应该等于馈线的特性阻抗。欲使接收天线与接收机相匹配，天线的输入阻抗应该等于负载阻抗的共轭复数。通常接收机具有实数的阻抗。当天线的阻抗为复数时，需要用匹配网络来除去天线的电抗部分并使它们的电阻部分相等。

当天线与馈线匹配时，由发射机向天线或由天线向接收机传输的功率最大，这时在馈线上不会出现反射波，反射系数等于零，驻波系数等于 1。天线与馈线匹配的好坏程度用天线输入端的反射系数或驻波比的大小来衡量。对于发射天线来说，如果匹配不好，则天线的辐射功率就会减小，馈线上的损耗会增大，馈线的功率容量也会下降，严重时还会出现发射机频率"牵引"现象，即振荡频率发生变化。

6．天线带宽

以中心频率为基准，向两边增加或减少而引起功率下降 3dB 的频率范围。

在该频率范围内，一个选定的天线参数或者一组天线参数的变化是可以接受的。天线带宽通常有方向图带宽、增益带宽、输入阻抗带宽等，用得较多的是天线输入阻抗带宽。

7．天线输入驻波比

驻波比全称为电压驻波比（VSWR），指驻波波峰电压与波谷电压之比，又称驻波系数。驻波比等于 1 时，表示馈线和天线的阻抗完全匹配，此时高频能量全部被天线辐射出去，没有能量的反射损耗；驻波比为无穷大时，表示全反射，能量完全没有辐射出去。

射频系统阻抗要匹配，特别要注意使电压驻波比达到一定要求，因为在宽带运用时频率范围很广，驻波比会随着频率而变，应使阻抗在宽度范围内尽量匹配。

3.2.1.4 天线的设计与仿真软件

为适应世界范围电子标签的快速应用和不断发展，需要提高 RFID 天线的设计效率，降低 RFID 天线的制造成本，因此 RFID 天线大量使用仿真软件进行设计，并采用了多种制作工艺。

天线仿真软件功能强大，已经成为天线技术的一个重要手段。天线仿真和测试相结合，可以基本满足 RFID 天线设计的需要。

随着电磁场和微波电路领域数值计算方法的发展，在最近几年出现了大量的电磁场和微波电路仿真软件。在这些软件中，多数软件都属于准 3D 或称为 2.5D 电磁场仿真软件，如 Agilent 公司的 ADS（Advanced Design System）、AWR 公司的 MW Office、Ansoft 公司的 Ensemble、Serenade 和 CST 公司的 Design Studio 等。常用的电磁场仿真软件名称和主要性能表 3.10 所示。

表 3.10 常用的电磁场仿真软件名称和主要性能

厂 商	名 称		主 要 性 能	计 算 方 法
Agilent	ADS		线性/非线性电路仿真；数字电路仿真；信号系统分析、仿真	
	Momentum		2.5D 平面电路高频电磁场仿真	矩量法（MoM）
Ansoft	HFSS		3D 高频电磁场仿真	有限元法（FEM）
	Designer		线性/非线性电路仿真；2.5D 平面电路高频电磁场仿真；信号系统分析、仿真	矩量法（MoM）
	Ensemble		2.5D 平面电路高频电磁场仿真	矩量法（MoM）
	Serenade	Symphony	信号系统分析、仿真	矩量法（MoM）
		Harmonica	线性/非线性电路仿真；2.5D 平面电路高频电磁场仿真	
	SPICE Link		通用信号完整性电磁仿真	
	Schematic Capture		驱动系统仿真；提取等效电路	
	Optimatrics		参数分析、优化和灵敏度分析	有限差分法（FDM）
CST	Mafia		低频电场和磁场仿真；3D 高频电磁场仿真；系统热力学仿真；带电粒子运动仿真	有限积分技术（FIT）
	Microwave Studio		3D 高频电磁场仿真	有限积分技术（FIT）
	Design Studio		2.5D 平面电路高频电磁场仿真	矩量法（MoM）

厂　商	名　称	主 要 性 能	计 算 方 法
AWR	MW Office	线性/非线性电路仿真； 2.5D 平面电路高频电磁场仿真	矩量法（MoM）
IMST GmbH	EMPIRE	3D 高频电磁场仿真	时域有限差分法（FDTD）
Zeland	IE3D	2.5D 平面电路高频电磁场仿真	时域有限差分法（FDTD）
	Fidelity	3D 高频电磁场仿真	
Sonnet	EM	2.5D 平面电路高频电磁场仿真	
ANSYS	ANSYS	结构静力分析 结构动力分析 线性及非线性屈曲分析 断裂力学分析 高度非线性瞬态动力分析 热分析、流体动力学分析 3D 高频电磁场分析	有限元法（FEM）

目前，真正意义上的三维电磁场仿真软件只有 Ansoft 公司的 HFSS。CST 公司的 Mafia、Microwave Studio，Zeland 公司的 Fidelity 和 IMST GmbH 公司的 EMPIRE。从理论上讲，这些软件都能仿真任意三维结构的电磁性能。

3.2.2　RFID 天线的特性

RFID 天线一般分为应答器天线和读写器天线两大类。不同工作频段的 RFID 天线设计各有特点。

1. 应答器天线

应答器天线设计一直是 RFID 系统中的热点，研究的重点：如何实现宽频特性、阻抗匹配以及天线底板对标签性能的影响。

对于 LF 和 HF 频段，系统采用电感耦合方式工作。应答器所需的工作能量通过电感耦合方式由读写器的耦合线圈辐射近场获得，一般为无源系统，工作距离较小，不大于 1m。在读写器的近场实际上不涉及电磁波传播的问题，天线设计比较简单。

而对于 UHF 和微波频段，应答器工作时一般位于读写器天线的远场，工作距离较远。读写器的天线为应答器提供工作能量或唤醒有源应答器，UHF 频段多为无源被动工作系统，微波频段（2.45GHz 和 5.8GHz）则以半主动工作方式为主。天线设计对系统性能影响较大。对于 UHF 和微波频段应答器天线设计，主要问题有：

（1）天线的输入匹配

UHF 和微波频段应答器天线一般采用微带天线形式。在传统的微带天线设计中，可以通过控制天线尺寸和结构，或者使用阻抗匹配转换器使其输入阻抗与馈线相匹配，天线匹配越好，天线辐射性能越好。

但由于受到成本的影响，应答器天线一般只能直接与标签芯片相连。芯片阻抗很多时候呈现强感弱阻的特性，而且很难测量芯片工作状态下的准确阻抗特性数据。在设计电子标签天线时，使天线输入阻抗与芯片阻抗相匹配有一定的难度。在保持天线性能的同时又要使天线与芯片相匹配，这是应答器天线设计的一个主要难点。

关于阻抗匹配可以借助 Smith 圆图来实现，具体可以参考相关书籍。

（2）天线方向图

应答器理论上希望它在各个方向都可以接收到读写器的能量，所以一般要求标签天线具有全向或半球覆盖的方向性，而且要求天线为圆极化。

（3）天线尺寸对其性能的影响

由于应答器天线尺寸极小，因此其输入阻抗、方向图等特性容易受到加工精度、介质板纯度的影响。在严格控制尺寸的同时又要求天线具有相当的增益，增益越大，应答器的工作距离越大。

实际应用中的应答器天线基本采用贴片天线设计，主要形式有微带天线、折线天线等。

总之，应答器天线研发对整个 RFID 系统具有相当重要的意义，也有一定的难度。

2．读写器天线

读写器天线一般要求使用定向天线，可以分为合装和分装两类。合装是指天线与芯片集成在一起，分装则是天线与芯片通过同轴线相连。一般而言，读写器天线设计要求比应答器天线要低。最近一段时间，在读写器天线上开始研究应用智能天线技术控制天线主波束的指向，以增大读写器所能覆盖的区域。

3.2.3　RFID 天线的制作工艺

RFID 天线制作工艺主要有线圈绕制（一般适用于高频）、铜箔或铝箔蚀刻、电镀或化学镀（德国 BASF 通过使用活泼金属作为催化剂来电镀铜）、印刷等。这些工艺既有传统的制作方法，也有近年来发展起来的新技术。天线制作的新工艺可使 RFID 天线制作成本大大降低，走出应用成本瓶颈，并促进 RFID 技术进一步发展。

1．蚀刻法

印制电路的蚀刻技术主要应用于欧洲。蚀刻技术生产的天线可以运用于大量制造 13.56MHz、UHF 频宽的电子标签中，它具有线路精细、电阻率低、耐候性好、信号稳定等优点。

蚀刻天线常用铜天线和铝天线，其生产工艺与挠性印制电路板的蚀刻工艺接近。蚀刻天线制作工艺流程如图 3.20 所示。

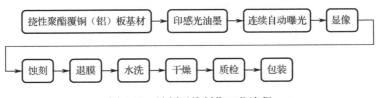

图 3.20　蚀刻天线制作工艺流程

蚀刻天线的缺点是：用传统工艺制造时，成本高，产量低下。

蚀刻天线的优点：

（1）线路精度高。其线宽能控制在±0.03mm，而印刷的线宽只能控制在±0.1mm。

（2）线路最细。线路最细能做到 0.075mm，而印刷天线只能做到 0.15mm，用蚀刻天线能在有限的空间里制作出更小的天线，也就是高精密天线。

（3）适应性强。柔性好、能任意弯曲（弯折可达上万次）、耐高低温、耐潮湿、耐腐蚀性强、电性能稳定，可以满足多种条件下的需求。

（4）寿命长。蚀刻天线使用时间长（可达 10 年以上），而一般印刷的 RFID 标签耐用年限为 2～3 年。

2．线圈绕制法

绕线和印刷技术在中国得到了较为广泛的应用。

利用线圈绕制法制作 RFID 标签时，要在一个绕制工具上绕制标签线圈并进行固定，此时要求天线线圈的匝数较多。绕制法制作的天线成品如图 3.21 所示。

（a）矩形绕制线圈天线

（b）圆形绕制线圈天线

图 3.21　绕制法制作的天线成品

线圈绕制法有如下不足：

（1）频率范围为 125～134kHz 的 RFID 电子标签，只能采用这种工艺，线圈的匝数一般为几百到上千。

（2）成本高，生产速度慢。

（3）高频 RFID 天线也可以采用这种工艺，线圈的匝数一般为几到几十。

（4）UHF 天线很少采用这种工艺。

（5）用这种方法制作的天线通常采用焊接的方式与芯片连接，此种技术只有在保证焊接牢靠、天线硬实、模块位置十分准确以及焊接电流控制较好的情况下，才能保证较好的连接。由于受控的因素较多，这种方法容易出现虚焊、假焊和偏焊等缺陷。

3．印刷法

印刷天线是直接用导电油墨（碳浆、铜浆、银浆等）在绝缘基板（或薄膜）上印刷导电线路，形成天线的电路。主要的印刷方法已从只用丝网印刷扩展到胶印、柔性版印刷、凹印等制作方法，较为成熟的制作工艺为网印与凹印技术。

其特点是生产速度快，但由于导电油墨形成的电路的电阻较大，它的应用范围受到一定的局限。

（1）印刷法技术的特点

① 印刷天线制造可更加精确地调整电性能参数，将卡片使用性最佳化。

② 印刷天线制造可以任意改变线圈形状，以适应用户表面加工要求。

③ 印刷天线可使用各种不同卡基体材料。

④ 印刷天线制造适合各种不同厂家提供的晶片模块。

（2）导电油墨与 RFID 印刷天线技术

利用导电油墨制作 RFID 印刷天线时对工艺具有较高的要求。对于导电油墨本身而言，应具有附着力强、电阻率低、固化温度低、导电性能稳定等特性，以满足 RFID 天线的功能要求。

（3）制作步骤

①　前处理：要保证印刷面清洁无污染、无油脂及氧化物等，印刷面处理后停留的时间越短越好，以防止被氧化或污染。

②　稀释：油墨调好黏度后，加少量的稀释剂，可以改善自动印刷的印刷效果。用前须充分搅拌 10 分钟。

③　预烘干：温度和时间可根据特定的生产工艺来调整。

④　保存：在 20～25℃保存，避光、避热。

（4）导电油墨与 RFID 印刷天线技术的优缺点

印刷天线的缺点：使用年限短，一般只有 2～3 年。

印刷天线的优点：

①　成本低。成本的降低主要取决于导电油墨材料和网印工序这两个因素。

②　导电性能好。导电油墨干燥后，由于导电粒子间的距离变小，自由电子沿外加电场方向移动形成电流，因此 RFID 印刷天线具有良好的导电性能。

③　操作简易。印刷技术作为一种添加法制作技术，较之减法制作技术（如蚀刻）而言，本身是一种容易控制、一步到位的工艺过程。

④　无污染。采用导电油墨直接在基材上进行印刷，无须使用化学试剂，因而具有无污染的优点。

3.2.4　微波 RFID 天线设计注意事项

微波 RFID 天线与低频、高频 RFID 天线相比有本质上的不同，微波 RFID 常采用微带天线。

微波 RFID 天线采用电磁辐射的方式工作；读写器天线与电子标签天线之间的距离较远，一般超过 1m，典型值为 1～10m；微波 RFID 的电子标签较小，使天线的小型化成为设计的重点；微波 RFID 天线形式多样，可以采用对称振子天线、微带天线、阵列天线和宽带天线等；微波 RFID 天线要求低造价，因此出现了许多天线制作的新技术。

1．微带天线的形状和结构

微带天线是平面形天线，具有小型化、易集成、方向性好等优点，可以做成共形天线，易于形成圆极化，制作成本低，易于大量生产。

微带天线的结构如图 3.22 所示。

微带天线按结构特征分类，可以分为微带贴片天线和微带缝隙天线两大类，常见的四种形式如图 3.23 所示。

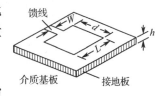

图 3.22　微带天线的结构

微带天线按形状分类，可以分为矩形、圆形和环形微带天线等。

微带天线按工作原理分类，可以分成谐振型（驻波型）和非谐振型（行波型）微带天线。关于微带天线的工作原理和仿真应用，可以参见《RFID 技术及产品设计》相关章节。

2．非频变天线

一般来说，若天线的相对带宽达到百分之几十，这类天线被称为宽频带天线；若天线的频带宽度能够达到 10∶1，这类天线被称为非频变天线。非频变天线能在一个很宽的频率范围内，保持天线的阻抗特性和方向特性基本不变或稍有变化。

现在 RFID 使用的频率很多，这要求一台读写器可以接收不同频率电子标签的信号，因此读写器发展的一个趋势就是可以在不同的频率使用，这使得非频变天线成为 RFID 的一个关键技术。

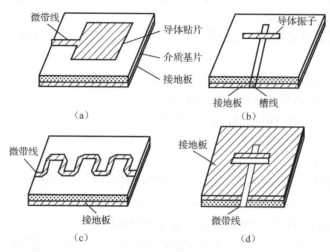

图 3.23　微带天线的常见形式

非频变天线有多种形式，主要包括平面等角螺旋天线、圆锥等角螺旋天线和对数周期天线等。

（1）平面等角螺旋天线

平面等角螺旋天线是一种角度天线，有两条臂，每一条臂都有两条边缘线，每一条边缘线均为等角螺旋线。

平面等角螺旋天线设计图及实物图如图 3.24 所示。

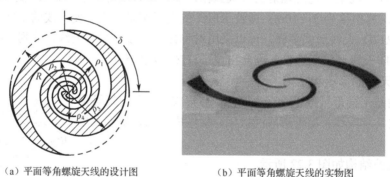

（a）平面等角螺旋天线的设计图　　（b）平面等角螺旋天线的实物图

图 3.24　平面等角螺旋天线设计图及实物图

在图 3.24 中，两个臂四条边缘是相同的。由于平面等角螺旋天线的边缘臂仅由角度决定，因此平面等角螺旋天线满足非频变天线对形状的要求。

平面等角螺旋天线的两个臂可以看成是一对变形的传输线，臂上电流沿传输线边传输、边辐射、边衰减，臂上每一小段都是辐射元，总的辐射场就是辐射元的叠加。实验表明，臂上电流在流过约一个波长后，就迅速衰减到 20dB 以下，终端效应很弱，存在截断点效应，超过截断点的螺旋线对天线辐射影响不大。

平面等角螺旋天线的最大辐射方向与天线平面垂直，其方向图近似为正弦函数，半功率波瓣宽度为 90°，极化方式接近于圆极化。

（2）圆锥等角螺旋天线

平面等角螺旋天线的辐射是双方向的，为了得到单方向辐射，可以做成圆锥等角螺旋天线。圆锥等角螺旋天线如图 3.25 所示。

（a）内部空心的圆锥等角螺旋天线　　（b）圆锥等角螺旋天线的尺寸参数

图 3.25　圆锥等角螺旋天线

（3）对数周期天线

对数周期天线是非频变天线的另一种形式。

这种天线有一个特点：凡在 f 频率上具有的特性，在由 $\tau^n f$ 给出的一切频率上将重复出现，其中 n 为整数。这些频率画在对数尺上都是等间隔的，而周期为等于 τ 的对数。对数周期天线之称即由此而来。对数周期天线只是周期地重复辐射图和阻抗特性。但是这种结构的天线，若 τ 不是远小于 1，则它的特性在一个周期内的变化是十分小的，因而基本上与频率无关。

对数周期天线常采用振子结构，其结构简单，在短波、超短波和微波波段都得到了广泛应用，如图 3.26 所示。

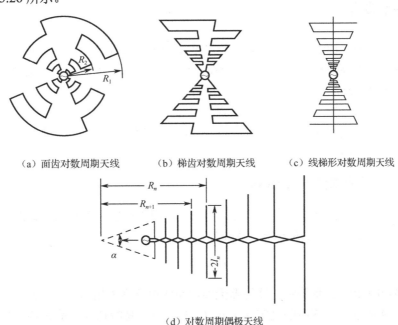

（a）面齿对数周期天线　　（b）梯齿对数周期天线　　（c）线梯形对数周期天线

（d）对数周期偶极天线

图 3.26　对数周期天线的几种形式

对数周期天线的馈电点选择在最短振子处，天线的最大辐射方向由最长振子端指向最短振子端，极化方式为线极化，方向性系数为 5～8dB。对数周期天线有时需要圆极化，两幅对数周期天线可以构成圆极化，这需要将这两幅天线的振子相对垂直放置。

圆极化对数周期天线如图 3.27 所示。

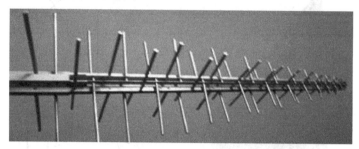

图 3.27　圆极化对数周期天线

3.3　RFID 的射频前端

实现射频能量和信息传输的电路称为射频前端电路，简称射频前端。

在射频识别系统中，工作频率不同，作用距离不同，能量和信息传输的方式也不同。在射频识别技术中，共有两种类型的射频前端，分别是电感耦合方式和反向散射耦合方式。

耦合现象就是两个或两个以上电路构成一个网络时，其中某一电路的电流或电压发生变化，影响其他电路发生相应变化的现象。也就是说，通过耦合的作用，将某一电路的能量（或信息）传输到其他电路中去。应答器耦合就是用不同的方法传送不同的信号。

3.3.1　电感耦合

在电子工程学中，由于电磁感应，一根导线中的电流变化会引起另一根导线电动势的变化，这样配置的两根导线称为电感耦合（Inductive Coupling）或磁耦合，这种状态的电流变化是根据法拉第电磁感应定律产生的感应电动势，这种状态也称互感耦合、磁耦合。

电感耦合可以由互感来度量。如要加强两根导线的耦合，可将其绕成线圈并以同轴方式靠近放置，这样一个线圈的磁场会穿过另一个线圈。互感耦合是许多仪器的原理，其中一个重要的应用就是变压器。

3.3.1.1　电感线圈的交变磁场

安培定理指出，电流流过一个导体时，会在导体周围产生一个磁场，如图 3.28 所示，磁场强度定义见式（3.2），单位为安/米（A/m）。

$$H = \frac{i}{2\pi a} \tag{3.2}$$

在电感耦合的 RFID 系统中，读写器天线电路的电感常采用短圆柱形线圈结构，通电时的情况如图 3.29 所示。磁感应强度定义见式（3.3），单位是特斯拉，简称特（T）。

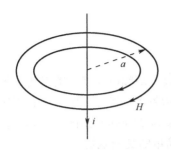

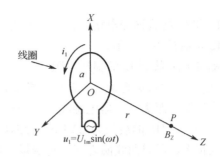

图 3.28 安培定理中的电流与磁场 　　图 3.29 短圆柱形线圈的电流与磁场

$$B_Z = \frac{\mu_0 i_1 N_1 a^2}{2(a^2 + r^2)^{3/2}} = \mu_0 H_Z \qquad (3.3)$$

磁感应强度也被称为磁通量密度或磁通密度。在物理学中磁场的强弱使用磁感应强度来表示，磁感应强度越大表示磁感应越强；磁感应强度越小，表示磁感应越弱。

磁感应强度 B_Z 和距离 r 的关系如下：

$$当 r \ll a 时， B_Z = \mu_0 \frac{i_1 N_1}{2a} \qquad (3.4)$$

$$当 r \gg a 时， B_Z = \mu_0 \frac{i_1 N_1 a^2}{2r^3} = \mu_0 H_Z \qquad (3.5)$$

3.3.1.2　电感耦合方式的工作原理

应答器的电感耦合工作原理如图 3.30 所示。在工作过程中，读写器为电磁波的发送端，应答器为接收端。

RFID 系统中电感耦合方式的电路结构如图 3.31 所示。电感耦合的射频载波频率为 13.56MHz 和小于 135kHz 的频段，应答器和读写器之间的工作距离小于 1m。

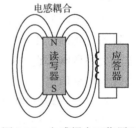

图 3.30 电感耦合工作原理

1. 应答器的能量供给

电磁耦合方式的应答器几乎都是无源的，能量（电源）从读写器获得。由于读写器产生的磁场强度受到电磁兼容性能有关标准的严格限制，因此系统的工作距离较近。

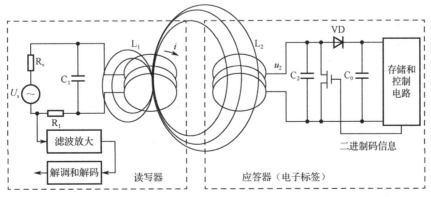

图 3.31 RFID 系统中电感耦合方式的电路结构

在图 3.31 所示的读写器中：

（1）U_s 为射频信号源。

（2）L_1 和 C_1 构成谐振电路（谐振于 U_s 的频率）。

（3）R_s 是射频源的内阻。

（4）R_1 是电感线圈 L_1 的损耗电阻。

U_s 在 L_1 上产生高频电流 i，谐振时高频电流 i 最大，高频电流产生的磁场穿过线圈，并有部分磁力线穿过距离读写器电感线圈 L_1 一定距离的应答器线圈 L_2。由于所有工作频率范围内的波长（13.56MHz 的波长为 22.1m，135kHz 的波长为 2400m）比读写器和应答器线圈之间的距离大很多，所以两线圈之间的电磁场可以视为简单的交变磁场。

穿过电感线圈 L_2 的磁力线通过感应，在 L_2 上产生电压，将其通过 VD 和 C_0 整流滤波后，即可产生应答器工作所需的直流电压。电容器 C_2 的选择应使 L_2 和 C_2 构成对工作频率谐振的电路，以使电压 U_2 达到最大值。

电感线圈 L_1、L_2 可以看作是变压器初、次级线圈，不过它们之间的耦合很弱。读写器和应答器之间的功率传输效率与工作频率 f、应答器线圈的匝数 n、应答器线圈包围的面积 A、两线圈的相对角度以及它们之间的距离有关。

因为电感耦合系统的效率不高，所以只适合小电流电路。只有功耗极低的只读应答器（小于 135kHz）可用于 1m 以上的距离。具有写入功能和复杂安全算法的应答器的功率消耗较大，因而其一般的作用距离为 15cm。

2．数据传输

应答器向读写器的数据传输采用负载调制方法。应答器二进制数据编码信号控制开关器件，使其电阻发生变化，从而使应答器线圈上的负载电阻按二进制编码信号的变化而改变。负载的变化通过 L_2 映射到 L_1，使 L_1 的电压也按二进制编码规律变化。该电压的变化通过滤波放大和调制解调电路，恢复应答器的二进制编码信号，这样读写器就获得了应答器发出的二进制数据信息。

3．读写器和应答器之间的电感耦合

法拉第定理指出，一个时变磁场通过一个闭合电路时，在其上会产生感应电压，并在电路中产生电流。

当应答器进入读写器产生的交变磁场时，应答器的电感线圈上就会产生感应电压，当距离足够近，应答器天线电路所截获的能量可以供应答器芯片正常工作时，读写器和应答器才能进入信息交互阶段。

应答器与读写器之间的耦合原理如图 3.32 所示。

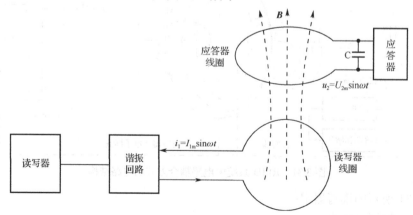

图 3.32　应答器与读写器之间的耦合原理

图 3.33 和图 3.34 分别为应答器直流电源电压的产生过程和应答器直流稳压电源的组成与功能，各部分功能如下：

（1）整流电路：将交流电压 u_2 变为脉动的直流电压 u_3。

（2）滤波电路：将脉动直流电压 u_3 转变为平滑的直流电压 u_4。

（3）稳压电路：清除电网波动及负载变化的影响，保持输出电压 u_o 的稳定。

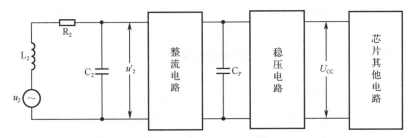

图 3.33　应答器直流电源电压的产生过程

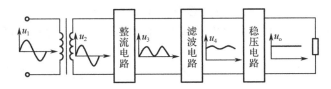

图 3.34　应答器直流稳压电源的组成与功能

3.3.1.3　基本电路类型

电感耦合方式的基础是电感电容（LC）谐振电路及电感线圈产生的交变磁场。

基于电感耦合方式的读写器天线电路较为简单，通常分为三种形式，即串联谐振电路、并联谐振电路、具有初级和次级线圈的耦合电路，如图 3.35 所示。

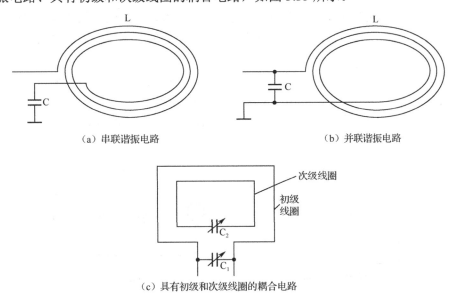

（a）串联谐振电路　　　　　　　（b）并联谐振电路

（c）具有初级和次级线圈的耦合电路

图 3.35　电感耦合方式的读写器天线电路形式

上述三种电路具有电路简单、成本低的特点，其中的串联 LC 电路，因激励可采用低内阻的恒压源，谐振时可获得最大的电路电流而被广泛采用。串联谐振电路适用于恒压源，即信号源内阻很小的情况。如果信号源的内阻大，则应采用并联谐振电路。

谐振（Resonance）是正弦电路在特定条件下所产生的一种特殊物理现象。谐振现象在无线电和电工技术中得到广泛应用，对电路中谐振现象的研究有重要的实际意义。

含有 R、L、C 的端口电路，在特定条件下出现端口电压、电流同相位的现象时，称电路发生了谐振。

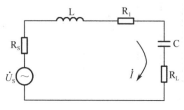

图 3.36　串联谐振电路

1. 串联谐振电路

在电阻、电感及电容所组成的串联电路中，当容抗 X_C 与感抗 X_L 相等时，即 $X_C=X_L$，电路中的电压 U 与电流 I 的相位相同，电路呈现纯电阻性，这种现象称为串联谐振。

串联谐振电路如图 3.36 所示，其中，R_1 是电感线圈 L 损耗的等效电阻；R_S 是信号源 $\dot{U}_S$ 的内阻；R_L 是负载电阻。

电路总电阻 $R=R_1+R_S+R_L$。

该电路中，电路电流、阻抗及相角计算可阅读相关高频电子电路书籍的相关章节，这里不做详细描述。

当电路发生串联谐振时，电路的阻抗 $Z=R$，电路中总阻抗最小，电流将达到最大值。因此，串联谐振电路具有如下特性：

（1）谐振时，电路电抗 $X=0$，阻抗 $Z=R$ 为最小值，且为纯阻。

（2）谐振时，电路电流最大。

（3）电感与电容两端电压的模值相等，且等于外加电压的 Q 倍，Q 为品质因数。

2. 并联谐振电路

在电感和电容并联的电路中，当电容的大小恰恰使电路中的电压与电流同相位，即电源电能全部为电阻消耗，成为电阻电路时，称作并联谐振。

并联谐振是一种完全的补偿，电源无须提供无功功率，只提供电阻所需要的有功功率。谐振时，电路的总电流最小，而支路的电流往往大于电路的总电流，因此并联谐振也称为电流谐振。

发生并联谐振时，在电感和电容元件中流过很大的电流，因此会造成电路的熔断器熔断或烧毁电器设备的事故；但在无线电工程中往往用来选择信号和消除干扰。在研究并联谐振电路时，采用恒流源（信号源内阻很大）分析比较方便。电源为恒流源的并联谐振电路如图 3.37 所示。

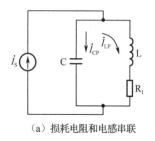

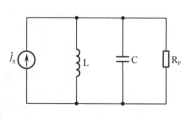

（a）损耗电阻和电感串联　　　　　　　　　（b）损耗电阻和电感并联

图 3.37　电源为恒流源的并联谐振电路

3.3.1.4　谐振特性及参数

1. 品质因数

品质因数是衡量电感上损耗的物理量，用 Q 表示，表征了无功功率与有功功率的比值，其值越大，损耗越小。电路的品质因数 Q 定义如下：

$$Q = \frac{\omega_0 L}{R} = \frac{1}{\omega_0 CR} = \frac{1}{R}\sqrt{\frac{L}{C}} = \frac{1}{R}\rho \tag{3.6}$$

通常，电路的 Q 值可达数十到近百，谐振时电感线圈和电容两端电压可比信号源电压大数十到百倍，在选择电路元器件时，必须考虑元器件的耐压问题。

2. 串联谐振电路的谐振特性

串联谐振电路具有如下的谐振特性：

（1）谐振时，电路呈纯阻性；$\omega < \omega_0$ 时，电路呈容性，反之呈感性。

（2）谐振时，电源端电压与电流同相，电流出现最大值。电源电压全部加在电阻上。

（3）电容与电感不分担电源电压，它们之间进行能量交换。

（4）电容与电感上出现最大电压，是电源电压的 Q 倍。

物理量与频率关系的图形称谐振曲线，研究谐振曲线可以加深对谐振现象的认识。本章中，谐振曲线为电路电压（或电流）与外加信号源频率之间的幅频特性曲线。串联谐振电路的谐振曲线如图 3.38 所示。

由图 3.38 可以看出：Q 越大，谐振曲线越尖。当稍微偏离谐振点时，曲线就急剧下降，电路对非谐振频率下的电流具有较强的抑制能力，所以选择性好。因此，Q 是反映谐振电路性质的一个重要指标。

3. 通频带

通频带（Passband；Transmission Bands；Pass Band）用于衡量放大电路对不同频率信号的放大能力。由于放大电路中电容、电感及半导体元件结电容等电抗元件的存在，在输入信号频率较低或较高时，放大倍数的数值会下降并产生相移。通常情况下，放大电路只适合放大某一个特定频率范围内的信号。

通频带定义图如图 3.39 所示，从图中可以看出：

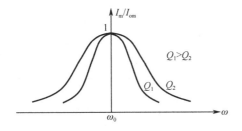

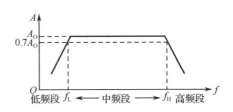

图 3.38　串联谐振电路的谐振曲线　　　图 3.39　通频带定义图

（1）下限截止频率 f_L：在信号频率下降到一定程度时，放大倍数的数值明显下降，使放大倍数的数值等于 0.707 倍的频率称为下限截止频率 f_L。

（2）上限截止频率 f_H：在信号频率上升到一定程度时，放大倍数的数值也将下降，使放大倍数的数值等于 0.707 倍的频率称为上限截止频率 f_H。

（3）通频带 f_{BW}：f_L 与 f_H 之间形成的频带称中频段或通频带 f_{BW}，$f_{BW}=f_H-f_L$。

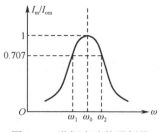

图 3.40　谐振电路的通频带

通频带的第二种定义：

在信号传输系统中，系统输出信号从最大值衰减 3dB 的信号频率为截止频率，上下截止频率之间的频带称为通频带，用 BW 表示。

通常用半功率点的两个边界频率之间的间隔表示谐振电路的通频带，半功率的电流比 I_m/I_{om} 为 0.707，如图 3.40 所示，通频带记作 BW，定义如下：

$$BW = \frac{\omega_2 - \omega_1}{2\pi} = \frac{2(\omega_2 - \omega_0)}{2\pi} = \frac{2\Delta\omega_{0.7}}{2\pi} = \frac{\omega_0}{2\pi Q} = \frac{f_0}{Q} \tag{3.7}$$

关于通频带的总结如下：

（1）通频带越宽，表明放大电路对不同频率信号的适应能力越强。

（2）通频带越窄，表明电路对通频带中心频率的选择能力越强。

（3）通频带与电路 Q 值成反比。所以，Q 值越大，通频带却越窄，但谐振曲线越陡峭，选择性越好。

一个理想的谐振电路，其幅频特性曲线应该是通频带内完全平坦，信号可以无衰减通过，而在通频带以外则为零，信号完全通不过。

4．选择性

谐振时电流达到最大，当 ω 偏离 ω_0 时，电流从最大值 U/R 降下来，即串联谐振电路对不同频率的信号有不同的响应，对谐振信号最突出（表现为电流最大），而对远离谐振频率的信号加以抑制（电流小）。这种对不同输入信号的选择能力称为"选择性"。

5．串联谐振电路与并联谐振电路的比较

串联谐振电路与并联谐振电路的比较表 3.11 所示。

表 3.11　串联谐振电路与并联谐振电路的比较

	串联谐振电路	并联谐振电路	备注
谐振条件	$\omega_0 L - \dfrac{1}{\omega_0 C} = 0$	$\omega_p L - \dfrac{1}{\omega_p C} = 0$	相同
谐振频率	$\omega_0 = \dfrac{1}{\sqrt{LC}}$ ，　$f_0 = \dfrac{\omega_0}{2\pi} = \dfrac{1}{2\pi\sqrt{LC}}$	$\omega_p = \dfrac{1}{\sqrt{LC}}$ ，　$f_p = \dfrac{1}{2\pi\sqrt{LC}}$	相同
品质因数	$Q = \dfrac{\omega_0 L}{r} = \dfrac{1}{r\omega_0 C} = \dfrac{1}{r}\sqrt{\dfrac{L}{C}}$	$Q_p = \dfrac{\omega_p L}{r} = \dfrac{1}{r\omega_p C} = \dfrac{1}{r}\sqrt{\dfrac{L}{C}}$	相同
谐振阻抗	$r = \|Z\|_{f=f_0} = \|Z\|_{min}$ $= \dfrac{\omega_0 L}{Q} = \dfrac{1}{Q\omega_0 C}$	$R_p = \dfrac{L}{Cr} = \dfrac{\omega_p^2 L^2}{r} = \dfrac{1}{r\omega_p^2 C^2} = \|Z_p\|_{max}$ $= Q_p\omega_p L = Q_p\dfrac{1}{\omega_p C}$	对偶
谐振电流/电压	$\dot{I}_0 = \dfrac{\dot{V}_s}{r} = \dot{I}_{max}$	$\dot{V}_p = \dfrac{L}{rC}\dot{I}_s = R_p\dot{I}_s = \dot{V}_{max}$	对偶
元件电压/支路电流	$\dot{V}_{C0} = -jQ\dot{V}_s$ ；　$\dot{V}_{L0} = jQ\dot{V}_s$	$\dot{I}_{Lp} = -jQ_p\dot{I}_s$ ；　$\dot{I}_{Cp} = jQ_p\dot{I}_s$	对偶
连接信号源	理想电压源	理想电流源	对偶
连接负载	越小越好	越大越好	对偶

续表

	串联谐振电路	并联谐振电路	备注
谐振曲线	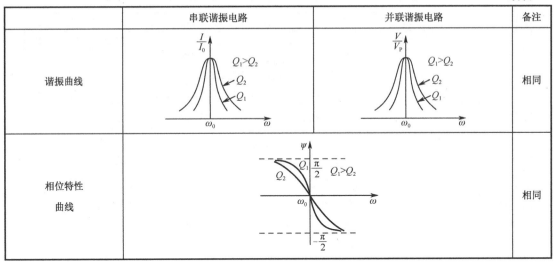		相同
相位特性 曲线	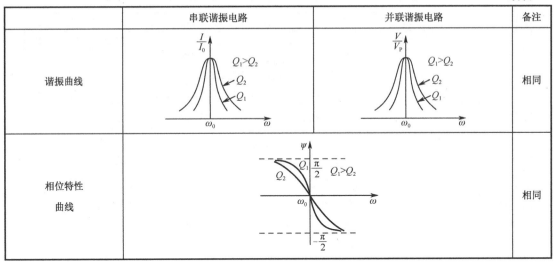		相同

3.3.1.5　电感耦合方式的射频前端电路的仿真

运用 Altium_Designer 软件，除了可以实现原理图设计、PCB 设计等，还可以实现某些电路参数的仿真，如 Q 值、幅频特性等。下面以 13.56MHz 的射频前端电路为例，介绍如何运用该软件进行电路的设计以及参数的仿真。关于仿真电路的元器件添加、仿真的参数设置方法，可以参考 Altium_Designer 软件关于电路仿真部分的章节。

1. 设计射频前端电路

按照图 3.41 完成天线仿真电路图，并按照图中推荐的参数，修改各元器件的属性，保证中心频率为 13.56MHz。

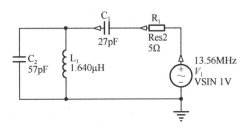

图 3.41　中心频率为 13.56MHz 的天线仿真电路图

图中，VSIN 为信号源，可以在仿真模块中添加该元器件。

2. 天线电路参数的仿真

使用 AD 软件的小信号仿真工具，完成原理图的仿真，观察元器件参数对频率的影响和对幅值的影响，过程如下：

（1）不改变电路中元器件的参数，直接运行仿真，可以观察到仿真的结果，如图 3.42 所示。从图中可以看出，谐振频率 f_0=13.56MHz，以及此时元件 C_1 和 C_2 的电流特性和功率特性。

（2）依次改变 L 和 C，观察对谐振频率 f_0、幅频特性曲线、品质因数 Q 的影响。

（3）改变负载电阻，观察对幅值的影响。

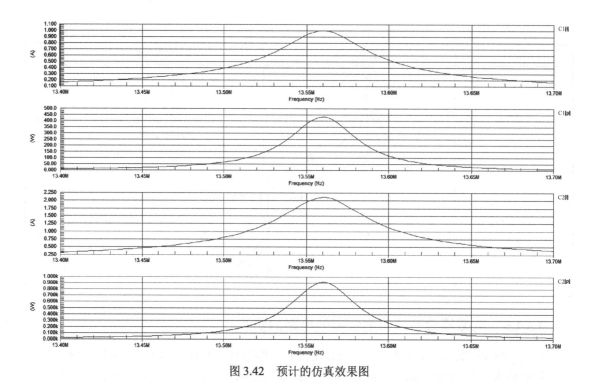

图 3.42　预计的仿真效果图

3．参数仿真中注意事项

（1）在运行仿真前，可以指定观察的参数，如 L_1、C_1、C_2 等。

（2）为了更细致地观察在谐振频率 f_0 时的情况，可以将观察的频率范围继续缩小，直至达到要求的精度为止。

（3）如果元器件参数过大，则可能导致仿真运行的结果超出原来的参数设置范围而无法观察。此时，可以重新指定仿真结果的频率范围，保证可以在指定的频率范围内观察到谐振频率点。

3.3.2　反向散射耦合

雷达技术为 RFID 的反向散射耦合方式提供了理论和应用基础。

当电磁波遇到空间目标时，其能量的一部分被目标吸收，另一部分以不同的强度散射到各个方向。在散射的能量中，其中的小部分反射回发射天线，并被天线接收（因此发射天线也是接收天线），对接收信号进行放大和处理，即可获得目标的有关信息。

RFID 反向散射耦合工作原理如图 3.43 所示。

1．RFID 反向散射耦合方式

一个目标反射电磁波的频率由反射横截面来确定。反射横截面的大小与一系列的参数有关，如目标的大小、形状和材料，电磁波的波长和极化方向等。

由于目标的反射性能通常随频率的升高而增强，所以 RFID 反向散射耦合方式采用特高频和超高频，应答器和读写器的距离大于 1m。

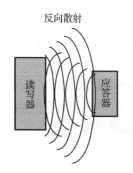

图 3.43　RFID 反向散射耦合工作原理

　　RFID 反向散射耦合方式原理框图如图 3.44 所示，读写器、应答器和天线构成一个收发通信系统。

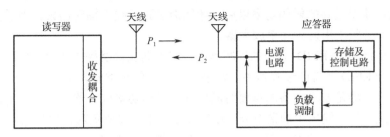

图 3.44　RFID 反向散射耦合方式原理框图

2. 应答器的能量供给

　　无源应答器的能量由读写器提供，读写器天线发射的功率 P_1，经自由空间衰减后到达应答器，传输过程中被吸收的功率经应答器中的整流电路后形成应答器的工作电压。

　　在 UHF 和 SHF 频率范围，有关电磁兼容的国际标准对读写器所能发射的最大功率有严格的限制，因此在有些应用中，应答器采用完全无源方式会有一定困难。为解决应答器的供电问题，可在应答器上安装附加电池。为防止电池不必要的消耗，应答器平时处于低功耗模式，当应答器进入读写器的作用范围时，应答器由获得的射频功率激活，进入工作状态。

3. 应答器至读写器的数据传输

　　由读写器传到应答器的功率的一部分被天线反射，反射功率 P_2 经自由空间后返回读写器，被读写器天线接收。接收信号经收发耦合器电路传输到读写器的接收通道，被放大后经处理电路获得有用信息。

　　应答器天线的反射性能受连接到天线的负载变化的影响，因此可采用相同的负载调制方法实现反射的调制。其表现为反射功率 P_2 是振幅调制信号，它包含了存储在应答器中的识别数据信息。

4. 读写器至应答器的数据传输

　　读写器至应答器的命令及数据传输，应根据 RFID 的有关标准进行编码和调制，或者按所选用应答器的要求进行设计。

3.3.3　功率放大器

　　在通信系统中，需要将有用信号调制在高频载波信号上，通过无线电发射机发射出去。高频载波信号由高频振荡器产生，一般情况下产生的信号功率较小。为了满足对发射功率的要求，在发射之前需要经过射频功率放大器才能获得足够的输出功率，从而实现远距离识别。

　　能实现信号、功率放大的器件，称为放大器（Amplifier）。以放大器为核心，能实现放大功能的电路组合，称为放大电路。按照放大器中晶体管的导通方式来分，主要可以分为 A 类、B 类、AB 类、C 类、D 类、E 类、F 类。

　　其中，A 类为线性功放，C 类为非线性功放，B 类介于线性与非线性之间，这三类均为模拟信号放大器；D 类放大器直接从数字语音数据实现功率放大而不需要进行模拟转换，通常称作数字功率放大器；E 类和 F 类是特殊的开关放大器变种，只适用于射频场合，跟 C 类放大器一样，它们也使用 LC 电路来滤除它们自己产生的谐波，并且非常高效。

射频功率放大器（RFPA）是各种无线发射机的重要组成部分。在发射机的前级电路中，调制振荡电路所产生的射频信号功率很小，需要经过一系列的放大-缓冲级、中间放大级、末级功率放大级，获得足够的射频功率以后，才能馈送到天线上辐射出去。为了获得足够大的射频输出功率，必须采用射频功率放大器。

功率放大电路位于 RFID 系统的读写器中，用于向应答器提供能量，采用谐振功率放大器。在电感耦合 RFID 系统的读写器中，常采用 B、D 和 E 类放大器。

射频功率放大器是发送设备的重要组成部分。射频功率放大器的主要技术指标是输出功率与效率。除此之外，输出中的谐波分量还应该尽量小，以避免对其他频道产生干扰。

功率放大器是 RFID 系统的最后一级，它负责将基带电路传送来的调制信号放大，然后通过天线发射出去。由于功率放大器存在非线性失真等非理想因素，而且是系统中功耗最大的器件，故必须仔细设计，以免影响发射信号质量。

3.3.4　RFID 中常见的电感设计

1. 电感的形式

电感的形式有很多种，图 3.45 和图 3.46 为 RFID 中常见的电感形式。

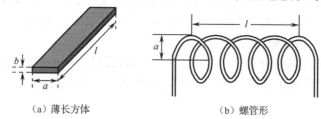

（a）薄长方体　　　　　　　　　　（b）螺管形

图 3.45　薄长方体电感和螺管形电感

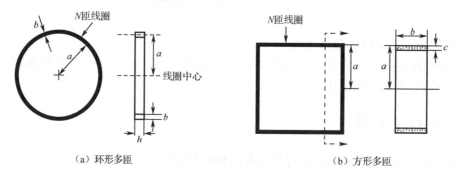

（a）环形多匝　　　　　　　　　　（b）方形多匝

图 3.46　环形空心线圈电感和方形空心线圈电感

2. 电感参数计算

不同形式的电感，其电感参数计算的方法也有所不同。

（1）线圈电感量计算的理论公式

$$L = \frac{\psi}{i} = N^2 \frac{\phi_0}{i} = N^2 L_0 \, (\mu H) \tag{3.8}$$

（2）薄长方导体

$$L = 0.002l \left[\ln \left(\frac{2l}{a+b} \right) + 0.50049 + \frac{a+b}{3l} \right] (\mu H) \tag{3.9}$$

（3）单层螺线管

$$L=\frac{(aN)^2}{22.9l+25.4a}(\mu H) \tag{3.10}$$

（4）N 匝环形空心线圈

式（3.8）用于电感线圈的设计。在实践中有时也会用经验公式进行估算，式（3.9）和式（3.10）为两个最常用的经验公式，分别用于薄长方导体的电感量和单层螺管形线圈的电感量估算。

3．应答器的电感线圈

常见应答器电感线圈的形状如图 3.47 所示。

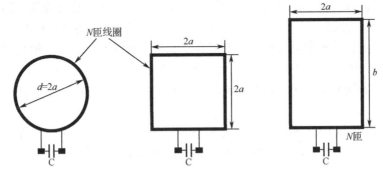

图 3.47　常见应答器电感线圈的形状

（1）环形电感的参数计算公式

针对环形电感，可用如下公式进行计算：

$$L=N^2A_L \tag{3.11}$$

式中，L 为电感量（H）；N 为绕线匝数（圈）；A_L 为感应系数。

$$H_{DC}=\frac{0.4\pi NI}{l} \tag{3.12}$$

式中，H_{DC} 为直流磁化力（A/m）；I 为通过电流（A）；l 为磁路长度（cm）。

l 及 A_L 可参照 Micrometal 对照表（磁芯目录）。例如：

以 T50-52 材、绕线 5 圈半为例，其 L 值为 T50-52（表示 OD 为 0.5 英寸），经查表其 A_L 值约为 33nH，则 $L=33\times5.5^2=998.25nH\approx1\mu H$。

当通过 10A 电流时，其 L 值变化可由 l=3.74（查表）得到，即 $H_{DC}=0.4\pi NI/l$ =0.4×3.14×5.5×10/3.74 = 18.47，查表后即可了解 L 值下降程度（μi%）。

（2）电感计算的经验公式

$$L=\frac{k\mu_0\mu_s N^2 S}{l} \tag{3.13}$$

式中，μ_0 为真空磁导率，$\mu_0=4\pi\times10^{-7}$；μ_s 为线圈内部磁芯的相对磁导率，空心线圈时，μ_s=1；N^2 为线圈匝数的平方；S 为线圈的截面积（m^2）；l 为线圈的长度（m）；k 为系数，取决于线圈的半径（R）与长度（l）的比值。

3.4　RFID 与电磁兼容性

电磁兼容性（Electromagnetic Compatibility，EMC）是指设备或系统在其电磁环境中符合要求运行并不对其环境中的任何设备产生无法忍受的电磁干扰的能力。

因此，EMC 包括两个方面的要求：一方面是指设备在正常运行过程中，对所在环境产生的电磁干扰（Electromagnetic Interference，EMI）不能超过一定的限值；另一方面是指设备对所在环境中存在的电磁干扰具有一定程度的抗扰度，即电磁抗扰度（Electromagnetic Susceptibility，EMS）。

3.4.1 EMC

自从电子系统降噪技术在 20 世纪 70 年代中期出现以来，美国联邦通信委员会于 1990 年、欧盟于 1992 对商业数码产品颁布了相关规章，这些规章要求各个公司确保它们的产品符合严格的磁化系数和发射准则。符合这些规章的产品称为具有电磁兼容性（EMC）。

这里的电磁兼容并非指电与磁之间的兼容，而是电与磁不可分割，相互共存的一种物理现象、物理环境。国际电工委员会（International Electrotechnical Commission，IEC）对电磁兼容的定义为：系统或设备在所处的电磁环境中能正常工作，同时不会对其他系统和设备造成干扰。

EMC 包括 EMI 和 EMS 两部分。所谓 EMI，乃机器本身在执行应有功能的过程中所产生不利于其他系统的电磁噪声，而 EMS 乃机器在执行应有功能的过程中不受周围电磁环境影响的能力。

1. 电磁干扰

电磁干扰（EMI）有传导干扰和辐射干扰两种。传导干扰主要是电子设备产生的干扰信号通过导电介质或公共电源线互相产生干扰；辐射干扰是指电子设备产生的干扰信号通过空间耦合把干扰信号传给另一个电网络或电子设备。

电磁干扰的传播途径一般也分为两种：传导耦合方式和辐射耦合方式。

任何电磁干扰的发生都必然存在干扰能量的传输和传输途径（或传输通道）。通常认为电磁干扰的传输有两种方式：传导传输和辐射传输。因此，从被干扰的敏感器来看，干扰耦合可分为传导耦合和辐射耦合两大类。

（1）传导耦合

传导传输必须在干扰源和敏感器之间有完整的电路连接，干扰信号沿着这个连接电路传递到敏感器，发生干扰现象。这个传输电路可包括导线、设备的导电构件、供电电源、公共阻抗、接地平板、电阻、电感、电容和互感元件等。

（2）辐射耦合

辐射传输是通过介质以电磁波的形式传播的，干扰能量按电磁场的规律向周围空间发射。常见的辐射耦合有以下三种：

① 甲天线发射的电磁波被乙天线意外接收，称为天线对天线耦合。

② 空间电磁场经导线感应而耦合，称为场对线的耦合。

③ 两根平行导线之间的高频信号感应，称为线对线的感应耦合。

在实际工程中，两个设备之间发生干扰通常包含着许多种途径的耦合。正因为多种途径的耦合同时存在，反复交叉耦合，共同产生干扰，才使电磁干扰变得难以控制。

2. 电磁兼容性设计要求

（1）明确系统的电磁兼容性指标。电磁兼容性设计包括本系统能保持正常工作的电磁干扰环境和本系统干扰其他系统的允许指标。

（2）在了解本系统干扰源、被干扰对象、干扰途径的基础上，通过理论分析将这些指标逐级分配到各分系统、子系统、电路和元器件上。

（3）根据实际情况，采取相应措施抑制干扰源，消除干扰途径，提高电路的抗干扰能力。

（4）通过实验来验证是否达到了原定的指标要求，如未达到，则进一步采取措施，循环多次，直至达到原定指标为止。

为了防止一些电子产品产生的电磁干扰影响或破坏其他电子设备的正常工作，各国政府或一些国际组织都相继提出或制定了一些对电子产品产生电磁干扰的有关规章或标准，符合这些规章或标准的产品就可称为具有电磁兼容性。电磁兼容性标准不是恒定不变的，而是天天都在改变，这也是各国政府或经济组织保护自身利益而经常采取的手段。

3．提高电磁兼容性的措施

抑制电磁污染的首要措施是找出污染源；其次是判断污染侵入的路途，主要有传导和辐射两种方式，工作重点是确定干扰量。解决电磁兼容性问题应从产品的开发阶段开始，并贯穿于整个产品或系统的开发、生产全过程。国内外大量的经验表明，在产品或系统的研制生产过程中越早注意解决电磁兼容性问题，越可以节约人力与物力。

电磁兼容性设计的关键技术是对电磁干扰源的研究，从电磁干扰源处控制其电磁发射是治本的方法。控制干扰源的发射，除从电磁干扰源产生的机理着手来降低其产生电磁噪声的电平外，还需要广泛地应用屏蔽（包括隔离）、滤波和接地等技术。

（1）屏蔽：主要运用各种导电材料，制造成各种壳体并与大地连接，以切断通过空间的静电耦合、感应耦合或交变电磁场耦合形成的电磁噪声传播途径。隔离主要运用继电器、隔离变压器或光电隔离器等器件来切断电磁噪声的传播途径，其特点是将两部分电路的地线系统分隔开来，切断通过阻抗进行耦合的可能。

（2）滤波：是在频域上处理电磁噪声的技术，为电磁噪声提供一低阻抗的通路，以达到抑制电磁干扰的目的。例如，电源滤波器对 50Hz 的电源频率呈现高阻抗，而对电磁噪声频谱呈现低阻抗。

（3）接地：包括接地、信号接地等。接地体的设计、地线的布置、接地线在各种不同频率下的阻抗等不仅涉及产品或系统的电气安全，而且关联着电磁兼容和其测量技术。

4．认证机构

在电子、电机、信息、通信等各类产品不断运用高新技术推陈出新之下，除使用者要求通信质量外，各国政府积极制定相关规范进行管制也在不断加强，电磁兼容问题的重要性与紧迫性更突显出。例如，欧洲已加强对进口产品执行后市场检测，造成了许多卡关现象发生。

直到目前为止，确定一个产品会不会影响另一个产品功能的技术仍不是一门精确的科学，且由于产品组合太过复杂，认证机构不可能针对每一种产品组合都进行检测，因而相关主管机关莫不采取从严把关的态度。作为全球两大电子产品消费市场，美国和欧洲的认证标准不太一样，简略而言，美国仅要求电磁干扰，而欧洲则还要求符合电磁耐受性的规定。

在我国，为了防止 RFID 设备的电源端口、电信端口、信号端口耦合的传导骚扰通过电源线、电信电缆或内部连接电缆向空间辐射电磁波，建议 RFID 设备的电源端口、电信端口、信号端口的传导骚扰满足 GB 9254—1998《信息技术设备的无线电骚扰限值和测量方法》的相关要求。

目前，市面上各种先进电子产品的电磁干扰大多来自高频率的数字信号，信号频率越高，产生的电磁干扰越多。由于美国联邦通信委员会（FCC）与其他监管机关严格规定每个电子产品的电磁干扰上限，以确保电子产品不会互相干扰，因此上述情况将会产生严重问题，只要产品想销往美国，就必须符合 FCC 制定的电磁干扰认证标准。

3.4.2　EMC 检测项目

EMC 的检测项目分为 EMS 测试项目和 EMI 测试项目。

1．EMS 测试项目

（1）静电放电抗扰度（Electrostatic Discharge Immunity，ESD）。

（2）射频辐射抗扰度（Radiated Susceptibility，RS）。

（3）电快速瞬变脉冲群抗扰度（Electrical Fast Transient Immunity，EFT）。

（4）浪涌抗扰度（Surge Immunity，SURGE）。

（5）射频传导抗扰度（Conducted Susceptibility，CS）。

（6）磁场抗扰度（Magnetic Field Immunity，MFI）。

（7）电压跌落抗扰度（Voltage Dips，Short Interruption and Voltage Variation Immunity，DIPS）。

（8）振荡波抗扰度（Oscillatory Wave Immunity，OWI）。

2．EMI 测试项目

（1）传导骚扰（Conducted Emission，CE）。

（2）断续干扰（Discontinuous Interference CLICK，CLICK）。

（3）骚扰功率（RF Disturbance Power，RFP）。

（4）三环辐射（Magnetic Field Induced Current，磁感应电流辐射）。

（5）CDN 辐射（CDN Method for Radiated Emission）。

（6）辐射发射（Radiated Emission，RE）。

（7）谐波电流、电压波动和闪烁（Harmonic Current，Voltage Fluctuations and Flicker）。

3.4.3　RFID 与 EMC 的关系

由于 RFID 使用无线电波进行通信，因此在 EMC 方面有严格的要求，如在 13.56MHz 频率，FCC 的 15.225 节的规定为：

（1）载波频率范围：13.56MHz±7kHz。

（2）基波频率的场强：10mV/m，测量距离为 30m。

（3）谐波功率：基波功率的-50.45dB。

在 RFID 读写器的电路设计中，必须考虑 EMC 的问题，图 3.48 为具有 EMC 滤波电路的 13.56MHz 读写器的 E 类功率放大器电路。

在该电路中，读写器的工作频率为 13.56MHz，这个频率是由振荡器产生的。为了满足 EMC 的要求，需要抑制高次谐波，除使用多层 PCB 外，增加了低通滤波电路，由 L_3 和 C_3 组成，这样放大器输出的信号经过低通滤波器之后，滤除高次谐波的信号加载读写器的发射端，经过天线发送出去。

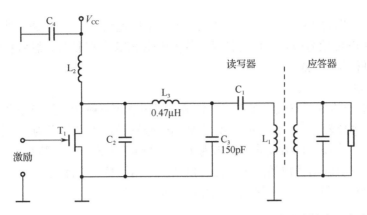

图 3.48　具有 EMC 滤波电路的 13.56MHz 读写器的 E 类功率放大器电路

3.5　RFID 中的调制技术

3.5.1　脉冲调制

脉冲调制是将数据的 NRZ 码变换为更高频率的脉冲串，该脉冲串的脉冲波形参数受 NRZ 码的值 0 和 1 调制。调制方式有频移键控（FSK）和相移键控（PSK）。

3.5.1.1　FSK 方式

FSK（Frequency-Shift Keying）是二进制信号的频移键控的英文缩写，它是指传号（发送"1"）时发送某一频率正弦波，而空号（发送"0"）时发送另一频率正弦波。FSK 是信息传输中使用得较早的一种调制方式，主要优点是：实现起来较容易，抗噪声与抗衰减的性能较好，在中低速数据传输中得到了广泛的应用。

最常见的是用两个频率承载二进制 1 和 0 的双频 FSK 系统。FSK 脉冲调制波形如图 3.49 所示。

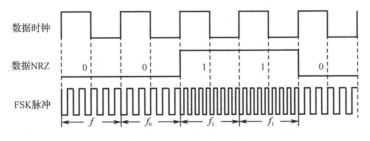

图 3.49　FSK 脉冲调制波形

1．FSK 调制

产生 FSK 信号最简单的方法是根据输入的数据比特是 0 还是 1，在两个独立的振荡器中切换。采用这种方法产生的波形在切换时相位是不连续的，因此这种 FSK 信号称为不连续 FSK 信号。

由于相位的不连续会造成频谱扩展，因此这种 FSK 的调制方式在传统的通信设备中采用较多。随着数字处理技术的不断发展，越来越多地采用连续相位 FSK 调制技术。

目前，产生 FSK 信号较常用的方法是，首先产生 FSK 基带信号，然后利用基带信号对单一载波振荡器进行频率调制。

2．FSK 解调

对于 FSK 信号的解调方式很多：相干解调、滤波非相干解调、正交相乘非相干解调。其中滤波非相干解调比较常用。输入的 FSK 中频信号分别经过中心频率为 f_H、f_L 的带通滤波器，然后分别经过包络检波，包络检波的输出为 $t=kT_b$ 时抽样（其中 k 为整数），并且将这些值进行比较。根据包络检波器输出的大小，比较器判决数据比特是 1 还是 0。

FSK 的数字化实现方法一般采用正交相乘方法加以实现。

3.5.1.2 PSK 方式

PSK（Phase-Shift Keying）是一种用载波相位表示输入信号信息的调制技术。相移键控分为绝对移相（PSK1）和相对移相（PSK2）两种，如图 3.50 所示。

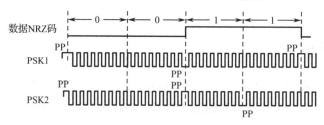

图 3.50 PSK 脉冲调制波形

采用 PSK1 调制时，若在数据位的起始处出现上升沿或下降沿（即出现 1，0 或 0，1 交替），则相位将于位起始处跳变 180°。

而采用 PSK2 调制时，相位在数据位为 1 时从位起始处跳变 180°，在数据位为 0 时则相位不变。

1．绝对移相

以未调载波的相位作为基准的相位调制叫作绝对移相。

以二进制调相为例，取码元为 1 时，调制后载波与未调载波同相；取码元为 0 时，调制后载波与未调载波反相；1 和 0 时调制后载波相位差为 180°。

绝对移相用于某些调制解调器中的数据传输调制系统。

PSK 调制技术在数据传输中，尤其在中速和中高速（2400～4800bit/s）的数传机中得到了广泛的应用。PSK 有很好的抗干扰性，在有衰减的信道中也能获得很好的效果。

2．相对移相

利用前后相邻码元的载波相对相位变化传递二进制数字信号的调制方式称为相对相移调制。

从定义可见：二者都是利用载波的相位变化来传递数字信号的调制方式，不同的是绝对相移是以未调制的载波的相位作为参考基准的，而相对相移是以相邻码元的载波相位为参考基准的。

3.5.1.3 RFID 中的脉冲调制

用于动物识别的代码结构和技术准则 ISO/IEC 11784 和 11785 应答器采用 FSK 调制，NRZ 编码。

ISO/IEC 14443 从读写器向标签传送信号时，A 型采用改进的 Miller 编码方式，调制深度为 100% 的 ASK 信号；B 型则采用 NRZ 编码方式，调制深度为 10% 的 ASK 信号。

从标签向读写器传送信号时，二者均通过调制载波传送信号，副载波频率皆为 847kHz。A 型采用开关键控（On-Off Keying）的 Manchester 编码；B 型采用 NRZ-L 的 BPSK 编码。

ISO/IEC 15693 标准规定的载波频率亦为 13.56MHz，读写器和标签全部都用 ASK 调制原理，调制深度为 10% 和 100%。

3.5.2　副载波与负载调制

副载波是相对于主载波而言的。

在模拟方式的电视信号传输中，主载波用于图像信号的调制传输，而语音信号则调制在副载波上。在 RFID 中，副载波调制是标签向读写器发送数据的方法。

在通常的 RFID 通信中，读写器是主动方，产生射频场，把要发送给标签的数据直接调制在射频场载波上；而标签是被动方，不产生射频场，标签回送数据的时候把自己当作一个线圈，回送的数据用打开和闭合线圈表示。根据电磁感应原理，磁场中闭合的线圈会减小磁场振幅，打开的线圈对磁场幅度没有影响。读写器感知到这种磁场幅度的变化，从而接收到标签回送的数据信息。打开或闭合线圈，相当于在磁场中打开或闭合一个磁场的负载，这种调制方法就称为负载调制。

在 RFID 系统中，副载波的调制方法主要应用在频率为 13.56MHz 的 RFID 系统中，而且仅在从电子标签向读写器的数据传输中采用。

对 13.56MHz 的 RFID 系统，大多数使用的副载波频率为 847kHz（13.56MHz/16）、424kHz（13.56MHz/32）和 212kHz（13.56MHz/64）。

在 RFID 副载波调制中，首先用基带编码的数据信号调制低频率的副载波，已调的副载波信号用于切换负载电阻，然后采用振幅键控 ASK、频移键控 FSK 或相移键控 PSK 等调制方法，对副载波进行二次调制。

采用副载波调制的好处：

（1）采用副载波信号进行负载调制时，调制管每次导通时间较短，对读写器的电源影响小；另外，由于调制管的总导通时间减少，降低了总功耗。

（2）有用信息的频谱分布在副载波附近而不是载波附近，便于读写器对传送数据信息的提取，但射频耦合电路应用较宽的频带。

调制前及调制后的各信号波形图如图 3.51 所示。

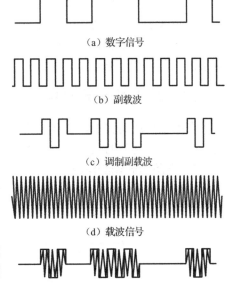

（a）数字信号

（b）副载波

（c）调制副载波

（d）载波信号

（e）副载波调制后再进行调制的波形

图 3.51　调制前及调制后的各信号波形图

3.5.2.1　负载调制

电子标签和读写器天线之间的作用距离一般不超过 0.16λ，并且应答器处于近场范围内。应答器与读写器的数据传输为负载调制，负载调制适用于电感耦合、变压器耦合。

负载调制是应答器向读写器传输数据经常使用的方法。在负载调制过程中，应答器振荡电路的电参数是按照数据流的节拍进行调节的，使其阻抗的大小和相位随之改变，从而完成调制的过程。

负载调制技术主要有电阻负载调制和电容负载调制两种。

如果把谐振的应答器放入读写器天线的交变磁场，那么应答器就可以从磁场获得能量。采用从供应读写器天线的电流在读写器内阻上的压降就可以测得这个附加的功耗。应答器天线上负载电阻的接通与断开促使读写器天线上的电压发生变化，实现了用应答器对天线电压进行振幅调制。而通过数据控制负载电压的接通和断开，这些数据就可以从标签传输到读写器了。

图 3.52 为负载调制的电路原理图。

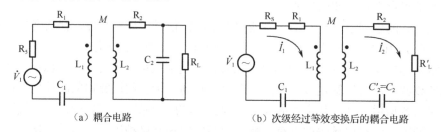

（a）耦合电路　　　　　　　　（b）次级经过等效变换后的耦合电路

图 3.52　负载调制的电路原理图

此外，由于读写器天线和应答器天线之间的耦合很弱，因此读写器天线上表示有用信号的电压波动比读写器的输出电压小。

在实践中，对 13.56MHz 的系统，天线电压（谐振时）只能得到约 10mV 的有用信号。因为检测这些小电压变化很不方便，所以可以采用天线电压振幅调制所产生的调制波边带。如果应答器的附加负载电阻以很高的时钟频率接通或断开，那么在读写器发送频率时将产生两条谱线，此时信号就容易检测了，这种调制也称为副载波调制。

3.5.2.2　电阻负载调制

在电阻负载调制中，负载并联一个电阻，称为负载调制电阻，该电阻按数据流的时钟接通和断开，开关 S 的通、断由二进制数据编码信号控制。

1. 电阻负载调制电路

如图 3.53 所示，开关 S 用于控制负载调制电阻 R_{mod} 的接入与否，开关 S 的通、断由二进制数据编码信号控制。

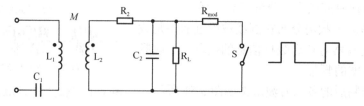

图 3.53　电阻负载调制原理图

（1）二进制数据编码信号用于控制开关 S。当二进制数据编码信号为 1 时，设开关 S 闭合，则应答器负载电阻为 R_L 和 R_{mod} 的并联值；当二进制数据编码信号为 0 时，设开关 S 断开，则应答器负载电阻为 R_L。

（2）应答器的负载电阻值有两个对应值，即 R_L（S 断开时）和 R_L 与 R_{mod} 的并联值 $R_L//R_{mod}$（S 闭合时）。这说明，开关 S 接通时，应答器的负载电阻比较小。

对于并联谐振，如果并联电阻比较小，则品质因数将降低。也就是说，当应答器的负载电阻比较小时，品质因数值将降低，这将使谐振电路两端的电压下降。

上述分析说明，开关 S 接通或断开，会使应答器谐振电路两端的电压发生变化。为了恢复（解调）应答器发送的数据，上述变化应该输送到读写器。

当应答器谐振电路两端的电压发生变化时，由于线圈电感耦合，这种变化会传递给读写器，表现为读写器线圈两端电压的振幅发生变化，因此产生对读写器电压的调幅，如图 3.54 所示。

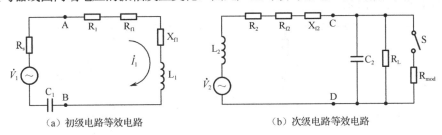

（a）初级电路等效电路　　　　　　　　（b）次级电路等效电路

图 3.54　初级和次级负载调制原理图

在次级电路等效电路中的端电压表达式如下：

$$\dot{V}_{CD} = \frac{\dot{V}_2}{1+[(R_2+R_{f2})+j\omega L_2]\left(j\omega C_2+\dfrac{1}{R_{Lm}}\right)} \tag{3.14}$$

2. 电阻负载调制数据信息传递的原理

电阻负载调制时的波形图如图 3.55 所示。

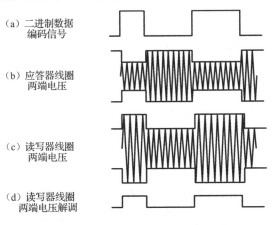

（a）二进制数据编码信号

（b）应答器线圈两端电压

（c）读写器线圈两端电压

（d）读写器线圈两端电压解调

图 3.55　电阻负载调制时的波形图

3.5.2.3　电容负载调制

在电容负载调制中，负载并联一个电容，取代了由二进制数据编码信号控制的负载调制电阻。

1. 电路原理

电容负载调制电路如图 3.56 所示。

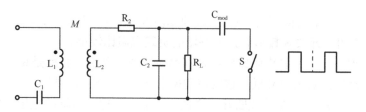

图 3.56 电容负载调制电路

电容负载调制是用附加的电容器 C_{mod} 代替调制电阻 R_{mod}。电容负载调制时初、次级电路的等效电路如图 3.57 所示。

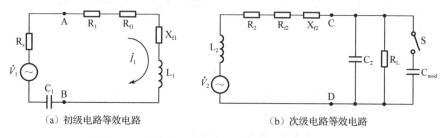

（a）初级电路等效电路　　　　　　　　　　　（b）次级电路等效电路

图 3.57 电容负载调制时初、次级电路的等效电路

2. 功率传输

电容负载等效电路如图 3.58 所示。

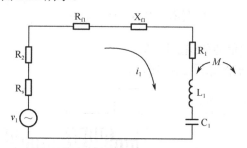

图 3.58 电容负载等效电路

从阻抗匹配的条件下负载可获得最大功率考虑，则应满足如下条件：

$$R_{f1} = \frac{(\omega M)^2}{R} = (R_2 + R_s) - R_1 \tag{3.15}$$

3. 电容负载调制的特性

（1）在电阻负载调制中，读写器和应答器在工作频率下都处于谐振状态。在电容负载调制中，由于接入了电容，因此导致应答器电路失谐；又由于读写器与应答器的耦合作用，因此导致读写器也失谐。

（2）开关 S 的通、断控制电容按数据流的时钟接通或断开，使应答器的谐振频率在两个频率之间转换。

（3）通过定性分析可以知道，电容的接入使应答器电感线圈上的电压下降。

（4）由于应答器电感线圈上的电压下降，使读写器电感线圈上的电压上升。

（5）电容负载调制的波形变化与电阻负载调制的波形变化相似，但此时读写器电感线圈上电压不仅发生振幅的变化，也发生相位的变化，相位变化应尽量减小。

3.6　延伸阅读

3.6.1　天线的发展史

最早的发射天线是 H.R.赫兹在 1887 年为了验证 J.C.麦克斯韦根据理论推导所做关于存在电磁波的预言而设计的。

它是两个长约为 30cm、位于一直线上的金属杆，其远离的两端分别与两个约 40cm 的正方形金属板相连接，靠近的两端分别连接两个金属球并接到一个感应线圈的两端，利用金属球之间的火花放电来产生振荡。当时，赫兹用的接收天线是单圈金属方形环状天线，根据方环端点之间空隙出现火花来指示收到了信号。

作为装置，无线天线是由俄国科学家波波夫发明的。

1888 年，29 岁的波波夫得知德国著名物理学家赫兹发现电磁波的消息后，这位曾经立志推广电灯的年轻科学家对朋友们说："我用毕生的精力去安装电灯，对于广阔的俄罗斯来说，只不过照亮了很小的一角。假如我能指挥电磁波，那就可以飞越整个世界！"

于是，他埋头研究，向新的目标发起了冲击。

1894 年，波波夫制成了一台无线电接收机。这台接收机的核心部分用的是改进了的金属屑检波器，波波夫采用电铃做终端显示，电铃的小锤可以把检波器里的金属屑震松。电铃用一个电磁继电器带动，当金属屑检波器检测到电磁波时，继电器接通电源，电铃就响起来。

有一次，波波夫在实验中发现，接收机检测电波的距离突然比往常增大了许多。

"这是怎么回事呢？"波波夫查来查去，一直找不出原因。

一天，波波夫无意之中发现一根导线搭在金属屑检波器上。他把导线拿开，电铃便不响了；他把实验距离缩小到原来那么近，电铃又响了起来。

波波夫喜出望外，连忙把导线接到金属屑检波器的一头，并把检波器的另一头接上导线。再次试验，结果表明使用天线后，信号传递距离剧增。

无线天线由此而问世。

G.马可尼是第一个采用大型天线实现远洋通信的。所用的发射天线由 30 根下垂铜线组成，顶部用水平横线连在一起，横线挂在两个支持塔上。这是人类真正付之实用的第一副天线。

自从这副天线产生以后，天线的发展大致分为以下四个历史时期。

1. 线天线时期

在无线电获得应用的最初时期，真空管振荡器尚未发明，人们认为波长越长，传播中衰减越小。因此，为了实现远距离通信，所利用的波长都在 1000m 以上。在这一波段中，显然水平天线是不合适的，因为大地中的镜像电流和天线电流方向相反，天线辐射很小。此外，它所产生的水平极化波沿地面传播时衰减很大。

因此，在这一时期应用的是各种不对称天线，如倒 L 形、T 形、伞形天线等。由于高度受到结构上的限制，这些天线的尺寸比波长小很多，因而属于电小天线的范畴。

后来，业余无线电爱好者发现短波能传播很远的距离，A.E.肯内利和 O.亥维赛发现了电离层的存在和它对短波的反射作用，从而开辟了短波波段和中波波段领域。这时，天线尺寸可以与波长相比拟，促进了天线的顺利发展。

这一时期除抗衰减的塔式广播天线外，还设计出各种水平天线和各种天线阵，采用的典型天线有偶极天线、环形天线、长导线天线、同相水平天线、八木天线、菱形天线和鱼骨形天线等。这些天线比初期的长波天线有较高的增益、较强的方向性和较宽的频带，后来一直得到使用并经过不断改进。在这一时期，天线的理论工作也得到了发展。

H.C.波克林顿在 1897 年建立了线天线的积分方程，证明了细线天线上的电流近似正弦分布。由于数学上的困难，他并未解出这一方程。

后来 E.海伦利用 δ 函数源来激励对称天线得到积分方程的解。同时，A.A.皮斯托尔哥尔斯提出了计算线天线阻抗的感应电动势法和二重性原理。

R.W.P.金继海伦之后又对线天线做了大量理论研究和计算工作。

将对称天线作为边值问题并用分离变量法来求解的有 S.A.谢昆穆诺夫、H.朱尔特、J.A.斯特拉顿和朱兰成等。

2．面天线时期

虽然早在 1888 年 H.R.赫兹就首先使用了抛物柱面天线，但由于没有相应的振荡源，一直到 20 世纪 30 年代才随着微波电子管的出现陆续研制出各种面天线。

这时已有类比于声学方法的喇叭天线、类比于光学方法的抛物反射面天线和透镜天线等。这些天线利用波的扩散、干涉、反射、折射和聚焦等原理获得窄波束和高增益。

第二次世界大战期间出现了雷达，大大促进了微波技术的发展。

为了迅速捕捉目标，研制出了波束扫描天线，利用金属波导和介质波导研制出波导缝隙天线和介质棒天线以及由它们组成的天线阵。

在面天线基本理论方面，建立了几何光学法、物理光学法和口径场法等理论。当时，由于战时的迫切需要，天线的理论还不够完善。天线的实验研究成了研制新型天线的重要手段，建立了测试条件和误差分析等概念，提出了现场测量和模型测量等方法。在面天线有较大发展的同时，线天线理论和技术也有所发展，如阵列天线的综合方法等。

3．从第二次世界大战结束到 20 世纪 50 年代末期

微波中继通信、对流层散射通信、射电天文和电视广播等工程技术的天线设备有了很大发展，建立了大型反射面天线。这时出现了分析天线公差的统计理论，发展了天线阵列的综合理论等。

1957 年，美国研制成第一部靶场精密跟踪雷达 AN/FPS-16，随后各种单脉冲天线相继出现，同时频率扫描天线也付诸应用。

在 50 年代，宽频带天线的研究有所突破，产生了非频变天线理论，出现了等角螺旋天线、对数周期天线等宽频带或超宽频带天线。

4．20 世纪 50 年代以后

人造地球卫星和洲际导弹研制成功对天线提出了一系列新的课题，要求天线有高增益、高分辨率、圆极化、宽频带、快速扫描和精确跟踪等性能。

从 20 世纪 60 年代到 70 年代初期，天线的发展空前迅速。一方面是大型地面站天线的修建和改进，包括卡塞格伦天线的出现、正副反射面的修正、波纹喇叭等高效率天线馈源和波束波导技术的应用等；另一方面，沉寂了将近 30 年的相控阵天线由于新型移相器和电子计算机的问世，以及多目标同时搜索与跟踪等要求的需要，而重新受到重视并获得了广泛应用和发展。

到 20 世纪 70 年代，无线电频道的拥挤和卫星通信的发展，反射面天线的频率复用、正

交极化等问题和多波束天线开始受到重视。无线电技术向波长越来越短的毫米波、亚毫米波以及光波方向发展，出现了介质波导、表面波和漏波天线等新型毫米波天线。

此外，在阵列天线方面，由线阵发展到圆阵，由平面阵发展到共形阵，信号处理天线、自适应天线、合成口径天线等技术也都进入了实用阶段。同时，由于电子对抗的需要，超低副瓣天线也有了很大的发展。

由于高速大容量电子计算机的研制成功，20 世纪 60 年代发展起来的矩量法和几何绕射理论在天线的理论计算和设计方面获得了应用。这两种方法解决了过去不能解决或难以解决的大量天线问题。随着电路技术向集成化方向发展，微带天线引起了广泛的关注，并在飞行器上获得了应用。同时，由于遥感技术和空间通信的需要，天线在有耗介质或等离子体中的辐射特性及瞬时特性等问题也开始受到人们的重视。

这一时期在天线结构和工艺上也取得了很大的进展，制成了直径为 100m、可全向转动的高精度保形射电望远镜天线，还研制成单元数接近 2 万的大型相控阵和高度超过 500m 的天线塔。

在天线测量技术方面，这一时期出现了微波暗室和近场测量技术、利用天体射电源测量天线的技术，并创立了用计算机控制的自动化测量系统等。这些技术的运用解决了大天线的测量问题，提高了天线测量的精度和速度。

3.6.2　最大的阵列天线——中国天眼

阵列天线是一类由不少于两个天线单元规则或随机排列，并通过适当激励获得预定辐射特性的天线。

就发射天线而言，简单的辐射源比如点源、对称振子源是常见的，阵列天线是将它们按照直线或者更复杂的形式，排成某种阵列样子，构成阵列形式的辐射源，并通过调整阵列天线馈电电流、间距、电长度等不同参数，来获取最好的辐射方向性。

目前，随着通信技术的迅速发展，以及对天线诸多研究方向的提出，都促使了新型天线的诞生，这其中就包括智能天线。智能天线技术利用各个用户间信号空间特征的差异，通过阵列天线技术在同一信道上接收和发射多个用户信号而不发生相互干扰，使无线电频谱的利用和信号的传输更为有效。

自适应阵列天线是智能天线的主要类型，可以实现全向天线，完成用户信号的接收和发送。自适应阵列天线采用数字信号处理技术识别用户信号到达方向，并在此方向形成天线主波束。自适应阵列天线是一个由阵列天线和实时自适应信号接收处理器所组成的一个闭环反馈控制系统，它用反馈控制方法自动调准阵列天线的方向图，使它在干扰方向形成零陷，将干扰信号抵消，而且可以使有用信号得到加强，从而达到抗干扰的目的。

500m 口径球面射电望远镜（Five-hundred-meter Aperture Spherical Radio Telescope，FAST）是世界上最大单口径射电望远镜，它借助天然圆形溶岩坑建造。FAST 的反射镜边框是 1500m 的环形钢梁，而钢索则依托钢梁，悬垂交错，呈现出球形网状结构。FAST 的反射面总面积约 25 万平方米，用于汇聚无线电波、供馈源接收机接收，如图 3.59 所示。

2016 年 7 月 3 日，位于中国贵州省内的 500m 口径球面射电望远镜（FAST），顺利安装最后一块反射面单元，标志着 FAST 主体工程完工，进入测试调试阶段。平塘举世瞩目的 500m 口径球面射电望远镜于 2016 年 9 月 25 日落成启用，平塘大射电景区（大射电观景台、平塘天文科学文化园）于 9 月 26 日起试运营。

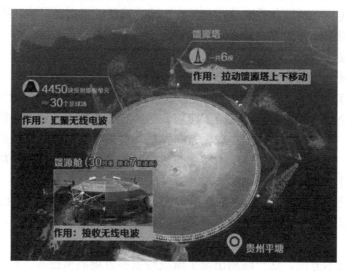

图 3.59　FAST 射电望远镜

具体技术指标如下：

（1）球反射面：半径为 300m，口径为 500m。

（2）有效照明口径：300m。

（3）焦比：0.467。

（4）天空覆盖：天顶角为 40°。

（5）工作频率：70MHz～3GHz。

（6）灵敏度（L 波段）：2000。

截至目前的科学发现：

2017 年 10 月 10 日，中科院国家天文台宣布，"中国天眼"发现 2 颗新脉冲星，距离地球分别约 4100 光年和 1.6 万光年。这是中国射电望远镜首次发现脉冲星。

2017 年 12 月，又新发现 3 颗脉冲星，这 3 颗脉冲星已分别得到认证。共已经发现 9 颗脉冲星。

截至 2018 年 9 月 12 日，500m 口径球面射电望远镜已发现 59 颗优质的脉冲星候选体，其中有 44 颗已被确认为新发现的脉冲星。

2019 年下半年完成验收并向全国天文学家开放使用，2020 年 1 月 11 日，FAST 通过国家验收正式开放运行。

第4章　RFID 与数据通信技术

【内容提要】

本章为 RFID 通信中的数据处理，内容包括：数据的编码与调制、传输过程中的差错控制、数据安全、接收端的数据校验、RFID 中的认证技术和防碰撞算法等。

在数据产生方面包括：编码机制和调制技术。

在数据校验方面包括：常用的数据检验方法以及数据检验技术在不同频段 RFID 中的应用。

在数据安全方面包括：密码学基本概念、密码体制、用于数据的加密和解密相关的主要算法、密钥的管理体制和 RFID 应用中数据安全技术。

在数据防碰撞方面包括：碰撞的定义、防碰撞的解决机制和常用算法。

【案例分析 4.1】　最古老的密码

密码学的历史大致可以追溯到两千年前，相传名将恺撒（古罗马共和国末期著名的统帅和政治家）为了防止敌方截获情报，用密码传送情报。恺撒的做法很简单，就是对二十几个罗马字母建立一张对应表，比如：

明码	密码
A	B
C	E
B	A
D	F
E	K
…	…
R	P
S	T
…	…

如果不知道密码本，即使截获一段信息也看不懂，比如收到的一个消息是 EBKTBP，那么在敌人看来是毫无意义的字，通过密码本破解出来就是 CAESAR 一词，即恺撒的名字。这种编码方法史称恺撒密码。

即使在今天，对规则稍做改变，便可以生成新的密文。当你发出信息时：Khoor, hyhub rqh！接收方一定会感到莫名其妙。此时你可以告知对方对应的规则：将每个字母的序号减去 3，其实对应的明文就是：Hello, every one！

这种做法的目的只有一个：保障数据在传输过程中的安全性，即保密性，而密码则是通信双方按约定的法则进行信息特殊变换的一种重要保密手段。

RFID 系统最终要完成的功能是对数据的获取。这种在系统内的数据交换有两个方面的内容：RFID 读写器向 RFID 应答器方向的数据传输和 RFID 应答器向 RFID 读写器方向的数据传输。

在发送端，首先要对数据进行处理，按照指定的标准完成数据的编码。在数据的传输过程中，需要保证数据的完整性和安全性。在数据的接收端，先需要对发送端的身份合法性进行认证，然后对数据进行校验并做出相应的处理。

RFID 系统的核心功能是实现读写器与应答器之间的信息传输。

以读写器向应答器的数据传输为例，被传输的信息先需要在读写器中进行信号编码、调制，然后经过传输介质（无线信道）并在应答器中进行解调和信号译码。

RFID 系统的基本通信模型如图 4.1 所示。

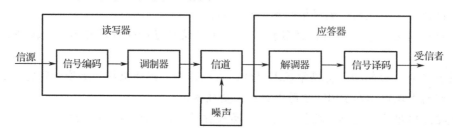

图 4.1　RFID 系统的基本通信模型

按读写器到应答器的数据传输方向，RFID 系统的通信模型主要由读写器（发送器）中的信号编码（信号处理）和调制器（载波电路）、传输介质（信道）以及应答器（接收器）中的解调器（载波电路）和信号译码（信号处理）组成。

4.1　信道和编码

数字通信系统是利用数字信号来传输信息的通信系统，如图 4.2 所示。

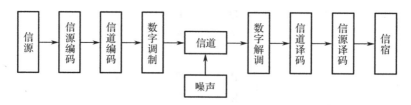

图 4.2　数字通信系统

各部分的功能如下：

（1）信源编码与信源译码的目的是提高信息传输的有效性以及完成模/数转换等。

（2）信道编码与信道译码的目的是增强信号的抗干扰能力，提高传输的可靠性。

（3）数字调制是改变载波的某些参数，使其按照将要传输信号的特点变化而变化的过程，通过将数字基带信号的频谱搬移到高频处，形成适合在信道中传输的带通信号。

（4）信道（Information Channels）是信号的传输介质，可分为有线信道和无线信道两类。有线信道包括明线、对称电缆、同轴电缆及光缆等。

无线信道有地波传播、短波电离层反射、超短波或微波视距中继、人造卫星中继以及各种散射信道等。

如果把信道的范围扩大，那么它还可以包括有关的变换装置，如发送设备、接收设备、馈线与天线、调制器、解调器等，称这种扩大的信道为广义信道，而称前者为狭义信道。

在 RFID 系统中，读写器和应答器之间的数据传输方式与基本的数字通信系统结构类似。读写器与应答器之间的数据传输是双向的。图 4.3 以读写器向应答器传输数据为例说明其通信过程。

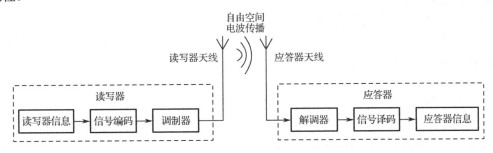

图 4.3　RFID 系统通信结构框图

读写器中信号经过信号编码、调制器及传输介质（无线信道）及应答器中的解调器和信号译码等处理。

4.1.1　编码与解码

信号编码的作用是对发送端要传输的信息进行编码，使传输信号与信道相匹配，防止信息受到干扰或发生碰撞。

根据编码目的不同，编码可分为信源编码和信道编码。

1. 信源编码与信源解码

信源编码是指将模拟信号转换成数字信号，或将数字信号编码成更适合传输的数字信号。因此信源编码是对信源输出的信号进行变换，信源解码是信源编码的逆过程。

在 RFID 系统中，当应答器是无源标签时，经常要求基带编码在每两个相邻数据位元间具有跳变的特点，相邻数据间的码跳变不仅可以在连续出现 0 时保证对应答器的能量供应，且便于应答器从接收码中提取时钟信息。

2. 信道编码与信道解码

信道编码是对信源编码器输出的信号进行再变换，目的是前向纠错，是为了区分通路、适应信道条件以及提高通信可靠性而进行的编码。

数字信号在信道传输时会受到噪声等因素影响引起差错，为了减少差错，发送端的信道编码器对信号码元按一定的规则加入保护成分（监督元），组成抗干扰编码。接收端的信道编码器按相应的逆规则进行解码，从而发现或纠正错误，提高传输可靠性。

在实际的 RFID 系统中，选择编码方法的考虑因素有很多，如无源标签需要在与读写器的通信过程中获得自身的能量供应；为了保证系统的正常工作，信道编码方式必须保证不中断读写器对应答器的能量供应。

4.1.2 调制与解调

调制器用于改变高频载波信号，使得载波信号的振幅、频率或相位与要发送的基带信号相关。解调器的作用是解调获取的信号，以重现基带信号。对信号调制的要求如下：

（1）工作频率越高带宽越大

要使信号能量能以电场和磁的形式向空中发射出去传向远方，需要较高的振荡频率才能使电场和磁场迅速变化。

（2）工作频率越高天线尺寸越小

只有当馈送到天线上的信号波长和天线的尺寸可以相比拟时，天线才能有效地辐射或接收电磁波。波长 λ 和频率 f 的关系为

$$\lambda = c/f \tag{4.1}$$

式中，$c = 3 \times 10^8 \text{m/s}$。

如果信号的频率太低，则无法产生迅速变化的电场和磁场，同时它们的波长又太大，如 20 000Hz 频率下波长仍有 15 000m，实际当中不可能架设这么长的天线。因此，要把信号传输出去，必须提高频率，缩短波长。

常用的一种方法是将信号"搭乘"在高频载波上，即高频调制，借助于高频电磁波将低频信号发射出去。

（3）信道复用

一般每个需要传输的信号占用的带宽都小于信道带宽，因此一个信道可由多个信号共享。但是未经调制的信号很多都处于同一频率范围内，接收端难以正确识别，一种解决方法是将多个基带信号分别搬到不同的载频处，从而实现在一个信道里同时传输许多信号，提高信道利用率。

4.1.3 数据编码

数据编码一般又称为基带数据编码。

常用的码型包括：单极性不归零码、单极性归零码、双极性不归零码、双极性归零码、差分码、数字双相码、CMI 码、密勒码、AMI 码、HDB3 码等，如图 4.4 所示。

1. 单极性不归零码

平常所说的单极性码就是指单极性不归零码，如图 4.4（a）所示，它用高电平代表二进制中的 1，用 0 电平代表二进制中的 0，在一个码元时隙内电平维持不变。

单极性码的优点：码型简单。

单极性码的缺点如下：

（1）由于有直流成分，因此不适用于有线信道。

（2）由于判决电平取接收到的高电平的一半，所以不容易稳定在最佳值。

（3）不能直接提取同步信号。

（4）传输时要求信道的一端接地。

2. 单极性归零码

单极性归零码如图 4.4（b）所示，代表二进制符号 1 的高电平在整个码元时隙持续一段时间后要回到 0 电平，如果高电平持续时间 τ 为码元时隙 T 的一半，则称为 50%占空比的单

极性码。

优点：单极性归零码中含有位同步信息，容易提取同步信息。

缺点：同单极性码。

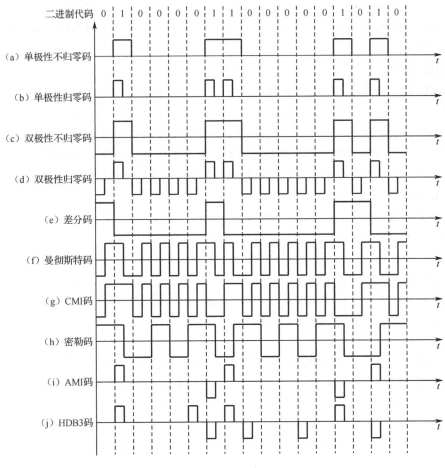

图 4.4　常用的码型图

3．双极性不归零码

双极性不归零码（双极性码）如图 4.4（c）所示，它用正电平代表二进制符号的 1，用负电平代表二进制符号的 0，在整个码元时隙内电平维持不变。

双极性不归零码的优点：

（1）当二进制符号中的 1 和 0 等概率出现时，序列中无直流分量。

（2）判决电平为 0，容易设置且稳定，抗噪声性能好。

（3）无接地问题。

双极性不归零码的缺点是序列中不含位同步信息。

4．双极性归零码

双极性归零码如图 4.4（d）所示，代表二进制符号 1 和 0 的正、负电平在整个码元时隙持续一段时间之后都要回到 0 电平，同单极性归零码一样，也可用占空比来表示。它的优缺点与双极性不归零码相同，但应用时只要在接收端加一级整流电路就可将序列变换为单极性归零码，相当于包含了位同步信息。

5. 差分码

在差分码中，二进制符号的 1 和 0 分别对应着相邻码元电平符号的"变"与"不变"，如图 4.4（e）所示。

差分码码型其高、低电平不再与二进制符号的 1、0 直接对应，所以即使当接收端收到的码元极性与发送端完全相反时也能正确判决，应用很广。在数字调制中被用来解决移相键控中 1、0 极性倒 π 问题。

6. 曼彻斯特码

曼彻斯特码又称分相码或数字双相码，如图 4.4（f）所示。它属于 1B2B 码，即在原二进制一个码元时隙内有两种电平，例如 1 码可以用"+－"脉冲表示，0 码用"－+"脉冲表示。

曼彻斯特的优点：在每个码元时隙的中心都有电平跳变，因而频谱中有定时分量，并且由于在一个码元时隙内的两种电平各占一半，所以不含直流成分。曼彻斯特码的缺点是传输速率增加了一倍，频带也展宽了一倍。曼彻斯特码主要用于局域网、以太网。

7. CMI 码

CMI 码是传号反转码（Coded Mark Inversion）的简称，也可归类于 1B2B 码。CMI 码将信息码流中的 1 码用交替出现的"+ +""－ －"表示，0 码一律用"－ +"脉冲表示，如图 4.4（g）所示。

CMI 码除具有与曼彻斯特码一样的优点外，还具有在线错误检测功能，如果传输正确，则接收码流中出现的最大脉冲宽度是一个半码元时隙。因此，CMI 码以其优良性能被原 CCITT 建议作为 PCM 四次群的接口码型，它还是光纤通信中常用的线路传输码型。

8. 密勒码

密勒（Miller）码也称延迟调制码。它的 1 码要求码元起点电平取其前面相邻码元的末相且在码元时隙的中点有极性跳变（由前面相邻码元的末相决定是选用"+－"脉冲还是"－+"脉冲）；对于单个 0 码，其电平与前面相邻码元的末相一致且在整个码元时隙中维持此电平不变；遇到连 0 情况，两个相邻的 0 码之间在边界处要有极性跳变，如图 4.4（h）所示。

密勒码也可以进行误码检测，因为在它的输出码流中最大脉冲宽度是两个码元时隙，最小宽度是一个码元时隙。

用曼彻斯特码再加一级触发电路就可得到密勒码，故密勒码是曼彻斯特码的差分形式，它能克服曼彻斯特码中存在的相位不确定问题，而频带宽度仅是曼彻斯特码的一半，常用于低速率的数传机中。

9. AMI 码

AMI 码是传号交替反转（Alternative Mark Inversion）码，编码时将原二进制信息码流中的 1 用交替出现的正、负电平（+B 码、－B 码）表示；0 用 0 电平表示，所以在 AMI 码的输出码流中总共有三种电平出现，并不代表三进制，所以它又可归类为伪三元码，如图 4.4（i）所示。

AMI 码的优点：功率谱中无直流分量，低频分量较小；解码容易；利用传号时是否符合极性交替原则，可以检测误码。

AMI 码的缺点：当信息流中出现长连 0 码时，AMI 码中无电平跳变，会丢失定时信息（通常 PCM 传输线中连 0 码不允许超过 15 个）。

10．HDB3 码

HDB3 码保持了 AMI 码的优点，同时增加了电平跳变，它的全称是三阶高密度双极性码，也是伪三元码，如图 4.4（j）所示。

如果原二进制信息码流中连 0 的数目小于 4，那么编制后的 HDB3 码与 AMI 码完全一样。当信息码流中连 0 数目等于或大于 4 时，则将每 4 个连 0 编成一个组，即取代节，编码规则如下：

（1）序列中的 1 码编为±B 码。

（2）0000 用 000V 取代，V 是破坏脉冲（它破坏 B 码之间±极性交替原则），V 码的极性应该与其前方最后一个 B 码的极性相同，而 V 码后面第一个出现的 B 码极性则与其相反。

（3）序列中各 V 码之间的±极性交替。

（4）两个 V 码之间 B 脉冲的个数如果为偶数，则需要将取代节 000V 改成 B′00V，B′与 B 码之间满足极性交替原则，即每个取代节中的 V 与 B′同极性。

HDB3 码较综合地满足了对传输码型的各项要求，所以被大量应用于复接设备中，在 ΔM、PCM 等终端机中也采用 HDB3 码型变换电路作接口码型。

4.1.4　信道编码技术

在读写器与应答器的无线通信中，最主要的干扰因素是信道噪声和多标签操作，这些干扰会导致传输的信号发生畸变，从而使传输出现错误。为了提高数字传输系统的可靠性，有必要采用差错控制编码，对可能或者已经出现的差错进行控制。采用恰当的信道编码，能显著提高数据传输的可靠性，从而使数据保持完整性。

差错控制编码的基本实现方法是在发送端将被传输的信息附上一些监督码元，这些多余的码元与信息码元之间以某种确定的规则相互关联（约束）。

接收端则按照既定规则校验信息码元与监督码元之间的关系，差错会导致信息码元与监督码元的关系受到破坏，因而接收端可以发现错误乃至纠正错误。

关于信息码元、监督码元等概念可以参考通信原理等书籍，这里不再赘述。

4.1.4.1　信道编码

由于通信存在干扰和衰减，在信号传输过程中将出现差错，故对数字信号必须采用纠错和检错技术，以增强数据在信道中传输时抵御各种干扰的能力，提高系统的可靠性。对信道中传送的数字信号进行的纠错和检错编码就是信道编码。

信道编码通过在传输数据中引入冗余来避免数字数据在传输过程中出现差错。用于检测差错的信道编码称为检错编码，既可检错又可纠错的信道编码称为纠错编码。

信道编码之所以能够检出和校正接收比特流中的差错，是因为加入一些冗余比特，把几个比特上携带的信息扩散到更多的比特上。为此付出的代价是必须传送比该信息所需的更多的比特数。信道编码的本质是增加通信的可靠性。但信道编码会使有用的信息数据传输减少，信道编码的过程是在源数据码流中插入一些码元，从而达到在接收端进行检错和纠错的目的，这就是常常说的开销。

【案例分析 4.2】 冗余的必要性

> 问题分析：要运送一批玻璃杯，保证在运输过程中玻璃杯完好无损。
>
> 解决方法：通常的做法是用一些泡沫或海绵等物将玻璃杯包装起来。
>
> 这种包装使玻璃杯所占的容积变大，原来一部车能装 5000 个玻璃杯，包装后就只能装
> 4000 个了。显然包装的代价使运送玻璃杯的有效个数减少了，但是提高了在运输过程中玻璃
> 杯的安全性，尽可能减小了破损的概率。

同样，在带宽固定的信道中，总的传送码率也是固定的，由于信道编码增加了数据量，其结果只能是以降低传送有用信息码率为代价了。有用比特数除以总比特数等于编码效率，不同的编码方式，其编码效率有所不同。

信道编码器把源信息变成编码序列，使其可用于信道传输，这就是它处理数字信源的方法。检错码和纠错码有三种基本类型：分组码、卷积码和 Turbo 码。

分组码和卷积码在工作机制和应用方面差异较大，它们之间的对比如表 4.1 所示。

表 4.1 分组码和卷积码的对比

类型	分 组 码	卷 积 码
应用	前向纠错（FEC）编码	适用于纠正随机错误
原理	在分组码中，校验位被加到信息位之后，以形成新的码字（或码组）。 在一个分组编码器中，k 个信息位被编为 n 个比特，而 $n-k$ 个校验位的作用就是检错和纠错	由连续输入的信息序列得到连续输出的已编码序列
表示	分组码以 (n, k) 表示，其编码速率定义为 $R_c=k/n$，这也是原始信息速率与信道信息速率的比值	卷积码是在信息序列通过有限状态移位寄存器的过程中产生的。移位寄存器包含 N 级（每级 k 比特），并对应基于生成多项式的 m 个线性代数方程。输入数据每次以 k 位移入移位寄存器，同时以 n 位数据作为已编码序列输出，编码速率为 $R_c=k/n$
举例	将 k 个信息比特编成 n 个比特的码字，共有 2^k 个码字。所有 2^k 个码字组成一个分组码	将 k 个信息比特编成 n 个比特，但是前后的 N 个字之间是相互关联的
特点	传输时前后码字之间毫无关系	在同样的复杂度下，卷积码可以比分组码获得更大的编码增益。 编码效率高，一定带宽内可传输的有效比特率增大，但纠错能力减弱
备注	不需要重复发送就可以检出并纠正有限个错误的编码	参数 N 称为约束长度，它指明了当前的输出数据与多少输入数据有关。N 决定了编码的复杂度和能力大小

而诞生于 1993 年的 Turbo 码，是单片 Turbo 码的编码/解码器，运行速率达 40Mbit/s。该芯片集成了一个 32×32 交织器，其性能和传统的 RS 外码和卷积内码的级联一样好，是一种先进的信道编码技术。由于不需要进行两次编码，所以其编码效率比传统的 RS+卷积码要好。

4.1.4.2 香农定理

在信号处理和信息理论的相关领域中，通过研究信号在经过一段距离后如何衰减以及一

个给定信号能加载多少数据后得到了一个著名的公式，叫作香农（Shannon）定理。它以比特每秒（bit/s）的形式给出一个链路速度的上限，表示为链路信噪比的一个函数，链路信噪比用分贝（dB）衡量，具体公式为

$$C=B\log_2(1+S/N) \tag{4.2}$$

式中，C 是信道支持的最大速度或者叫信道容量（bit/s）；B 是信道的带宽（Hz）；S 是平均信号功率（W）；N 是平均噪声功率（W）；S/N 为信噪比，通常用分贝（dB）表示，分贝数= $10\times\lg 10(S/N)$。

香农定理是所有通信制式最基本的原理，它描述了有限带宽、有随机热噪声信道的最大传输速率与信道带宽、信号噪声功率比之间的关系。香农定理可以解释现代各种无线制式由于带宽不同，所支持的单载波最大吞吐量的不同。

理解香农公式须注意以下几点：

（1）信道容量由带宽及信噪比决定，增大带宽、提高信噪比可以增大信道容量。

（2）在信道容量一定的情况下，提高信噪比可以降低带宽的需求，增加带宽可以降低信噪比的需求。

（3）香农公式给出了信道容量的极限，也就是说，实际无线制式中单信道容量不可能超过该极限，只能尽量接近该极限。在卷积码条件下，实际信道容量离香农极限还差 3dB；在 Turbo 码的条件下，接近了香农极限。

（4）LTE 中多天线技术没有突破香农公式，而是相当于多个单信道的组合。

香农定理可以变换一下形式，公式如下：

$$C/B= \log_2(1+S/N) \tag{4.3}$$

式中，C/B 是单位带宽的容量（业务速率），是频谱利用率的概念，也就是说香农定理给出了一定信噪比下频率利用率的极限。

【例题 4.1】 如何用香农定理来检测电话线的数据速率？

解：通常音频电话连接支持的频率范围为 300～3300Hz。

则 $B=$（3300-300）Hz=3000Hz。

而一般链路典型的信噪比是 30dB，即 $S/N=1000$，因此有 $C=3000\times\log_2(1+1000)$bit/s，近似等于 30kbit/s，是 28.8kbit/s 调制解调器的极限。

因此，如果电话网络的信噪比没有改善或不使用压缩方法，那么调制解调器将达不到更高的速率。

4.2 RFID 中的编码

RFID 系统通常使用下列编码方法中的一种：

（1）反向不归零码。

（2）曼彻斯特码。

（3）单极性归零码。

（4）差动双相（DBP）码。

（5）密勒码。

（6）差分码。

数字基带信号是用数字信息的电脉冲表示，通常把数字信息的电脉冲的表示形式称为码

型。适于在有线信道中传输的基带信号码型又称为线路传输码型。

数字基带信号波形，可以用不同形式的编码来表示二进制的 1 和 0。

RFID 中常用的基带数据编码波形如图 4.5 所示。

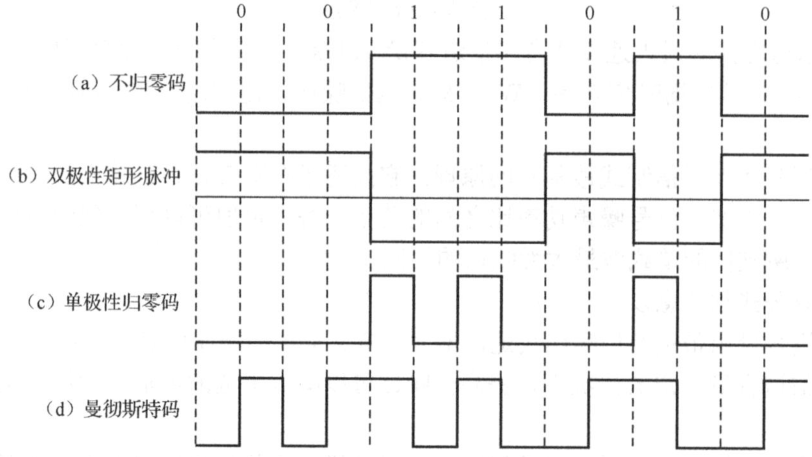

图 4.5 RFID 中常用的基带数据编码波形

4.2.1　曼彻斯特码

曼彻斯特（Manchester）码是信道编码常用的码型。曼彻斯特码（Manchester Encoding）也叫相位码（Phase Encode，简写 PE），是一种同步时钟编码技术，被物理层用来编码一个同步位流的时钟和数据。它在以太网介质系统中的应用属于数据通信中的两种位同步方法里的自同步法（另一种是外同步法），即接收方利用包含有同步信号的特殊编码从信号自身提取同步信号来锁定自己的时钟脉冲频率，达到同步目的。

曼彻斯特码常用于局域网传输。

在 RFID 的标准体系中，规定采用曼彻斯特码的情形如下：

（1）ISO/IEC18000-6 B 型协议中：读写器到标签之间采用曼彻斯特码。

（2）ISO/IEC18000-2 中：从标签到应答器采用曼彻斯特码。

（3）ISO14443 A 型协议中：应答器向读写器传递数据时采用曼彻斯特码。

4.2.1.1　曼彻斯特码的码制

曼彻斯特码将时钟和数据包含在数据流中，在传输代码信息的同时，也将时钟同步信号一起传输到对方，每位编码中有一跳变，不存在直流分量，因此具有自同步能力和良好的抗干扰性能。但每一个码元都被调成两个电平，所以数据传输速率只有调制速率的 1/2。

1. 编码规则

在曼彻斯特码中，每一位的中间有一跳变，位中间的跳变既作时钟信号，又作数据信号。从低到高跳变表示 0，从高到低跳变表示 1。

还有一种是差分曼彻斯特码，每位中间的跳变仅提供时钟定时，而用每位开始时有无跳变表示 0 或 1，有跳变为 0，无跳变为 1。

其中非常值得注意的是，在每一位的"中间"必有一跳变，根据此规则，可以得出曼彻斯特码波形图的画法。

曼彻斯特码的码型图如图 4.6 所示。

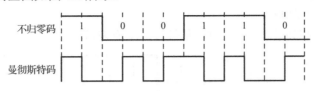

图 4.6 曼彻斯特码的码型图

例如：传输二进制信息 0，若将 0 看作一位，以 0 为中心，在两边用虚线界定这一位的范围，然后在这一位的中间画出一个电平由高到低的跳变。后面的每一位以此类推即可画出整个波形图。

2．表示约定

对于以上电平跳变观点存在歧义，关于曼彻斯特码电平跳变有两种定义：

（1）G. E. Thomas、Andrew S. Tanenbaum 于 1949 年提出，它规定 0 由低→高的电平跳变表示，1 由高→低的电平跳变表示。

（2）IEEE 802.4（令牌总线）和低速版的 IEEE 802.3（以太网）中规定，低→高的电平跳变表示 1，高→低的电平跳变表示 0。

因为有以上两种不同的表示方法，所以有些地方会出现歧异。

差分曼彻斯特码（Differential Manchester Encoding）克服了上述问题。曼彻斯特码和差分曼彻斯特码的码型图如图 4.7 所示。由图可见，差分曼彻斯特码是在比特间隙的开始时刻发生电平跃变的，代表比特 0。

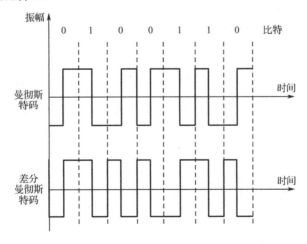

图 4.7 曼彻斯特码和差分曼彻斯特码的码型图

4.2.1.2 曼彻斯特码编码和译码

本节分析曼彻斯特码的特征，给出曼彻斯特码的编码电路与译码电路。

1．编码和编码电路

曼彻斯特码是一种用电平跳变来表示 1 或 0 的编码，其变化规则很简单，即每个码元均用两个不同相位的电平信号表示，也就是一个周期的方波，但 0 码和 1 码的相位正好相反。

曼彻斯特码的编码规则关系图如图 4.8 所示，其对应关系如下：

（1）0→01（相位为 0°）。

（2）1→10（相位为 180°）。

在图 4.8 中，从高到低跳变表示 1，从低到高跳变表示 0。

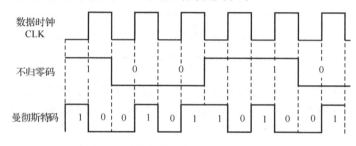

图 4.8　曼彻斯特码的编码规则关系图

虽然可以简单地采用不归零码与数据时钟异或的方法来获得曼彻斯特码，但是简单的异或方法会有缺陷，如图 4.9 所示，由于上升沿和下降沿的不理想，在输出中会产生尖峰脉冲 P，因此需要改进。

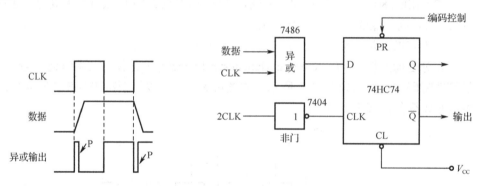

图 4.9　用不归零码与数据时钟异或的方法进行编码的缺陷　　　图 4.10　改进后的编码电路

改进后的编码电路如图 4.10 所示。该电路的特点是采用了一个 D 触发器，从而消除了尖峰脉冲的影响。由图可见，需要一个数据时钟的 2 倍频信号 2CLK。2CLK 可以从载波分频获得。

起始位为 1，数据为 00 的时序波形如图 4.11 所示（74HC74 $\overline{Q}$），D 触发器采用上升沿触发。由图可见，由于 2CLK 被反相，使其下降沿对 D 端采样，避开了可能会遇到的尖峰 P，所以消除了尖峰 P 的影响。

改进后的编码电路输出波形图如图 4.11 所示（74HC74Q、74HC74 $\overline{Q}$）。

2．曼彻斯特码的译码

曼彻斯特译码的功能：把接收到的曼彻斯特码译码还原为曼彻斯特码编码前的基带信号，曼彻斯特码与数据时钟异或便可恢复出不归零码数据信号。

曼彻斯特解码工作是读写器的任务，通常由读写器中的 MCU 完成解码工作。在此引入起始位、信息位流、结束位概念，各部分定义及要求如下：

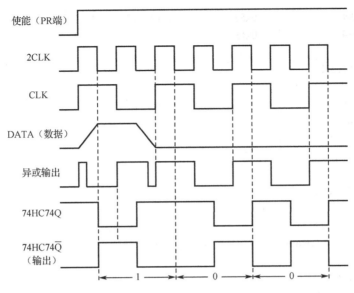

图 4.11　改进后的编码电路输出波形图

（1）起始位采用 1 码。

（2）结束位采用无跳变低电平。

（3）信息位流的 1 用不归零码的 10 表示。

（4）信息位流的 0 用不归零码的 01 表示。

为此设计了曼彻斯特编码表，如表 4.2 所示。

在解码时，MCU 可以采用 2 倍数据时钟频率对
输入数据的曼彻斯特码进行读入。

（1）判断起始位，其码序为 10。

（2）将读入的 10 和 01 组合，转换成不归零码的 1 和 0。

（3）若读到 00 组合，则表示收到了结束位。

表 4.2　曼彻斯特编码表

数 字 组 合	比 特 值
00	结束位
01	0
10	1
11	非法码

从编码表可以看出，11 组合是非法码，出现的原因可能是传输错误或产生了碰撞冲突，
因此曼彻斯特码可以用于碰撞冲突的检测，而不归零码不具有此特性。

4.2.1.3　基于 51 单片机的曼彻斯特码解码程序设计

多数 LF 频段读写器的工作模式为只读，因此在程序设计方面，核心为对曼彻斯特码解码、
对射频卡 ID 号的校验及 ID 号的解析。曼彻斯特码的通信为单总线方式，关于单总线的通信
接口、定义及校验见 5.4 节。

曼彻斯特码具有严格的时序和明显的"跳变"特征，因此在程序设计时，可以使用定时
器实现精准的定时，从而实现快速解码。代码示例 4.1 为参考的程序源代码。

本节中的程序源代码对应的 MCU 为 51 系列单片机，型号为 STC12C5052AD，晶振为
12MHz，射频接口的引脚定义为 P2.8。

【代码示例 4.1】　曼彻斯特码按位解码程序源代码

```
sbit    T  = P2^8;                        //射频卡信号输入
#define    L256              0x04         //延时常数（256μs）
#define    H256              0xff
```

```
#define      L384                0x83              //延时常数（384μs）
#define      H384                0xfe

uchar DECODE(void)
{
     TL0=L384;
     TH0=H384;
     TF0=0;
     if(T)
     {
          while(!TF0)
          {
               if(!T)
                    return 1;
          }
          TL0=L256;
          TH0=H256;
          TF0=0;
          while(!TF0)
          {
               if(!T)
                    return 2;
          }
          return 0;
     }
     while(!TF0)
     {
          if(T)
               return 1;
     }
     TL0=L256;
     TH0=H256;
     TF0=0;
     while(!TF0)
     {
          if(T)
               return 2;
     }
     return 0;
}
```

4.2.2 密勒码

密勒码也称延迟调制码，是一种变形双相码。

在半个比特周期内的任意边沿表示二进制 1，而经过下一个比特周期中不变的电平表示二进制 0。一连串的比特周期开始时产生电平交变，如图 4.12 所示。因此，对于接收器来说，位节拍也比较容易重建。

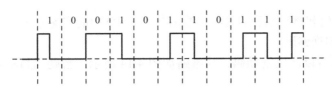

图 4.12 密勒码波形图

4.2.2.1 密勒码的编码规则

密勒码的编码规则如下：

（1）对原始符号 1。用码元起始不跃变、中间点出现跃变来表示，即用 10 或 01 表示。

（2）对原始符号 0，分成单个 0 还是连续 0，予以不同处理。

（3）对于单个 0，保持 0 前的电平不变，即在码元边界处电平不跃变，在码元中间点电平也不跃变，即用 00 或 11 表示；对于连续 0，则使连续两个 0 的边界处发生电平跃变。

密勒码电平跃变图如图 4.13 所示。

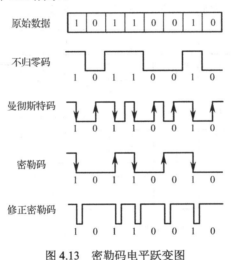

图 4.13 密勒码电平跃变图

表 4.3 密勒码编码规则

bit(i-1)	bit i	密勒码编码规则
×	1	bit i 的起始位置不变化，中间位置跳变
0	0	bit i 的起始位置跳变，中间位置不跳变
1	0	bit i 的起始位置不跳变，中间位置不跳变

从表 4.3 和图 4.13 中可知，密勒码的逻辑 0 电平和前位有关，而逻辑 1 电平虽然在位中间有跳变，但是上跳还是下跳取决于前位结束时的电平。因此，密勒码可由双相码的下降沿去触发双稳电路产生。密勒码最初用于气象卫星和磁记录，现在也用于低速基带数传机。

4.2.2.2 密勒码编码器的实现

在无源 RFID 中，为实现卡和读写器之间的数据交换，一般采用负载调制方式来完成。进行负载调制时，需要选用一种编码去调制。

因密勒码中带有时钟信息，且具有较好的抗干扰能力，因而是非接触存储卡中优先使用的码型。例如，EM Microelectronic-marin SA 的 RFID 产品 H4006 中就采用了密勒码技术。本节在介绍密勒码编码和解码原理的同时，给出其在 RFID 中的实现方法。

1．硬件电路实现编码

用曼彻斯特码可以产生密勒码，其电路如图 4.14 所示。密勒码与不归零码转换关系如表 4.4 所示。

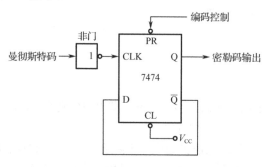

图 4.14　用曼彻斯特码产生密勒码的电路

表 4.4　密勒码与不归零码转换关系

密勒码	不归零码
10	1
01	1
00	0
11	0

密勒码波形及其与不归零码、曼彻斯特码波形的关系如图 4.15 所示。

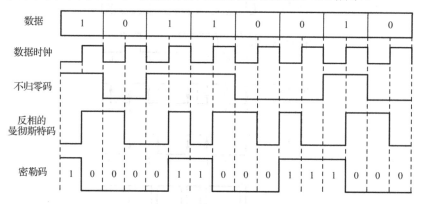

图 4.15　密勒码波形及其与不归零码、曼彻斯特码波形的关系

2．软件方法生成

从图 4.15 输出的密勒码波形可以看出，不归零码可以转换为用二位不归零码表示的密勒码值，其转换关系如表 4.4 所示。

若是采用 CPU 处理，则将不归零码数据变换后，以 2 倍时钟速率送出变换后的不归零码数据即可。例如，将不归零码数据 101100011010 转换为密勒码格式的数据后，数据串则变成 011110011100111001111000。

若为存储卡，也可将不归零码转换为用二位不归零码表示的密勒码，存放于存储器中，但存储器容量需增加一倍，数据时钟也需增加一倍，因此还是用硬件编码方法为宜。

3．密勒码解码方法

密勒码的解码方法：以 2 倍时钟频率读入位值后再判决解码。由于读写器中都有微控制器，因此采用软件解码方法最为方便，解码过程分为两个步骤：

（1）读出 0→1 的跳变后，表示获得了起始位。

（2）每两位进行一次转换：01 和 10 都译为 1，00 和 11 都译为 0。

在第二步中，要注意一点：

密勒码停止位的电位随前一位的不同而变化，即可能为 00，也可能为 11，因此为保证起始位的一致，停止位后必须规定位数的间歇。此外，在判别时若结束位为 00，后面再读入也为 00，则可判知前面一个 00 为停止位。但若停止位为 11，则再读入 4 位才为 0000，而实际上，停止位为 11，而不是第一个 00。

解决此问题的办法就是预知传输的位数或以字节为单位传输，这两种方法在 RFID 系统中均可实现。

4.2.2.3　修正密勒码

修正密勒码是 ISO/IEC 14443（A 型）规定使用的从读写器到应答器的数据传输编码。以 ISO/IEC 14443（A 型）为例，修正密勒码的编码规则为：

每位数据中间有窄脉冲表示 1，数据中间没有窄脉冲表示 0；当有连续的 0 时，从第二个 0 开始，在数据的起始部分增加一个窄脉冲。

该标准还规定起始位的开始处也有一个窄脉冲，而结束位用 0 表示。如果有两个连续的位开始和中间部分都没有窄脉冲，则表示无信息。

该规则描述为：A 型首先定义如下三种时序：

（1）时序 X：在 $64/f$ 处产生一个凹槽。

（2）时序 Y：在整个位期间（$128/f$）不发生调制。

（3）时序 Z：在位期间的开始处产生一个凹槽。

其中，f 为载波频率，即 13.56MHz，凹槽脉冲的时间长度为 0.5～3.0μs，用这三种时序对数据帧进行编码，即修正密勒码。

修正密勒码编码规则如下：

（1）逻辑 1 为时序 X。

（2）逻辑 0 为时序 Y。

有两种情况除外：若相邻有两个或者更多的 0，则从第二个 0 开始采用时序 Z；直接与起始位相连的所有 0，用时序 Z 表示。

（3）数据传输开始时用时序 Z 表示。

（4）数据传输结束时用逻辑 0 加时序 Y 表示。

（5）无信息传输时用至少两个时序 Y 表示。

假设输入数据为 011010，则如图 4.16 所示原理图中，修正密勒码的波形图如图 4.17 所示。

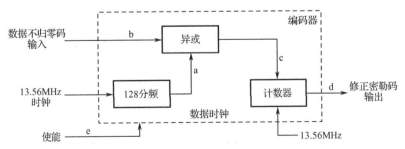

图 4.16　修正密勒码编码器原理图

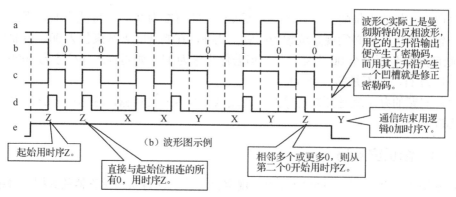

图 4.17　修正密勒码的波形图

4.2.3　RFID 中的其他编码

1. 脉冲位置编码（PPM）

在脉冲位置编码（Pulse Position Modulation，PPM）中，每个数据比特的宽度是一致的。PPM 编码波形如图 4.18 所示。

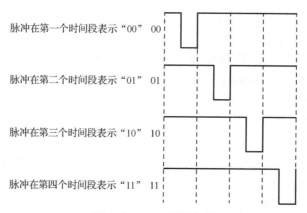

图 4.18　PPM 编码波形

在 ISO/IEC 15693 标准中，数据编码采用 PPM。

2. 双相间隔码编码（FM0）

FM0（即 Bi-Phase Space）的全称为双相间隔码编码，工作原理是在一个位窗内采用电平变化来表示逻辑。

FM0 属于差动双相编码，在半个比特周期中的任意的边沿表示二进制 0，而没有边沿就是二进制 1，如图 4.19 所示。此外。在每个比特周期开始时，电平都要反相。因此，对于接收器来说，位节拍比较容易重建。

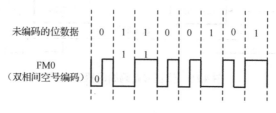

图 4.19　FM0 编码图

FM0 码定义与工作原理的描述是一致的：

如果电平从位窗的起始处翻转，则表示逻辑 1；如果电平除了在位窗的起始处翻转，还在位窗中间翻转，则表示逻辑 0。一个位窗的持续时间是 25μs。

根据 FM0 编码的规则可以发现，无论传送的数据是 0 还是 1，在位窗的起始处都需要发生跳变。ISO18000-6 A 型由标签向读写器的数据发送采用 FM0 编码。

3. 脉冲宽度编码（PIE）

PIE（Pulse Interval Encoding）的全称为脉冲宽度编码，原理是通过定义脉冲下降沿之间的不同时间宽度来表示数据。

在该标准的规定中，由读写器发往标签的数据帧由 SOF（Start Of Frame，帧开始信号）、EOF（End Of Frame，帧结束信号）、数据 0 和 1 组成。在标准中定义了一个名称为"Tari"的时间间隔，也称为基准时间间隔。该时间间隔为相邻两个脉冲下降沿的时间宽度，持续时间为 25μs。PIE 编码及时序图如图 4.20 所示。

符号	Tari 数
0	1
1	2
SOF	3
EOF	4

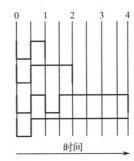

时间

图 4.20　PIE 编码及时序图

在 ISO/IEC 18000-6 A 型中，由读写器向标签的数据发送采用 PIE 编码。

4.3　RFID 中的数据校验

数据校验技术，通俗地说就是为保证数据的完整性，用一种指定的算法对原始数据计算出的一个校验值。接收方用同样的算法计算一次校验值，如果和随数据提供的校验值一样，则说明数据是完整的。

在 RFID 系统中，数据传输的完整性存在两个方面的问题：

（1）外界的各种干扰可能使数据传输产生错误。

（2）多个应答器同时占用信道使发送的数据产生碰撞。

运用数据检验（差错检测）和防碰撞算法可分别解决上述两个问题。

RFID 中的数据校验包括奇偶校验（Parity Check）和循环冗余校验（Cyclic Redundancy Check，CRC）。数据传输中常用 CRC，将带传输的数据按照指定的规则进行运算后，把计算结果放到待传输数据的最后面。平时用的最多的是 CRC8 和 CRC16，相应的校验结果分别为 8bit 和 16bit，也可以用字节来表示，即 1 字节或者 2 字节。

在程序设计中，关于 CRC 的计算步骤基本是相同的，但是计算过程与生成多项式有关，因为参与计算的"被除数"和初值决定 CRC 的生成多项式。

4.3.1 数据校验技术

对通信的可靠性检查就需要"校验",校验是从数据本身进行检查,它依靠某种数学上约定的形式进行检查。校验的结果是可靠或不可靠,如果可靠,就对数据进行处理;如果不可靠,就丢弃重发或者进行修复。

发送方发送的是 T(x),接收方接收到的是 R(x),若 T(x) 和 R(X) 相等,则传输过程中没有出现错误。

4.3.1.1 奇偶校验

奇偶校验码是一种通过增加冗余位使得码元中"1"的个数为奇数或偶数的编码方法,它是一种检错码;同时,奇偶校验码是一种最为简单的线性分组检错码。

实现方法:在数据存储和传输中,字节中额外增加一个比特位,用来检验错误。校验位可以通过数据位异或计算出来。

使用时,先将信源编码后的信息数据流分成等长码组,然后在每一信息码组之后加入 1 位监督码元作为奇偶校验位,使得码组总码长 n 内(n 等于信息码元数 k 加监督码元数 1,即 $n=k+1$)的码重为偶数(称为偶校验编码)或奇数(称为奇校验编码)。如果在传输过程中,一个码组内发生一位或奇数位误码,接收端译码出的码组便不符合奇偶校验规律,因此就可以发现存在误码。这种编码中由于最小码距 $d_0=2$,故仍无纠错能力。

对于水平奇偶校验码,如果在阵列的列方向上也附加上一个奇偶校验位,就构成了水平垂直奇偶校验码。

这样,在接收端不但可以检验任何一行或任何一列内的奇数个误码,而且具有一位误码的纠错能力。因为阵列中某个码元误码时,从其所在的行或列的奇偶校验中可以发现它,将行与列交叉点上的码元变成反码,该误码就被纠正了。

1. 垂直奇偶校验的特点

特点:垂直奇偶校验又称纵向奇偶校验,它能检测出奇数个位出错的情况,但不能检测出偶数个位出错的情况,因而对差错的漏检率接近 1/2,如表 4.5 所示。

表 4.5 垂直奇偶校验数据表

位/数字	0	1	2	3	4	5	6	7	8	9
C1	0	1	0	1	0	1	0	1	0	1
C2	0	0	1	1	0	0	1	1	0	0
C3	0	0	0	0	1	1	1	1	0	0
C4	0	0	0	0	0	0	0	0	1	1
C5	1	1	1	1	1	1	1	1	1	1
C6	1	1	1	1	1	1	1	1	1	1
C7	0	0	0	0	0	0	0	0	0	0
偶校验	0	1	1	0	1	0	1	0	1	0
奇校验	1	0	0	1	0	1	0	1	0	1

2. 水平奇偶校验的特点及编码规则

特点:水平奇偶校验又称横向奇偶校验,它不但能检测出各段同一位上的奇数个位的错误，而且还能检测出突发长度≤*p* 的所有突发的错误，如表 4.6 所示。

其漏检率要比垂直奇偶校验方法低，但实现水平奇偶校验时，一定要使用数据缓冲器。

表 4.6　水平奇偶校验数据表

位/数字	0	1	2	3	4	5	6	7	8	9	偶	奇
C1	0	1	0	1	0	1	0	1	0	1	1	0
C2	0	0	1	1	0	0	1	1	0	0	0	1
C3	0	0	0	0	1	1	1	1	0	0	0	1
C4	0	0	0	0	0	0	0	0	1	1	0	1
C5	1	1	1	1	1	1	1	1	0	1	0	1
C6	1	1	1	1	1	1	1	1	1	1	0	1
C7	0	0	0	0	0	0	0	0	0	0	0	1

3．水平垂直奇偶校验的特点及编码规则

特点：水平垂直奇偶校验又称纵横奇偶校验，它能检测出所有 3 位或 3 位以下的错误、奇数个位的错误、大部分偶数个位的错误以及突发长度≤*p*+1 的所有突发的错误。可使误码率降至原误码率的百分之一到万分之一，还可以用来纠正部分差错，有部分偶数个位的错误不能测出，适用于中、低速传输系统和反馈重传系统，如表 4.7 所示。

表 4.7　水平垂直奇偶校验数据表

位/数字	0	1	2	3	4	5	6	7	8	9	校验码字
C1	0	1	0	1	0	1	0	1	0	1	1
C2	0	0	1	1	0	0	1	1	0	0	0
C3	0	0	0	0	1	1	1	1	0	0	0
C4	0	0	0	0	0	0	0	0	1	1	0
C5	1	1	1	1	1	1	1	1	0	1	1
C6	1	1	1	1	1	1	1	1	1	1	1
C7	0	0	0	0	0	0	0	0	0	0	0
C8	0	1	1	0	1	0	0	1	0	1	1

4.3.1.2　累加和校验

累加和校验实现方式有很多种，最常用的一种是在一次通信数据包的最后加入一个字节的校验数据。这个字节内容为前面数据包中全部数据的忽略进位的字节累加和。

如需要传输的信息为 6、23、4，那么按照累加和计算，校验值=6+23+4=33。所以，加上校验和后的数据包为 6、23、4、33。这里的 33 为前三个字节的校验和。接收方收到全部数据后对前三个数据进行同样的累加计算，如果累加和与最后一个字节相同的话，就认为传输的数据没有错误。

4.3.1.3　异或校验法

很多基于串口的通信都用这种既简单又相当准确的方法。

异或校验法（Block Check Character，BCC）是把所有数据都和一个指定的初始值（通常是 0）异或一次，最后的结果就是校验值，通常把它附在通信数据的最后一起发送出去。接收方收到数据后自己也计算一次异或和校验值，如果和收到的校验值一致，就说明收到的数据是完整的。

校验值计算的代码参考代码示例 4.2。

【代码示例 4.2】 BCC 异或校验

```
unsigned uCRC=0; //校验初始值
for(int i=0; i<DataLenth; i++)
uCRC^=Data[i];
```

适用范围：适用于大多数要求不高的数据通信。

应用例子：IC 卡接口通信、很多单片机系统的串口通信都使用。

4.3.1.4 CRC

CRC 是利用除法及余数的原理进行错误检测的。将接收到的码组进行除法运算，如果除尽，则说明传输无误；如果未除尽，则表明传输出现差错。

发送方要传输的信息 M(x)包含在 T(x)里，M(x)是 T(x)的一部分，但不能说 M(x)就是 T(x)。实际应用中，G(x)的取值是有限制的，它受限于以下国际标准：

（1）CRC-CCITT=X16+X12+X5+1

（2）CRC16=X16+X15+X2+1

（3）CRC12=X12+X11+X3+X2+X+1

通常情况下，CRC12 码用来传送 6bit 字符，CRC16 及 CRC-CCITT 码则用来传送 8bit 字符。关于 G(x)的国际标准还有一些，可以查看相关的资料，这里不再赘述。

人工计算循环冗余校验码需要先弄清的知识：多项式除法、异或运算。

CRC 码由两部分组成，前一部分是信息码 M(x)，就是需要校验的信息，后一部分是校验码，如果 CRC 码长为 n bit，信息码 M(x)长为 k bit，就称为(n,k)码。

它的编码规则如下：

（1）移位：将原信息码（k bit）左移 r 位（$k+r=n$）。

（2）相除：运用一个生成多项式 G(x)（也可看成二进制数）用模 2 除上面的式子，得到的余数就是校验码。

过程非常简单，要说明的是：模 2 除就是在除的过程中用模 2 加，模 2 加实际上就是人们熟悉的异或运算，就是加法不考虑进位，公式是：0+0=1+1=0，1+0=0+1=1，即"异"则真，"非异"则假。

由此得到定理：a+b+b=a，也就是"模 2 减"和"模 2 加"真值表完全相同。

有了加减法就可以用来定义模 2 除法，于是就可以用生成多项式 G(x)生成 CRC 校验码。生成多项式应满足以下原则：

（1）生成多项式的最高位和最低位必须为 1。

（2）当被传送信息（CRC 码）任何一位发生错误时，被生成多项式做模 2 除后应该使余数不为 0。

（3）不同位发生错误时，应该使余数不同。

（4）对余数继续做模 2 除，应使余数循环。

【例题 4.2】 已知 G(x)=X4+X1+1，信息码 M(x)为 11110111，求产生的 CRC 码和传输码 T(x)。

解：步骤一：根据已知条件，写出除数 a。

对于 G(x)=X4+X1+1 的解释：（都是从右往左数）X4 就是第五位是 1，因为没有 X1，所以第 2 位就是 0，则 G(x)= 10011，即除数 a=10011。

步骤二：写出被除数。

按照规则，被除数 b 由两部分构成，前一部分为信息码 M(x)，后一部分为 G(x)位数−1 个 0，所以 b=11110111,0000。

步骤三：计算余数。

用 b 除以 a 做模 2 运算得到余数，即：10011 | 11110111,0000 = 1111

则余数是 1111，所以 CRC 校验码是 1111。

步骤四：写出传输码。

用 CRC 校验码，替换 b 中的补充数据，所以传输码 T(x)= 11110111,1111。

结合例题 4.2，CRC 的计算过程如图 4.21 所示。

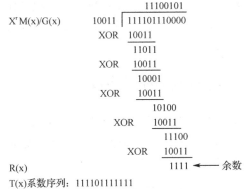

图 4.21 CRC 的计算过程

【例题 4.3】 已知：接收码字为 1100111001，多项式 T(x)=X9+X8+X5+X4+X3+1，生成码为 11001，生成多项式 G(x)=X4+X3+1(r=4)，求：码字的正确性。若正确，则指出冗余码和信息码。

解：（1）用码字除以生成码，如果余数为 0，则证明码字是正确的。

```
         100001
11001 │1100111001
       11001
          11001
          11001
             0 ← 余数
```

因为余数为 0，所以码字是正确的。

（2）因 r=4，所以冗余码为 1001，信息码为 110011。

在 RFID 标准 ISO/IEC14443 中，采用的是 CRC（CCITT）的生成多项式。但应注意的是，该标准中的 A 型采用 CRC-A，计算时循环移位寄存器的初始值为 6363H；B 型采用 CRC-B，循环移位寄存器的初始值为 FFFFH。

CRC 校验具还有自动纠错能力，CRC 检验主要有计算法和查表法两种。关于编程的方法，详见本章后续章节。

4.3.1.5　MD5 校验和数字签名

实现方法：主要有 MD5 校验和 DES 校验。

一个散列函数，比如 MD5，是一个将任意长度的数据字符串转化成短的固定长度的单向操作。任意两个字符串不应有相同的散列值（即有"很大可能"是不一样的，并且要人为地创造出来两个散列值相同的字符串应该是困难的）。

一个 MD5 校验和（Checksum）通过对接收的传输数据执行散列运算来检查数据的正确性。计算出的散列值拿来和随数据传输的散列值比较。如果两个值相同，则说明传输的数据完整无误、没有被篡改（前提是散列值没有被篡改），从而可以放心使用。

MD5 校验可以应用在多个领域，比如机密资料的检验、下载文件的检验、明文密码的加密等。

MD5 的典型应用是对一段 Message（字节串）产生 Fingerprint（指纹），以防止被"篡改"。例如：发送方将一段文字写在一个叫 readme.txt 文件中，并对该文件产生一个 MD5 的值并记录在案后，将这个文件发送给接收方；接收方如果修改了文件中的任何内容，那么作为发送方对这个文件重新计算 MD5 时就会发现前后两个 MD5 值是不相同的，因此可以断定文件本被篡改。如果再引入一个第三方的认证机构，那么用 MD5 还可以防止文件作者的"抵赖"，这就是所谓的数字签名。

4.3.2　基于单片机的奇偶校验的程序设计

LF 频段应答器的芯片主要有中国台湾 4001 卡和瑞士 H4001 卡、EM4100 卡。它们都采用 125kHz 的典型工作频率，有 64 位激光可编程 ROM，采用曼彻斯特码调制，每个 bit 的周期为 512μs。ID 的 64 位数据格式如表 4.8 所示。

表 4.8　ID 的 64 位数据格式

1	1	1	1	1	1	1	1	1	引导位，9 个 1
8 位版本号或厂商号				D00	D01	D02	D03	P0	共 10 位，2 位行校验
				D10	D11	D12	D13	P1	
共 40 位（32 位数据位有效数据，8 位行校验）				D20	D21	D22	D23	P2	每 4 位一组，每组后跟随一位行校验
				D30	D31	D32	D33	P3	
				D40	D41	D42	D43	P4	
				D50	D51	D52	D53	P5	
				D60	D61	D62	D63	P6	
				D70	D71	D72	D73	P7	
				D80	D81	D82	D83	P8	
				D90	D91	D92	D93	P9	
4 位列校验+1 位停止位				PC0	PC1	PC2	PC3	S0	

卡片的 ID 数据由 5 个区组成：9 个引导位、10 个行偶校验位 "P0～P9"、4 个列偶校验

位"PC0～PC3"、40 个数据位"D00～D93"和 1 个停止位 S0。

9 个引导位是出厂时就已掩模在芯片内的，其值为"111111111"，当它输出数据时，首先输出 9 个引导位，然后是 10 组由 4 个数据位和 1 个行偶校验位组成的数据串，其次是 4 个列偶校验位，最后是停止位 0。

"D00～D13"是一个 8 位的晶体版本号或 ID 卡识别码。

"D20～D93"是 8 组 32 位的芯片信息，即卡号。

每当 EM4100 将 64 个信息位传输完毕后，只要 ID 卡仍处于读写器的工作区域内，它将再次按顺序发送 64 位信息，如此重复，直至 ID 卡退出读写器的有效工作区域。

因此，在 LF 频段只读型读写器中，MCU 接收的数据位为 64 位，对射频卡 ID 号的校验及 ID 号的解析，参考代码示例 4.3。

【代码示例 4.3】：读取卡号程序源代码

```
uchar idata g_bpBuffer[18];            //接收缓冲区
uchar code Ycode[]={ 0x00,0x03,0x05,0x06,0x09,0x0a,0x0c,0x0f,
                0x11,0x12,0x14,0x17,0x18,0x1b,0x1d,0x1e };// 译码表
void Read_ID(void)
{
    uchar k,bM,i,j;

    while(1)
    {
        if(T)
        {
            if(DECODE()!=2)
                continue;
            for(i=16;i;i--)
            {
                if(DECODE()!=1)
                    break; // 检测起始位
            }
            if(i)
                continue;
            k=bM=0;
            j=55;
            while(j) // 接收数据
            {
                if((i=DECODE())==0)
                    break;
                if(i==1)
                {
                    if(DECODE()!=1)
                        break;
                }
                k=(k<<1)|(~T); // 记录 1 位
                if(--j%5)
                    continue;
```

```
                            g_bpBuffer[bM++]=k;
                            k=0; // 存入 5 位
                        }
                    if(j==0) // 译码
                        {
                            k=g_bpBuffer[10]>>1; // 取校验值
                            for(i=0;i<10;i++)// 译码并校验
                            {
                                for(j=0;j<16;j++)
                                {
                                    if(g_bpBuffer[i]==Ycode[j])
                                    {
                                        g_bpBuffer[i]=j;
                                        k^=j;
                                        break;
                                    }
                                }
                                if(j==16)
                                {
                                    k=1;
                                    break;
                                }
                            }
                            if(k==0)
                            {
                                for(i=0;i<10;i++)
                                {
                                    if(g_bpBuffer[i]!=0)
                                        break;
                                }
                                if(i<10)
                                break;
                            }
                        }
                }
            }
        }
    }
```

4.3.3　基于单片机的 8 位 CRC 的程序设计

8 位的 CRC 生成多项式有 3 个，如表 4.9 所示。

表 4.9　CRC8 标准生成多项式

生成多项式	值（顺序）
X8+X5+X4+1	0x31（0x131）
X8+X2+X1+1	0x07（0x107）
X8+X6+X4+X3+X2+X1	0x5E（0x15E）

由于多项式的最高位都为 1，并且在代码的 CRC8 计算中，最高位也是不使用的，所以在多项式记录时都去掉了最高位。

4.3.3.1 8 位 CRC 的计算步骤

简单说，CRC 校验算法就是把需要校验的数据与多项式进行循环异或（XOR），但进行 XOR 的方式与实际中数据传输时是高位先传还是低位先传有关。

（1）顺序异或：对于数据高位先传的方式，XOR 从数据的高位（MSB）开始。

（2）反序异或：对于数据低位先传的方式，XOR 从数据的低位（LSB）开始。

两种不同的异或方式，即使对应相同的多项式，计算出来的结果也是不一样的。下面以顺序异或的例子说明一些计算的过程：

使用多项式：X8+X5+X4+1（二进制为 100110001）

计算一个字节：0x11（二进制为 00010001）

计算步骤：

（1）因为采用顺序异或，所以需要计算的数据左移 8 位，移位后数据为 0001 0001 0000 000。

（2）先进行高 9bit 异或（多项式为 9bit），0001 0001 0000 0000，因为高 9bit 的最高 bit 为 0，不需要进行异或，同理，接下来的两 bit 也是 0，也不需要进行异或。

这样处理后数据为 1 0001 0000 0000。

（3）接下来最高位为 1，需要进行异或操作了，如图 4.22 所示。

```
        1 0001 0000 0000
     ^  1 0011 0001
     ─────────────────────
        0 0010 0001 0000   （异或后结果，高位为0，不进行异或，遇到1进行异或）
     ^       10 0110 001
     ─────────────────────
        00 0111 0010   （bit7以前的位为0了，异或结束，所以结果为0x72）
```

图 4.22 CRC8 的计算过程

从上面的计算过程可以看到，多项式最高位为 1，遇到需要异或数据最高位为 1 时，才进行异或计算，异或后，最高位就为 0 了，最高位为 0 时，下次就不需要异或了，可以采用代码计算的方式把最高位去掉，最后结果也是一样的。

示例代码 4.4 为单字节的 CRC 计算过程的程序。

【代码示例 4.4】：顺序异或计算单字节 CRC8 计算程序源代码

```
#define    CRC8_POLY    0x31//多项式的值=X8+X5+X4+1(BIN：100110001)，最高位不需要异或，直
接去掉

unsigned char Cal_CRC8_MSB(unsigned char    value)
{
    unsigned char i, crc;

    crc = value;

    for (i=8; i>0; --i) // 数据往左移了 8 位，需要计算 8 次
    {
```

```
            if (crc & 0x80)  // 判断最高位是否为1
            {
                crc = (crc << 1) ^ CRC8_POLY; // 最高位为1，不需要异或，往左移1位，然后与多项式异或
            }
            else
            {
                crc = (crc << 1); // 最高位为0时，不需要异或，数据往左移1位
            }
        }
        return crc;
}
```

4.3.3.2 典型 CRC8 的程序设计

代码 3.4 是计算一个字节数据的 CRC 结果，如果计算多个字节的 CRC 结果，那么可以按照下面的流程实现：

（1）计算第一个字节的 CRC 结果。

（2）然后把第一个字节的 CRC 结果与第二个字节进行异或。

（3）异或后的值再进行一次 CRC 计算，直到计算完毕所有的字节。

代码示例 4.5 为多个字节的 CRC 代码。

【代码示例 4.5】：多字节的 CRC8 计算程序源代码

```
#define      CRC8_POLY      0x31//多项式=X8+X5+X4+1
unsigned char CRC8_MSB(unsigned char *ptr, unsigned char len)
{
    unsigned char i;
    unsigned char crc=0x00;   // 计算的初始 CRC 值

    while(len--)
    {
        crc ^= *ptr++;   // 每次先与需要计算的数据异或,计算完指向下一数据
        for (i=8; i>0; --i)   //下面这段计算过程与计算一个字节 CRC 一样
        {
            if (crc & 0x80)
                crc = (crc << 1) ^ CRC8_POLY;
            else
                crc = (crc << 1);
        }
    }
    return (crc);
}
```

4.3.3.3 查表法计算 CRC8

代码示例 4.4 和 4.5 中的 CRC 计算，均采用逻辑运算的方式，用少量的程序代码，便可以实现逐个字节的 CRC 运算。但是由于每一个字节都需要进行 8 次判断、移位、异或操作，从计算过程看，当计算的数据量较大时，该程序的运行量会出现剧增，此时可以采用查表法。

查表法的好处是可大大减少计算量，过程如下：

（1）计算出 0x00～0xFF 每一个字节的 CRC 结果。

（2）通过表来查出每个字节的 CRC 结果。

（3）完成每个字节的计算。

以多项式 X8+X5+X4+1 为例，可以用代码示例 4.6 计算生成 CRC8 查询表。

【代码示例 4.6】：生成 CRC8 查询表的程序源代码

```
void    create_crc_table(void)
{
    unsigned short i;
        unsigned char j;

        for (i=0; i<=0xFF; i++)//查表的值共 256 个
        {
            if (0 == (i%16))
                printf("\n");
            j = i&0xFF;
            printf("0x%.2x, ", CRC8_Table_MSB (j));    //依次计算每个字节的 CRC 校验值
        }
}
```

将得到的表整理后定义为变量 CRC8_table，变量及程序见代码示例 4.7。

【代码示例 4.7】：查表法的 CRC8 程序源代码

```
static const unsigned char CRC8_Table_MSB[] =
{
    0x00,0x31,0x62,0x53,0xc4,0xf5,0xa6,0x97,0xb9,0x88,0xdb,0xea,0x7d,0x4c,0x1f,0x2e,
    0x43,0x72,0x21,0x10,0x87,0xb6,0xe5,0xd4,0xfa,0xcb,0x98,0xa9,0x3e,0x0f,0x5c,0x6d,
    0x86,0xb7,0xe4,0xd5,0x42,0x73,0x20,0x11,0x3f,0x0e,0x5d,0x6c,0xfb,0xca,0x99,0xa8,
    0xc5,0xf4,0xa7,0x96,0x01,0x30,0x63,0x52,0x7c,0x4d,0x1e,0x2f,0xb8,0x89,0xda,0xeb,
    0x3d,0x0c,0x5f,0x6e,0xf9,0xc8,0x9b,0xaa,0x84,0xb5,0xe6,0xd7,0x40,0x71,0x22,0x13,
    0x7e,0x4f,0x1c,0x2d,0xba,0x8b,0xd8,0xe9,0xc7,0xf6,0xa5,0x94,0x03,0x32,0x61,0x50,
    0xbb,0x8a,0xd9,0xe8,0x7f,0x4e,0x1d,0x2c,0x02,0x33,0x60,0x51,0xc6,0xf7,0xa4,0x95,
    0xf8,0xc9,0x9a,0xab,0x3c,0x0d,0x5e,0x6f,0x41,0x70,0x23,0x12,0x85,0xb4,0xe7,0xd6,
    0x7a,0x4b,0x18,0x29,0xbe,0x8f,0xdc,0xed,0xc3,0xf2,0xa1,0x90,0x07,0x36,0x65,0x54,
    0x39,0x08,0x5b,0x6a,0xfd,0xcc,0x9f,0xae,0x80,0xb1,0xe2,0xd3,0x44,0x75,0x26,0x17,
    0xfc,0xcd,0x9e,0xaf,0x38,0x09,0x5a,0x6b,0x45,0x74,0x27,0x16,0x81,0xb0,0xe3,0xd2,
    0xbf,0x8e,0xdd,0xec,0x7b,0x4a,0x19,0x28,0x06,0x37,0x64,0x55,0xc2,0xf3,0xa0,0x91,
    0x47,0x76,0x25,0x14,0x83,0xb2,0xe1,0xd0,0xfe,0xcf,0x9c,0xad,0x3a,0x0b,0x58,0x69,
    0x04,0x35,0x66,0x57,0xc0,0xf1,0xa2,0x93,0xbd,0x8c,0xdf,0xee,0x79,0x48,0x1b,0x2a,
    0xc1,0xf0,0xa3,0x92,0x05,0x34,0x67,0x56,0x78,0x49,0x1a,0x2b,0xbc,0x8d,0xde,0xef,
    0x82,0xb3,0xe0,0xd1,0x46,0x77,0x24,0x15,0x3b,0x0a,0x59,0x68,0xff,0xce,0x9d,0xac
};

unsigned char Cal_CRC8_table(unsigned char *ptr, unsigned char len)
{
    unsigned char    crc = 0x00;
```

```
    while (len--)
    {
        crc = CRC8_Table_MSB [crc ^ *ptr++];
    }
    return (crc);
}
```

与逻辑运算法比较，查表法需要定义或者生成 CRC 查询表，因此代码量加大，但是运算速度将大大提升，适合数据量大、计算速度低的场合。

4.3.3.4 反序异或计算 CRC

反序异或与顺序异或的差异在于数据先判断最低位，并且数据是向右移的，多项式数据位需要高低位反转一下。

以多项式 X8+X5+X4+1 为例，反序异或计算一个字节的 CRC 见代码示例 4.8。

【代码示例 4.8】：反序异或计算 CRC8 的程序源代码

```
#define     CRC8_POLY     0x8C// 0x31（0011 0001）反序变为 0x8C (1000 1100)
unsigned char CRC8_LSB(unsigned char value)
{
    unsigned char i, crc;

    crc = value;

    for (i=8; i>0; --i) //计算 8 次
    {
        if (crc & 0x01)    // 反序异或，判断最低位是否为 1
            crc = (crc >> 1) ^ CRC8_LSB; // 数据往右移位
        else
            crc = (crc >> 1);
    }
    return crc;
}
```

同理，多个字节的反序 CRC 校验及 CRC 数据表的生成，只要把单个字节的计算方式替换一下顺序即可。

4.3.4 基于单片机的 16 位 CRC 的程序设计

CRC16 标准生成多项式如表 4.10 所示。

表 4.10   CRC16 标准生成多项式

定　义	生成多项式	值
CRC-CCITT	X16+X12+X5+X0	0x1021
CRC16	X16+X15+X2+X0	0x8005

16 位 CRC 的程序设计有两种，分别是计算法和查表法。

4.3.4.1 计算法

代码示例 4.9 为计算法的源代码，计算法的流程如下：

（1）预置 1 个 16 位的寄存器为十六进制 FFFF（即全为 1），称此寄存器为 CRC 寄存器。

（2）把第一个 8 位二进制数据（通信信息帧的第一个字节）与 16 位的 CRC 寄存器的低 8 位相异或，将结果放于 CRC 寄存器，高八位数据不变。

（3）把 CRC 寄存器的内容右移一位（朝低位）并用 0 填补最高位，检查右移后的移出位。

（4）如果移出位为 0，则重复第 3 步（再次右移一位）；如果移出位为 1，则 CRC 寄存器与多项式进行异或。

（5）重复步骤 3 和 4，直到右移 8 次，这样整个 8 位数据全部进行了处理。

（6）重复步骤 2 到步骤 5，进行通信信息帧下一个字节的处理。

（7）该通信信息帧所有字节按上述步骤计算完成后，将得到的 16 位 CRC 寄存器的高、低字节进行交换。

（8）最后得到的 CRC 寄存器内容即为 CRC 代码。

【代码示例 4.9】：CRC16 的程序源代码

```
//CRC16 多项式为 X16+X15+X2+X0，值为 0x8005，逆序的值为 0xA001
u16 CrcCal(u8 *data,u8 num)//八位数组，个数
{
    u8 i,j,con1,con2;
    u16 CrcR=0xffff, con3=0x00;

    for(i=0;i<num;i++)
    {
        //把第一个 8 位二进制数据（通信信息帧的第一个字节）与 16 位的 CRC 寄存器的低
        8 位相异或，把结果放于 CRC 寄存器，高八位数据不变
        con1=CrcR&0xff;
        con3=CrcR&0xff00;
        CrcR=con3+data[i]^con1;
        //把 CRC 寄存器的内容右移一位（朝低位）并用 0 填补最高位，检查右移后的移出位
        for(j=0;j<8;j++)
        {
            con2=CrcR&0x0001;
            CrcR=CrcR>>1;
            if(con2==1)
                CrcR=CrcR^0xA001;
        }
    }
    con1=CrcR>>8;//高字节
    con2=CrcR&0xff;//低字节
    CrcR=con2;
    CrcR=(CrcR<<8)+con1;
    return CrcR;
}
```

4.3.4.2 查表法

与 8 位的 CRC 类似，查表法需要将移位异或的计算结果做成了一个表，就是将 0～256 放入一个长度为 16 位的寄存器中的低八位，高八位填充 0，然后将该寄存器与多项式，例如（1010 0000 0000 0001），按照上述步骤 3、4，直到八位全部移出，最后寄存器中的值就是表格中的数据，高八位、低八位各自做成一个表。

CRC16 查表法程序源代码详见代码示例 4.10。

【代码示例 4.10】：CRC16 查表法程序源代码

```
uchar auchCRCHi[]=
{
0x00, 0xC1, 0x81, 0x40, 0x01, 0xC0, 0x80, 0x41, 0x01, 0xC0, 0x80, 0x41, 0x00, 0xC1, 0x81,
0x40, 0x01, 0xC0, 0x80, 0x41, 0x00, 0xC1, 0x81, 0x40, 0x00, 0xC1, 0x81, 0x40, 0x01, 0xC0,
0x80, 0x41, 0x01, 0xC0, 0x80, 0x41, 0x00, 0xC1, 0x81, 0x40, 0x00, 0xC1, 0x81, 0x40, 0x01,
0xC0, 0x80, 0x41, 0x00, 0xC1, 0x81, 0x40, 0x01, 0xC0, 0x80, 0x41, 0x01, 0xC0, 0x80, 0x41,
0x00, 0xC1, 0x81, 0x40, 0x01, 0xC0, 0x80, 0x41, 0x00, 0xC1, 0x81, 0x40, 0x00, 0xC1, 0x81,
0x40, 0x01, 0xC0, 0x80, 0x41, 0x00, 0xC1, 0x81, 0x40, 0x01, 0xC0, 0x80, 0x41, 0x01, 0xC0,
0x80, 0x41, 0x00, 0xC1, 0x81, 0x40, 0x00, 0xC1, 0x81, 0x40, 0x01, 0xC0, 0x80, 0x41, 0x01,
0xC0, 0x80, 0x41, 0x00, 0xC1, 0x81, 0x40, 0x01, 0xC0, 0x80, 0x41, 0x00, 0xC1, 0x81, 0x40,
0x00, 0xC1, 0x81, 0x40, 0x01, 0xC0, 0x80, 0x41, 0x01, 0xC0, 0x80, 0x41, 0x00, 0xC1, 0x81,
0x40, 0x00, 0xC1, 0x81, 0x40, 0x01, 0xC0, 0x80, 0x41, 0x00, 0xC1, 0x81, 0x40, 0x01, 0xC0,
0x80, 0x41, 0x01, 0xC0, 0x80, 0x41, 0x00, 0xC1, 0x81, 0x40, 0x00, 0xC1, 0x81, 0x40, 0x01,
0xC0, 0x80, 0x41, 0x01, 0xC0, 0x80, 0x41, 0x00, 0xC1, 0x81, 0x40, 0x01, 0xC0, 0x80, 0x41,
0x00, 0xC1, 0x81, 0x40, 0x00, 0xC1, 0x81, 0x40, 0x01, 0xC0, 0x80, 0x41, 0x00, 0xC1, 0x81,
0x40, 0x01, 0xC0, 0x80, 0x41, 0x01, 0xC0, 0x80, 0x41, 0x00, 0xC1, 0x81, 0x40, 0x01, 0xC0,
0x80, 0x41, 0x00, 0xC1, 0x81, 0x40, 0x00, 0xC1, 0x81, 0x40, 0x01, 0xC0, 0x80, 0x41, 0x01,
0xC0, 0x80, 0x41, 0x00, 0xC1, 0x81, 0x40, 0x00, 0xC1, 0x81, 0x40, 0x01, 0xC0, 0x80, 0x41,
0x00, 0xC1, 0x81, 0x40, 0x01, 0xC0, 0x80, 0x41, 0x01, 0xC0, 0x80, 0x41, 0x00, 0xC1, 0x81,
};

uchar auchCRCLo[] =
{
0x00, 0xC0, 0xC1, 0x01, 0xC3, 0x03, 0x02, 0xC2, 0xC6, 0x06, 0x07, 0xC7, 0x05, 0xC5, 0xC4,
0x04, 0xCC, 0x0C, 0x0D, 0xCD, 0x0F, 0xCF, 0xCE, 0x0E, 0x0A, 0xCA, 0xCB, 0x0B, 0xC9, 0x09,
0x08, 0xC8, 0xD8, 0x18, 0x19, 0xD9, 0x1B, 0xDB, 0xDA, 0x1A, 0x1E, 0xDE, 0xDF, 0x1F, 0xDD,
0x1D, 0x1C, 0xDC, 0x14, 0xD4, 0xD5, 0x15, 0xD7, 0x17, 0x16, 0xD6, 0xD2, 0x12, 0x13, 0xD3,
0x11, 0xD1, 0xD0, 0x10, 0xF0, 0x30, 0x31, 0xF1, 0x33, 0xF3, 0xF2, 0x32, 0x36, 0xF6, 0xF7,
0x37, 0xF5, 0x35, 0x34, 0xF4, 0x3C, 0xFC, 0xFD, 0x3D, 0xFF, 0x3F, 0x3E, 0xFE, 0xFA, 0x3A,
0x3B, 0xFB, 0x39, 0xF9, 0xF8, 0x38, 0x28, 0xE8, 0xE9, 0x29, 0xEB, 0x2B, 0x2A, 0xEA, 0xEE,
0x2E, 0x2F, 0xEF, 0x2D, 0xED, 0xEC, 0x2C, 0xE4, 0x24, 0x25, 0xE5, 0x27, 0xE7, 0xE6, 0x26,
0x22, 0xE2, 0xE3, 0x23, 0xE1, 0x21, 0x20, 0xE0, 0xA0, 0x60, 0x61, 0xA1, 0x63, 0xA3, 0xA2,
0x62, 0x66, 0xA6, 0xA7, 0x67, 0xA5, 0x65, 0x64, 0xA4, 0x6C, 0xAC, 0xAD, 0x6D, 0xAF, 0x6F,
0x6E, 0xAE, 0xAA, 0x6A, 0x6B, 0xAB, 0x69, 0xA9, 0xA8, 0x68, 0x78, 0xB8, 0xB9, 0x79, 0xBB,
0x7B, 0x7A, 0xBA, 0xBE, 0x7E, 0x7F, 0xBF, 0x7D, 0xBD, 0xBC, 0x7C, 0xB4, 0x74, 0x75, 0xB5,
0x77, 0xB7, 0xB6, 0x76, 0x72, 0xB2, 0xB3, 0x73, 0xB1, 0x71, 0x70, 0xB0, 0x50, 0x90, 0x91,
0x51, 0x93, 0x53, 0x52, 0x92, 0x96, 0x56, 0x57, 0x97, 0x55, 0x95, 0x94, 0x54, 0x9C, 0x5C,
0x5D, 0x9D, 0x5F, 0x9F, 0x9E, 0x5E, 0x5A, 0x9A, 0x9B, 0x5B, 0x99, 0x59, 0x58, 0x98, 0x88,
```

```
0x48, 0x49, 0x89, 0x4B, 0x8B, 0x8A, 0x4A, 0x4E, 0x8E, 0x8F, 0x4F, 0x8D, 0x4D, 0x4C, 0x8C,
0x44, 0x84, 0x85, 0x45, 0x87, 0x47, 0x46, 0x86, 0x82, 0x42, 0x43, 0x83, 0x41, 0x81, 0x80, 0x40
};

uint    N_CRC16(uchar *updata,uint len)
{
  uchar uchCRCHi=0xff;
  uchar uchCRCLo=0xff;
  uint   uindex;

  while(len--)
  {
    uindex=uchCRCHi^*updata++;
    uchCRCHi=uchCRCLo^auchCRCHi[uindex];
    uchCRCLo=auchCRCLo[uindex];
  }
  return (uchCRCHi<<8|uchCRCLo);
}
```

在代码示例 4.10 中，数据表也可按照 16 位存储，如代码示例 4.11 所示。

【代码示例 4.11】：16 位的数据表 CRC16 查表法程序源代码

```
/**********************定义 code 区中的 crc 对应表***************/
const uint16 crc_code[]=
{
 0x0000, 0x1021, 0x2042, 0x3063, 0x4084, 0x50A5, 0x60C6, 0x70E7,
 0x8108, 0x9129, 0xA14A, 0xB16B, 0xC18C, 0xD1AD, 0xE1CE, 0xF1EF,
 0x1231, 0x0210, 0x3273, 0x2252, 0x52B5, 0x4294, 0x72F7, 0x62D6,
 0x9339, 0x8318, 0xB37B, 0xA35A, 0xD3BD, 0xC39C, 0xF3FF, 0xE3DE,
 0x2462, 0x3443, 0x0420, 0x1401, 0x64E6, 0x74C7, 0x44A4, 0x5485,
 0xA56A, 0xB54B, 0x8528, 0x9509, 0xE5EE, 0xF5CF, 0xC5AC, 0xD58D,
 0x3653, 0x2672, 0x1611, 0x0630, 0x76D7, 0x66F6, 0x5695, 0x46B4,
 0xB75B, 0xA77A, 0x9719, 0x8738, 0xF7DF, 0xE7FE, 0xD79D, 0xC7BC,
 0x48C4, 0x58E5, 0x6886, 0x78A7, 0x0840, 0x1861, 0x2802, 0x3823,
 0xC9CC, 0xD9ED, 0xE98E, 0xF9AF, 0x8948, 0x9969, 0xA90A, 0xB92B,
 0x5AF5, 0x4AD4, 0x7AB7, 0x6A96, 0x1A71, 0x0A50, 0x3A33, 0x2A12,
 0xDBFD, 0xCBDC, 0xFBBF, 0xEB9E, 0x9B79, 0x8B58, 0xBB3B, 0xAB1A,
 0x6CA6, 0x7C87, 0x4CE4, 0x5CC5, 0x2C22, 0x3C03, 0x0C60, 0x1C41,
 0xEDAE, 0xFD8F, 0xCDEC, 0xDDCD, 0xAD2A, 0xBD0B, 0x8D68, 0x9D49,
 0x7E97, 0x6EB6, 0x5ED5, 0x4EF4, 0x3E13, 0x2E32, 0x1E51, 0x0E70,
 0xFF9F, 0xEFBE, 0xDFDD, 0xCFFC, 0xBF1B, 0xAF3A, 0x9F59, 0x8F78,
 0x9188, 0x81A9, 0xB1CA, 0xA1EB, 0xD10C, 0xC12D, 0xF14E, 0xE16F,
 0x1080, 0x00A1, 0x30C2, 0x20E3, 0x5004, 0x4025, 0x7046, 0x6067,
 0x83B9, 0x9398, 0xA3FB, 0xB3DA, 0xC33D, 0xD31C, 0xE37F, 0xF35E,
 0x02B1, 0x1290, 0x22F3, 0x32D2, 0x4235, 0x5214, 0x6277, 0x7256,
 0xB5EA, 0xA5CB, 0x95A8, 0x8589, 0xF56E, 0xE54F, 0xD52C, 0xC50D,
 0x34E2, 0x24C3, 0x14A0, 0x0481, 0x7466, 0x6447, 0x5424, 0x4405,
 0xA7DB, 0xB7FA, 0x8799, 0x97B8, 0xE75F, 0xF77E, 0xC71D, 0xD73C,
```

```
        0x26D3, 0x36F2, 0x0691, 0x16B0, 0x6657, 0x7676, 0x4615, 0x5634,
        0xD94C, 0xC96D, 0xF90E, 0xE92F, 0x99C8, 0x89E9, 0xB98A, 0xA9AB,
        0x5844, 0x4865, 0x7806, 0x6827, 0x18C0, 0x08E1, 0x3882, 0x28A3,
        0xCB7D, 0xDB5C, 0xEB3F, 0xFB1E, 0x8BF9, 0x9BD8, 0xABBB, 0xBB9A,
        0x4A75, 0x5A54, 0x6A37, 0x7A16, 0x0AF1, 0x1AD0, 0x2AB3, 0x3A92,
        0xFD2E, 0xED0F, 0xDD6C, 0xCD4D, 0xBDAA, 0xAD8B, 0x9DE8, 0x8DC9,
        0x7C26, 0x6C07, 0x5C64, 0x4C45, 0x3CA2, 0x2C83, 0x1CE0, 0x0CC1,
        0xEF1F, 0xFF3E, 0xCF5D, 0xDF7C, 0xAF9B, 0xBFBA, 0x8FD9, 0x9FF8,
        0x6E17, 0x7E36, 0x4E55, 0x5E74, 0x2E93, 0x3EB2, 0x0ED1, 0x1EF0
};
/***********************************************
功能描述：CRC16 校验
参数：
        校验长度
        校验首地址指针
返回值：校验值
***********************************************/
uint16 CRC_Test(uint16 longs,uint8 *crc_data)
{
        uint16 crc;
        uint8 da;

        crc=0;
        while(longs--!=0)
        {
                da=(uint8) (crc/256); // 以 8 位二进制数的形式暂存 CRC 的高 8 位
                crc<<=8;              // 左移 8 位，相当于 CRC 的低 8 位乘以 256
                crc^=crc_code[da^*crc_data]; // 高 8 位和当前字节相加后再查表求 CRC,然后再加上以前的 CRC
                crc_data++;
        }
        return(crc);
}
```

4.4　RFID 中的数据安全技术

　　建立信息安全体系的目的就是要保证存储在计算机及网络系统中的数据只能够被有权操作的人访问，所有未被授权的人无法访问到这些数据。这里说的是对"人"的权限的控制，即对操作者物理身份的权限控制。

4.4.1　密码学基础

　　密码学是信息安全等相关议题，如认证、访问控制的核心。密码学的首要目的是隐藏信息的含义，并不是隐藏信息的存在。

　　密码是通信双方按约定的法则进行信息特殊变换的一种重要保密手段。依照这些法则，变明文为密文，称为加密变换；变密文为明文，称为脱密变换。密码在早期仅对文字或数码进行加、脱密变换，随着通信技术的发展，对语音、图像、数据等都可实施加、脱密变换。

本节简单介绍密码编码学领域的一些基本原理、基本算法、基本理念以及 RFID 相关技术。加密和解密是信息安全领域的基本技术。常规加密的简化模型如图 4.23 所示。

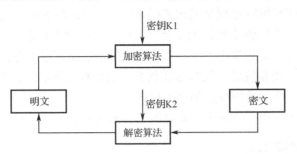

图 4.23 常规加密的简化模型

从图中可以看出，明文输入在密钥 K1 的作用之下，先通过加密算法（如 DES）转换成密文，然后发送给通信的接收方，接收方则可以通过解密算法以及密钥 K2 将密文恢复成明文。

通信内容经加密后，可采用公共通道传输。在加、解密系统中，密钥起着关键作用。密钥本身不能直接通过公共通道来传输，需要通信双方事先约定，通过其他安全通道或安全机制来传送。

围绕着 K1 和 K2，加、解密算法可分为两大类：对称加密和非对称加密。

（1）对称加密："对称"指的是加密过程和解密过程所用的密钥是相同的，或者可以很容易地相互推导出来。

（2）非对称加密：加密和解密的密钥是不同的，且从某个密钥推导出另一个密钥被认为十分困难。

4.4.2 数据加密

数据加密的基本思想是通过变换信息的表示形式来伪装需要保护的敏感信息，使非授权者不能了解被保护信息的内容。网络安全使用密码学来辅助完成在传递敏感信息时的相关问题，主要包括：

（1）机密性（Confidentiality）：仅有发送方和指定的接收方能够理解传输的报文内容。窃听者可以截取加密的报文，但不能还原出原来的信息，即不能得到报文内容。

（2）认证（Authentication）：发送方和接收方都应该能证实通信过程所涉及的另一方，通信的另一方确实具有他们所声称的身份。即第三者不能冒充跟你通信的对方，能对对方的身份进行鉴别。

（3）数据完整性（Data Intergrity）：即使发送方和接收方可以互相鉴别对方，但他们还需要确保其通信的内容在传输过程中未被改变。

（4）不可抵赖性（Non-Repudiation）：人们在收到对方的报文后，还可以证实报文确实来自所宣称的发送方，发送方不能在发送报文以后否认自己发送过该报文。

4.4.3 密码体制

密码体制（Cipher System）也叫密码系统，是指能完整地解决信息安全中的机密性、数据完整性、认证、身份识别、可控性及不可抵赖性等问题中的一个或几个的一个系统。对一个密码体制的正确描述，需要用数学方法清楚地描述其中的各种对象、参数、解决问题所使用的算法等。

通常，数据的加密和解密过程是通过密码体制（Cipher System）+密钥（Keyword）来控制的。密码体制的安全性依赖于密钥的安全性。现代密码学不追求加密算法的保密性，而是追求加密算法的完备性，即让攻击者在不知道密钥的情况下，没有办法从算法找到突破口。

通常的密码体制采用移位法、代替法和代数方法进行加密和解密的变换，可以采用一种或几种方法结合的方式作为数据变换的基本模式。

密码体制分为私用密钥加密技术（对称加密）和公开密钥加密技术（非对称加密）。

4.4.3.1 对称密码体制

对称密码体制是一种传统密码体制，也称为私钥密码体制。在对称加密系统中，加密和解密采用相同的密钥。

对称密码分为两类：分组密码（Block Ciphers）和流密码（Stream Ciphers）。

对称密码体制对照表如表 4.11 所示。

表 4.11　对称密码体制对照表

	分 组 密 码	流 密 码
定义	分组密码是以一定大小作为每次处理的基本单元，而流密码则是以一个元素（一个字母或一个比特）作为基本的处理单元	流密码也称为序列密码，它是对称密码算法的一种。 流密码具有实现简单、便于硬件实施、加密和解密处理速度快、没有或只有有限的错误传播等特点
应用	通用的文本加密、数据报文和数字签名等	在专用或机密机构中保持着优势，典型的应用领域包括无线通信、外交通信等
优点	不随时间变化的固定变换，具有扩散性好、插入敏感等优点	硬件实现电路更简单，随时间变化的加密变换，具有转换速度快、低错误传播等优点
缺点	加密和解密处理速度慢、存在错误传播	低扩散（意味着混乱不够）、插入及修改的不敏感性

1. 对称密码系统的构成

一个对称密码系统由五部分组成，用数学符号描述为 $S=\{M, C, K, E, D\}$，如图 4.24 所示。

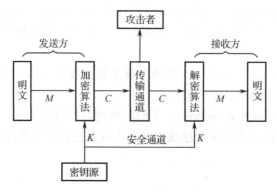

图 4.24　对称密码系统模型

（1）明文 *M*，表示全体明文的集合。

（2）密文 *C*，表示全体密文的集合。

（3）密钥 *K*，表示全体密钥的集合，包括加密密钥和解密密钥。

（4）加密算法 *E*，表示由明文到密文的变换。

（5）解密算法 *D*，表示由密文到文明的变换。

用密钥 *K* 使用加密算法 *E* 对明文 *M* 进行加密，常表示为 $EK(M)$；同样，用密钥 *K* 使用解密算法 *D* 对密文 *C* 进行解密，常表示为 $DK(C)$。

在对称加密体制中，加密和解密密钥相同，有：

$$C=EK(M) \tag{4.4}$$

$$M=DK(C)=DK(EK(M)) \tag{4.5}$$

密码体制至少满足如下条件：

（1）已知明文 *M* 和加密密钥 *K* 时，计算 $C=EK(M)$ 容易。

（2）加密算法必须足够强大，使破译者不能仅根据密文破译消息，即在不知道解密密钥 *K* 时，由密文 *C* 计算出明文 *M* 是不可行的。

（3）由于对称密码系统双方使用相同的密钥，因此还必须保证能够安全地产生密钥，并且能够以安全的形式将密钥分发给双方。

（4）对称密码系统的安全只依赖于密钥的保密，不依赖于加密和解密算法的保密。

因为加密和解密密钥相同，需要通信的双方必须选择和保存他们共同的密钥，各方必须信任对方不会将密钥泄露出去，这样就可以实现数据的机密性和完整性。对于具有 *n* 个用户的网络，需要 $n(n-1)/2$ 个密钥。在用户群不是很大的情况下，对称加密系统是有效的。但是对于大型网络，当用户群很大，分布很广时，密钥的分配和保存就成了问题。对机密信息进行加密和验证可通过随报文一起发送报文摘要（或散列值）来实现。

2. 典型算法

比较典型的算法有 DES 及其变形 Triple DES(三重 DES，简称 3DES)、GDES(广义 DES)，欧洲的 IDEA，日本的 FEAL N、RC5 等。DES 由美国国家标准局提出，主要应用于银行业的电子资金转账（EFT）领域。

4.4.3.2　非对称密码体制

非对称密码体制（Asymmetric Cryptosystem）也称公钥密码体制（Public-Key Cryptosystem）或者双钥密码体制（Two-Key Cryptosystem），该技术就是针对私钥密码体制的缺陷被提出来的。

公钥密码体制的算法中最著名的代表是 RSA 系统，此外还有背包密码、McEliece 密码、Diffe_Hellman、Rabin、零知识证明、椭圆曲线、EIGamal 算法等。

公钥密钥的密钥管理比较简单，并且可以方便地实现数字签名和验证，但其算法复杂，加密数据的速率较低。公钥加密系统不存在对称加密系统中密钥的分配和保存问题，对于具有 *n* 个用户的网络，仅需要 $2n$ 个密钥。公钥加密系统除了用于数据加密，还可用于数字签名。

公钥加密系统可提供以下功能：

（1）机密性：保证非授权人员不能非法获取信息，通过数据加密来实现。

（2）认证：保证对方属于所声称的实体，通过数字签名来实现。

（3）数据完整性：保证信息内容不被篡改，入侵者不可能用假消息代替合法消息，通过数字签名来实现。

（4）不可抵赖性：发送者不可能事后否认他发送过消息，消息的接收者可以向中立的第三方证实所指的发送者确实发出了消息，通过数字签名来实现。

由此可见，公钥加密系统满足信息安全的所有主要目标。

一个公钥密码体制由 6 部分构成：明文、加密算法、公钥、私钥、密文、解密算法，可以构成两种基本的模型：加密模型和认证模型。

在加密模型中，发送方用接收方的公钥作为加密密钥，用接收方私钥作解密密钥，由于该私钥只有接收方拥有，因此只有接收方才能解密密文得到明文。

在认证模型中，发送方用自己的私钥对消息进行变换，产生签名。接收方用发送者的公钥对签名进行验证以确定签名是否有效。只有拥有私钥的发送方才能对消息产生有效的签名，任何人均可以用签名人的公钥来检验该签名的有效性。

4.4.3.3　常用的数据加密算法

数据加密技术是最基本的安全技术，被誉为信息安全的核心，最初主要用于保证数据在存储和传输过程中的保密性。它通过变换和置换等各种方法将被保护信息置换成密文后，再进行信息的存储或传输。即使加密信息在存储或者传输过程为非授权人员所获得，也可以保证这些信息不为其认知，从而达到保护信息的目的。该方法的保密性直接取决于所采用的密码算法和密钥长度。

根据密钥类型不同，可以将现代密码技术分为两类：对称加密算法（私钥密码体制）和非对称加密算法（公钥密码体制）。

在对称加密算法中，数据加密和解密采用的都是同一个密钥，因而其安全性依赖于所持有密钥的安全性。对称加密算法的主要优点是加密和解密速度快，加密强度高，且算法公开，但其最大的缺点是实现密钥的秘密分发困难，在大量用户的情况下密钥管理复杂，而且无法完成身份认证等功能，不便于应用在网络开放的环境中。目前，最著名的对称加密算法有数据加密标准 DES 和欧洲数据加密标准 IDEA 等，加密强度最高的对称加密算法是高级加密标准 AES。

对称加密算法、非对称加密算法和不可逆加密算法可以分别应用于数据加密、身份认证和数据安全传输。

1．对称加密算法

对称加密算法是应用较早的加密算法，技术成熟。

在对称加密算法中，数据发送方将明文（原始数据）和加密密钥一起经过特殊加密算法处理后，使其变成复杂的加密密文发送出去。接收方收到密文后，若想解读原文，则需要使用加密用过的密钥及相同算法的逆算法对密文进行解密，才能使其恢复成可读明文。

在对称加密算法中，使用的密钥只有一个，发、收信双方都使用这个密钥对数据进行加密和解密，这就要求解密方事先必须知道加密密钥。

对称加密算法的特点是算法公开、计算量小、加密速度快、加密效率高。不足之处是交易双方都使用同样钥匙，安全性得不到保证。此外，每对用户每次使用对称加密算法时，都需要使用其他人不知道的唯一钥匙，这会使得发、收信双方所拥有的钥匙数量成几何级数增长，密钥管理成为用户的负担。对称加密算法在分布式网络系统上使用较为困难，主要是因为密钥管理困难，使用成本较高。

在计算机专网系统中广泛使用的对称加密算法有 DES、IDEA 和 AES。

2．非对称加密算法

非对称加密算法使用两把完全不同但又是完全匹配的一对钥匙——公钥和私钥。

在使用不对称加密算法加密文件时，只有使用匹配的一对公钥和私钥，才能完成对明文的加密和解密过程。加密明文时采用公钥加密，解密密文时使用私钥才能完成，而且发送方（加密者）知道接收方的公钥，只有接收方（解密者）才是唯一知道自己私钥的人。

非对称加密算法的基本原理是，如果发送方想发送只有接收方才能解读的加密信息，则首先必须知道接收方的公钥，然后利用接收方的公钥来加密原文；接收方收到加密密文后，使用自己的私钥才能解密密文。

显然，采用非对称加密算法，收发信双方在通信之前，接收方必须将自己早已随机生成的公钥发送给发送方，而自己保留私钥。由于非对称算法拥有两个密钥，因而特别适用于分布式系统中的数据加密。

广泛应用的非对称加密算法有 RSA 算法和美国国家标准局提出的 DSA。以非对称加密算法为基础的加密技术应用非常广泛。

在上述的加密算法中，只有 3DES 被应用到 RFID 中，因此关于该算法的运算法则以及加密和解密的实现等，可以参考延伸阅读及相关参考书籍，这里不再赘述。

4.4.3.4 密钥管理及分类

密钥即密匙，一般泛指生产、生活所应用到的各种加密技术，能够对个人资料、企业机密进行有效的监管；密钥管理就是指对密钥进行管理的行为，如加密、解密、破解等。密钥也是一种参数，它是在明文转换为密文或将密文转换为明文的算法中输入的数据。

对于普通的对称密码学，加密运算与解密运算使用同样的密钥。通常，使用的加密算法比较简便高效，密钥简短，破译极其困难。由于系统的保密性主要取决于密钥的安全性，所以在公开的计算机网络上安全地传送和保管密钥是一个严峻的问题。正是由于对称密码学中双方都使用相同的密钥，因此无法实现数据签名和不可否认性等功能，此即对称密钥体制，又称通用密钥体制。

20 世纪 70 年代以来，一些学者提出了公开密钥体制，即运用单向函数的数学原理，以实现加、解密钥的分离。加密密钥是公开的，解密密钥是保密的。这种新的密码体制，引起了密码学界的广泛注意和探讨，不像普通的对称密码学中采用相同的密钥加密、解密数据，此即非对称密钥体制，又称公用密钥体制。

密钥分为两种：对称密钥与非对称密钥；相应的，密钥密码体制也分为两种：通用密钥密码体制和公用密钥密码体制。

1．对称密钥加密

对称密钥加密又称私钥加密，即信息的发送方和接收方用一个密钥去加密和解密数据。它的最大优势是加密和解密速度快，适合于对大数据量进行加密，但密钥管理困难。

2．非对称密钥加密

非对称密钥加密又称公钥加密。它需要使用一对密钥来分别完成加密和解密操作，一个公开发布，即公开密钥，另一个由用户自己秘密保存，即私用密钥。信息发送方用公开密钥去加密，而信息接收方则用私用密钥去解密。公钥机制灵活，但加密和解密速度却比对称密钥加密慢得多。

3．通用密钥密码体制

通用密钥密码体制的加密密钥 Ke 和解密密钥 Kd 是通用的，即发送方和接收方使用同样密钥的密码体制，也称为传统密码体制。

例如，人类历史上最古老的恺撒密码算法，是在古罗马时代使用的密码方式。由于无论是何种语言文字，都可以通过编码与二进制数字串对应，所以经过加密的文字仍然可变成二进制数字串，不影响数据通信的实现。

现以英语为例来说明使用恺撒密码方式的通用密钥密码体制原理。

【案例分析 4.3】 恺撒密码的原理

对于明文的各个字母，根据它在 26 个英文字母表中的位置，按某个固定间隔 n 变换字母，即得到对应的密文。这个固定间隔的数字 n 就是加密密钥，同时也是解密密钥。例 CRYPTOGRAPHY 是明文，使用密钥 $n=3$，加密过程如下所示：

明文： C R Y P T O G R A P H Y

||................| 密钥： $n=3$

密文： F U B S W R J U D S K B

明文的第一个字母 C 在字母表中的位置设为 1，以 4 为间隔，往后第 4 个字母是 F，把 C 置换为 F；同样，明文中的第二个字母 R 的位置设为 1，往后第 4 个字母是 U，把 R 置换为 U；以此类推，直到把明文中的字母置换完毕，即得到密文。

密文是意思不明的文字，即使第三者得到也毫无意义。通信的对方得到密文之后，用同样的密钥 $n=4$，对密文的每个字母，按往前间隔 4 得到的字母进行置换的原则，即可解密得到明文。

恺撒密码方式的密钥只有 26 种，只要知道了算法，最多将密钥变换 26 次做试验，即可破解密码。因此，恺撒密码的安全性依赖于算法的保密性。

在通用密码体制中，目前得到广泛应用的典型算法是 DES 算法。使用该标准，可以简单地生成 DES 密码。

4．公用密钥密码体制

公用密钥密码体制的原理是加密密钥和解密密钥分离。加密技术采用一对匹配的密钥进行加密、解密，一个是公钥，一个是私钥，它们具有这种性质：每把密钥执行一种对数据的单向处理，一把密钥的功能与另一把恰恰相反，一把用于加密时，另一把则用于解密。用公钥加密的文件只能用私钥解密，而用私钥加密的文件只能用公钥解密。公钥是公开的，而私钥必须保密存放。为发送一份保密报文，发送方必须使用接收方的公钥对数据进行加密，一旦加密，只有接收方用其私钥才能解密。

相反的，用户也能用私钥对数据加以处理。换句话说，密钥对的工作是可以任选方向的。这为数字签名提供了基础。如果一个用户用私钥对数据进行了加密处理，别人就可以利用他提供的公钥对数据进行解密处理。由于仅仅拥有者本人知道私钥，因此这种被处理过的报文就形成了一种电子签名，即一种别人无法产生的文件。数字证书中包含了公钥信息，从而确认了拥有密钥对的用户的身份。

这样，一个具体用户就可以将自己设计的加密密钥和算法公之于众，而只保密解密密钥。任何人利用这个加密密钥和算法向该用户发送的加密信息，该用户均可以将之还原。公用密钥密码的优点是不需要经安全渠道传递密钥，大大简化了密钥管理。它的算法有时也称为公开密钥算法或简称为公钥算法。

公钥本身并没有什么标记，仅从公钥本身不能判别公钥的主人是谁。

在很小的范围内，比如 A 和 B 这样的两人小集体，他们之间相互信任，交换公钥，在互联网上通信，没有什么问题。这个集体再稍大一点，也许彼此信任也不成问题，但从法律角度讲这种信任也是有问题的。如再大一点，信任问题就成了一个大问题。

5. 证书

互联网用户群绝不是几个人互相信任的小集体，在这个用户群中，从法律角度讲用户彼此之间都不能轻易信任。所以公钥加密体制采取了另一种办法，将公钥和公钥的主人名字联系在一起，再请一个大家都信得过有信誉的公正、权威机构确认，并加上这个权威机构的签名，这就形成了证书。

因为证书上有权威机构的签字，所以大家都认为证书上的内容是可信任的；又由于证书上有主人的名字等身份信息，因此别人就很容易地知道公钥的主人是谁。

4.4.4　RFID 中的密钥管理

在 RFID 系统中，识别的主体为射频读写器，被识别的目标为应答器，因此密钥被分别保存在应答器和读写器中。

在应答器中，为了阻止对应答器的未经认可的访问，采用了各种方法，最简单的方法是口令的匹配检查。应答器将收到的口令与存储的基准口令相比较，如果一致，就允许访问数据存储器。在射频读写器中，采用分级密钥管理机制，密钥 A′仅可读取存储区中的数据，而密钥 B′对数据区可以读写。其目的在于分别实现不同安全级别的数据访问和控制。

例如：如果读写器 A 只有密钥 A′，则在认证后它仅可读取应答器中的数据，但不能写入。而读写器 B 如果具有密钥 B′，认证后就可以对存储区进行读写。

密钥分为三级：初级密钥（数据的加密密钥）、二级密钥（密钥的加密密钥）、主密钥（高级密钥），其关系如图 4.25 所示。其中，初级密钥用来保护数据，即对数据进行加密和解密；二级密钥是用于加密保护初级密钥的密钥；主密钥则用于保护二级密钥。

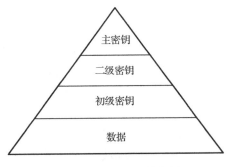

图 4.25　密钥组织结构图

1. 初级密钥

直接用于加解密数据（通信文件）的密钥为初级密钥，记为 K。在不同的应用中，密钥的名称和表示方法如下：

（1）用于通信保密的初级密钥称为初级通信密钥，记为 Kc。

（2）用于保护会话的初级密钥称为初级会话密钥（Session Key），记为 Ks。

（3）用于文件保密的初级密钥称为初级文件密钥（File Key），记为 Kf。

初级密钥具有如下特点：

（1）初级密钥可通过硬件或软件方式自动产生，也可由用户自己提供。

（2）初级通信密钥和初级会话密钥原则上采用一个密钥只使用一次的"一次一密"方式。

（3）初级通信密钥的生存周期很短，初级文件密钥与其所保护的文件有一样长的生存周期。

（4）初级密钥必须受更高一级的密钥保护，直到它们的生存周期结束为止。

2．二级密钥

二级密钥（Secondary Key）用于保护初级密钥，记作 KN。这里 N 表示节点，源于它在网络中的地位。

当二级密钥用于保护初级通信密钥时称为二级通信密钥，记为 KNC。

当二级密钥用于保护初级文件密钥时称为二级文件密钥，记为 KNF。

二级密钥的特点及要求如下：

（1）二级密钥可经专职密钥安装人员批准，由系统自动产生。

（2）可由专职密钥安装人员提供。

（3）二级密钥的生存周期一般较长，它在较长的时间内保持不变。

（4）二级密钥必须接受更高级的密钥保护。

3．主密钥

主密钥（Master Key）是密钥管理方案中的最高级密钥，记作 KM。

主密钥的特点及要求如下：

（1）主密钥用于对二级密钥和初级密钥进行保护。

（2）主密钥由密钥专职人员随机产生，并妥善安装。

（3）主密钥的生存周期很长。

4.4.5 RFID 中的三次相互认证技术

射频识别系统中，由于卡片和读写器并不是固定连接为一个不可分割的整体的，因此二者在进行数据通信前如何确认对方的合法身份就变得非常重要。

根据安全级别的要求不同，有的系统不需认证对方的身份，例如：大多数的 TTF 模式的卡片；有的系统只需要卡片认证读写器的身份或者读写器认证卡片的身份，称为单向认证；有的系统不仅卡片要认证读写器的身份，读写器也要认证卡片的身份，这种认证被称为相互认证，Mifare 系列卡片中的认证就是相互认证。

最常见的认证是使用密码或者口令，但直接说明口令（密码）存在巨大的风险，如果被非法身份者侦听到，那么后果不堪设想，所以最好不要直接说出密码，而是通过某种方式（运算）把密码隐含在一串数据里，这样不相干的人即使听到了也不知道什么意思。

为了让隐含着密码的这一串数据没有规律性，对密码运算时一定要有随机数的参与。于是最常见的相互认证是双方见面时一方给另一方一个随机数，让对方利用密码和约定的算法对这个随机数进行运算，如果结果符合预期，则认证通过；否则，认证不通过。

4.4.5.1 三次相互认证的流程

Mifare 系列卡片采用的相互认证机制被称为三次相互认证，其流程图如图 4.26 所示，详细过程如下：

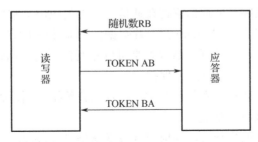

图 4.26 Mifare 系列卡片的三次相互认证流程图

第一步：产生随机数。

读写器向应答器发送查询命令，应答器作为应答响应产生一个随机数 RB 传送给读写器。读写器产生一个随机数 RA，使用共享的密钥 K 和共同的加密算法 EK，算出加密数据块 TOKEN AB，并将 TOKEN AB 传送给应答器，TOKEN AB=EK(RA,RB)。

第二步：应答器认证读写器。

应答器接收到 TOKEN AB 后，进行解密，将取得的随机数与原先发送的随机数 RB 进行比较，若一致，则读写器获得了应答器的确认，应答器发送另一个加密数据块 TOKEN BA 给读写器，TOKEN BA=EK(RB1,RA)；否则，认证失败，识别过程终止。

第三步：读写器认证应答器。

读写器接收到 TOKEN BA 并对其解密，若收到的随机数与原先发送的随机数 RA 相同，则完成了读写器对应答器的认证。

由此可见，应答器和读写器认证时都是给对方一个随机数，对方返回对随机数的运算结果。这样的一来一回称为两次相互认证。

图 4.26 中表现得很明显，读写器在回送对应答器随机数的运算结果时搭了一次便车，把自己认证应答器的随机数也一同送了过去，从而减少了一次数据传送，四次相互认证就变成了三次相互认证。

简言之，完整的相互认证过程如下：

（1）应答器先向读写器发送一个随机数 B。

（2）读写器用事先约定的有密码参与的算法对随机数 B 进行运算后，把运算的结果连同随机数 A 一起送给应答器。

（3）应答器收到后先检查读写器对随机数 B 运算的结果对不对，如果不对，就不再往下进行；如果正确，就对随机数 A 用事先约定的有密码参与的算法进行运算，然后把运算的结果送给读写器。

（4）读写器收到后检查这个结果对不对，如果对就通过认证，如果不对就不能通过认证。

认证过程中多次提到"事先约定的算法"，到底是什么样的算法呢？

这个没有具体规定，但有一个要求是必需的，就是这个算法一定要有密码和随机数的参与。比如 Desfire 中使用 3DES 算法，应答器的主密钥作为 DES 密钥对随机数进行 DES 运算。双方使用的"算法"以及"参加运算的密码"可以相同，也可以不同，这要看双方的约定。

认证完成后随机数也并不是就没有用了，这两个随机数的组合可以作为下一步操作的数据的加密密钥，Desfire 中就是这样。

4.4.5.2 三次相互认证的应用

三次相互认证并生成临时的通信密钥在通信技术中的应用非常普遍，Mifare Desfire 也使用了这种成熟的认证加密方法。Desfire 在卡片数据传输前使用 DES 或 3DES 进行三次相互认证，认证成功一方面表明卡片和读写器双方是可以相互信任的，同时为双方之后的数据传送提供了一组临时使用的段密码进行加密保护。

以下描述三次相互认证和段密码产生的过程及部分数据实例，假设卡片密码为 16 个 00。

1．（第一步）读写器发起认证

读写器作为发起认证的主导方，向射频卡发送认证（Authenticate）命令，并携带一个表示密码序号的参数（卡片上每种应用最多可以有 14 组不同的密码，其序号为 0~D）。

（1）如果选定的应用标识符 AID 为 0，那么认证将指向卡片的主密码（卡片密钥），在此情况下，密码序号必须为 0。

（2）如果 AID 不为 0，则认证的是某一应用的密码。卡片进入磁场上电复位后将默认选中 AID 为 0。也就是说卡片复位的首次密码认证总是指向卡片主密码。

（3）如果卡片上不存在指定的密码组号，那么卡片将返回一个错误码。

2．（第二步）射频卡计算并返回结果

卡片用读写器指定的密码加密一组 8 字节的随机数 RndB。例如，RndB=98 E4 EE 2E 8B 4B F7 B1，加密方法使用 DES/3DES，其结果用 ek（RndB）表示，此处 ek（RndB）=61 58 F4 51 8A 25 9B 00，并把 ek（RndB）返回读写器。

3．（第三步）读写器计算数据并发送结果

读写器用待认证的密码 16 个 00，对收到的 ek（RndB）进行 DES/3DES 解密从而得到 RndB=98 E4 EE 2E 8B 4B F7 B1。

接下来读写器对 RndB 进行 8 位闭合左循环，从而将第一个字节移到了最后一个字节的位置，结果记为 RndB'，RndB'=E4 EE 2E 8B 4B F7 B1 98。

然后读写器自己产生一个 8 字节的随机数 RndA，例如 RndA=00 11 22 33 44 55 66 77，并与 RndB'连接起来组成 RndA+RndB'=00 11 22 33 44 55 66 77 E4 EE 2E 8B 4B F7 B1 98，共 16 字节，使用 CBC 模式的 DES/3DES 解密运算，得到的结果 dk（RndA+RndB'）=74 F4 AE 77 7A A4 31 E8 4B 18 BA 8F 74 CF 80 63 发送给卡片。

4．（第四步）射频卡对读写器进行认证

卡片收到 16 字节 dk(RndA+RndB')后执行 DES/3DES 加密运算，得到结果 RndA+RndB'。卡片将自己原来的 RndB 大循环左移 8 位，看结果是否等于 RndB'：

（1）如果不相等，那么卡片将停止认证过程，并回送一个错误码。

（2）如果相等，就证明卡片使用的密码和读写器使用的密码一致，卡片将获得的 RndA 大循环也左移 8 位得到 RndA'=11 22 33 44 55 66 77 00，然后对 RndA'进行 DES/3DES 加密运算，得到的结果 ek（RndA'）=F1 81 F7 32 6D CD 86 A6 回送给读写器。

5．（第五步）读写器对射频卡进行认证

读写器收到 ek（RndA'）后执行 DES/3DES 解密从而得到 RndA'，并把自己之前产生的 RndA 大循环左移 8 位，得到的结果与 RndA'比较，如果不相等，那么读写器将退出认证过程并可将卡片休眠。

6.（第六步）设置认证通过状态

卡片将当前的应用设置为通过认证状态，如果 AID=0，则将卡片本身设置为通过认证状态。

7.（第七步）双方认证完毕

如果双方所有的比较都成功，则通过组合 RndA 和 RndB 得到一个 16 字节的段密码。组合的方法为：段密码=RndA 第一部分+RndB 第一部分+ RndA 第二部分+RndB 第二部分。

对于本文中的例子，产生的段密码为 00 11 22 33 98 E4 EE 2E 44 55 66 77 8B 4B F7 B1，之所以采取这种组合方法产生段密码是为了避免恶意的读写器通过将 RndA=RndB 而将 3DES 运算强行转化为 DES 运算。如果之后的数据传输确实想使用单 DES 操作（使段密码的前 8 字节与后 8 字节相等），则应使用前 8 个字节，即 RndA 第一部分+RndB 第一部分，而不能使用后 8 个字节。

得到 16 字节的段密码后，三次相互认证完成。如果之后的通信是 DES/3DES 加密传输，则使用刚产生的 16 字节段密码作为临时的 DES 密钥。

在程序设计中，部分 IC 具备认证功能，因此只需要发送指令和相关的参数即可，代码详见本书的第 5 章。

4.5　RFID 中的防碰撞

RFID 系统存在着两种不同的通信冲突形式。

1. 标签冲突

标签冲突是指多个标签同时响应读写器的命令而发送信息，引起信号冲突，使读写器无法识别标签。

2. 读写器冲突

读写器冲突是指由一个读写器检测到由另一个读写器所引起的干扰信号。

本节内容主要针对标签冲突，也称碰撞。

4.5.1　多标签的碰撞和防碰撞

当读写器向工作场区内的一组标签发出查询指令时，两个或两个以上的标签会同时响应读写器的查询，由于标签传输信息时选取的信道是一样的且没有 MAC 的控制机制，返回信息产生相互干扰，从而导致读写器不能正确识别其中任何一个标签的信息，降低了读写器的识别效率和识读速度。上述问题称为多标签碰撞问题。随着标签数量的增加，发生多标签碰撞的概率也会增加，读写器的识别效率将进一步下降。

RFID 系统必须采用一定的策略或算法来避免冲突现象的发生，将射频区域内多个标签分别识别出来的过程称为防碰撞，或者防冲突。

在 RFID 技术越来越普及的当代，很多应用场合都遭遇到碰撞问题，防碰撞技术已经成为 RFID 系统应用必须面临和解决的关键问题。防碰撞问题主要解决的是如何快速和准确地从多个标签中选出一个并与读写器进行数据交流，而其他的标签同样可以从接下来的防碰撞循环中选出并与读写器通信。RFID 防碰撞问题与计算机网络冲突问题类似。但是，由于 RFID 系统中的一些限制，使得传统网络中很多标准的防碰撞技术都不适于或很难在 RFID 系统中

应用。这些限制因素主要有:

(1)标签不具有检测冲突的功能而且标签间不能相互通信,冲突判决需要由读写器来实现。

(2)标签的存储容量和计算能力有限,就要求防碰撞协议尽量简单和系统开销较小,以降低其成本。

(3)RFID 系统通信带宽有限,需要防碰撞算法尽量减少读写器和标签间传送的信息比特的数目。

因此,如何在不提高 RFID 系统成本的前提下,提出一种快速高效的防碰撞算法,以提高 RFID 系统的防碰撞能力同时识别多个标签的需求,从而将 RFID 技术大规模地应用于各行各业,是当前 RFID 技术亟待解决的技术难题。

4.5.2 防碰撞算法

现有的标签防碰撞算法,可以分为基于 Aloha 机制的算法和基于二进制树机制的算法。本节将对这两类算法进行详细研究,并针对如何降低识别冲突标签时延和减少防碰撞次数方面进行改进,在二进制树算法的基础上,结合二进制搜索算法的特点,提出了一种改进的二进制防碰撞算法思想。

4.5.2.1 Aloha 算法

Aloha 算法最初用来解决网络通信中数据包拥塞问题。

Aloha 协议或称 Aloha 技术、Aloha 网,是世界上最早的计算机通信网络。它是 1968 年美国夏威夷大学的一项研究计划的名字。20 世纪 70 年代初研制成功一种使用无线广播技术的分组交换计算机网络,也是最早最基本的无线数据通信协议。取名 Aloha,是夏威夷人表示致意的问候语,这项研究计划的目的是要解决夏威夷群岛之间的通信问题。

Aloha 算法是一种非常简单的 TDMA 算法。该算法被广泛应用在 RFID 系统中。在 RFID 系统中,Aloha 算法是一种随机接入方法,其基本思想是采取标签先发言的方式,当标签进入读写器识别区域时就自动向读写器发送其自身的 ID 号。在标签发送数据的过程中,若有其他标签也在发送数据,那么发生信号重叠,导致完全冲突或部分冲突,读写器检测接收到的信号有无冲突,一旦发生冲突,读写器就发送命令让标签停止发送,随机等待一段时间后再重新发送以减少冲突。

纯 Aloha 算法用于只读系统。当应答器进入射频能量场被激活以后,它就发送存储在应答器中的数据,且这些数据在一个周期性的循环中不断发送,直至应答器离开射频能量场。

Aloha 算法模型如图 4.27 所示。

Aloha 网络可以使分散在各岛的多个用户通过无线电信道来使用中心计算机,从而实现一点到多点的数据通信。

纯 Aloha 算法虽然算法简单,易于实现,但是存在一个严重的问题,那就是读写器对同一个标签,如果连续多次发生冲突,就会导致读写器出现错误判断,认为这个标签不在自己的作用范围。同时,纯 Aloha 算法冲突概率很大,假设其数据帧为 F,则冲突周期为 $2F$。

针对以上问题有人提出了多种方案来改善 Aloha 算法在 RFID 系统中的可行性和识别率,如 Vogt.H 提出的改进的 Slotted Aloha(时隙 Aloha)算法。该算法在 Aloha 算法的基础上把时间分成多个离散时隙,每个时隙长度 T 等于标签的数据帧长度,标签只能在每个时隙的分界处才能发送数据。在第一次传输数据完成后，标签将等待一个相对较长的时间后再次传输数据。每个标签的等待时间很小。按照这种方式，所有的标签完成全部的数据传输给读写器后，重复的过程才会结束。

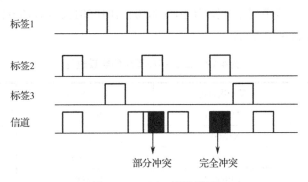

图 4.27　Aloha 算法模型

这种算法避免了原来 Aloha 算法中的部分冲突，使冲突期减少一半，提高了信道的利用率。但是这种方法需要同步时钟，对标签要求较高，标签应有计算时隙的能力。

4.5.2.2　二进制树算法

二进制树防碰撞算法的基本思想是将处于冲突的标签分成左右两个子集 0 和 1，先查询子集 0，若没有冲突，则正确识别标签；若仍有冲突，则再分裂，把子集 0 分成 00 和 01 两个子集，以此类推，直到识别出子集 0 中的所有标签，再按此步骤查询子集 1。

二进制树算法模型如图 4.28 所示。

二进制树算法是以一个独特的序列号来识别标签为基础的。二进制树算法的基本原理及步骤如下。

1．基本原理

读写器每次查询发送的一个比特前缀 $p_0p_1\^p_i$，只有与这个查询前缀相符的标签才响应读写器的命令，当只有一个标签响应时，读写器成功识别标签；当有多个标签响应时就发生冲突，下一次循环中读写器把查询前缀增加一个比特 0 或 1。

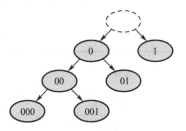

图 4.28　二进制树算法模型

读写器中设有一个队列 Q 来补充前缀，这个队列 Q 用 0 和 1 来初始化，读写器从 Q 中查询前缀并在每次循环中发送此前缀，当前缀 $p_0p_1\^p_i$ 是一个冲突前缀时，读写器就把查询前缀设为 $p_0p_1\^p_i$，把前缀 $p_0p_1\^p_i$ 放入队列 Q，读写器继续这个操作直到队列 Q 为空。通过不断增加和减少查询前缀，读写器能识别其阅读区域内的所有标签。

2．步骤

（1）读写器广播发送最大序列号查询前缀 Q 让其作用范围内的标签响应，同一时刻传输它们的序列号至读写器。

（2）读写器对比标签响应的序列号的相同位数上的数，如果出现不一致的现象（即有的序列号该位为 0，而有的序列号该位为 1），则判断有碰撞。

（3）确定有碰撞后，把有不一致位的数最高位置 0 再输出查询前缀 Q，依次排除序列号大于 Q 的标签。

（4）识别出序列号最小的标签后，对其进行数据操作，然后使其进入"无声"状态，则对读写器发送的查询命令不进行响应。

（5）重复步骤（1），选出序列号倒数第二的标签。

（6）多次循环完后完成所有标签的识别。

假设有 4 个标签，其序列号分别为 10110010、10100011、10110011、11100011，二进制树算法的实现过程如表 4.12 所示。

表 4.12　二进制树算法的实现过程

查询前缀 Q	第一次查询 11111111	第二次查询 10111111	第三次查询 10101111
标签响应	1X1X001X	101X001X	10100011
标签 A	10110010	10110010	
标签 B	10100011	10100011	10100011
标签 C	10110011	10110011	
标签 D	11100011		

为减少标签发送数据所需的时间和所消耗的功率，有人提出了改进的二进制树算法。改进思路是把数据分成两部分，读写器和标签双方各自传送其中一部分数据，这样可把传输的数据量减小一半，达到缩短传送时间的目的。

根据二进制树算法的改进思路，当标签 ID 与查询前缀相符时，标签只发送其余的比特位，这样可以减少每次传送的位数，也可缩短传送的时间，从而缩短防碰撞执行时间。

动态二进制树算法的实现过程表 4.13 所示。

表 4.13　动态二进制树算法的实现过程

查询前缀 Q	第一次查询 11111111	第二次查询 0111111	第三次查询 01111
标签响应	1X1X001X	X001X	00011
标签 A	10110010	10110010	
标签 B	10100011	10100011	10100011
标签 C	10110011	10110011	
标签 D	11100011		

ISO/IEC14443 标准定义了 A 型、B 型两种协议，分别推荐了二进制树算法和 Aloha 算法。而 ISO/IEC15693 标准采用的防碰撞方式是动态时隙 Aloha 法，它借助应答器的唯一序列号，实现对读写器天线磁场中的多个应答器的查询。

ISO/IEC 18000-6 标准定义了 A 型、B 型和 C 型三种协议，也采用二进制树算法和 Aloha 法算。之后有很多研究人员提出了基于这两种算法的改进算法。

3．改进的二进制树算法

这种算法是以位识别标签为基础，通过读写器来判断标签是否发生冲突的。

该算法思想描述如下：

（1）利用深度优先搜索原则来减少识别冲突标签时间，同时为减少在读写器与标签传输中的信息冗余量，提高信道利用率；向读写器发送查询命令中新增冲突位 C，用来标识标签的冲突位置；在开始新一轮查询时，从此冲突位置进行查询，而非从最高位开始。

（2）约定读写器中有个专门构建和处理二进制树图的智能函数。

该算法的性能取决于标签的序列号 ID 的位数和读写器作用区域内的标签的数量。假设读写器作用区域内有 n 个标签，每个标签的 ID 号的位数为 m，那么对于该算法来讲，识别一个标签的所需的查询次数是固定的，即

$$N_1 = m$$

则平均识别 k 个标签所需时间 T 为

$$T = kmt \quad (t \text{ 为读写器发送查询命令到标签返回 1bit 数据所需的时间})$$

4.5.3　多路存取技术

从技术角度来说，多标签防碰撞（Anti-Collision）技术可以分为空分多路（SDMA）、时分多路（TDMA）、码分多路（CDMA）、频分多路（FDMA）等 4 种。

1. SDMA

SDMA（Space Division Multiple Access）是在分离的空间范围内进行多个目标识别的技术，采用这种技术的系统一般使用在一些特殊的应用场合，如在大型的马拉松活动中，如图 4.29（a）所示。

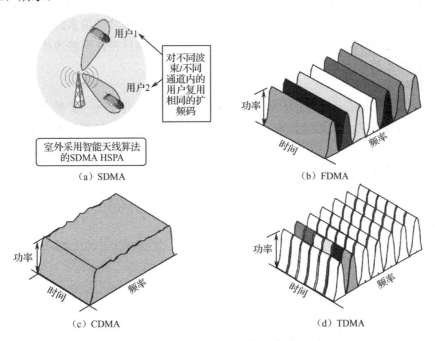

（a）SDMA　　　　　　　　　　（b）FDMA

（c）CDMA　　　　　　　　　　（d）TDMA

图 4.29　多路存取技术的工作原理

SDMA 系统具有如下优点：

（1）扩大覆盖范围。线阵列的覆盖范围远远大于任何单个天线，因此接收与发送性能都有大幅度的提高。

（2）大幅度降低来自其他系统和其他用户的干扰。在极端吵闹、干扰强烈的环境中，系统可以实现有选择地发送和接收信号，从而提高通信质量。

（3）系统容量大幅度提高。SDMA 实现的关键是智能天线技术，这也正是当前应用 SDMA

的难点。特别是对于移动用户，由于移动无线信道的复杂性，使得智能天线中关于多用户信号的动态捕获、识别与跟踪以及信道的辨识等算法极为复杂，因而对 DSP（数字信号处理）提出了极高的要求，这对于当前的技术水平也是个严峻的挑战。

所以，虽然人们对于智能天线的研究已经取得了不少鼓舞人心的进展，但由于存在上述一些尚难以克服的问题而未得到广泛应用。但可以预见，由于 SDMA 的诸多诱人之处，SDMA 的推广是必然的。

2. FDMA

FDMA（Frequency Division Multiple Access）是把若干个使用不同载波频率的传输通路同时供通信用户使用的技术，目的在于提高频带利用率，如图 4.29（b）所示。

FDMA 工作时，每个用户使用不同的频率片段，每个信道是一个频率。

在通信系统中，信道能提供的带宽往往要比传送一路信号所需的带宽宽得多。因此，一个信道只传输一路信号是非常浪费的。为了充分利用信道的带宽，提出了信道的频分复用问题。合并后的复用信号，原则上可以在信道中传输，但有时为了更好地利用信道的传输特性，还可以再进行一次调制。

在接收端，可利用相应的带通滤波器（BPF）来区分各路信号的频谱，再通过各自的相干解调器便可恢复各路调制信号。

频分复用系统的最大优点是信道复用率高，容许复用的路数多，分路也很方便。因此，它成为模拟通信中最主要的一种复用方式，特别是在有线和微波通信系统中应用十分广泛。频分复用系统的主要缺点是设备生产比较复杂，会因滤波器件特性不够理想和信道内存在非线性而产生路间干扰。

3. CDMA

CDMA（Code Division Multiple Access）是在数字技术的分支——扩频通信技术上发展起来的一种崭新而成熟的无线通信技术。CDMA 技术的原理是基于扩频技术，即将需传送的具有一定信号带宽的信息数据，用一个带宽远大于信号带宽的高速伪随机码进行调制，使原数据信号的带宽被扩展，再经载波调制并发送出去，如图 4.29（c）所示。

CDMA 工作时，每个用户在所有的时间内使用相同的频率，通过不同的 Code Patterns 区分，一个信道具有唯一的（一套）Code Pattern(s)。

CDMA 系统的缺点：

（1）频带利用率低、信道容量较小。

（2）地址码选择较困难。

（3）接收时地址码的捕获时间较长。

CDMA 系统的优点：

（1）抗干扰能力强。这是扩频通信的基本特点，是所有通信方式无法比拟的。

（2）宽带传输，抗衰减能力强。

（3）由于采用宽带传输，在信道中传输的有用信号的功率比干扰信号的功率低得多，因此信号好像隐蔽在噪声中（即功率谱密度比较低），有利于信号隐蔽。

（4）利用扩频码的相关性来获取用户的信息，抗截获的能力强。

4. TDMA

TDMA（Time Division Multiple Access）是把时间分割成周期性的帧（Frame），每一个帧再分割成若干个时隙向基站发送信号，在满足定时和同步的条件下，基站可以分别在各时隙中接收到各移动终端的信号而不混扰。同时，基站发向多个移动终端的信号都按顺序安排在预定的时隙中传输，各移动终端只要在指定的时隙内接收，就能在合路的信号中把发给它的信号区分并接收下来，如图 4.29（d）所示。

TDMA 系统具有如下特性：

（1）每一载频多路信道。

TDMA 系统形成频率时间矩阵，在每一频率上产生多个时隙，这个矩阵中的每一点都是一个信道，在基站控制分配下，可为任意一移动客户提供电话或非电话业务。

（2）利用突发脉冲序列传输。

移动台信号功率的发射是不连续的，只是在规定的时隙内发射脉冲序列。

（3）传输速率高，自适应均衡。

每载频含有的时隙多，则频率间隔宽，传输速率高；但数字传输带来了时间色散，使时延扩展加大，故必须采用自适应均衡技术。

（4）传输开销大。

由于 TDMA 分成时隙传输，使得收信机在每一突发脉冲序列上都得重新获得同步。为了把一个时隙和另一个时隙分开，保护时间也是必需的。因此，TDMA 系统通常比 FDMA 系统需要更多的开销。

（5）对于新技术是开放的。

例如，当话音编码算法的改进而降低比特速率时，TDMA 系统的信道很容易重新配置以接纳新技术。

（6）共享设备的成本低。

由于每个载频为多个客户提供服务，所以共享 TDMA 系统设备的客户平均成本与 FDMA 系统相比是大大降低了。

（7）移动台设计较复杂。

TDMA 系统比 FDMA 系统移动台完成更多的功能，需要进行复杂的数字信号处理。

4.5.4　应用 Aloha 算法解决防碰撞问题

1. 流程

当发出询卡指令时，VCD 应当把 Nb_slots_flag（在 reader 发出的 flag 中设定）设置为所需要的值，加在指令区表征码长度和表征码值之后。

表征码的长度表示表征码值重要位的数目。当使用 16 槽（slot）时它可以是 0 到 60 之间的数，当使用一个槽时可取 0 到 64 之间的数。

LSB 最先送出，表征码值包含在整数个字节中。如果表征码值不是 8 位的整数倍，那么表征码值的最高位补加上所需的空位（设定为 0），使表征码值包含于整数个字节中。

查询指令格式定义如表 4.14 所示。

表 4.14　查询指令格式定义

SOF	Flags	Command Code	Mask Length	Mask Value	CRC	EOF
	8 位	8 位	8 位	0～8 字节	16 位	

ISO/IEC 15693 标准中定义的防碰撞流程中的 Mask 和 slot 如图 4.30 所示。软件处理流程如下：

（1）在收到 EOF 的请求后，第一个 slot 立即开始。

（2）在收到一个有效的请求后，VICC 应当按照下面的步骤进行处理。

（3）Nbs 是 slot 的总数目（1 或 16）。

（4）SN 是当前 slot 的数目（0 到 15）。

（5）SN_length 当用 1 个 slot 时设置为 0，当用 16 个 slot 时设置为 4。

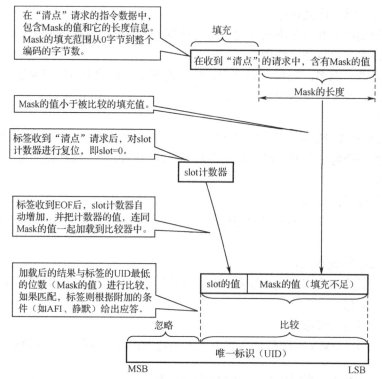

图 4.30　ISO/IEC 15693 标准中定义的防碰撞流程中的 Mask 和 slot

2．防碰撞时隙

ISO/IEC 15693 防碰撞流程中的时隙如图 4.31 所示。

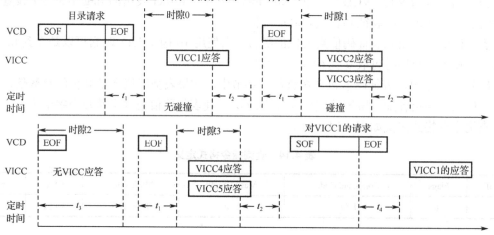

图 4.31　ISO/IEC 15693 防碰撞流程中的时隙

图中各时隙定义如下：

（1）t_1 是 Reader 发出 EOF 后 Tag 响应的时间。

（2）t_2 是当一个或多个 Tag 的响应被 Reader 接收到时，Tag 发出 EOF 后 Reader 发出 EOF 来转换到下一个 slot 的时间。

（3）t_3 是无 Tag 响应被 Reader 接收到时，接着上一个 EOF　Reader 再次发出 EOF 来转换到下一个 slot 的时间。

（4）t_4 是 Tag 响应 Reader 的时间。

4.6　延伸阅读：传奇的 DES 和 3DES 加密技术

DES（Data Encryption Standard）即数据加密标准，是一种使用密钥加密的块算法，1976 年被美国联邦政府的国家标准局确定为联邦资料处理标准（FIPS），随后在国际上广泛流传开来。

明文按 64 位进行分组，密钥长 64 位，密钥事实上是 56 位参与 DES 运算（第 8、16、24、32、40、48、56、64 位是校验位，使得每个密钥都有奇数个 1）分组后的明文组和 56 位的密钥按位替代或交换的方法形成密文组的加密方法。

1．算法构成

DES 算法的入口参数有三个：Key、Data、Mode。其中，Key 为 7 个字节共 56 位，是 DES 算法的工作密钥；Data 为 8 个字节 64 位，是要被加密或被解密的数据；Mode 为 DES 的工作方式，有加密和解密两种。

DES 加密算法是分组加密算法，明文以 64 位为单位分成块。64 位数据在 64 位密钥的控制下，经过初始变换后，进行 16 轮加密迭代：64 位数据被分成左右两部分，每部分 32 位，密钥先与右半部分结合，然后再与左半部分结合，结果作为新的右半部分；结合前的右半部分作为新的左半部分。这一系列步骤组成一轮。这种轮换要重复 16 次。最后一轮之后，再进行初始置换的逆置换，就得到了 64 位的密文。

DES 同时使用了代换和置换两种技巧，它用 56 位密钥加密 64 位明文，最后输出 64 位密文，整个过程分为两大部分：一是加密过程，一是子密钥产生过程。

2．三重 DES

DES 由于安全问题，美国政府于 1998 年 12 月宣布 DES 不再作为联邦加密标准，新的美国联邦加密标准是高级加密标准（ASE）。至此，DES 算法成为史上第一个超期服役的算法。

在新的加密标准实施之前，为了使已有的 DES 算法投资不浪费，NIST 在 1999 年发布了一个新版本的 DES 标准（FIPS PUB46-3）。该标准指出 DES 仅能用于遗留的系统，同时用三重 DES（3DES）取代 DES，成为新的标准。

3DES 的优点如下：

首先，它的密钥长度是 168 位，足以抵抗穷举攻击；其次，3DES 的底层加密算法与 DES 的加密算法相同，该加密算法比任何其他加密算法受到分析的时间要长得多，也没有发现比穷举攻击更有效的密码分析攻击方法。

但是双重 DES 不安全，双重 DES 存在中间相遇攻击，使它的强度跟一个 56 位 DES 强度差不多。为防止中间相遇攻击，可以采用 3 次加密方式，这是使用两个密钥的三重 EDS，采用加密–解密–加密（E-D-E）方案。值得注意的是，加密与解密在安全性上来说是等价的，这种加密方案穷举攻击代价是 2^{112}。

1984 年 2 月，ISO 成立的数据加密技术委员会（SC20）在 DES 基础上开展了数据加密的国际标准工作。DES 首次被批准使用五年，并规定每隔五年由美国国家保密局做出评估，并重新批准它是否继续作为联邦加密标准。最近的一次评估是在 1994 年 1 月。

3．针对 DES 的破译

1997 年，科罗拉多州的程序员 Verser 在 Internet 上数万名志愿者的协作下，用 96 天的时间找到了密钥长度为 40 位和 48 位的 DES 密钥。

1998 年，电子边境基金会（EFF）使用一台价值 25 万美元的计算机在 56 小时之内破译了 56 位的 DES。

1999 年，电子边境基金会（EFF）通过互联网上的 10 万台计算机合作，仅用 22 小时 15 分破译了 56 位的 DES。

4．DES 的致命弱点

DES 存在弱密钥。如果一个密钥所产生的所有子密钥都是一样的，则这个外部密钥就称为弱密钥。DES 的密钥置换后分成两半，每一半各自独立移位。如果每一半的所有位都是"0"或者"1"，那么在算法的任意一轮所有的子密钥都是相同的。

第 5 章　RFID 读写器程序设计

【内容提要】

通过 RFID 读写器，可以实现对应答器的识别、数据的读取和写入功能。此外，读写器通常具有与应用系统的通信接口，可实现与应用系统之间的数据交换。因此，读写器是系统和应答器之间的桥梁和纽带。

读写器的设计分为硬件电路设计和软件程序设计。本章以单片机的程序设计为核心，介绍单片机应用系统的开发过程、开发平台、RFID 读写器程序设计的要求、通信接口及协议要求，并提供了基于主流单片机的读写器程序设计实例。

【案例分析】　读写器的"最强大脑"

下面是生活中常见的场景之一：

公交车来了，乘客依次排队上车。第一位乘客手持公交卡在刷卡机上"刷"一下，瞬间刷卡机发出"嘀"的声音，代表扣款成功，并语音提示"普通卡"，同时在液晶屏上显示卡内的余额，第一位乘客继续前行找到靠窗的位置坐下。后面的乘客陆续上车，刷卡机陆续提示着"普通卡""学生卡""夕阳红卡"等。直到最后一位乘客上车，司机准备启动公交车，但此时刷卡机发出了急促的"嘀嘀嘀"声音，并语音提示"卡内余额不足，请投币"，最后一位乘客有些尴尬，收起公交卡，幸好从口袋里翻出了几枚硬币，投入投币箱后，继续前行寻找座位。

那么问题来了：公交车上的刷卡机是如何"知道"卡内余额不足，并做出报警提示的"动作"呢？

答案是，刷卡机内部具有微处理器，微处理器具有运算、编码、解码和逻辑控制等功能，因此可以把微处理器看作是射频读写器的"最强大脑"。

在本案例中，这个"大脑"是这样工作的：

→循环发送读卡指令；

→读取卡片的卡号和类型；

→对卡片的合法性进行验证；

→读取卡片内的"电子钱包"金额；

→判断余额是否"够用"；

→扣款或者报警。

在读写器的方案设计中，可供采用的微处理器种类很多，从物美价廉的 51 系列单片机，到功能复杂、具有高速运算能力的数字信号处理器（Digital Signal Processing，DSP）和现场可编程门阵列（Field-Programmable Gate Array，FPGA）等。

单片微型计算机简称单片机，是典型的嵌入式微控制器（Microcontroller Unit，MCU）。单片机又称为单片微控制器。它不是完成某一个逻辑功能的芯片，而是把一个计算机系统集成到一个芯片上。

从本质上来说，单片机是一种集成电路芯片，是采用超大规模集成电路技术把相关功能和电路集成到一块硅片上构成的一个小而完善的微型计算机系统。它体积小、质量轻、价格便宜，早期在工业控制领域得到广泛应用。

RFID 读写器通常为基于 MCU 的装置，从功能上可以划分为两个部分：基带控制模块和射频收发模块。RFID 读写器的功能结构图如图 5.1 所示。

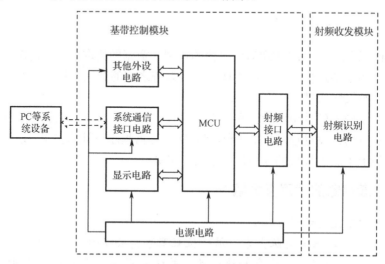

图 5.1　RFID 读写器的功能结构图

1．基带控制模块

通常是以 MCU 为核心，完成与射频收发模块的数据交换，并将获取的数据进行处理，如解码、显示、执行相应的控制、发送给 PC 或者系统应用软件等，因此是程序设计的核心。此外，也可使用 DSP 或者 FPGA 代替 MCU。不过由于 MCU 的价格相对低廉，同时具有种类丰富、技术成熟、覆盖面广的特点，因此被广泛采用。

2．射频收发模块

射频收发模块也称读头，通常是基于 RFIC 为核心的模块，通过射频接口电路与基带控制模块连接。协议不同，RFIC 不同，射频电路的结构和接口方式也不同。MCU 的程序需要参考协议及 RFIC 的接口进行设计与调试。

5.1　单片机应用系统的研制步骤和方法

单片机的应用系统随用途不同，硬件和软件也不相同。但是对于电子产品而言，软件和硬件是关联的，在进行应用系统设计时，性价比是首要考虑的因素，表现如下：

（1）单片机的选型很重要，原则是选择高性价比的单片机。

（2）硬件软件化是提供高系统性价比的有效方法。尽量减少硬件成本，使用软件设计实现相同的功能，既可以大大提高系统的可靠性，也可以降低设备的维护成本。

虽然单片机的硬件选型不尽相同，软件编写也千差万别，但系统的研制步骤和方法是基本一致的，一般都分为总体设计、硬件系统设计、软件系统设计和软件仿真及联机调试几个阶段。单片机应用系统的研制流程如图 5.2 所示。

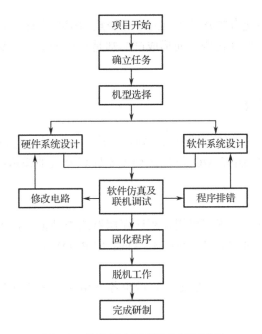

图 5.2 单片机应用系统的研制流程

5.1.1 总体设计

1．确立功能特性指标

不管是工程控制系统还是智能仪器仪表，都必须首先分析和了解项目的总体要求、输入信号的类型和数量、输出控制的对象及数量、辅助外设的种类及要求、使用的环境及工作电源要求、产品的成本、可靠性要求和可维护性及经济效益等因素，必要时可参考同类产品的技术资料，制定出可行的性能指标。

2．单片机的选型

单片机的选型很重要，需考虑其功能是否全部满足规定的要求。单片机的参数及作用如表 5.1 所示。

表 5.1 单片机的参数及作用

参　　　数	作　　用
端口数量	外设扩展，如 LCD 的端口、矩阵键盘的数量、外接存储器的接口形式等
ADC/DAC 的通道数量和位数	同时采集/处理的能力、采集/处理的精度
存储器的大小	程序的大小、数据存储的大小
驱动能力	直接驱动/增加辅助电路驱动
仿真及开发环境	软件编写的难易程度、开发工具的支持程度等

综合分析，选用何种器件应考虑有利于降低成本、电路易于制作、软件便于编写等因素。

3．软件的编写和支持工具

对于不同的单片机，甚至同一公司的单片机，它们的开发工具不一定相同或不完全相同。这就要求在选择单片机时，需考虑开发工具的因素，原则上是以最少的开发投资满足某一项目的研制过程，最好使用现有的开发工具或增加少量的辅助器材就可达到目的。

当然，开发工具是一次性投资，而形成产品却是长远的效益，这就需要平衡产品和开发工具的经济性和效益性。

5.1.2 硬件系统设计

根据总体设计中确立的功能特性要求，确定单片机的型号、所需外围扩展芯片、存储器、I/O 电路、驱动电路，可能还有 A/D 和 D/A 转换电路以及其他模拟电路，设计出应用系统的电路原理图。

1．程序存储器

随着微电子技术的发展，现在可用作程序存储器的类型很多，各大半导体公司都推出了一系列程序存储器，像 EPROM、EEPROM、Flash EEPROM 以及 OTP ROM 等。这些存储器各有特点，互有所长。

现在的单片机普遍带有程序存储器，容量也各不相同，从几百 B 到几百 KB 都有，这为它们的应用提供了更为广阔的前景。

2．数据存储器

现在的单片机基本上带有内部数据存储器，如 80C51/52 系列的单片机片内置有 128B 和 256B 的 RAM，这对于一般中小型应用系统（如实时控制系统和智能仪器仪表）已能满足要求。

如果是单片机数据采集系统，由于对容量要求较大，则需要采用大容量的数据存储器；如果要求数据掉电保护，则需要采用 Flash EEPROM 作为数据存储器。当然，外扩的 RAM 也以尽可能少的芯片为原则。

3．单片机的系统总线

不同类型的单片机，由于架构不同，总线类型和使用方式不同，处理数据的速度和能力也不同。

在 80C51 单片机上，P0 和 P2 接口作为数据和地址总线，其中 P0 也是数据线，因此可以直接提供 16 位地址线，8 位数据线，但是 P0 和 P2 接口的驱动能力是有限的，一般可驱动数个外接芯片（视外接芯片要求的驱动电流而异）。如果外接的芯片过多，负载过重，那么系统将可能不能正常工作，此时必须加接缓冲驱动器予以解决。通常使用 74HC573 作为地址总线驱动器，使用 74HC245 双向驱动器作为数据总线驱动器。

对于 ARM 内核的单片机或者 DSP 而言，数据线和地址线是分离的，具有高速处理数据的能力，但是同时增加了引脚的数量，对于系统的使用难度也相应提高。

4．I/O 接口

现在的单片机系列中普遍有多 I/O 接口的型号，对 I/O 接口的使用应从其功能和驱动能力上加以考虑。对于仅需增加少量的 I/O 接口，最好选用价格低廉的 TTL 或 CMOS 电路扩展，如 74HC573。

5．A/D 和 D/A 转换器

现在可使用的 A/D 转换器种类繁多、品种齐全，各种分辨率、精度及速度的芯片应有尽有。最著名的是美国的模拟数字器件公司（Analog）的一系列转换器，此外还有 Motorola 和 Maxim 等公司的产品，这给使用提供了很多便利的条件。

当然也有内置 A/D 转换器的单片机，一般都在 12 位以下。对那些有更高要求的应用系统，也只能外接转换器芯片。

5.1.3　软件系统设计

1．系统资源分配

在单片机应用系统的开发中，软件的设计是最复杂和最困难的，大部分情况下工作量都较大，特别是对那些控制系统比较复杂的情况。

2．程序结构

在单片机的软件设计中，任务可能很多，程序量很大，在这种情况下一般都需把程序分成若干个功能独立的模块，这也是软件设计中常用的方法，即俗称的化整为零的方法。

对于复杂的多任务实时控制系统，一般要求采用实时任务操作系统，并要求这个系统具备优良的实时控制能力。

3．数学模型

一个控制系统的研制，在明确了各部分需要完成的任务后，设计人员必须进一步分析各输入变量与输出变量的数学关系，即建立数学模型。这个步骤对一般较复杂的控制系统是必不可少的，而且不同的控制系统，它们的数学模型也不尽相同。

4．程序流程

较复杂的控制系统一般都需要绘制一份程序流程图，它是程序编制的纲领性文件，可以有效地指导程序的编写。

5．编制程序

过去单片机应用软件以汇编语言为主，因为它简洁、直观、紧凑，使设计人员乐于接受。而现在高级语言在单片机应用软件设计中发挥了越来越重要的角色，性能也越来越好，C 语言已成为现代单片机应用系统开发中较常用的高级语言。

但不管使用何种语言，最终还是需要翻译成机器语言，调试正常后，通过烧录器固化到单片机或片外程序存储器中。至此，程序编写即告完成。

5.2　单片机的开发平台

当用户目标系统设计完成后，还需要应用软件支持，用户目标系统才能成为一个满足用户要求的单片机应用系统。但该用户目标系统不具备自开发能力，需要借助于单片机开发系统完成该项工作。

5.2.1　单片机系统开发环境组成

单片机系统开发环境组成图如图 5.3 所示。

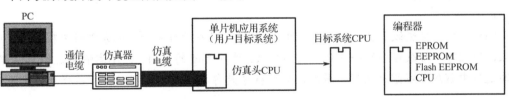

图 5.3　单片机系统开发环境组成图

1．单片机应用系统开发工具选择原则

（1）全地址空间的仿真。

（2）不占用任何用户目标系统的资源。

（3）实现硬断点，并且具有灵活的断点管理功能。

（4）硬件实现单步执行功能。

（5）可跟踪用户程序执行。

（6）可观察用户程序执行过程中的变量和表达式。

（7）可中止用户程序的运行或用户程序复位。

（8）系统硬件电路的诊断与检查。

（9）支持汇编和高级语言源程序级调试。

2．使用 JTAG 单片机仿真开发环境

JTAG 单片机仿真开发环境图如图 5.4 所示。

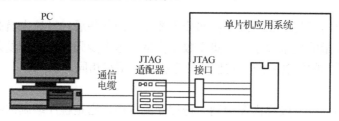

图 5.4　JTAG 单片机仿真开发环境图

在 JTAG 单片机仿真开发环境中，JTAG 适配器提供了计算机通信接口到单片机 JTAG 接口的透明转换，使得仿真更加贴近实际目标系统。目前，多数的单片机内部已集成了基于 JTAG 协议调试和下载程序。

3．单片机的在线编程

在线编程目前有两种实现方法：在系统编程（In System Programing，ISP）和在应用编程（In Application Programing，IAP）。

【知识链接 5.1】 用简单的方式理解 ISP 和 IAP 的区别

● ISP

ISP 是指可以在板级上进行编程，而不用把芯片拆下来放到烧写器中，即不脱离系统，所以称作"在系统编程"。它是对整个程序的擦除和写入，通过单片机专用的串行编程接口对单片机内部的 Flash 存储器进行编程。

即使芯片焊接在电路板上，只要留出和上位机接口的串行接口就能进行烧写。

简单理解就是，ISP 是把房子拆了再重造一间，那么在造好（编程）之前，里面是不能住人（数据为空）的。

● IAP

IAP 同样是在板级上进行编程，MCU 获取新代码并对程序的某部分重新编程，即可用程序来改变程序，修改程序的一部分以达到升级、消除 bug 的目的，而不影响系统的其他部分，烧写过程中程序可以继续运行。另外，接口程序是自己编写的，可以进行远程升级而不影响应用。

IAP 的实现更加灵活，通常可利用单片机的串行接口与计算机的 RS232 接口连接，通过专门设计的固件程序对内部存储器进行编程。

简单理解就是，IAP 是在造好的房子里边进行一些装修（编程），装修的时候人还住在里面（有数据）。

ISP 一般通过单片机专用的串行编程接口对单片机内部的 Flash 存储器进行编程，而 IAP 技术是从结构上将 Flash 存储器映射为两个存储区 A 和 B，用户程序运行在存储区 A 时，可对存储区 B 进行重新编程，编程结束后，新的程序将从存储区 B 运行，反之亦然。

ISP 的实现一般需要少量的外部辅助电路，而 IAP 的实现更加灵活，通常可利用单片机的串行接口与计算机的 RS232 接口连接，通过专门设计的固件程序对内部的 Flash 存储器进行编程。

5.2.2　典型的单片机开发平台

不同类型的单片机，相应的开发平台和环境有所不同。每个厂家的单片机都有自己的编程环境，并且不同厂家的单片机编程环境都有各自的特色，使得不同厂家编程环境的操作有很大差异。

大多数的编程环境都支持汇编和 C 语言，但是也有个别的编程环境只支持汇编语言，还有一些编程环境需要安装一些插件才能完全使用，因此在选择单片机开发环境时需要注意。

目前比较通用的单片机开发环境有 3 种：Keil MDK、IAR 和 MPLAB X IDE。

5.2.2.1　Keil MDK

随着基于 ARM 技术的 CORTEX 系列芯片的大规模推广，Keil MDK 的应用也越来越多。Keil MDK 的前身是 Keil C，最初是 51 单片机最好的编程环境，后来被 ARM 收购，并在此基础上加以增强，现在基本支持 ARM 全系列芯片的开发。Keil 提供了包括 C 编译器、宏汇编、连接器、库管理和一个功能强大的仿真调试器等在内的完整开发方案，通过一个集成开发环境（μVision）将这些部分组合在一起。

Keil MDK 的代表性版本及功能如表 5.2 所示。

Keil μVision4 和 Keil μVision5 看起来比较接近，二者的最大区别在于：Keil μVision4 是所有库文件都在一个安装文件里；Keil μVision5 安装的就是一个单纯的开发软件，不包含具体的器件相关文件，开发什么就安装对应的文件包。

表 5.2　Keil MDK 的代表性版本及功能

版 本 名 称	特　　　点	功　　　能
Keil μVision2（Keil C51）	美国 Keil Software 公司出品的 51 系列兼容单片机 C 语言软件开发系统，与汇编相比，C 语言在功能、结构性、可读性、可维护性上有明显的优势，因而易学易用	提供了包括 C 编译器、宏汇编、链接器、库管理和一个功能强大的仿真调试器等在内的完整开发方案，通过一个集成开发环境（μVision）将这些部分组合在一起
Keil μVision3	支持 ARM。2006 年 1 月 30 日，ARM 推出全新的针对各种嵌入式处理器的软件开发工具，集成 Keil μVision3 的 RealView MDK 开发环境	支持 ARM7、ARM9 和最新的 Cortex-M3 核处理器，自动配置启动代码，集成 Flash 烧写模块，强大的 Simulation 设备模拟、性能分析等功能，与 ARM 之前的工具包 ADS 等相比，RealView 编译器的最新版本可将性能提高 20%

续表

版本名称	特　　点	功　　能
Keil μVision4	引入灵活的窗口管理系统。 2009 年 2 月发布 Keil μVision4，Keil μVision4 引入灵活的窗口管理系统，使开发人员能够使用多台监视器	新版本支持更多最新的 ARM 芯片，还添加了一些其他新功能。 2011 年 3 月，ARM 公司发布最新集成开发环境 RealView MDK，开发工具中集成了最新版本的 Keil μVision4，其编译器、调试工具可实现与 ARM 器件的完美匹配
Keil μVision5	2013 年 10 月，Keil 正式发布了 Keil μVision5 IDE	

图 5.5 为 Keil μVision5 默认的主界面。

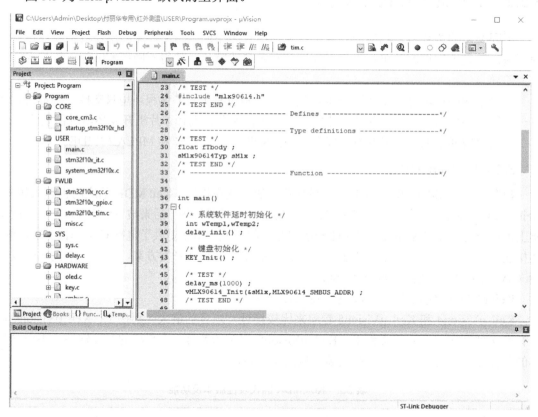

图 5.5　Keil μVision5 默认的主界面

5.2.2.2　IAR

　　IAR 是目前支持单片机和 ARM 种类最多的编程环境，从 51、AVR、PIC、MSP430 到 ARM，基本上支持所有的通用单片机。

　　但是需要说明的是，虽然 IAR 支持非常多的单片机，但是只是说 IAR 这个软件，具体到某一种单片机，它是有不同的安装包的，比如要开发 AVR 单片机，就需要安装基于 AVR 单片机的安装包。所以 IAR 实际上对每一种单片机都是一个单独的开发环境，只是它们的界面和功能选项都是基于 IAR 这个平台的，仅此而已。

　　IAR 既是一家公司的名称，也是一种集成开发环境的名称。IAR Embedded Workbench 是瑞典 IAR Systems 公司为微处理器开发的一个集成开发环境，支持 ARM、AVR、MSP430 等芯片内核平台。

　　IAR 公司的发展也经历了一系列历史变化，从开始针对 8051 做 C 编译器发展至今，已经逐渐成为一家庞大的、技术力量雄厚的公司。而 IAR 集成开发环境也从单一到现在针对不同处理器，拥有多种 IAR 版本的集成开发环境。IAR 默认的主界面如图 5.6 所示。

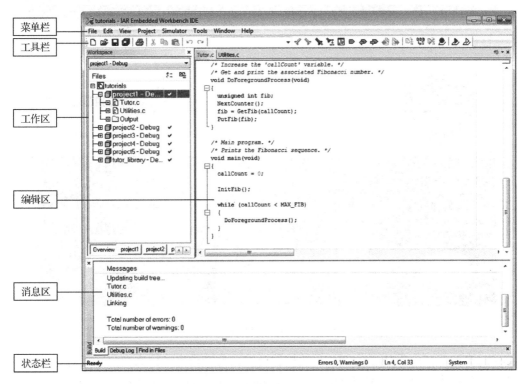

图 5.6　IAR 默认的主界面

　　IAR Systems 公司目前推出的最新版本是 IAR Embedded Workbench for ARM version 8.11。EWARM 中包含一个全软件的模拟程序（Simulator），用户不需要任何硬件支持就可以模拟各种 ARM 内核、外部设备甚至中断的软件运行环境，从中可以了解和评估 IAR EWARM 的功能和使用方法。

　　IAR EWARM 的主要特点如下：

（1）高度优化的 IAR ARM C/C++ Compiler。

（2）IAR ARM Assembler。

（3）一个通用的 IAR XLINK Linker。

（4）IAR XAR 和 XLIB 建库程序和 IAR DLIB C/C++运行库。

（5）功能强大的编辑器。

（6）项目管理器。

（7）命令行实用程序。

（8）IAR C-SPY 调试器（先进的高级语言调试器）。

5.2.2.3 MPLAB X IDE

MPLAB X IDE 是可以在 PC（Windows、Mac OS 和 Linux）上运行的软件程序，用于开发 Microchip 单片机和数字信号控制器的应用。由于它提供了一个统一的集成"环境"来支持嵌入式单片机的代码开发，因此称为集成开发环境（IDE）。MPLAB X IDE 默认的界面如图 5.7 所示。

图 5.7　MPLAB X IDE 默认的界面

MPLAB X 集成开发环境为 PIC 单片机的开发工具链带来了巨大变化。与以往完全由内部开发的 MPLAB 版本不同，MPLAB X 是基于 Oracle 的开源 NetBeans IDE。采用这种开源方式，可非常快捷轻松地添加了许多常用功能，同时还提供了一种更易于扩展的架构，以便将来添加新功能。MPLAB X IDE 具有如下特点：

（1）提供一种导航复杂代码的全新调用图。

（2）支持对多个项目采用多种配置。

（3）支持编译器的多种版本。

（4）支持同一器件的多种调试工具。

（5）支持即时解析。

（6）导入已有的 MPLAB8 项目，对同一源文件可以使用两款 IDE 的任意版本。

（7）支持使用超链接对声明和包含语句进行快速导航。

（8）支持即时代码模板。

（9）支持使用授权头文件或模板代码进入文件代码模板。

（10）MPLAB X 可以利用本地历史记录追踪系统中的更改。

（11）使用 MPLAB X，用户可以配置自己的代码格式风格。

关于开发环境的安装和使用，可以参考相关的资料，这里不再赘述。

5.2.3　单片机程序的编程方法

面对一个相对复杂的工程时，意味着项目小组成员需要分工合作，一起完成项目，即要求小组成员各自负责一部分工程。每一部分程序写成一个模块，单独调试，留出接口供其他模块调用，最后统一进行组合调试。按模块对程序进行分解的模式，同样适合比较小的项目。

上述场合就要求程序必须模块化。模块化的好处很多，不仅便于分工，还有助于程序的调试，有利于程序结构的划分，同时能增加程序的可读性和可移植性。

1. 模块化设计思想

一个嵌入式系统通常包括两类模块：

（1）硬件驱动模块，一种具有特定功能的电路模块。

（2）软件功能模块，模块的划分应满足低偶合、高内聚的要求。

本章的后续内容将结合项目需求，以模块化的方式，完成相关应用案例的设计。

2. 模块化编程的必要性

在大规模程序开发中，一个程序由很多个模块组成，很可能这些模块的编写任务被分配到不同的人。几乎所有商用程序都必须使用模块化程序设计理念，在程序的设计过程中各个开发者分工合作，分别完成某一模块特定的功能，缩短了开发时间。

3. 模块化编程设计步骤

（1）创建头文件

在模块化编程中，往往会有多个 C 文件，而且每个 C 文件的作用不尽相同。在所用的 C 文件中，由于需要对外提供接口，因此还必须有一些函数或者变量提供给外部其他文件进行调用。对于每一个模块都有相应的.c 文件和.h 文件，为了阅读调试方便，原则上.c 文件和.h 文件同名，如 delay.c 和 delay.h。

（2）防止重复包含

例如 delay.h 文件：

```
ifndef_ DELAY _H_
#define_ DELAY_ H
        void delay (uint t);
#endif
```

假如有两个不同源文件需要调用 delay (uint t)函数，都分别通过#include "delay.h"把这个头文件包含进去。

在第一个源文件编译时，由于没有定义过 delay，因此#ifndef_DELAY_H_条件成立，于是定义_DELAY_H_并将下面的声明包含进去；在第二个文件编译时，由于第一个文件包含时，已经将_DELAY_H_定义过了，因此#ifndef_DELAY_H_不成立，整个头文件内容就没有被包含。

假设没有这样的条件编译语句，那么两个文件都包含 delay (uint t)，就会引起重复包含的错误。所以在.h 文件中，为了防止出现错误，都需要进行防重复包含。

（3）代码封装

将需要模块化的函数进行代码封装，头文件的作用可以被称为一份接口描述文件，通常情况下，头文件的代码为变量的定义、函数的声明，不包含任何实质性的函数代码。

因此，可以把头文件理解为一份说明书，内容为该模块对外提供的接口函数或接口变量。同时该文件也包含一些很重要的宏定义以及一些结构体的信息，离开了这些信息，很可能就无法正常使用接口函数或接口变量。

5.3　RFID 读写器程序设计要求

读写器的程序设计主要为单片机的程序设计。

5.3.1　常用的 MCU 类型

单片机诞生于 20 世纪 70 年代，由当时的 4 位、8 位单片机，发展到如今随处可见的 32 位高速单片机。目前基于 ARM® Cortex®-M7 的新款产品，工作主频可达到 550MHz。

单片机的位数代表处理数据的能力，工作频率代表运算速度。不同位数和不同频率的单片机，可以满足不同场合的需求，因此在单片机的发展过程中，形成了各具特色的代表性产品。AVR、51 系列、PIC 等单片机各有特点，如表 5.3 所示，使用时应根据需要进行选择。

表 5.3　几种常用的单片机类型及特点

单片机类型	基 本 信 息	常用的开发环境	特　　点
51 系列	51 系列是应用最广泛的单片机，由于产品硬件结构合理、指令系统规范，加之生产历史"悠久"，有先入为主的优势。世界有许多著名的芯片公司都购买了 51 芯片的核心专利技术，并在其基础上进行性能上的扩充，使得芯片得到进一步的完善，形成了一个庞大的体系	Keil	基础类型，解密容易
PIC	MICROCHIP 公司的产品，突出的特点是体积小、功耗低、精简指令集、抗干扰性好、可靠性高、有较强的模拟接口、代码保密性好，大部分芯片有兼容的 Flash 程序存储器芯片。PIC 单片机 CPU 采用 RISC 结构，分别有 33、35、58 条指令（视单片机的级别而定），属精简指令集	MPLAB X IDE 和 Keil	单片机工业抗干扰性强，各个型号的兼容性强
AVR	ATMEL 公司研发出的精简指令集高速 8 位单片机。2016 年被 MICROCHIP 公司收购，比较常用的有 ATmega16、ATmega32 等型号	ICCAVR	运行速度快，能很方便地使用集成环境进行芯片外设配置
MSP430	德州仪器推出的 16 位单片机，主要突出超低功耗特性	IAR	开发技术文档资料全面、水平高
STM32	意法半导体的产品，采用 ARM CORETEX 内核	Keil	提供了函数固件库，可以使用 API 操作单片机，不必使用寄存器

5.3.2 RFID 读写器程序设计注意事项

RFID 读写器在开发环境选择方面与 MCU 有关，根据 MCU 的选型，选择相应的开发环境。

在进行基于 MCU 的程序设计时，在基带程序设计方面，与其他的产品和装置类似，根据芯片或模块的接口协议，进行端口设置、发送和接收数据。

RFID 读写器的操作目标是应答器，二者之间采用无线通信方式，因此涉及调制和解调技术、编码和解码技术等，此外需要注意与 RFID 有关的数据协议，尤其是应答器通信的时序、数据校验、安全认证、防碰撞处理等。

各协议的读写器程序设计注意事项如下。

1. LF 频段

应答器通常为只读，工作时采用 TTF 模式，应答数据为自身的 ID 码，在应答的数据中采用行校验和列校验，校验方式为奇偶校验。

2. HF 频段

HF 频段有两个协议，分别是 ISO14443 协议和 ISO15693 协议。两个协议工作频率相同，但是在调制方式、数据的通信速率、数据帧格式、操作指令以及数据安全性和防碰撞方面均有所不同，设计时既要参考相应标准的协议，也要参照 RFIC 的数据手册。

需要注意的是，支持该频段的应答器，即使在相同的协议下，应答器规格和型号种类也较多，因此在程序设计时，需要考虑程序的通用性和可扩展性。

例如，ISO14443 协议的应答器，在应答数据的字段中，包含 UID 类型的定义。该应答器的 UID 分成三种（见表 5.4），因此在程序设计中，需要特别注意该字段的数据含义。

表 5.4 UID 类型定义

b8	b7	Meaning	长 度 定 义	UID 的长度（字节）
0	0	UID size：single	单尺寸	4 个字节
0	1	UID size：double	双尺寸	7 个字节
1	0	UID size：triple	三尺寸	10 个字节
1	1	RFU	保留	

3. UHF 频段

UHF 频段的应答器频率多样，在供电方式、工作频率、通信距离等方面差异较大，因此程序设计难度也有所差异。

用量最大的是 860～960MHz 的无源方式，读写器采用指定的 RF 模块和 IC 模组，功能较为完善，程序设计相对简单。在远距离的应用方面（通信距离可达数十米甚至数百米），则多采用源模式，如 433MHz 和 2.45GHz 通常为有源工作方式，识别距离远。从理论上来说，433MHz 下的通信速率已经完全可以满足 200 个应答器的并发识别，但是在信道中存在同频干扰的情况，因此防碰撞方面的程序设计是难点和重点。

5.4 常用射频模块接口及通信协议

在与 MCU 的通信接口方面，不同频段、不同协议的 RFID 模块和 RFIC 提供的接口不同，某些模块可以支持多个类型的接口，如 HF 频段的 MFRC522 芯片，具有 I^2C（Inter-Integrated Circuit）、UART（Universal Asynchronous Receiver/Transmitter）、SPI（Serial Peripheral Interface）三种类型的通信接口，可以为使用者提供多种解决方案，具有很强的灵活性。

本节主要介绍单总线、UART、SPI、I^2C 和并行总线的协议及 RFIC，并提供相应 RFIC 在驱动程序设计中的关键源代码。

5.4.1 单总线通信接口

单总线即 one-wire 总线，是美国 DALLAS 公司推出的外围串行扩展总线技术。与 SPI、I^2C 串行数据通信方式不同，它采用单根信号线，既传输时钟又传输数据，而且数据传输是双向的，具有节省 I/O 接口线、资源结构简单、成本低廉、便于总线扩展和维护等诸多优点。

单总线利用一条线实现双向通信，其协议对时序的要求较严格，如应答等时序都有明确的时间要求。基本的时序包括：复位及应答时序、写一位时序、读一位时序。在复位及应答时序中，主器件发出复位信号后，要求从器件在规定的时间内送回应答信号；在位读和位写时序中，主器件要在规定的时间内读出或写入数据。

单总线适用于单主机系统，能够控制一个或多个从机设备。主机可以是微控制器，从机可以是单总线器件，它们之间的数据交换只通过一条信号线。当只有一个从机设备时，系统可按单节点系统操作；当有多个从机设备时，系统则按多节点系统操作。

在 RFID 读写器的设计中，LF 频段的 HTS、U2270B、EM4095 等与 MCU 的数据通信均使用单总线的连接方式。图 5.8 为 U2270B 的典型应用电路，通过引脚 OUTPUT 与 MCU 连接，采用单总线的通信方式。

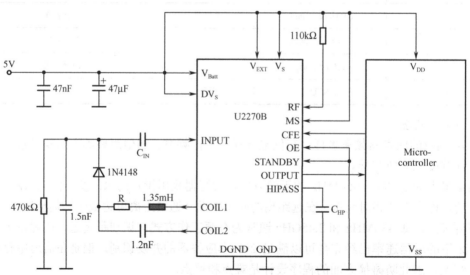

图 5.8　U2270B 的典型应用电路

图 5.9 为 LF 频段的射频芯片 HTS IC 与 MCU 通信过程中的起始位与结束位时序图，编码为曼彻斯特码。由图可见，单总线在读、写操作时，采用了不同复位的时序。

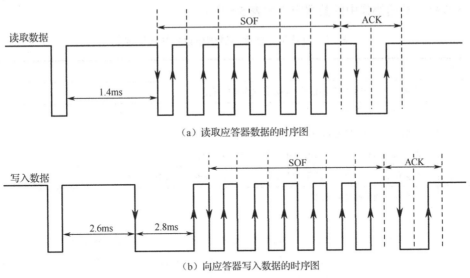

（a）读取应答器数据的时序图

（b）向应答器写入数据的时序图

图 5.9　HTS IC 与 MCU 的单总线通信时序图

5.4.2　串行通信接口

串行通信是指使用一条数据线，将数据一位一位地依次传输，每一位数据占据一个固定的时间长度。串行通信只需要少数几条线就可以在系统间交换信息，特别适合计算机与计算机、计算机与外设之间的远距离通信。

串口通信时，发送和接收到的每一个字符实际上都是一次一位地传送的，每一位为 1 或 0。

I^2C、SPI、UART 都是常见的低速板级通信协议，目前主流的 SoC 都内置了这些通信协议的控制器，因此各种传感器、Touch 控制器、指纹模块、蓝牙模块、Wi-Fi 模块也都兼容这三种通信方式的一种或几种。

多数 RFID 的 IC 在通信接口方面，通常支持串行通信。

5.4.2.1　UART 通信接口

通用异步收发传输器（Universal Asynchronous Receiver/Transmitter，UART）是一种异步收发传输器，是计算机硬件的一部分。它将要传输的资料在串行通信与并行通信之间加以转换。作为把并行输入信号转成串行输出信号的芯片，UART 通常被集成在其他通信接口的连接上，具体实物表现为独立的模块化芯片，或作为集成在微处理器中的周边设备。它一般是 RS232C 规格的，与类似 Maxim 的 MAX232 之类的标准信号幅度变换芯片搭配，作为连接外部设备的接口。

在 UART 上追加同步方式的序列信号变换电路的产品被称为 USART（Universal Synchronous Asynchronous Receiver Transmitter）。

UART 是一种通用串行数据总线，用于异步通信。该总线双向通信，可以实现全双工传输和接收。在嵌入式设计中，UART 用于主机与辅助设备通信，如汽车音响与外接 AP 之间的通信，外设与 PC 通信。

1. 通信协议

UART 作为异步串口通信协议的一种，是将传输数据的每个字符一位接一位地传输。UART 异步串口通信协议中的数据定义如表 5.5 所示。

表 5.5 UART 异步串口通信协议中的数据定义

数据位名称	定 义
起始位	先发出一个逻辑"0"的信号，表示传输字符的开始
数据位	紧接着起始位之后。 数据位的个数可以是 4、5、6、7、8 等，构成一个字符。 通常采用 ASCII 码。从最低位开始传送，靠时钟定位
奇偶校验位	数据位加上这一位后，使得"1"的位数为偶数（偶校验）或奇数（奇校验），以此来校验资料传送的正确性
停止位	一个字符数据的结束标志。 可以是 1 位、1.5 位、2 位的高电平。 由于数据是在传输线上定时的，并且每一个设备有其自己的时钟，很可能在通信中两台设备间出现了小小的不同步，因此停止位不仅表示传输的结束，并且提供计算机校正时钟同步的机会。适合停止位的位数越多，不同时钟同步的容忍程度越大，但是数据传输速率也越慢
空闲位	处于逻辑"1"状态，表示当前线路上没有资料传送

2. 波特率

波特率是衡量资料传送速率的指标，表示每秒传送的符号数（symbol）。一个符号代表的信息量（比特数）与符号的阶数有关。例如资料传送速率为 120 字符/s，传输使用 256 阶符号，每个符号代表 8bit，则波特率就是 120baud，比特率是 120×8=960bit/s。这两者的概念很容易搞错。

3. 电路接口

UART 是计算机中串行通信接口的关键部分。在计算机中，UART 相连于产生兼容 cr-uart8 8 路串口分配器 RS232 规范信号的电路。

RS232 标准定义逻辑"1"信号相对于地为-15～-3V，而逻辑"0"相对于地为+3～+15V。所以，当一个微控制器中的 UART 相连于 PC 时，需要一个 RS232 驱动器来转换电平。

【知识链接 5.2】 UART 与 TTL 的区别

1. 对象不同

（1）UART 指的是 TTL 电平的串口。

（2）RS232 指的是 RS232 电平的串口。

2. 电平不同

（1）TTL 电平是 5V。

（2）RS232 是负逻辑电平，定义+5～+12V 为低电平，-12～-5V 为高电平。

3. 用法不同

（1）UART 串口的 RXD、TXD 等一般直接与处理器芯片的引脚相连。

（2）RS232 串口的 RXD、TXD 等一般需要经过电平转换（通常由 MAX232 等芯片进行电平转换）才能接到处理器芯片的引脚上，否则这么高的电压很可能会把芯片烧坏。

　　平时所用计算机的串口都是 RS232 类型的，当设计电路工作时，应该注意下外设的串口是 UART 类型的还是 RS232 类型的。如果不匹配，则应当找个转换线（通常这根转换线内有块类似于 MAX232 的芯片），不能盲目地将两串口相连，如图 5.10 所示。

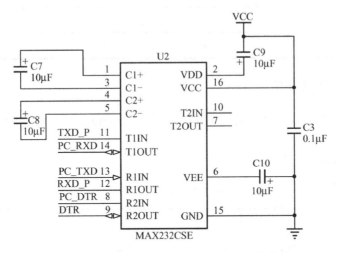

图 5.10　使用 MAX232 进行电平转换的电路图

　　由于 UART 接口简单，编程容易，因此被广泛应用于各类模块的通信接口。但是对于 MCU 来说，UART 接口的资源有限，此时可以设计串口扩展电路，从而实现端口的复用。图 5.11 为基于 CD4052 的串口扩展电路。

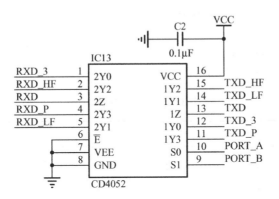

图 5.11　串口扩展电路

　　CD4052 是一个双路 4 选 1 的模拟选择开关，可实现 MCU 的串口功能扩展。CD4052 通过程序设计，可控制 PORT_A 和 PORT_B 的电平，实现多路串口的分时使用，真值表如表 5.6 所示。

表 5.6　CD4052 的真值表

INHIBIT	B	A	导 通 端 口
0	0	0	0x,0y
0	0	1	1x,1y

续表

INHIBIT	B	A	导 通 端 口
0	1	0	2x,2y
0	1	1	3x,3y
1	X	X	None

5.4.2.2　I^2C 通信接口

I^2C 是一种两线接口：一条线为 Serial Data Line（SDA）；另一条为 Serial Clock（SCL）。

1．接口定义

I^2C 接口定义如表 5.7 所示。

表 5.7　I^2C 接口定义

接 口 名 称	定 义	说 明
SCL	时钟线	上升沿将数据输入到每个器件中；下降沿（边沿触发）驱动器件输出数据
SDA	双向数据线	

2．空闲状态

I^2C 总线的 SDA 和 SCL 两条信号线同时处于高电平时，规定为总线的空闲状态，各个器件的输出级场效应管均处在截止状态，即释放总线，由两条信号线各自的上拉电阻把电平拉高。

3．起始位和停止位的定义

起始位和停止位定义如表 5.8 所示。

表 5.8　起始位和停止位定义

名 称	定 义	说 明
起始位	当 SCL 为高电平时，SDA 由高到低的跳变	启动信号是一种电平跳变时序信号，而不是一个电平信号
停止位	当 SCL 为高电平时，SDA 由低到高的跳变	停止信号是一种电平跳变时序信号，而不是一个电平信号

4．数据的有效性

I^2C 总线进行数据传送时，时钟信号为高电平期间，数据线上的数据必须保持稳定，只有在时钟线上的信号为低电平期间，数据线上的高电平或低电平状态才允许变化，如图 5.12 所示。

5．数据的传送

在 I^2C 总线上传送的每一位数据都有一个时钟脉冲相对应（或同步控制），即在 SCL 串行时钟的配合下，在 SDA 上逐位地串行传送每一位数据。数据位的传输是边沿触发。

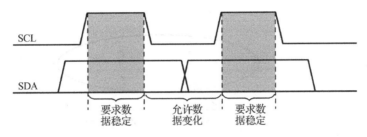

图 5.12 I²C 通信时序图

5.4.2.3 SPI 通信接口

SPI 为串行外围接口，是 Motorola 首先在其 MC68HCXX 系列处理器上定义的。

SPI 接口主要用于 EEPROM、Flash、实时时钟、AD 转换器及数字信号处理器和数字信号解码器之间。

SPI 接口用于在 CPU 和外围低速器件之间进行同步串行数据传输，在主器件的移位脉冲下，数据按位传输，高位在前，低位在后，为全双工通信，数据传输速度总体来说比 I²C 总线要快，速度可达到几 Mbit/s。

1. 特点

信号线少，协议简单，相对数据速率高。

2. 接口信号

（1）MOSI（Master Output Slave Input）：主器件数据输出，从器件数据输入。

（2）MISO（Master Input Slave Output）：主器件数据输入，从器件数据输出。

（3）SCLK：时钟信号，由主器件产生，最大为 $f_{CLK}/2$，从模式频率最大为 $f_{CPU}/2$。

（4）NSS：从器件使能信号，由主器件控制，有的 IC 会标注为 CS（Chip Select）。

在点对点的通信中，SPI 接口不需要进行寻址操作，且为全双工通信，显得简单高效。在多个从器件的系统中，每个从器件需要独立的使能信号，硬件上比 I²C 系统要稍微复杂一些。

SPI 接口在内部硬件上实际是两个简单的移位寄存器，传输的数据为 8 位，在主器件产生的从器件使能信号和移位脉冲下，按位传输，高位在前，低位在后。如图 5.13 所示，在 SCLK 的上升沿数据改变，同时一位数据被存入移位寄存器。图 5.14 为具有 SPI 接口的 FM1702SL 应用电路。

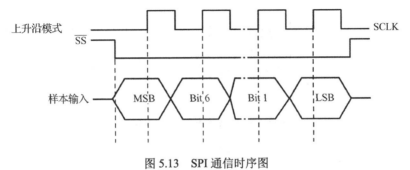

图 5.13 SPI 通信时序图

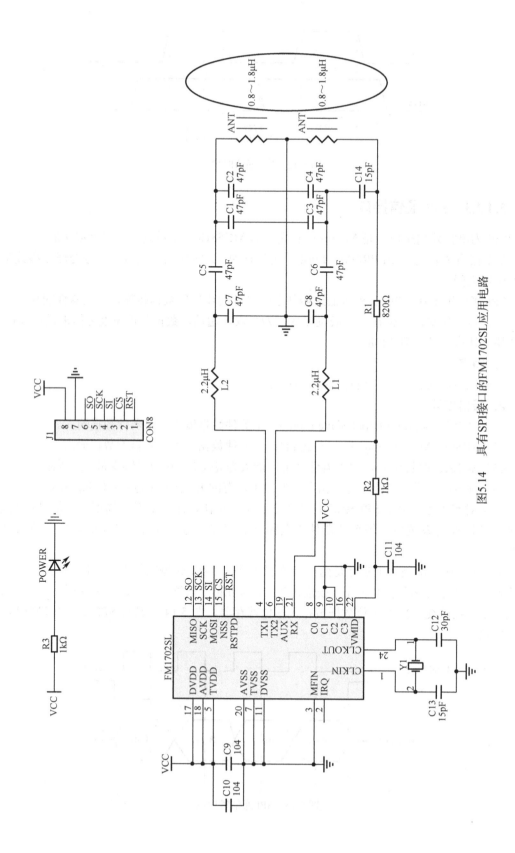

图5.14 具有SPI接口的FM1702SL应用电路

5.4.2.4　三种串行通信接口及协议的比较

1. 接口及工作过程对比

I^2C、SPI、UART 协议的对比如表 5.9 所示。

表 5.9　I^2C、SPI、UART 协议的对比

名　　称	I^2C	SPI	UART
接口数量	2 线	4 线	3 线
接口定义	(1) SDA：数据； (2) SCL：时钟	(1) CS：片选； (2) MOSI：主发从收； (3) MISO：从发主收； (4) CLK：时钟	(1) TXD：数据接收； (2) RXD：数据发送； (3) GND：地
协议类别	同步传输协议	同步传输协议	异步传输协议
工作过程	主机在发送开始信号之后，先发送 7bit 的地址位和 1bit 的读写位，每个从机有自己的 I^2C 地址，当发现该条指令是发给自己的时候，拉低 SDA 线（回复 ACK 信号）后，主机发送或接收数据，完成传输。 传输完成之后，主机发送停止位，完成该次传输	主机送出 CLK 信号，主机到从机的数据在 MOSI 线上传输，从机到主机的数据在 MISO 线上传输。 在启动传输之前，需要先拉低（一般是这样，也有个别芯片是 CS 高有效）对应从机的 CS 引脚，在传输完成之后，再拉高 CS 引脚，从机的 SPI Slave 模块进入休眠	无论是主机还是从机，均可以自由发送数据。 但是由于 UART 总线并没有时钟线，所以需要提前约定对应的比特率，这是一种很简单的传输协议

2. 使用场景及异同点

（1）在构成方面

I^2C 和 SPI 都是同步协议，都有时钟信号，在一条总线上也都可以挂多个从设备，但是 I^2C 的从设备是通过地址来区分的，而 SPI 的从设备是通过片选线来区分的。所以在 SPI 总线上，每多挂一个从设备，就要多用一条线作为片选线，而 I^2C 则不用，只要地址不冲突，可以随便挂设备。

（2）在速度方面

I^2C 总线速度一般普遍慢于 SPI。I^2C 的速度一般是 100kbit/s、400kbit/s 和 1Mbit/s，而 SPI 的速度可以为几 Mbit/s，也可以为十几 Mbit/s。因此，I^2C 比较适合在低速的场合，如果速度快一些，则一般要选用 SPI。

（3）在电路构成方面

I^2C 总线的引脚都是开漏输出，必须外接上拉电阻，阻值可以根据总线速度来推算，一般常用传输速率为 400kbit/s，上拉电阻选用 2.2kΩ。

（4）在传输速率方面

UART 和 SPI、I^2C 不同，是异步传输的，一般来说传输速率比较慢，传统的传输速率一般为 115 200 bit/s 或以下，不过现在大部分 UART 控制器也支持 4Mbit/s 或者 8Mbit/s。UART 目前最常用的就是调试接口。

5.4.2.5　具有三种串行接口的 MFRC522 读头设计

MFRC522 提供了三种接口模式：

（1）高达 10Mbit/s 的 SPI。

（2）I^2C 总线模式（快速模式下可达 400kbit/s，高速模式下可达 3.4Mbit/s）。

（3）最高可达 1228.8 kbit/s 的 UART 模式。

每次上电或硬件重启之后，MFRC522 复位接口，并通过检测控制引脚上的电平信号来判别当前与主机的接口模式，如图 5.15 所示。

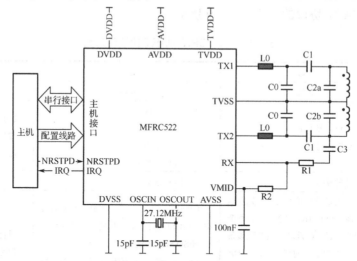

图 5.15　具有三种串行通信接口的 MFRC522 典型应用电路图

与判别接口模式有关的两个引脚为 I^2C 和 EA：

（1）当 I^2C 引脚拉高时，表示当前模式为 I^2C 方式。

（2）当 I^2C 引脚为低电平时，再通过 EA 引脚电平来区分，EA 为高表示 SPI 模式，为低则表示 UART 模式。

5.4.3　并行总线通信接口

并行接口指采用并行传输方式来传输数据的接口标准。从最简单的一个并行数据寄存器或专用接口集成电路芯片（如 8255、6820 等），一直至较复杂的 SCSI 或 IDE 并行接口，种类有数十种。

1．接口特性

一个并行接口的接口特性可以从两个方面加以描述：

（1）以并行方式传输的数据通道的宽度，也称接口传输的位数。

（2）用于协调并行数据传输的额外接口控制线或称交互信号的特性。

数据的宽度有 1～128 位或者更宽，最常用的是 8 位，可通过接口一次传送 8 个数据位。在计算机领域最常用的并行接口是 LPT 接口。

并行接口中各位数据是并行传送的，通常以字节（8 位或 16 位）为单位进行数据传输。特别注意的是，并行接口不支持热插拔。

2．主要特点

并行接口是指数据的各位同时传送，传输速度快，但当传输距离较远、位数又多时，会导致通信线路复杂且成本提高。

3．典型应用电路

MFRC500 芯片可直接支持各种 MCU，也可直接与 PC 的增强型并行接口（EPP）相连接，每次上电或硬启动后，芯片会复原并行接口模式并检测当前的 MCU 接口类型，通常用检测控制引脚逻辑电平的方法来识别 MCU 接口，并利用固定引脚连接和初始化相结合的方法实现正确的接口。

MFRC500 的典型应用电路原理图如图 5.16 所示。

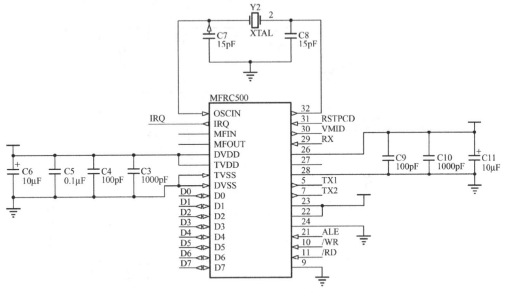

（a）MFRC500 应用电路原理图

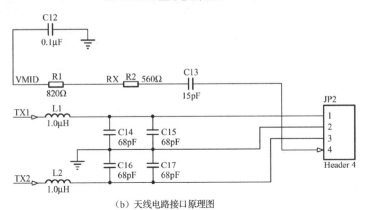

（b）天线电路接口原理图

图 5.16　MFRC500 的典型应用电路原理图

5.5　读写器程序设计实例

本节内容为基于不同系列单片机的读写器程序设计，涉及的单片机类型不同，读写器的构成不同，因此程序设计方面难易程度也不同。

5.5.1　基于 51 系列单片机的 LF 频段读写器程序设计

LF 频段的应答器通常为只读型，因此读写器的电路和程序设计通常比较简单。

具有串口扩展功能的射频读写器电路原理图如图 5.17 所示。采用这一方案成本较低，通过声光提示功能，提示操作的结果，并将读到的卡片数据发送给其他装置（如 PC）。

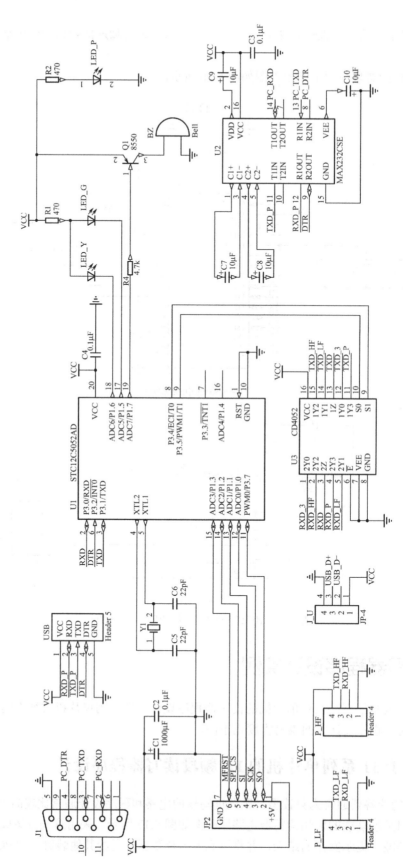

图 5.17　具有串口扩展功能的射频读写器电路原理图

在该方案中，MCU 的型号为 STC12C5052AD，通过 CD4052 实现串口扩展，射频部分采用模块完成，通信接口为 UART，工作电压为 5V。比特率默认为 9600bit/s，当收到射频卡数据时，模块将按照表 5.10 中的格式和顺序，自动发送给 MCU，每一帧的数据总长度为 7 个字节，其中卡片的 ID 长度为 5 个字节，通信协议包括数据头 0X55 和数据尾 0XAA。

表 5.10　射频模块与 MCU 的通信协议

名　　称	数 据 头	卡 号 数 据	数 据 尾
数据长度（字节）	1	5	1
数据定义	0X55	射频卡的 ID	0XAA

与本电路相应的程序源代码见代码示例 5.1 和代码示例 5.2。

1．主函数及相关宏定义

【代码示例 5.1】：主函数及相关宏定义的源代码

```c
#include <reg52.h>
#include <string.h>
#include <intrins.h>
#include <absacc.h>
#include <stdlib.h>

//通用的宏定义
#define        uchar unsigned char
#define        uint  unsigned int
#define        ulong unsigned long
#define    FALSE      0
#define    TRUE       1

//声光提示接口定义
sbit       LED_YELLOW = P1^6;
sbit       LED_GREEN = P1^5;
sbit       BELL    = P1^7;
sbit       POWER_LF = P3^3;
sbit       POWER_HF = P1^4;
sbit  DQ   =P1^3;//18B20接口

//CD4052控制接口定义
sbit       PORT_S0 = P3^5;
sbit       PORT_S1 = P3^4;

//1MS定时参数
#define T1MS_L 0x17
#define T1MS_H       0xfc

//函数定义
void Delay_ms(uint wDelay_Times);
void WATCH_DOG(void);

void Bell_Good(void);
void Bell_Error(void);
```

```c
uchar WCOM(uint wDelay_Times);
void SendOneByte(uchar bData);
void delayus(uint us);
//主函数
void main(void)
{
    //变量定义
    uchar bI,bSum,bTemp,bFlag;
    uchar bpCode[10];
    uchar bpCardId[10],bpInput[14];

    //初始化
    IE=0x00;
    TCON=0x41;
    TMOD=0x21;
    SCON=0x50;

    //串口通信比特率设置，9600bit/s
    TR0 = 1;
    RCAP2H =0xff;//115200=22118400/(2*16*(65536 - RCAP2H,RCAP2L));
    RCAP2L =0xdc;//12M：0xc7,11.0592M：0xdc

    //定时器设置
    T2CON = 0x34;/*C/T2 = 0;TCLK = 1,RCLK = 1;C/T2 = 1：计数频率=外部时钟频率*/
    TH1=0xfd; //11.0592：0XFD;

    //绿灯点亮300ms，拉低点亮
    LED_GREEN=0;
    Delay_ms(300);
    LED_GREEN=1;

    //黄灯点亮300ms，拉低点亮
    LED_YELLOW=0;
    Delay_ms(300);
    LED_YELLOW=1;
    Delay_ms(300);
    Bell_Good();//提示正确

    //Select to PC
    PORT_S0 = 1;
    PORT_S1 = 1;
    Delay_ms(100);

    Delay_ms(100);
    bFlag = 0;
    bSum = 0;
    while(1)
    {
        IE=0x00;
        RI=0;

        LED_YELLOW=0;
```

```
//清空卡号缓冲区
for (bI = 0;bI < 10 ;bI ++ )
{
        bpCardId[bI] = 0;
}
bSum = 0;

//Select to LF
PORT_S0 = 1;
PORT_S1 = 0;
Delay_ms(100);
POWER_LF = 1;
while (bSum <= 6)//读头接收数据的计数
{
    bI = WCOM(1000);//等待读头的数据
    if (bI)
    {
        bpCardId[bSum] = SBUF;
        bSum ++;
    }
    else
    {
        break;
    }
}
//数据接收完毕，7个字节，包括数据头0X55和数据尾0XAA，中间为卡号数据：5个字节
 if (bSum == 7)
{
    //Select to PC and send to PC
    PORT_S0 = 1;
    PORT_S1 = 1;
    Delay_ms(100);
    for (bI = 1;bI < bSum ;bI ++ )
    {
            SendOneByte(bpCardId[bI]);
    }
    Bell_Good();//提示正确
}
else
{
    if (!bSum)//未收到数据，黄灯点亮300ms，拉低点亮
    {
        LED_YELLOW=0;
        Delay_ms(300);
        LED_YELLOW=1;
        Delay_ms(300);
    }
    else//收到数据不完整
        Bell_Error();//提示正确
}
POWER_LF = 0;
Delay_ms(100);
```

```
        }
    }
```

2. 主要的子函数

【代码示例 5.2】：主函数及相关宏定义的源代码

```
/**********************************************************
功能：等待串口数据，以1ms为单位
入口参数：wDelay_Times，延时参数
出口参数：TRUE/FALSE，有数据/无数据
**********************************************************/
// 等串口 等待时间 = wDelay_Times ms
uchar WCOM(uint wDelay_Times)
{
    for (; wDelay_Times ;wDelay_Times -- )
    {
        //start the timer
        TL0 = T1MS_L;
        TH0 = T1MS_H;
        TF0 = 0;
        while (!TF0)
        {
            if(RI)
            {
                RI=0;
                return TRUE;
            }
        }
    }
    return FALSE;
}


/**********************************************************
功能：通过串口发送字节
入口参数：wDelay_Times，延时参数
出口参数：TRUE/FALSE，有数据/无数据
**********************************************************/
void SendOneByte(uchar bData)
{
    TI=0;
    SBUF=bData;
    while(!TI);
    TI=0;
}
```

5.5.2 基于 51 系列单片机的 ISO/IEC 14443 协议射频读写器程序设计

图 5.18 为本方案的电路原理图。本方案是图 5.17 的升级版，用单片机 STC12C5206AD 替换了原来的 STC12C5052AD，在增大程序容量的同时，还增加了 I/O 接口数量，因此可以将操作过程和结果在 LCD 上进行显示。

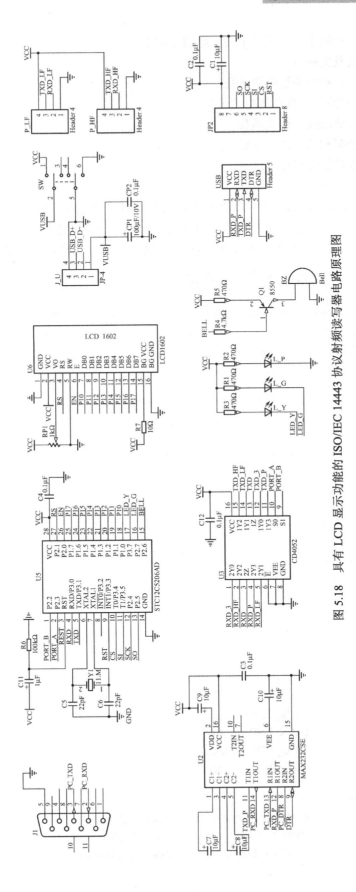

图 5.18　具有 LCD 显示功能的 ISO/IEC 14443 协议射频读写器电路原理图

按照功能，将整个工程文件中的函数划分如下：

（1）宏定义及主函数。

（2）液晶屏及相关外设驱动函数。

（3）RFIC 初始化及寄存器相关函数。

（4）射频卡基础操作相关函数。

（5）加载密钥和三次认证函数。

（6）射频卡功能操作相关函数。

（7）其他源代码。

在本方案中，MCU 为 STC12C5206AD，RFIC 为 FM1702SL（参见图 5.14），二者之间的通信接口为 SPI。工作时，MCU 接收来自上位机软件的命令和数据，并对其进行解析后，根据解析的结果向 RFIC 发送相关的指令，同时在 LCD 上显示操作的过程和结果。

5.5.2.1　头文件中的函数及变量定义

头文件主要是本方案中涉及的函数及变量的声明和定义。在本方案中，文件名为 FMty_5206.h，也可以单独命名，类型为.h，程序设计时被包含到.c 文件中。代码中，文件名与实际文件名必须严格一致，详见代码示例 5.3。

【代码示例 5.3】：ISO14443 协议射频读写器的源代码的头文件

```
/**************************************************
        功　能：头文件
        用　途：变量声明、宏定义
**************************************************/
#include"STC12C5410AD.H"
#include "stdio.h"
#include <string.h>
#include <intrins.h>
#include <absacc.h>
#include <stdlib.h>

//通用宏定义
#define uchar    unsigned char
#define uint     unsigned int
#define ulong    unsigned long

#define          FALSE         0
#define          TRUE          1
#define          PACK_START    0xcc
#define          PACK_END      0x0d
#define          MCU_ACK       0x55
#define          ACK_OK        0xdd

//系统指令定义
#define          CMD_TEST_RFCARD    0x80//测试卡片
#define          CMD_OPEN_ANT       0x81//开启射频天线
#define          CMD_CLOSE_ANT      0x82//关闭射频天线
```

```
#define        CMD_MODIFY_KEY        0xA1//修改密钥
#define        CMD_LOAD_KEY          0xA2//加载密钥
#define        CMD_READ_BLOCK        0xA5//读数据块数据
#define        CMD_WRITE_BLOCK       0xA6//写数据块数据
#define        CMD_READ_UID          0xA7//读取UID
#define        CMD_BELL              0xA8//蜂鸣器控制
#define        CMD_CHECK             0xAF//格式检测


//与读头接口定义
sbit   MFRST    =P3^3;//接FM1702SL的RSTPD
sbit     SPI_CS =P3^4;//接FM1702SL的NSS
sbit   SI       =P3^5;//接FM1702SL的MOSI
sbit   SCK      =P2^4;//接FM1702SL的SCK
sbit   SO       =P2^5;//接FM1702SL的MISO


//声光提示接口定义
sbit      LED_Y = P3^7;
sbit      LED_G = P2^7;
sbit      BELL  = P2^6;


//模拟开关控制端口定义
sbit      PORT_S0 = P2^3;
sbit      PORT_S1 = P2^2;


//LCD接口定义
sbit   LCD_RS = P2^1;
sbit   LCD_EN = P2^0;


//FM1702SL命令码
#define    Transceive         0x1E //发送接收命令
#define Transmit               0x1a //发送命令
#define ReadE2                 0x03 //读RC531 e2命令
#define WriteE2                0x01 //写RC531 e2命令
#define Authent1               0x0c //验证命令认证过程第1步
#define Authent2               0x14 //验证命令认证过程第2步
#define LoadKeyE2              0x0b //将密钥从E2复制到KEY缓存
#define LoadKey                0x19 //将密钥从FIFO缓存复制到KEY缓存
#define Idle_Command          0x00 //将密钥从FIFO缓存复制到KEY缓存

#define    RF_TimeOut          0xff //发送命令延时时间
#define Req                     0x01
#define Sel                     0x02


// FM1702SL地址定义
#define    Page_Sel            0x00 //页写寄存器
#define    Command             0x01 //命令寄存器
#define    FIFO                0x02 //64字节FIFO缓冲的输入/输出寄存器
```

```
#define    PrimaryStatus          0x03 //发射器、接收器及FIFO的状态寄存器1
#define    FIFO_Length            0x04 //当前FIFO内字节数寄存器
#define    SecondaryStatus        0x05 //各种状态寄存器2
#define InterruptEn               0x06 //中断使能/禁止寄存器
#define    Int_Req                0x07 //中断请求标识寄存器

#define    Control                0x09 //控制寄存器
#define    ErrorFlag              0x0A //错误状态寄存器
#define CollPos                   0x0B //冲突检测寄存器
#define TimerValue                0x0c //定时器当前值
#define    Bit_Frame              0x0F //位帧调整寄存器

#define    TxControl              0x11 //发送控制寄存器
#define    CWConductance          0x12 //选择发射脚TX1和TX2发射天线的阻抗
#define    ModConductance         0x13 //定义输出驱动阻抗
#define    CoderControl           0x14 //定义编码模式和时钟频率
#define    ModWidth               0x15
#define    TypeBFraming           0x17 //定义ISO14443B帧格式
#define    RXControl1             0x19
#define    DecoderControl         0x1a //解码控制寄存器
#define    Rxthreshold            0x1c
#define    BPSKDemControl         0x1d
#define    Rxcontrol2             0x1e //解码控制及选择接收源

#define RxWait                    0x21 //选择发射和接收之间的时间间隔
#define    ChannelRedundancy      0x22 //RF通道检验模式设置寄存器
#define CRCPresetLSB              0x23
#define    CRCPresetMSB           0x24
#define MFOUTSelect               0x26 //mf OUT 选择配置寄存器

#define TimerClock                0x2a //定时器周期设置寄存器
#define TimerControl              0x2b //定时器控制寄存器
#define TimerReload               0x2c //定时器初值寄存器
#define Secnr                 2
//12M 定时器1MS
#define T1MS_L            0x17
#define T1MS_H            0xfc

//全局变量定义
uchar idata      g_bpBuffer[18];        //发送接收缓冲区
uchar idata g_bpUID[5];                 //卡片序列号暂存区
uchar idata      g_bpKey[6];
uchar idata g_bpTempBuf[150];           // 命令参数
uchar            g_bTempData;

//与RFIC相关的函数定义及声明
void Write_Reg(uchar SpiAddress,uchar dat);
void Send_data(uchar var);
```

```
void Config(void);
void FM1702SL_Init(void);
void Write_FIFO(uchar count,uchar idata *buff);

uchar Read_Reg(uchar SpiAddress);
uchar Check_UID(void);
uchar Load_Key(void);
uchar SPI_Init(void);
uchar Request(void);
uchar Get_UID(void);
uchar Select_Tag(void);
uchar Authentication(uchar BlockNum);
uchar Write_Block(uchar BlockNum);
uchar Read_Block(uchar BlockNum);
uchar Receive_Data(void);
uchar Write_M1(void);
uchar Read_M1(void);
uchar Command_Send(uchar count,uchar idata * buff,uchar Comm_Set);
uchar Clear_FIFO(void);
uchar Read_FIFO(uchar idata *buff);

//与功能相关的函数定义及声明
void Status_OK(void);
void Status_ERROR(void);
void Ascii_To_BCD(void);
void Uart_Send(uchar d);
void Sound(void);
void Read_UID(void);
void Load_Key(void);
void Modify_Key(void);

uchar Check(void);
uchar Modify_Key(void);
uchar WCOM(uint m);
uchar Send_Byte(uchar k);
uchar Rev_Byte(uint t);
uchar Send_Pc(uchar bSum);
uchar Test_CardInsert(void);

//与显示相关的函数外部声明
extern void Dealy_us(uint us);
extern void Delay_ms(uint wDelay_Times);
extern void LCD_Display(uchar bLine,uchar bCol,uchar *bpBuf,uchar bLen);
extern void Write_Lcd_Com(uchar bLcd_Cmd);
extern void Dealy_ms(uint wDelay);
extern void Write_Lcd_Date(uchar bLcd_Date);
extern void Lcd_Init();
extern void ClearLine(void);
extern void DisplayACK(uchar *bpCardId,uchar bX,uchar bLen);
```

5.5.2.2 程序的主函数

主函数为程序设计的主体，包括系统初始化、上电提示、RFIC 模块的复位、指令接收和解析，并根据指令执行相应的操作，详见代码示例 5.4。

【代码示例 5.4】：ISO/IEC 14443 协议射频读写器的主函数源代码

```
/***************************************************
        程序:    ISO/IEC 14443协议射频读写器程序
        RFIC:    FM1702SL
        MCU :    STC12C5206
        晶振: 11.0592MHz
        其他:    显示屏为LCD1602
 ***************************************************/
#include <FMty_5206.h>

void main(void)
{
    uchar m,sum,bCmd;

    //寄存器初始化
    IE=0x00;
    TCON=0x41;
    TMOD=0x21;
    SCON=0x50;
    TR0 = 1;
    RCAP2H =0xff;
    RCAP2L =0xdc;
    //C/T2 = 0;TCLK = 1,RCLK = 1; C/T2 = 1: 计数频率=外部时钟频率
    T2CON = 0x34;
    TH1=0xfd;

    //Select to PC
    PORT_S0 = 1;
    PORT_S1 = 1;
    //初始化LCD及蜂鸣器
    Lcd_Init();
    LED_G=0;
    Delay_ms(300);
    LED_G=1;

    LED_Y=0;
    Delay_ms(300);
    LED_Y=1;
    Delay_ms(300);

    //显示初始信息
    LCD_Display(0,0,"CMD:            ",16);
    LCD_Display(1,0,"Sta:            ",16);

    MFRST = 1; // FM1702sl复位
    if (SO)
```

```
            Status_OK();
    else
            Status_ERROR();
    Uart_Send(PACK_START);

    while(1)
    {
       IE=0x00;
          MFRST = 1; //FM1702Sl复位
          bCmd=0;
          RI=0;
          if(WCOM(500)==TRUE)// 等待<500ms
          {
               if(SBUF==PACK_START)// 计算机有回应
               {
                    m=0;
                    sum=0;
                    while(1)
                    {
                        if(WCOM(500)==FALSE)
                            break;
                        if(SBUF==PACK_END)// 接收数据结束
                        {
                            g_bpTempBuf[m]=SBUF;
                            sum=sum+g_bpTempBuf[m];
                            if(WCOM(500)==FALSE)
                                break;
                            if(SBUF!=sum)
                                break;
                            if(Send_Byte(MCU_ACK)==FALSE)
                                break;
                            bCmd=g_bpTempBuf[0];
                            break;
                        }
                        g_bpTempBuf[m]=SBUF;
                        sum=sum+g_bpTempBuf[m++];
                    }
                    if(Check()==FALSE)
                        continue;
                    if(bCmd==CMD_BELL)
                    {
                        Sound();
                        continue;
                    }
                    if(bCmd==CMD_LOAD_KEY)
                    {
                        Load_Key();
                        continue;
                    }
                    Config();
                    IE=0x84;
                    switch(bCmd)
```

```
                        {
                            case CMD_MODIFY_KEY：// 写用户密码
                                Modify_Key();
                                break;
                            case CMD_READ_BLOCK：// 读卡
                                Read_M1();
                                break;
                            case CMD_WRITE_BLOCK：// 写卡
                                Write_M1();
                                break;
                            case CMD_READ_UID：// 读卡ID
                                Read_UID();
                                break;
                        }
                    }
                }
            }
        }
```

5.5.2.3　射频卡操作的相关函数

1. 射频卡基础操作的相关函数

射频卡操作主要为数据的读取和写入，每个操作应严格按照指定的流程进行。不同的操作，流程有所差异。在进行相应的功能操作前，需要完成基础操作。基础操作的流程大体相同，包括发送请求、获取卡片的 UID、验证 UID，对于数据的读写功能，还需要进行选定卡片、防碰撞、加载密钥等。

2. 加载密钥及三次认证函数

三次认证的过程较为复杂，但是函数设计比较简单，按照指定的流程顺序，操作寄存器和参数即可完成，在认证过程中需要加载密钥。

3. 射频卡应用功能相关函数

射频卡的操作包括以下 4 个方面：

（1）读取卡片的卡号。

（2）读取指定数据块的数据。

（3）向指定数据块写入数据。

（4）更改指定扇区的密钥。

4. 其他源代码

本方案中，需要串口通信、液晶屏显示等处理，未列出的源代码，可以参见电子版的资料。

5.5.3　基于 STM32 单片机的 ISO/IEC 14443 协议射频读写器程序设计

本方案中，MCU 为 STM32F103C8T6，RFIC 为 MFRC522，二者之间的通信接口为 SPI。值得注意的是，该系统具有两种电压参数，分别是 5V 和 3.3V。

5.5.3.1　电路构成及通信接口

基于 STM32F103C8T6 的射频读写器电路原理图如图 5.19 所示。在该电路中，可以直接用于如下模块的连接：

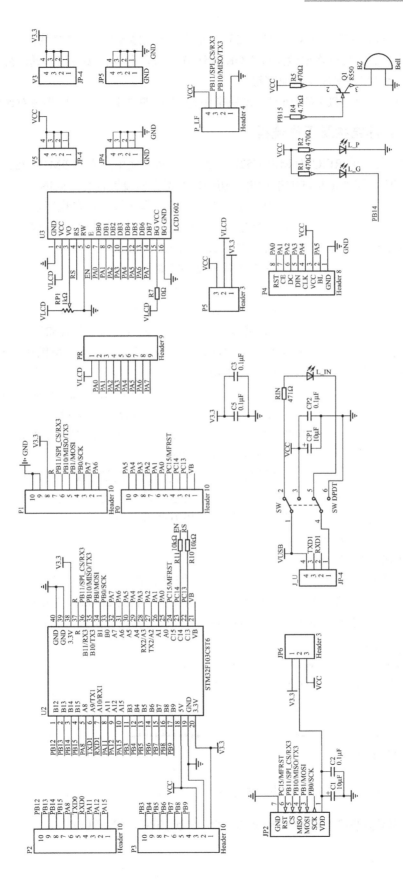

图 5.19　基于 STM32F103C8T6 的射频读写器电路原理图

（1）JP2 为 SPI 接口，模块电源为 3.3V，可以直接连接 MFRC522 模块。

（2）P4 接口定义与点阵型液晶屏 NOKIA5110 一致，可以直接使用，通过外部加载汉字点阵字库，显示中文、图片及其他字符。

（3）U3 可以直接连接 LCD1602，模块电源为 5V，通过电位器可以实现对比度的调节。

5.5.3.2 程序结构及工作流程

本方案中，使用的 RFIC 为 MFRC522，接口为 SPI，使用过程与 FM1702SL 类似。不过对于不同的 RFIC，即使是相同的单片机，初始化及寄存器设置也是不同的。

为了便于工程设计和程序管理，在程序设计方面，可以在工程文件中建立文件夹后，再添加相关的源程序。工程文件及程序清单如图 5.20 所示。

各文件命名及功能如下：

（1）主程序：main.c。

（2）端口设置及初始化程序：gpio.c。

（3）射频识别处理程序：rc522.c 和 rc522.h，头文件以变量定义和函数声明为主，而 rc522.c 文件则是包括了所有与 RFIC 操作相关的子函数。

（4）液晶屏显示处理程序：lcd1602.c 和 lcd1602.h。

（5）串行通信程序：usart.c 和 usart.h，串行通信比特率为 9600bit/s，端口为 UART1，采用串行中断方式接收数据。

（6）其他辅助程序。

```
STM32_Reader@RC522
   CORE
      startup_stm32f10x_hd.s
      core_cm3.c
   TEACHING
      gpio.c
      lcd1602.c
      rc522.c
   SYSTEM
      delay.c
      sys.c
      usart.c
   USER
      main.c
      stm32f10x_it.c
      system_stm32f10x.c
   FWLIB
```

图 5.20　工程文件及程序清单

虽然采用的单片机不同，但是在编程设计方面，尤其是在数据处理的流程方面基本是相同的，不过在系统初始化、端口设置、库函数的使用方面差异较大。

本方案的工作流程如下。

1．系统上电初始化

相对于 51 系列单片机而言，STM32 系列单片机的初始化过程较为复杂，但是可以实现资源的高效利用，相关的初始化及寄存器相关函数文件命名为 gpio.c，详见代码示例 5.5。

【代码示例 5.5】本方案中 STM32F103C8T6 单片机的初始化函数的源代码

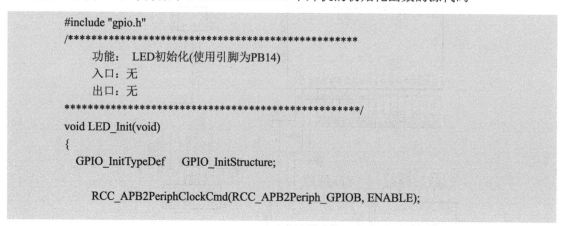

```c
#include "gpio.h"
/*********************************************
    功能：   LED初始化(使用引脚为PB14)
    入口：无
    出口：无
*********************************************/
void LED_Init(void)
{
  GPIO_InitTypeDef    GPIO_InitStructure;

  RCC_APB2PeriphClockCmd(RCC_APB2Periph_GPIOB, ENABLE);
```

```
        GPIO_InitStructure. GPIO_Pin = GPIO_Pin_14;
        GPIO_InitStructure. GPIO_Speed = GPIO_Speed_50MHz;
        GPIO_InitStructure. GPIO_Mode = GPIO_Mode_Out_PP;
        GPIO_Init(GPIOB, &GPIO_InitStructure);
    }
/*************************************************
    功能：  蜂鸣器初始化(使用引脚为PB15)
    入口：无
    出口：无
**************************************************/
void BEEP_Init(void)
{
    GPIO_InitTypeDef    GPIO_InitStructure;

    RCC_APB2PeriphClockCmd(RCC_APB2Periph_GPIOB, ENABLE);

    GPIO_InitStructure. GPIO_Pin = GPIO_Pin_15;
    GPIO_InitStructure. GPIO_Speed = GPIO_Speed_50MHz;
    GPIO_InitStructure. GPIO_Mode = GPIO_Mode_Out_OD;
    GPIO_Init(GPIOB, &GPIO_InitStructure);

}
/*************************************************
    功能：  LCD初始化
    入口：无
    出口：无
**************************************************/
void LCDGPIO_Init(void)
{
    GPIO_InitTypeDef    GPIO_InitStructure;
    RCC_APB2PeriphClockCmd(RCC_APB2Periph_GPIOA,ENABLE);

    //引脚为PA0-PA7，并行数据接口
    GPIO_InitStructure.GPIO_Pin= GPIO_Pin_0|GPIO_Pin_1|GPIO_Pin_2|GPIO_Pin_3|GPIO_Pin_4|
GPIO_Pin_5|GPIO_Pin_6|GPIO_Pin_7;
    GPIO_InitStructure.GPIO_Mode = GPIO_Mode_Out_PP;
    GPIO_InitStructure.GPIO_Speed = GPIO_Speed_50MHz;
    GPIO_Init(GPIOA, &GPIO_InitStructure);

    //引脚为PC13-15，使能控制端口
    RCC_APB2PeriphClockCmd(RCC_APB2Periph_GPIOC,ENABLE);
    GPIO_InitStructure.GPIO_Pin = GPIO_Pin_15|GPIO_Pin_14|GPIO_Pin_13;
    GPIO_InitStructure.GPIO_Mode = GPIO_Mode_Out_PP;
    GPIO_InitStructure.GPIO_Speed = GPIO_Speed_50MHz;
    GPIO_Init(GPIOC, &GPIO_InitStructure);
}
```

2．串行中断程序处理

在本方案中，对于来自系统的指令，采用串行中断的方式。

（1）串行初始化函数

比特率为 9600bit/s，使用的资源为 UART1，即端口分别为 PA9 和 PA10，相关的源代码见代码示例 5.6。

【代码示例 5.6】串口初始化函数的源代码

```
/*************************************************
    功能：串行初始化
    入口：bound：比特率
    出口：无
***************************************************/
void uart_init(u32 bound)
{
    //GPIO端口设置
    GPIO_InitTypeDef GPIO_InitStructure;
    USART_InitTypeDef USART_InitStructure;
    NVIC_InitTypeDef NVIC_InitStructure;

    //使能USART1，GPIOA时钟
    RCC_APB2PeriphClockCmd(RCC_APB2Periph_USART1|RCC_APB2Periph_GPIOA, ENABLE);
    //USART1_TX    PA.9
    GPIO_InitStructure.GPIO_Pin = GPIO_Pin_9; //PA.9
    GPIO_InitStructure.GPIO_Speed = GPIO_Speed_50MHz;
    GPIO_InitStructure.GPIO_Mode = GPIO_Mode_AF_PP;             //复用推挽输出
    GPIO_Init(GPIOA, &GPIO_InitStructure);

    //USART1_RX    PA.10
    GPIO_InitStructure.GPIO_Pin = GPIO_Pin_10;
    GPIO_InitStructure.GPIO_Mode = GPIO_Mode_IN_FLOATING;       //浮空输入
    GPIO_Init(GPIOA, &GPIO_InitStructure);

    //USART1 NVIC 配置
    NVIC_InitStructure.NVIC_IRQChannel = USART1_IRQn;
    NVIC_InitStructure.NVIC_IRQChannelPreemptionPriority=3 ;     //抢占优先级3
    NVIC_InitStructure.NVIC_IRQChannelSubPriority = 3;          //子优先级3
    NVIC_InitStructure.NVIC_IRQChannelCmd = ENABLE;            //IRQ通道使能
    NVIC_Init(&NVIC_InitStructure);        //根据指定的参数初始化VIC寄存器

    //USART 初始化设置
    USART_InitStructure.USART_BaudRate = bound;                     //一般设置为9600bit/s;
    USART_InitStructure.USART_WordLength = USART_WordLength_8b;   //字长为8位数据格式
    USART_InitStructure.USART_StopBits = USART_StopBits_1;        //一个停止位
    USART_InitStructure.USART_Parity = USART_Parity_No;          //无奇偶校验位
    USART_InitStructure.USART_HardwareFlowControl = USART_HardwareFlowControl_None;
                                                                //无硬件数据流控制
    USART_InitStructure.USART_Mode = USART_Mode_Rx | USART_Mode_Tx; //收发模式
```

```
        USART_Init(USART1, &USART_InitStructure);          //初始化串口
        USART_ITConfig(USART1, USART_IT_RXNE, ENABLE);     //开启中断
        USART_Cmd(USART1, ENABLE);                          //使能串口
    }
```

（2）串行中断处理函数

在本方案中，对于来自 PC 的串行中断的数据接收，以十六进制数据 0x0d 和 0x0a 为结束符。因此，当收到结束符后，程序停止数据的接收，并对接收状态的标记进行赋值，供主函数判断，相关源代码见代码示例 5.7。

【代码示例 5.7】串行中断函数的源代码

```
/**************************************************
        功能：串口1中断服务程序
        入口：无
        出口：无
**************************************************/
void USART1_IRQHandler(void)
{
    u8 Res;

//接收中断（接收到的数据必须以0x0d, 0x0a结尾）
    if(USART_GetITStatus(USART1, USART_IT_RXNE) != RESET)
    {
        Res =USART_ReceiveData(USART1);//(USART1->DR); //读取接收到的数据

        if((USART_RX_STA&0x8000)==0)                   //接收未完成
        {
            if(USART_RX_STA&0x4000)                    //接收到了0x0d
            {
                if(Res!=0x0a)
                    USART_RX_STA=0;                    //接收错误,重新开始
                else
                    USART_RX_STA|=0x8000;              //接收完成了
            }
            else //还没收到0x0d
            {
                if(Res==0x0d)
                    USART_RX_STA|=0x4000;
                else
                {
                    USART_RX_BUF[USART_RX_STA&0X3FFF]=Res ;
                    USART_RX_STA++;
                    if(USART_RX_STA>(USART_REC_LEN-1))
                        USART_RX_STA=0;                //接收数据错误,重新开始接收
                }
            }
        }
    }
}
```

3．MCU 接收指令并执行

MCU 接收来自上位机软件的命令和数据，解析后，根据解析的结果向 MFRC522 发送相关的指令。

4．对于应答器数据的处理

接收并解析射频模块的应答数据，同时在 LCD 上显示操作的过程和结果。LCD 的显示方式和过程，除了对于 I/O 接口的控制方式有所差异，其余与 51 单片机基本相同。

这里未列出的程序代码，详见电子版的资料。

5.6 延伸阅读：主要的 MCU 公司及其产品简介

MCU 被广泛应用于各领域，从手机、PC 外围设备、遥控器，到汽车电子、工业上的步进电动机、机器手臂的控制等，都可见到 MCU 的身影。

5.6.1 MCU 的类型

MCU 类型众多，不同类型的单片机计算能力不同，应用场合也不同，总体归纳如下。

1．4 位单片机

4 位单片机结构简单，价格便宜，非常适合用于控制单一的小型电子类产品，如 PC 用的输入装置（鼠标、游戏杆）、电池充电器、遥控器、电子玩具、小家电等。此外，4 位单片机还广泛应用于计算器、车用仪表、车用防盗装置、呼叫器、无线电话、CD 播放器、LCD 驱动器、儿童玩具、磅秤、充电器、胎压计、温湿度计等。

目前，4 位单片机的知名厂商为 EPSON 和东芝。

2．8 位单片机

8 位单片机是目前品种最为丰富、应用最为广泛的单片机。8 位单片机主要分为 51 系列和非 51 系列单片机。

51 系列单片机的代表性产品为 ATMEL89 系列。8 位单片机被广泛用于电表、马达控制器、电动玩具、呼叫器、传真机、电话录音机、键盘、USB 等。

3．16 位单片机

16 位单片机操作速度及数据吞吐能力等比 8 位单片机有较大提高。

目前，应用较多的有 TI 的 MSP430 系列、凌阳 SPCE061A 系列、Motorola 的 68HC16 系列、Intel 的 MCS-96/196 系列、Microchip 的 PIC 系列等，广泛应用于移动电话、数码相机、摄录放映机等。

4．32 位单片机

与 51 单片机相比，32 位单片机运行速度和功能大幅提高，随着技术的发展以及价格的下降，将会与 8 位单片机并驾齐驱。

32 位单片机主要由 ARM 公司研制，因此提及 32 位单片机，一般均指 ARM 单片机。严格来说，ARM 不是单片机，而是一种 32 位处理器内核，实际中使用的 ARM 芯片有很多型号，常见的 ARM 芯片主要有 NXP 的 LPC2000 系列、意法半导体的 STM32 系列、三星的 S3C/S3F/S3P 系列等。

32 位单片机广泛应用于智能家居、物联网、电机变频控制、安防监控、指纹识别、触控按键、Modem、GPS、STB、工作站、ISDN 电话、激光打印机与彩色传真机等领域。

5．64 位单片机

64 位单片机的型号不多，以东芝的 TX99 系列为代表。

RISC 微处理器 TX99 系列，是基于 MIPS 科技公司（美国）的 MIPS64TM 微架构。该系列微处理器采用了由 MIPS 公司和东芝公司联合开发的 64 位超标量架构。MIPS64TM 具有极高的性能，可同时处理两个指令。通过将该架构应用于半导体产品和系统，可用于高成本、高功耗领域，如汽车电子、OA、家庭服务、数字信息应用和网络等，实现高速数据处理。

64 位单片机通常用于高阶工作站、多媒体互动系统、高级电视游乐器、高级终端机等场合。

5.6.2　主要的 MCU 公司

主要的 MCU 公司基本信息如表 5.11 所示。

表 5.11　主要的 MCU 公司基本信息

公 司 名 称	基 本 信 息
赛普拉斯（CYPRESS）	赛普拉斯最新一代可编程系统单芯片 PSoC4，导入 ARM 32 位 Cortex-M0 核心，随着产品性能和性价比的提升，将逐渐蚕食 8 位、16 位微控制器（MCU）的市场占比。 CYPRESS 的 MCU 主要是 PSOC 系列，独特性在于：具有可编程和灵活性，即 MCU+模拟+FPGA
英飞凌（INFINEON）	前身是西门子集团的半导体部门。英飞凌 8 位单片机能实现高性能的电机驱动控制，在严酷环境下（高温、EMI、振动）具有极高的可靠性。英飞凌 8 位单片机主要有 XC800 系列、XC886 系列、XC888 系列、XC82x、XC83x 系列等。英飞凌的 MCU 用在汽车、工业类的居多，用于消费类的很少
微芯科技（MICROCHIP）+爱特梅尔（ATMEL）	微芯科技是全球领先的单片机和模拟半导体供应商，MICROCHIP 单片机是市场份额增长最快的单片机。2016 年底，收购了 ATMEL 公司，进一步增大了在 MCU 市场的份额。 MICROCHIP 公司的 PIC 单片机产品的突出特点是体积小、功耗低、精简指令集、抗干扰性好、可靠性高、有较强的模拟接口、代码保密性好，大部分芯片均有兼容的 Flash 程序存储器芯片。 该公司有自己架构的单片机，以 PIC 命名，如 PIC8、PIC16、PIC32 等系列
恩智浦（NXP）+飞思卡尔（FREESCALE）	恩智浦公司的单片机是基于 80C51 内核的单片机，嵌入了掉电检测、模拟以及片内 RC 振荡器等功能，这使 51LPC 在高集成度、低成本、低功耗的应用设计中可以满足多方面的性能要求。 获得 ARM 的授权，在 32 位单片机方面具有优势
瑞萨电子（RENESAS）	瑞萨电子是由瑞萨、NEC、三菱这三家公司组成的 MCU 巨无霸，在车机市场占有最大市场份额，获得 ARM 的授权，采用瑞萨自己的架构
意法半导体（ST）	意法半导体微控制器产品种类丰富，从低功耗 8 位单片机 STM8 系列，到基于各种 ARM® Cortex®-M0 和 M0+、Cortex®-M3、Cortex®-M4、Cortex®-M7 内核的 32 位闪存微控制器 STM32 家族，为嵌入式产品开发人员提供了丰富的 MCU 选择资源。同时，意法半导体还在不断扩大、拓展产品线，其中包括各种超低功耗单片机系列
德州仪器（TI）	德州仪器（TI）是全球领先的模拟及数字半导体 IC 设计制造公司。除提供模拟技术、数字信号处理（DSP）外，TI 在单片机领域也涉入较深，推出一系列的 32 位单片机。 TI 的 MCU 产品线很广，针对不同领域推出了很多系列产品

公 司 名 称	基 本 信 息
东芝（TOSHIBA）	东芝单片机的特点是从 4 位单片机到 64 位单片机的全覆盖，门类齐全。 4 位单片机在家电领域仍有较大市场。8 位单片机主要有 870 系列、90 系列等，允许使用慢模式，采用 32K 时钟时，功耗低至 10μA 数量级。 32 位单片机采用 MIPS3000ARISC 的 CPU 结构，面向 VCD、数字相机、图像处理等市场
三星（SAMSUNG）	三星单片机有 KS51 和 KS57 系列 4 位单片机，KS86 和 KS88 系列 8 位单片机，KS17 系列 16 位单片机和 KS32 系列 32 位单片机，裸片价格具有很强的市场竞争力
芯科（Silicon Laboratories）	芯科成立于 1996 年，位于美国得州奥斯汀市，是一家专业研发设计模拟电路及混合信号 IC 的公司，为成长快速的通信产业设计提供服务，在 8051 系列 MCU 领域居于领先地位。 2013 年收购了一家名为 Energy Micro 的节能型 MCU 公司，产品有两个型号

第6章 读写器的应用与二次开发

【内容提要】

对于设备厂商而言，为用户提供 RFID 读写器的同时，需要提供相应的数据通信协议，用户可以先根据数据通信协议，完成与 RFID 读写器之间的数据交换，然后将数据上传到各自的应用系统，从而完成应用系统的设计。

不同的读写器，其通信协议复杂程度不同。即使是同一个频段的装置，实现的功能和通信接口也存在差异。最简单的协议是单向的，即上电后自动读取应答器的 ID，并将结果上传到应用系统。通常情况下，读写器与系统之间的通信协议是双向，即在数据交换的过程中，RFID 读写器先根据应用系统的指令执行相应的操作，然后将操作结果上传到系统。

完成设备与系统之间的通信需要两个必要条件：接口电路和数据协议。

【案例分析】 走进"刷证"新时代

如下是生活中常见的场景：

机场：旅客乘坐飞机出行，在自助服务终端前，刷身份证办理登机牌。

医院：患者就医，在自助服务终端前，刷身份证领取预约的号码。

银行：顾客办理开户或者注销业务，递过去身份证，银行卡便自动绑定身份证。

酒店：顾客办理客房入住，递过去身份证，系统自动进行身份认证，核实预定信息。

……

简单概括：凡需要进行身份认证之处，必"刷"身份证。

这个可以"刷"的身份证，是我国的第二代居民身份证，本质是 RFID 应答器。从 2018 年起，在全国范围内，旅客可以持身份证通过火车站的闸机检测，而不必打印纸质的火车票，从而开启了"刷证"时代。

但是不难发现，在不同的应用场景下，身份证的应用系统却是千差万别的，甚至同一个系统中，可以出现不同厂家、不同类型的身份证读写器，如火车站：打印车票是固定式服务终端，随机抽检是手持式的终端，而检票时是闸机的一部分。那么问题来了，如何保证在这个系统中，实现不同类型的读写器兼容呢？

答案很简单：在我国，由于身份证读写器的生产和制造是许可证制度，身份证读写器在材料、通信接口电路以及通信参数等方面通常是统一的，因此对于用户和设备厂商而言，使用流程变得非常简单。

（1）对于应用系统而言，只需要完成通信接口的连接后，根据各自的需要，按照协议要求发送含有指令的命令帧，便可以实现与身份证读写器的数据交换，获取相应的信息，而不必考虑设备其他方面的信息，如设备的外设、材料等。

（2）对于设备厂商而言，除了必须保证通信接口、数据协议符合国家标准，还应该使设备可以与任何一个身份证应用系统无缝对接，而在装置的电路结构、外观、材料等方面也完全可以具有自己的特色。

设备驱动程序（Device Driver）简称驱动程序（Driver），是一个允许高级计算机软件与硬件交互的程序。这种程序创建了一个硬件与硬件或硬件与软件沟通的接口，经由接口与硬件之间形成连接机制，实现硬件设备与其他装置之间的数据交换。

对于计算机来说，驱动程序是一种可以使计算机与设备通信的特殊程序，相当于硬件的接口，操作系统只有通过这个接口，才能控制硬件设备的工作；反之，假如某设备的驱动程序未能正确安装，便不能正常工作。

因此，驱动程序被誉为"硬件的灵魂""硬件的主宰""硬件和系统之间的桥梁"等，通常将驱动程序的设计过程称作二次开发。二次开发是相对于底层开发而言的。

1．底层开发

底层开发是系统后台和网络的基端，也可以理解成最接近于硬件的开发。开发语言一般为汇编语言、C 语言、C++。开发方向主要是针对硬件方面的开发，如接口程序、驱动程序、操作系统相关的程序等。

2．二次开发

所谓的二次开发，是指通过计算机编程语言，在基于（利用）其他平台软件的情况下，实现各种符合自主需要的新的模块及新的软件。

由于二次开发是基于别人的平台开发出来的，注定了它不能脱离原来的平台软件，同时很难或者无法在算法和功能上实现新的突破，因此具有很强的依赖性和局限性。但是由于是二次开发，因此许多困难的底层算法部分已经被制作成各个模块，可方便开发人员随时调用，开发起来方便快捷，大大缩短了软件开发的周期。二次开发常采用的开发语言为C#、VB、Java 等。

简单来说，底层开发是创造，二次开发是制造。

6.1　与二次开发的相关技术

对于 RFID 读写器的应用系统来说：底层开发的内容为完成读写器的电路设计和基于单片机的程序设计；二次开发是使用高级语言，按照通信协议完成与读写器的通信，实现对射频标签数据的采集、分析及汇总等。

因此，在底层设计时，需要读写器具有通信功能，并提供通信协议。

6.1.1　高级语言技术

机器语言（Machine Language）是一种指令集的体系。这种指令集被称为机器码（Machine Code），是计算机的 CPU 可直接解读的数据，是高度封装了的编程语言。

高级语言（High-Level Programming Language）相对于机器语言而言，与低级语言相对。它是以人类的日常语言为基础的一种编程语言，使用一般人易于接受的文字来表示，例如汉字、不规则英文或其他外语，从而使程序编写员编写更容易，也有较高的可读性，以方便对计算机认知较浅的人大概明白其内容。

高级语言并不是特指某一种具体的语言，而是包括很多的编程语言，如 Java、C、C++、C#、pascal、python、lisp、prolog、FoxPro、易语言、中文版的 C 语言等。这些语言的语法、命令格式都不相同。

6.1.1.1　PowerBuilder 开发环境

PowerBuilder（简称 PB）是美国著名的数据库应用开发工具生产厂商 PowerSoft（后被 Sybase 公司收购）推出的成功产品，第 1 版于 1991 年 6 月正式投入市场，是完全按照客户端/服务器体系结构研发设计的，采用面向对象技术、图形化的应用开发环境，是数据库的前端开发工具。PowerBuilder 的主要特点如表 6.1 所示。

表 6.1　PowerBuilder 的主要特点

特　　点	详　细　描　述
可视化、多特性的开发工具	全面支持 Windows 或 Windows NT 所提供的控制、事件和函数。 PowerBuilder 语言提供了几百个内部函数，并且具有一个面向对象的编译器和调试器，可以随时编译新增加的代码，带有完整的在线帮助和编程实例
功能强大的面向对象技术	支持通过对类的定义来建立可视或不可视对象模型，同时支持所有面向对象编程技术，如继承、数据封装和函数多态性等。 这些特性确保了应用程序的可靠性，提高了软件的可维护性
支持高效的复杂应用程序	对基于 Windows 环境的应用程序提供了完备的支持，包括 Windows、Windows NT 和 WinOS/2 等环境。 开发人员可以使用 PowerBuilder 内置的 Watcom C/C++来定义、编译和调试一个类
企业数据库的连接能力	PowerBuilder 的主要特色是 DataWindow（数据窗口），通过 DataWindow 可以方便地对数据库进行各种操作，也可以处理各种报表，无须编写 SQL 语句，可以直接与 Sybase、SQLServer、Informix、Oracle 等大型数据库连接
强大的查询、报表和图形功能	PowerBuilder 提供的可视化查询生成器和多个表的快速选择器可以建立查询对象，并把查询结果作为各种报表的数据来源。 PowerBuilder 主要适用于管理信息系统的开发，特别是客户端/服务器结构

PowerBuilder 开发环境由一系列集成的图形画板（Painter）组成。开发人员通过简单的鼠标操作即可设计、建立、交互检验和测试客户端/服务器应用程序。

PowerBuilder 支持应用系统同时访问多种数据库，既包括 Oracle、Sybase 之类的大型数据库，也包括 FoxPro 之类支持 ODBC 接口的小型数据库。PowerBuilder 是完全可视化的数据库开发工具，提供了大量的控件，大大加快了项目的开发速度，也使开发者更容易掌握数据库的开发。

6.1.1.2　VS 集成开发环境

Microsoft Visual Studio 是 VS 的全称。VS 是美国微软公司的开发工具包系列产品，是目前最流行的 Windows 平台应用程序的集成开发环境。VS 是一个基本完整的开发工具集，包括整个软件生命周期中所需要的大部分工具，如 UML 工具、代码管控工具、集成开发环境（IDE）等，所写的目标代码适用于微软支持的所有平台，包括 Microsoft Windows、Windows Mobile、Windows CE、.NET Framework、.Net Core、.NET Compact Framework、Microsoft Silverlight 及 Windows Phone。目前，最新版本为 Visual Studio 2019 版本。VS 各版本名称及包含的组件如表 6.2 所示。

表 6.2　VS 各版本名称及包含的组件

名　　称	内部版本	C 类语言	Basic 类语言	Java 类语言	其他语言
Visual Studio	4.0	Visual C++ 4.0	Visual Basic 3.0		Visual FoxPro 4.0
Visual Studio 97	5.0	Visual C++ 5.0	Visual Basic 5.0	Visual J++ 1.1	Visual FoxPro 5.0
Visual Studio 6.0	6.0	Visual C++ 6.0	Visual Basic 6.0	Visual J++ 6.0	Visual FoxPro 6.0
Visual Studio .NET 2002	7.0	Visual C++ 2002 Visual C# 2002	Visual Basic 2002	Visual J# 1.0	—
Visual Studio .NET 2003	7.1	Visual C++ 2003 Visual C# 2003	Visual Basic 2003	Visual J# 1.1	—
Visual Studio 2005	8.0	Visual C++ 2005 Visual C# 2005	Visual Basic 2005	Visual J# 2.0	—
Visual Studio 2008	9.0	Visual C++ 2008 Visual C# 2008	Visual Basic 2008	—	—
Visual Studio 2010	10.0	Visual C++ 2010 Visual C# 2010	Visual Basic 2010	—	Visual F#
Visual Studio 2012	11.0	Visual C++ 2012 Visual C# 2012	Visual Basic 2012		Visual F# 2012
Visual Studio 2013	12.0	Visual C++ 2013 Visual C# 2013	Visual Basic 2013		Visual F# 2013
Visual Studio 2014	13.0	Visual C++ 2014 Visual C# 2014	Visual Basic 2014		Visual F# 2014
Visual Studio 2015	14.0	Visual C++ 2015 Visual C# 2015	Visual Basic 2015		Visual F# 2015
Visual Studio 2017	15.0	Visual C++ 2017 Visual C# 2017	Visual Basic 2017		Visual F# 2017
Visual Studio 2019	16.0	Visual C++ 2019 Visual C# 2019	Visual Basic 2019		Visual F# 2019

在 VS 集成开发环境中，最常用的是 VB 和 VC。

6.1.1.3　VB 开发环境

Visual Basic（简称 VB）是 Microsoft 公司开发的一种通用的基于对象的程序设计语言，为结构化的、模块化的、面向对象的、包含协助开发环境的事件驱动为机制的可视化程序设计语言，是一种可用于微软自家产品开发的语言。

Visual 指的是开发图形用户界面（GUI）的方法——不需编写大量代码去描述界面元素的外观和位置，只需要把预先建立的对象拖动到屏幕上相应的位置即可。Basic 指的是 BASIC

（Beginners All-Purpose Symbolic Instruction Code）语言，是一种在计算技术发展历史上应用最为广泛的语言。Visual Basic 源自 BASIC 编程语言。VB 拥有图形用户界面（GUI）和快速应用程序开发（RAD）系统，程序员可以轻易地使用 DAO、RDO、ADO 连接数据库，或者轻松地创建 ActiveX 控件，可以轻松地使用 VB 提供的组件快速建立一个应用程序。

VB 为用户提供了友好的集成开发环境，具体表现如下。

（1）可视化的设计平台。

在使用传统的程序设计语言编程时，一般需要通过编写程序来设计应用程序的界面（如界面的外观和位置等），在设计过程中看不见界面的实际效果。

（2）事件驱动的编程机制。

面向过程的程序是由一个主程序和若干个子程序及函数组成的。程序运行时总是先从主程序开始，由主程序调用子程序和函数，开发人员在编程时必须事先确定整个程序的执行顺序。而 Visual Basic 6.0 事件驱动的编程是针对用户触发某个对象的相关事件进行编码的，每个事件都可以驱动一段程序的运行，开发人员只要编写相应用户动作的代码。这样的应用程序代码精简，比较容易编写与维护。

（3）结构化的程序设计语言。

Visual Basic 6.0 具有丰富的数据类型和众多的内部函数，采用模块化和结构化程序设计语言，结构清晰，语法简单，容易学习。

（4）强大的数据库功能。

Visual Basic 6.0 利用数据控件可以访问 Access、FoxPro 等多种数据库系统，也可以访问 Excel、Lotus 等多种电子表格。

（5）ActiveX 技术。

ActiveX 发展了原有的 OLE 技术，使开发人员摆脱了特定语言的束缚，能方便地使用其他应用程序提供的功能，使 Visual Basic 6.0 能够开发集声音、图像、动画、字处理、电子表格、Web 等对象于一体的应用程序。

（6）网络功能。

Visual Basic 6.0 提供的 DHTML（动态 HTML）设计工具可以使开发者动态地创建和编辑 Web 页面，使用户能开发出多功能的网络应用软件。

6.1.1.4　VC 开发环境和 Visual Studio

Microsoft Visual C++（简称 Visual C++、MSVC、VS 或 VC）是微软公司的 C++开发工具，具有集成开发环境，可提供编辑 C 语言、C++及 C++/CLI 等编程语言。VC 集成了便利的除错工具，特别是集成了微软 Windows 视窗操作系统应用程序接口（Windows API）、三维动画 DirectX API、Microsoft .NET 框架。最新的版本是 Microsoft Visual C++ 2019。

VC 以拥有"语法高亮"、IntelliSense（自动完成功能）及高级除错功能而著称。比如，它允许用户进行远程调试、单步执行等，允许用户在调试期间重新编译被修改的代码，而不必重新启动正在调试的程序。其编译及建置系统以预编译头文件、最小重建功能及累加连接著称。这些特征明显缩短了程序编辑、编译及连接花费的时间，在大型软件计划上尤其显著。

Visual Studio 是微软公司推出的开发环境，可以用来创建 Windows 平台下的 Windows 应用程序和网络应用程序，也可以用来创建网络服务、智能设备应用程序和 Office 插件等。Visual Studio 是最流行的 Windows 平台应用程序开发环境。

Visual Studio 2008 包括各种增强功能，例如可视化设计器（使用.NET Framework 3.5 加速开发）、对 Web 开发工具的大量改进，以及能够加速开发和处理所有类型数据的语言增强功能。Visual Studio 2008 为开发人员提供了所有相关的工具和框架支持，帮助创建引人注目的、令人印象深刻并支持 AJAX 的 Web 应用程序。

6.1.1.5　Java 开发环境

Java 是一门面向对象编程语言，不仅吸收了 C++语言的各种优点，还摒弃了 C++里难以理解的多继承、指针等概念，具有功能强大和简单易用两个特征。Java 语言作为静态面向对象编程语言的代表，极好地实现了面向对象理论，允许程序员以优雅的思维方式进行复杂的编程。

Java 具有简单性、面向对象、分布式、稳健性、安全性、平台独立与可移植性、多线程、动态性等特点，可以编写桌面应用程序、Web 应用程序、分布式系统和嵌入式系统应用程序等。Java 语言特点如表 6.3 所示。

表 6.3　Java 语言特点

特　　点	详　细　描　述
简单性	Java 看起来设计得很像 C++，但是为了使语言小和容易熟悉，设计者们把 C++语言中许多可用的特征去掉了，这些特征是一般程序员很少使用的
面向对象	Java 是一个面向对象的语言。 对程序员来说，这意味着要注意应用中的数据和操纵数据的方法，而不是严格地用过程来思考
分布性	Java 被设计成支持在网络上应用，是分布式语言。 Java 既支持各种层次的网络连接，又以 Socket 类支持可靠的流（Stream）网络连接，用户可以产生分布式的客户端和服务器。网络变成软件应用的分布运载工具。Java 程序只要编写一次，就可到处运行
编译和解释性	Java 编译程序生成字节码（Byte-code），而不是通常的机器码。 Java 字节码提供对体系结构中性的目标文件格式，应用程序不用修改就可以在不同的软件平台上运行。 Java 程序可以在任何实现了 Java 解释程序和运行系统（Run-time System）的系统上运行
稳健性	Java 原来是用作编写消费类家用电子产品软件的语言，具有高可靠性和稳健性
安全性	Java 的存储分配模型是防御恶意代码的主要方法之一。 Java 没有指针，所以程序员不能得到隐蔽起来的内幕和伪造指针去指向存储器。更重要的是，Java 编译程序不处理存储安排决策，所以程序员不能通过查看声明去猜测类的实际存储安排。编译的 Java 代码中的存储引用在运行时由 Java 解释程序决定实际存储地址
可移植性	Java 使得语言声明不依赖于实现的方面。 例如，Java 显式说明每个基本数据类型的大小和运算行为（这些数据类型由 Java 语法描述）。 Java 环境本身对新的硬件平台和操作系统是可移植的。Java 编译程序用 Java 编写，而 Java 运行系统用 ANSIC 语言编写
高性能	Java 是一种先编译后解释的语言，不如全编译性语言快。 但是有些情况下性能是很要紧的，为了支持这些情况，Java 设计者制作了"及时"编译程序，能在运行时把 Java 字节码翻译成特定 CPU（中央处理器）的机器代码，也就是实现全编译

特　　点	详 细 描 述
多线程性	Java 是多线程语言，提供支持多线程的执行（也称为轻便过程），能处理不同任务，使具有线程的程序设计很容易
动态性	Java 语言被设计成适应于变化的环境，是一个动态的语言。Java 中的类是根据需要载入的，甚至有些是通过网络获取的

6.1.2　数据库技术

数据库是被长期存放在计算机内、有组织的、可以表现为多种形式的可共享的数据集合。

这里"共享"是指数据库中的数据，可为多个不同的用户、使用多种不同的语言、为了不同的目的而同时存取，甚至同一块数据也可以同时存取；"集合"是指某特定应用环境中的各种应用的数据及其数据之间的联系（联系也是一种数据）全部集中地按照一定的结构形式存储。数据库中的数据按一定的数据模型组织、描述和存储，具有较小的冗余度、较高的数据独立性和易扩展性，并可为各种用户共享。

数据库应用是当前计算机应用的一个非常重要的方面，而在数据库应用技术中普遍采用的就是客户端/服务器（C/S）体系结构。在这种体系结构中，所有的数据和数据库管理系统都在服务器上，客户端通过采用标准的 SQL 语句等方式来访问服务器上数据库中的数据。由于这种体系结构把数据和对数据的管理都统一放在服务器上，保证了数据的安全性和完整性，同时也可以充分利用服务器高性能的特点，因而得到了非常广泛的应用。

6.1.2.1　Access 数据库

Microsoft Office Access 是由微软发布的关联式数据库管理系统，结合了 Microsoft Jet Database Engine 和图形用户界面两项特点，是 Microsoft Office 的成员之一。另外，Access 还是 C 语言的一个函数名和一种交换机的主干道模式。

Access 能够存取 Access/Jet、Microsoft SQL Server、Oracle，或者任何 ODBC 兼容数据库内的资料，虽然支持部分面向对象技术，但是未能成为一种完整的面向对象开发工具。

1．Access 数据库的优点

Access 数据库的特点及详细描述如表 6.4 所示。

表 6.4　Access 数据库的特点及详细描述

特　　点	详 细 描 述
存储方式简单，易于维护管理	Access 管理的对象有表、查询、窗体、报表、页、宏和模块，以上对象都存放在后缀为.mdb 或.accdb 的数据库文件中，便于用户的操作和管理
面向对象 Access 是一个面向对象的开发工具	利用面向对象的方式将数据库系统中的各种功能对象化，将数据库管理的各种功能封装在各类对象中
界面友好、易操作	Access 是一个可视化工具，风格与 Windows 完全一样，用户想要生成对象并应用，只要使用鼠标拖放即可，非常直观方便。系统还提供了表生成器、查询生成器、报表设计器、数据库向导、表向导、查询向导、窗体向导、报表向导等工具，使得操作简便，容易使用和掌握

续表

特　点	详　细　描　述
集成环境、处理多种数据信息	Access 基于 Windows 操作系统下的集成开发环境。该环境集成了各种向导和生成器工具，极大地提高了开发人员的工作效率，使得建立数据库、创建表、设计用户界面、设计数据查询、报表打印等可以方便有序地进行
支持 ODBC（Open Data Base Connectivity，开发数据库互联）	利用 Access 强大的 DDE（动态数据交换）和 OLE（对象的连接和嵌入）特性，可以在一个数据表中嵌入位图、声音、Excel 表格、Word 文档，还可以建立动态的数据库报表和窗体等。Access 还可以将程序应用于网络，并与网络上的动态数据相连接，利用数据库访问页对象生成 HTML 文件，轻松构建 Internet/Intranet 的应用
支持广泛，易于扩展，弹性较大	能够通过链接表的方式打开 Excel 文件、格式化文本文件等，可以利用数据库的高效率对其中的数据进行查询、处理，还可以通过以 Access 作为前台客户端，以 SQL Server 作为后台数据库的方式（如 ADP）开发大型数据库应用系统

总之，Access 是一个既可以只用来存放数据的数据库，也可以作为一个客户端开发工具进行数据库应用系统开发；既可以开发方便易用的小型软件，也可以开发大型的应用系统。

2．Access 数据库的缺点

Access 数据库是小型数据库，既然是小型就有它的局限性。这里关于性能方面的缺点仅指用 Access 作为数据库的情况，不包括用 Access 作为客户端前台，用 SQL Server 作为后台数据库的情况。

（1）数据库过大，一般百 MB 以上（纯数据，不包括窗体、报表等客户端对象）性能会变差。

（2）虽然理论上支持 255 个并发用户，但实际上根本支持不了那么多。如果以只读方式访问，则大概为 100 个用户。如果是并发编辑，则为 10～20 个用户。

（3）记录数过多，单表记录数超过百万，性能就会变得较差，如果加上设计不良，则这个限度还要降低。

（4）不能编译成可执行文件（.exe），必须安装 Access 运行环境才能使用。

6.1.2.2　Oracle 数据库

Oracle Database，又名 Oracle RDBMS，或简称 Oracle，是甲骨文公司的一款关系数据库管理系统，是目前最流行的客户端/服务器或 B/S 体系结构的数据库之一，是在数据库领域一直处于领先地位的产品。可以说，Oracle 数据库系统是目前世界上流行的关系数据库管理系统，可移植性好、使用方便、功能强，适用于各类大、中、小、微机环境，是一种高效率、可靠性好的适应高吞吐量的数据库解决方案。

Oracle Database 18c 是全球广受欢迎的数据库的新一代产品，目前已在 Oracle Exadata 和 Oracle 数据库云上推出。Oracle Database 18c 的 logo 如图 6.1 所示。

Oracle 数据库的特点及详细描述如表 6.5 所示。

图 6.1　Oracle Database 18c 的 logo

表 6.5　Oracle 数据库的特点及详细描述

特　点	详 细 描 述
完整的数据管理功能	（1）数据的大量性。 （2）数据保存的持久性。 （3）数据的共享性。 （4）数据的可靠性
完备关系的产品	（1）信息准则——关系型 DBMS 的所有信息都应在逻辑上用一种方法，即表中的值显式地表示。 （2）保证访问的准则。 （3）视图更新准则——只要形成视图的数据变化了，相应视图同时变化。 （4）数据物理性和逻辑性独立准则
分布式处理功能	Oracle 数据库自第 5 版起就提供了分布式处理能力，到第 7 版就有比较完善的分布式数据库功能了，一个 Oracle 分布式数据库由 oraclerdbms、sql*Net、SQL*CONNECT 和其他非 Oracle 的关系型产品构成
用 Oracle 能轻松地实现数据库的操作	

此外，Oracle 还具有如下的优点：

（1）可用性强。

（2）可扩展性强。

（3）数据安全性强。

（4）稳定性强。

6.1.2.3　Microsoft SQL Server

SQL Server 是 Microsoft 公司推出的关系型数据库管理系统，具有使用方便、可伸缩性好、与相关软件集成度高等优点，可跨越从运行 Microsoft Windows 98 的计算机到运行 Microsoft Windows 2012 的大型多处理器的服务器等多种平台。SQL Server 的 logo 如图 6.2 所示。

图 6.2　SQL Server 的 logo

Microsoft SQL Server 是一个全面的数据库平台，使用集成的商业智能（BI）工具提供了企业级的数据管理。Microsoft SQL Server 数据库引擎为关系型数据和结构化数据提供了更安全可靠的存储功能，使用户可以构建和管理用于业务的高可用和高性能的数据应用程序。

SQL Server 最初是由 Microsoft Sybase 和 Ashton-Tate 共同开发的，于 1988 年推出了第一个 OS/2 版本。在 Windows NT 推出后，Microsoft 与 Sybase 在 SQL Server 的开发上就分道扬镳了。Microsoft 将 SQL Server 移植到 Windows NT 系统上，专注于开发推广 SQL Server 的 Windows NT 版本，Sybase 则较专注于 SQL Server 在 UNIX 操作系统上的应用。

6.1.2.4　其他数据库——Sybase

1984 年，Mark B. Hiffman 和 Robert Epstern 创建了 Sybase 公司，并于 1987 年推出了 Sybase

数据库产品。Sybase 主要有三种版本：一是 UNIX 操作系统下运行的版本；二是 Novell Netware 环境下运行的版本；三是 Windows NT 环境下运行的版本。对 UNIX 操作系统，目前广泛应用的为 SYBASE 10 和 SYBASE 11 for SCO UNIX。

（1）Sybase 是基于客户端/服务器体系结构的数据库

一般的关系数据库都是基于主/从式模型的。在主/从式的结构中，所有的应用都运行在一台机器上，用户只是通过终端发命令或简单地查看应用运行的结果。

在客户端/服务器结构中，应用被分散在多台机器上运行。一台机器是另一个系统的客户，或是另外一些机器的服务器。这些机器通过局域网或广域网连接起来。

客户端/服务器模型的好处：支持共享资源且在多台设备间平衡负载；允许容纳多个主机的环境，充分利用了企业已有的各种系统。

（2）Sybase 是真正开放的数据库

由于采用了客户端/服务器结构，因此应用被分在了多台机器上运行。更进一步，运行在客户端的应用不必是 Sybase 公司的产品。

对于一般的关系数据库，为了让其他语言编写的应用能够访问数据库，提供了预编译。Sybase 数据库，不只是简单地提供了预编译，还公开了应用程序接口 DB-LIB，鼓励第三方编写 DB-LIB 接口。由于开放的客户 DB-LIB 允许在不同的平台使用完全相同的调用，因而使得访问 DB-LIB 的应用程序很容易从一个平台向另一个平台移植。

（3）Sybase 是一种高性能的数据库

Sybase 数据库的高性能特征及详细描述如表 6.6 所示。

表 6.6 Sybase 数据库的高性能特征及详细描述

特　征	详　细　描　述
可编程数据库	通过提供存储过程，创建了一个可编程数据库。存储过程允许用户编写自己的数据库子例程。这些子例程是经过预编译的，因此不必为每次调用都进行编译、优化、生成查询规划，因而查询速度要快得多
事件驱动的触发器	触发器是一种特殊的存储过程。通过触发器可以启动另一个存储过程，从而确保数据库的完整性
多线程化	Sybase 数据库的体系结构的另一个创新之处就是多线程化。 一般的数据库都靠操作系统来管理与数据库的连接。当有多个用户连接时，系统的性能会大幅度下降。Sybase 数据库不让操作系统来管理进程，把与数据库的连接当作自己的一部分来管理。 此外，Sybase 数据库引擎还代替操作系统来管理一部分硬件资源，如端口、内存、硬盘，绕过了操作系统这一环节，提高了性能

6.1.3　动态链接库技术

动态链接库（Dynamic Link Library，DLL）简称动态库。

动态库通常不能直接运行，也不能接收消息。它们是一些独立的文件，文件后缀一般为.dll，其中包含供其他可执行程序或其他 DLL 调用的函数。只有在其他模块调用动态库中的函数时，它才发挥作用。

例如，Windows API 中的所有函数都包含在 DLL 中。其中有 3 个最重要的 DLL：Kernel32.dll，它包含用于管理内存、进程和线程的各个函数；User32.dll，它包含用于执行用户界面任务（如窗口的创建和消息的传送）的各个函数；GDI32.dll，它包含用于画图和显示文本的各个函数。它们一般位于 C:\windows\System32 或类似的目录下。

DLL 也是一个被编译过的二进制程序。DLL 中封装了很多函数，只要知道函数的入口地址，就可以被其他程序调用。通俗一点说，动态库就是将很多函数放到一起形成一个集合模块，注册后供其他应用程序运行时动态调用。动态库中的函数又可分为内部函数和导出函数：

（1）内部函数是用来在动态链接库内部调用的函数，主要用来实现动态链接库的实际功能。

（2）导出函数，顾名思义就是供外部模块或者应用程序在运行的时候调用的，是应用程序和动态库间的接口。导出函数包含在导出表中，导出表包含动态库中所有可以被外部调用的函数名，即对外的接口。

通过使用 DLL，程序可以实现模块化，各模块之间相互独立。因此，DLL 还有助于共享数据和资源。多个应用程序可同时访问内存中单个 DLL 副本的内容。DLL 是一个包含可由多个程序同时使用的代码和数据的库。Windows 下动态库为.dll 后缀，在 linux 下为.so 后缀。

动态库是动态链接，是相对于静态链接而言的。

在静态链接库中，函数和数据被编译进一个二进制文件（通常扩展名为.lib）。在其他程序使用静态链接库的情况下，在编译链接可执行文件时，链接器从库中复制这些函数和数据并把它们和应用程序的其他模块组合起来创建最终的可执行文件（.exe 文件）。发布产品时，只需发布.exe 文件即可，不需要发布.lib 文件。

优点：无须包括函数库所包含的函数代码，应用程序可以利用标准的函数集。

缺点：两个应用程序运行时同时使用同一静态链接库中的函数，需要使用同一函数代码的两份拷贝，降低内存使用率。

6.1.3.1　使用动态库的好处

1．可以采用多种编程语言来编写

可以采用自己熟悉的开发语言编写 DLL，然后由其他语言编写的可执行程序来调用这些DLL。例如，可以利用 VB 来编写程序的界面，然后调用 VC 完成程序业务逻辑的 DLL。

2．增强产品的功能

在发布产品时，可以发布产品功能实现的动态库规范，让其他公司或个人遵照这个规范开发自己的 DLL，以取代产品原有的 DLL，让产品调用新的 DLL，从而实现功能的增强。在实际工作中，看到许多产品都提供了界面插件功能，允许用户动态地更换程序的界面，这样就可以通过更换界面 DLL 来实现。

3．提供二次开发的平台

在销售产品的同时，可以采用 DLL 的形式提供一个二次开发的平台，让用户可以利用该DLL 调用其中实现的功能，编写符合自己业务需要的产品，从而实现二次开发。

4．简化项目管理

在一个大型项目开发中，通常都是由多个项目小组同时开发的，如果采用串行开发，则

效率是非常低的。可以将项目细分，将不同功能交由各项目小组以多个 DLL 的方式实现，这样各个项目小组就可以同时进行开发了。

5．可以节省磁盘空间和内存

如果多个应用程序需要访问同样的功能，那么可以将该功能以 DLL 的形式提供。这样在机器上只存放一份 DLL 文件就可以了，从而节省了磁盘空间。另外，如果多个应用程序使用同一个 DLL，则只需要将该 DLL 放入内存一次，所有的应用程序就可以共享了。这样，内存的使用将更加有效。

当进程被加载时，系统会为它分配内存，接着分析可执行模块，找到该程序将要调用哪些 DLL，然后系统搜索这些 DLL，找到后进行加载，并为它们分配内存空间。DLL 的内存空间只有一份，如果有第二个程序也需要加载该 DLL，那么它们共享内存空间，相同的 DLL 不会再次被加载。

6．有助于资源的共享

DLL 可以包含对话框模板、字符串、图标和位图等多种资源，多个应用程序可以使用 DLL 来共享这些资源。在实际工作中，可以编写一个纯资源的动态库，供其他应用程序访问。

7．有助于实现应用程序的本地化

如果产品需要提供多语言版本，那么就可以使用 DLL 来支持多语言，可以为每种语言创建一个只支持这种语言的动态库。

6.1.3.2　动态库加载的两种方式

动态库的加载方式有两种：隐式链接和显式加载。这两种加载方式都需要预先声明外部函数的类型，然后才能调用成功，只是声明的方式有所不同。

1．隐式链接

隐式链接是将 xxx.lib 引入库文件，即需要在工程设置中添加对.lib 的引用，保存的是 xxx.dll 中导出的函数和变量的符号名，或者使用#pragma comment (lib, "Dll1.lib ")。隐式链接不会包含实际代码，只为链接程序提供必要的信息，以便在可执行文件中建立动态链接时需要用到的重定位表，因此只是提供一种映射关系。

2．显式加载（动态加载）

需要调用 LoadLibrary()或者类似的函数加载动态库，再使用 GetProcessAddress()获得要调用的每个函数的函数指针，使用完毕后，调用 FreeLibrary()卸载 DLL。

动态链接库显式加载相关函数见代码示例 6.1。

【代码示例 6.1】动态链接库显式加载相关函数

```
HMODULE WINAPI LoadLibrary(
    _In_ LPCTSTR lpFileName
);

FARPROC GetProcAddress(
    HMODULE,
    LPCWSTR lpProcName
);

BOOL FreeLibrary(
```

```
        HMODULE hLibModule
);

HINSTANCE hInst;
hInst = LoadLibrary("MyDll2.dll");              //显式加载（动态加载）dll
typedef int (*ADDPROC) (int a, int b);          //定义函数指针类型
ADDPROC Add = (ADDPROC)GetProcAddress(hInst, "add");     //获取 dll 的导出函数
if(!Add){
    MessageBox("获取函数地址失败！");
    return;
}
FreeLibrary(hInst);
```

【注意】每调用一次 LoadLibrary 函数就应调用一次 FreeLibrary 函数，以保证不会有多余的库模块在应用程序结束后仍留在内存中，否则会导致内存泄漏。

3．隐式链接与显式加载对比

隐式链接和显式加载的对比如表 6.7 所示。

表 6.7　隐式链接和显式加载的对比

对 比 项 目	隐 式 链 接	显 式 加 载
需要的文件	.lib/.dll/.h	.dll
何时被加载至内存中	程序启动时	需要时才加载
同时加载多个 DLL 时的资源浪费情况	严重	一般
使用方便程度	非常方便	一般
使用 dumpbin -imports 查看调用者	有信息	无信息
特别说明	本质上，隐式链接是在程序启动时通过 LoadLibrary 方式加载 DLL	

6.2　设备的通信接口

对于指定的 RFID 读写器而言，由于其功能和通信接口是固定的，通信协议也是固定的，因此二次开发或者驱动程序的设计必须根据读写器的通信协议进行，这样才能完成系统软件与设备之间的通信。

本节所涉及的读写器可以是功能全面的产品，也可以是与计算机进行通信的小型功能模块，可以通过无线或者有线的方式，与计算机进行连接。

计算机通信接口有以下 6 种。

1．并行接口

目前，计算机中的并行接口主要作为打印机端口，接口使用的不再是 36 针接口而是 25 针 D 形接口。所谓"并行"，是指 8 位数据同时通过并行线进行传送，这样数据传送速度大大提高，但并行传送的线路长度受到限制，因为长度增加，干扰就会增加，容易出错。

现在有 5 种常见的并行接口（并口）：4 位、8 位、半 8 位、EPP 和 ECP。大多数 PC 配有 4 位或 8 位的并行接口，许多利用 Intel 386 芯片组的便携机配有 EPP 并行接口，支持全部

IEEE1284 并行接口规格的计算机配有 ECP 并行接口。

2．串行接口

计算机的另一种标准接口是串行接口（串口）。早期的 PC 一般至少有两个串行接口：COM1 和 COM2。串行接口不同于并行接口之处在于它的数据和控制信息是一位接一位串行地传送下去。这样，虽然传送速度会慢一些，但传送距离较并行接口更长，因此长距离通信应使用串行接口。

通常 COM1 使用的是 9 针 D 形连接器，而 COM2 有些使用的是老式的 DB25 针连接器。目前，多数计算机中已经用 USB 接口代替了串行接口。

3．磁盘接口

磁盘接口有两种：IDE 和 EIDE。

（1）IDE 接口：IDE 接口也叫 ATA 端口，只可以接两个容量不超过 528MB 的硬盘驱动器，接口的成本很低，因此在 386、486 时期非常流行。但大多数 IDE 接口不支持 DMA 数据传送，只能使用标准的 PC I/O 端口指令来传送所有的命令、状态、数据。几乎所有的 586 主板上都集成了两个 40 针的双排针 IDE 接口插座，分别标注为 IDE1 和 IDE2。

（2）EIDE 接口：EIDE 接口较 IDE 接口有了很大改进，是目前最流行的接口。

4．SCSI 接口

SCSI（Small Computer System Interface，小计算机系统接口）被广泛用于做图形处理和网络服务的计算机硬盘接口。除了硬盘，SCSI 接口还可以连接 CD-ROM 驱动器、扫描仪和打印机等。

5．USB 接口

最新的 USB 串行接口标准由 Microsoft、Intel、Compaq、IBM 等大公司共同推出。它提供机箱外的热即插即用连接，用户在连接外设时不用再打开机箱、关闭电源，而是采用"级联"方式。每个 USB 设备用一个 USB 插头连接到一个外设的 USB 插座上，而其本身又提供一个 USB 插座给下一个 USB 设备使用。通过这种连接方式，一个 USB 控制器可以连接多达127 个外设，而每个外设间的距离可达 5m。

USB 统一的 4 针圆形插头将取代机箱后的众多的串/并口（鼠标、MODEM）键盘等插头。USB 能智能识别 USB 链上外围设备的插入或拆卸。 除了能够连接键盘、鼠标等，USB 还可以连接 ISDN、电话系统、数字音响、打印机以及扫描仪等低速外设。

6．PS/2

很多品牌机上采用 PS/2 接口来连接鼠标和键盘。

PS/2 接口与传统的键盘接口除接口外形、引脚不同外，在数据传送格式上是相同的。现在很多主板用 PS/2 接口插座连接键盘。传统接口的键盘可以通过 PS/2 接口转换器连接主板PS/2 接口插座。

目前，多数的计算机中已经不具备串行接口和并行接口，而用 USB 接口取而代之；同时，由于 SCSI 接口和磁盘接口位于计算机箱体的内部，导致连接不方便，因此 RFID 读写器的常用接口有两种，即 USB 接口和串行接口，少量设备具有 PS/2 接口。

在使用过程中，对于没有串行接口的计算机，可以使用 USB-串行接口转换模块，实现串行接口和 USB 接口的协议转换，从而实现设备与基于计算机的应用系统的连接。

6.2.1　USB 接口

通用串行总线（Universal Serial Bus，USB）是连接计算机系统与外部设备的一种串行接口总线标准，也是一种输入/输出接口的技术规范，被广泛应用于个人电脑和移动设备等信息通信产品，并扩展至摄影器材、数字电视（机顶盒）、游戏机等其他相关领域。

最新一代是 USB 3.1，传输速度为 10Gbit/s，三段式电压为 5V/12V/20V，最大供电为 100W，新型 C 型接口不再分正反。

USB 是一个外部总线标准，用于规范计算机与外部设备的连接和通信。

USB 接口即插即用和热插拔功能。USB 接口可连接 127 种外设，如鼠标和键盘等。USB 是在 1994 年底由英特尔等多家公司联合研制并于 1996 年推出，目前已成功替代串行接口和并行接口，已成为当今计算机与大量智能设备的必备接口。

6.2.1.1　USB 接口的特点

（1）可以热插拔：用户在使用外接设备时，不需要关机后再开机，而是在计算机工作时直接将 USB 插上即可使用。

（2）携带方便：USB 设备大多以"小、轻、薄"见长，对用户来说，随身携带大量数据变得很方便。当然，USB 硬盘是首选。

（3）标准统一：常见的是 IDE 接口的硬盘，串行接口的鼠标键盘，并行接口的打印机扫描仪，可是有了 USB 之后，这些应用外设统统可以用同样的标准与个人电脑连接，这时就有了 USB 硬盘、USB 鼠标、USB 打印机，等等。

（4）可以连接多个设备：在个人电脑上往往有多个 USB 接口，可以同时连接几个设备。如果在其中一个 USB 接口上接上一个有四个端口的 USB HUB，就可以再连上四个 USB 设备，以此类推，尽可以连下去，将你家的设备都同时连在一台个人电脑上而不会有任何问题（最高可连接至 127 个设备）。

6.2.1.2　USB 接口定义

USB 接口是一种常用的 PC 接口，有 4 根线：两根电源线、两根信号线，故信号是串行传输的。USB 接口也称为串行接口，USB2.0 的速率可达 480Mbit/s。可以满足各种工业和民用需要 USB 接口的输出电压和电流是：+5V/500mA，实际输出电压会有误差，最大不能超过±0.2V，也就是 4.8～5.2V。

USB 接口的 4 根线一般按照如图 6.3 所示布置，设计和使用时需要注意的是不要把正负极弄反了，否则会烧掉 USB 设备或者计算机的南桥芯片。

图中，接口一般的排列方式是：从左到右为红、白、绿、黑，定义如下：

（1）红色——USB 电源线：VCC。

（2）白色——USB 数据线（负）。

（3）绿色——USB 数据线（正）。

（4）黑色——地线（GND）。

红　白　绿　黑
VCC −D +D GND
1　　2　3　4

图 6.3　USB 接口定义及颜色布置

换。作为把并行输入信号转成串行输出信号的芯片，UART 通常被集成于其他通信接口的连接上。

UART 具体实物表现为独立的模块化芯片，或作为集成于微处理器中的周边设备。UART 一般是 RS232C 规格的，与类似 Maxim 的 MAX232 之类的标准信号幅度变换芯片进行搭配，作为连接外部设备的接口。在 UART 上追加同步方式的序列信号变换电路的产品，被称为 USART（Universal Synchronous Asynchronous Receiver/Transmitter）。

UART 是一种通用串行数据总线，用于异步通信。该总线双向通信，可以实现全双工传输和接收。在嵌入式设计中，UART 用于主机与辅助设备通信，如汽车音响与外接 AP 之间的通信，与 PC 通信包括与监控调试器和其他器件，如 EEPROM 通信。

6.2.2.1　功能

作为接口的一部分，UART 还提供以下功能：

（1）将由计算机内部传送过来的并行数据转换为输出的串行数据流；将计算机外部来的串行数据转换为字节，供计算机内部并行数据的器件使用。

（2）在输出的串行数据流中加入奇偶校验位，并对从外部接收的数据流进行奇偶校验。

（3）在输出数据流中加入起止标记，并从接收数据流中删除起止标记。

（4）处理由键盘或鼠标发出的中断信号（键盘和鼠标也是串行设备）。可以处理计算机与外部串行设备的同步管理问题。

（5）有一些比较高档的 UART 还提供输入/输出数据的缓冲区，比较新的 UART 是 16550，它可以在计算机需要处理数据前在其缓冲区内存储 16 字节数据，而通常的 UART 是 8250。

6.2.2.2　通信协议

UART 作为异步串口通信协议的一种，工作原理是将传输数据的每个字符一位接一位地传输。尽管比按字节（Byte）的并行通信慢，但是可以在使用一根线发送数据的同时用另一根线接收数据。它很简单并且能够实现远距离通信。比如，IEEE488 定义并行通行状态时，规定设备线总长不得超过 20m，并且任意两个设备间的距离不得超过 2m；而对于串口通信，设备线总长度可达 1200m。

UART 协议的数据定义如表 6.9 所示。

表 6.9　UART 协议的数据定义

数 据 位	定　　义
起始位	先发出一个逻辑"0"的信号，表示传输字符的开始
数据位	紧接着起始位之后。 数据位的个数可以是 4、5、6、7、8 等，构成一个字符，通常采用 ASCII 码。 从最低位开始传送，靠时钟定位
奇偶校验位	资料位加上这一位后，使得"1"的位数应为偶数（偶校验）或奇数（奇校验），以此来校验资料传送的正确性
停止位	它是一个字符数据的结束标志。 停止位可以是 1 位、1.5 位、2 位的高电平
空闲位	处于逻辑"1"状态，表示当前线路上没有资料传送

续表

数 据 位	定 义
波特率	它是衡量资料传输速率的指标，表示每秒传送的符号数（symbol）。一个符号代表的信息量（比特数）与符号的阶数有关。 例如，资料传输速率为 120 字符/s，传输使用 256 阶符号，每个符号代表 8bit，则波特率就是 120baud，比特率是 120×8=960bit/s。这两者的概念很容易搞错

【知识链接 6.1】 停止位的意义

由于数据是在传输线上定时的，并且每一个设备有其自己的时钟，很可能在通信中两台设备间出现了小小的不同步，因此停止位不仅表示传输的结束，而且提供计算机校正时钟同步的机会。适用于停止位的位数越多，不同时钟同步的容忍程度越大，数据传输速率也越慢。

6.2.2.3 电路接口

UART 是计算机中串行通信接口的关键部分。

在计算机中，UART 相连于产生兼容 CR-UART-8 8 路串口分配器 RS232 规范信号的电路。RS232 标准定义逻辑"1"信号相对于地为-15～-3V，而逻辑"0"相对于地为+3～+15V。所以，当一个微控制器中的 UART 相连于 PC 时，它需要一个 RS232 驱动器来转换电平。

UART-8 8 路多串口分配器如图 6.4 所示。

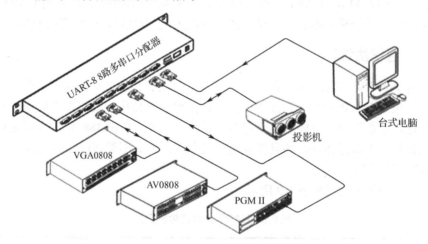

图 6.4 UART-8 8 路多串口分配器

【知识链接 6.2】 UART 和 RS232 的区别与联系

1. 定义方面

（1）UART 指的是 TTL 电平的串口。

（2）RS232 指的是 RS232 电平的串口。

2. 电平方面

（1）TTL 电平为 5V。

（2）RS232 是负逻辑电平，它定义+5～+12V 为低电平，而-12～-5V 为高电平。

3．电路连接方面

（1）UART 串口的 RXD、TXD 等一般直接与处理器芯片的引脚相连。

（2）RS232 串口的 RXD、TXD 等一般需要经过电平转换（通常由 MAX232 芯片进行电平转换）才能接到处理器芯片的引脚上，否则这么高的电压很可能会把芯片烧坏。

平时所用计算机的串口是 RS232 的。当设计电路工作时，应该注意外设的串口是 UART 类型的还是 RS232 类型的，如果不匹配，则应当找个转换线（通常这根转换线内有块类似于 MAX232 的芯片用于电平转换），禁止盲目地将两串口相连。

在第 5 章中，图 5.10 提供了 MAX232 的电路原理图。

6.2.3　PS/2 接口

很多品牌机上采用 PS/2 接口来连接鼠标和键盘。PS/2 接口与传统的键盘接口除接口外形、引脚不同外，在数据传送格式上是相同的。现在很多主板用 PS/2 接口插座连接键盘，传统接口的键盘可以通过 PS/2 接口转换器连接主板 PS/2 接口插座。

6.2.3.1　PS/2 接口硬件

一般把具有 5 脚连接器的键盘称为 AT 键盘，而将具有 6 脚 Mini-DIN 连接器的键盘称为 PS/2 键盘。其实这两种连接器都只有 4 个引脚有意义，分别是 Clock（时钟）、DATA（数据）、+5 V（电源）和 Ground（电源地），如图 6.5 所示。

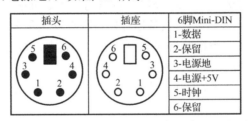

插头	插座	6脚Mini-DIN
		1-数据
		2-保留
		3-电源地
		4-电源+5V
		5-时钟
		6-保留

图 6.5　PS/2 电路接口及定义

在 PS/2 键盘与 PC 的物理连接上只要保证这四根线一一对应就可以了。PS/2 键盘靠 PC 的 PS/2 接口提供+5V 电源，另外两个引脚 Clock 和 DATA 都是集电极开路的，所以必须接大阻值的上拉电阻。

它们平时保持高电平，有输出时才被拉到低电平，之后自动上浮到高电平。

6.2.3.2　电气特性

PS/2 通信协议是一种双向同步串行通信协议。通信的两端通过 Clock 脚同步，并通过 DATA（数据脚）交换数据。

当任何一方想抑制另外一方通信时，只需要把 Clock 脚拉到低电平。如果是 PC 和 PS/2 键盘间的通信，则 PC 必须做主机。也就是说，PC 可以抑制 PS/2 键盘发送数据，而 PS/2 键盘则不会抑制 PC 发送数据。

一般两设备间传输数据的最大时钟频率是 33kHz，大多数 PS/2 设备工作在 10～20kHz，推荐值为 15kHz 左右。也就是说，Clock（时钟脚）高、低电平的持续时间都为 40μs。

每一数据帧包含 11～12 个位，具体含义如表 6.10 所示。

表 6.10　数据帧格式说明

数　据	说　明
1 个起始位	总是逻辑 0
8 个数据位	（LSB）低位在前
1 个奇偶校验位	奇校验
1 个停止位	总是逻辑 1
1 个应答位	仅用在主机对设备的通信中

表 6.10 中：

如果数据位中 1 的个数为偶数，校验位就为 1。

如果数据位中 1 的个数为奇数，校验位就为 0。

总之，数据位中 1 的个数加上校验位中 1 的个数总为奇数，因此进行奇校验。

6.2.3.3　PS/2 设备和 PC 的通信

PS/2 设备的 Clock 脚和 DATA 脚都是集电极开路的，平时都是高电平。

1. PS/2 设备向主机发送数据

当 PS/2 设备等待发送数据时，它首先检查 Clock 脚以确认其是否为高电平。如果是低电平，则认为是 PC 抑制了通信，此时它必须缓冲需要发送的数据直到重新获得总线的控制权（一般 PS/2 键盘有 16 个字节的缓冲区，而 PS/2 鼠标只有一个缓冲区仅存储最后一个要发送的数据）。如果 Clock 脚为高电平，则 PS/2 设备便开始将数据发送到 PC。一般由 PS/2 设备产生时钟信号。发送时一般都是按照数据帧格式顺序发送的。其中，数据位在 Clock 脚为高电平时准备好，在 Clock 脚的下降沿被 PC 读入。

PS/2 设备到 PC 的通信时序如图 6.6 所示。

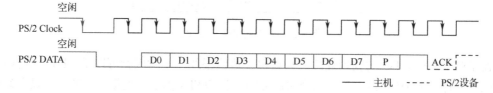

图 6.6　PS/2 设备到 PC 的通信时序

当时钟频率为 15kHz 时，从 Clock 脚的上升沿到数据位转变时间至少要 5μs。数据变化到 Clock 脚下降沿的时间至少也有 5μs，但不能大于 25μs，这是由 PS/2 通信协议的时序规定的。如果时钟频率是其他值，参数的内容就应稍做调整。

上述讨论中，传输的数据是指对特定键盘的编码或者对特定命令的编码。一般采用第二套扫描码集所规定的码值来编码。其中键盘码分为通码（Make）和断码（Break）。

（1）通码：是按键接通时所发送的编码，用两位十六进制数来表示。

（2）断码：是按键断开时所发送的编码，用四位十六进制数来表示。

2. 主机向 PS/2 设备发送数据

如果主机需要控制数据传输，则必须能够控制总线时钟。对主机而言，控制 PS/2 总线有三种状态，如表 6.11 所示。

表 6.11　主机控制 PS/2 总线有三种状态表

状　　态	PS/2 DATA	PS/2 CLK	说　　明
空闲	高	高	
禁止传输	高	低	为了传输能够发送串行数据到一位寄存器输出端，控制器
主机发送请求	低	高	要求 PS/2 设备产生 PS/2 CLK

PS/2 控制器必须进入主机发送请求（Host Send Request）的状态。这可以通过以下动作实现：

（1）PS/2 CLK 线首先被拉低至少一个时钟周期［进入禁止传输（Inhibit Transmission）状态］。

（2）PS/2 DATA 线随后被拉低（提供的起始位帧传送）。

（3）PS/2 CLK 线随后被释放（仍然保持 PS/2 DATA 低）。

（4）PS/2 设备定期检查数据和时钟线是否为这种状态，当检测到开始产生 PS/2 CLK 信号时，将从主机向 PS/2 设备发送数据，PS/2 一帧数据由 10 个域构成，如图 6.7 所示。

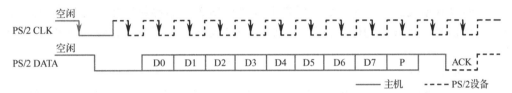

图 6.7　PC 到 PS/2 设备的通信时序图

6.2.3.4　PS/2 接口的嵌入式软件编程方法

PS/2 设备主要用于产生同步时钟信号和读写数据。

1．PS/2 设备向 PC 发送一个字节

从 PS/2 设备向 PC 发送一个字节可按照下面的步骤进行：

（1）检测时钟线电平，如果时钟线为低电平，则延时 50μs。

（2）检测判断时钟信号是否为高电平，如为高电平，则向下执行；如为低电平，则转到步骤（1）。

（3）检测数据线是否为高电平，如果为高电平，则继续执行；如果为低电平，则放弃发送（此时 PC 在向 PS/2 设备发送数据，所以 PS/2 设备要转移到接收程序处接收数据）。

（4）延时 20μs（如果此时正在发送起始位，则应延时 40μs）。

（5）输出起始位（0）到数据线上。

这里要注意的是：在送出每一位后都要检测时钟线，以确保 PC 没有抑制 PS/2 设备，如果有，则中止发送。

（6）输出 8 个数据位到数据线上、输出校验位、输出停止位（1）。

（7）延时 30μs（如果在发送停止位时释放时钟信号，则应延时 50μs）。

通过以下步骤可发送单个位：

准备数据位（将需要发送的数据位放到数据线上）→延时 20μs→把时钟线拉低→延时 40μs→释放时钟线→延时 20μs。

2. PS/2 设备从 PC 接收一个字节

由于 PS/2 设备能提供串行同步时钟，因此如果 PC 发送数据，则 PC 要先把时钟线和数据线置为请求发送的状态。

PC 通过下拉时钟线大于 100μs 来抑制通信，并且通过下拉数据线发出请求发送数据的信号，然后释放时钟。当 PS/2 设备检测到需要接收的数据时，它会产生时钟信号并记录下面 8 个数据位和一个停止位。主机此时在时钟线变为低电平时准备数据到数据线，并在时钟上升沿锁存数据。而 PS/2 设备则要配合 PC 才能读到准确的数据。

具体连接步骤如下：

（1）等待时钟线为高电平。

（2）判断数据线是否为低电平，为高电平则为错误状态，退出接收，否则继续执行。

（3）读地址线上的数据内容，共 8 个 bit，每读完一个位，都应检测时钟线是否被 PC 拉低，如果被拉低，则中止接收。

（4）读地址线上的校验位内容，1 个 bit。

（5）读停止位。

（6）如果数据线上为 0（即还是低电平），则 PS/2 设备继续产生时钟，直到接收到 1 且产生出错信号为止（因为停止位是 1，如果 PS/2 设备没有读到停止位，则表明此次传输出错）。

（7）输出应答位。

（8）检测奇偶校验位，如果校验失败，则产生错误信号以表明此次传输出现错误。

（9）延时 45μs，以便 PC 进行下一次传输。

读数据线的步骤如下：

延时 20μs→把时钟线拉低→延时 40μs→释放时钟线→延时 20μs→读数据线。

下面的步骤可用于发出应答位：

延时 15μs→把数据线拉低→延时 5μs→把时钟线拉低→延时 40μs→释放时钟线→延时 5μs→释放数据线。

6.3 UART 通信协议的设计

通信协议是指双方实体完成通信或服务所必须遵循的规则和约定。

在计算机通信中，通信协议是用于实现计算机与网络连接之间的标准。如果网络没有统一的通信协议，计算机之间的信息传递就无法识别。通信协议是指通信各方事前约定的通信规则，可以简单地理解为各计算机之间进行相互会话所使用的共同语言。

设备与设备之间、计算机与计算机之间、设备与计算机之间进行通信时，都必须使用的通信协议。通信协议主要由以下三个要素组成：

（1）语法：即如何通信，包括数据的格式、编码和信号等级（电平的高低）等。

（2）语义：即通信内容，包括数据内容、含义以及控制信息等。

（3）定时规则（时序）：即何时通信，明确通信的顺序、速率匹配和排序。

本节以串行通信为例，对通信协议进行编制。

6.3.1　UART 通信的参数要求

在电路接口方面，UART 通信使用 3 根线完成：地线、发送、接收。由于串口通信是异步的，端口能够在一根线上发送数据，同时在另一根线上接收数据。其他线用于握手，但是不是必需的。串口通信最重要的参数是比特率、数据位、停止位和奇偶校验位。对于两个进行通信的端口，这些参数必须匹配。

1．比特率

比特率是一个衡量通信速度的参数，它表示每秒传送 bit 的个数。

2．数据位

数据位是衡量通信中实际数据位的参数。

当计算机发送一个信息包时，实际的数据不会是 8 位的，标准的值是 5、7 和 8 位。比如，标准的 ASCII 码是 0～127（7 位），扩展的 ASCII 码是 0～255（8 位）。如果数据使用简单的文本（标准 ASCII 码），那么每个数据包使用 7 位数据。每个包指一个字节，包括开始/停止位、数据位和奇偶校验位。

3．停止位

停止位用于表示单个包的最后一位，典型的值为 1、1.5 和 2 位。

由于数据是在传输线上定时的，并且每一个设备有其自己的时钟，很可能在通信中两台设备间出现了小小的不同步，因此停止位不仅表示传输的结束，而且提供计算机校正时钟同步的机会。适用于停止位的位数越多，不同时钟同步的容忍程度越大，数据传输速率也越慢。

4．奇偶校验位

在串口通信中一种简单的检错方式。

检错方式有四种：偶、奇、高和低，当然没有校验位也是可以的。

对于奇偶校验的情况，与前面的定义和使用是相同的，这里不再描述。高位和低位不真正地检查数据，只是简单置位逻辑高或逻辑低校验。这样使得接收设备能够知道一个位的状态，有机会判断是否有噪声干扰了通信或传输和接收数据是否不同步。

6.3.2　数据包的设计原则

在用户层的串口通信协议中，一般是围绕发送方如何建立数据包和接收方如何处理数据包，并从数据包中提取出用户关心的信息。数据包的设计需要遵守如下原则：

（1）数据包必须有包头。包头是供接收方判断一个数据包开始传输的标志，接收方从收到的数据中判断接收到了包头，就认为接收的数据已经开始，真正的数据信息马上就会到达。切记，包头字符必须有别于数据信息，也就是说，这种特征是数据包中其他数据没有的，否则会造成混乱。

（2）非定长数据必须有包尾或带有数据长度。

（3）定长数据应该指明长度。对于长度不变的数据包，数据长度应该事先约定。这样接收方在知道接收长度之后，就能够判断接收的数据包是否结束。

（4）建议对数据进行校验。串口通信底层协议（机器硬件实现）已经设置了奇偶校验方式。其实，如果在用户层添加新的校验，则可以对数据做进一步的排错，这样可以更好地保证数据的正确性。

（5）换行符的使用。如果是显示数据，则推荐在数据包的结尾添加换行符，方便阅读接收到的数据。

（6）如果数据更新快，就采用简单的通信协议，同时数据包要尽量"小"，即每次通信时传输的字节尽量少。

6.3.3 通信协议的一般格式

根据上面的原则，通常的串行通信协议格式如表 6.12 所示。

表 6.12 通常的串行通信协议格式

协议头	版本	序列号	命令码	数据长度	数据	校验

在表 6.12 的协议中，对于通信数据为定长和不定长的场合均可以满足；同时，并不是所有字段都是必需的，在实际的应用中，可以根据实际的需要进行选择。协议中各字段的属性如表 6.13 所示。

表 6.13 协议中各字段的属性

字 段 名 称	必 要 选 项	用 途 说 明	备 注
协议头	是	数据开始的标识	典型数据：0xA55A
版本	否	便于更新	
序列号	否	便于调试，便于数据处理能够每条都能处理到，数据处理时的准确性	
命令码	是	主要是看扩展的情况，1 字节或 2 字节	只有一种格式且定长的数据，可以不设置该项
数据长度	是	指定每个数据包的长度	通常按照字节计算
数据	是	用于通信的数据内容	通常以字节为单位
校验	否		CRC8/CRC16/CRC32 等

此外，为了提高数据传输的可靠性，可以采用如下的手段：

（1）增加 ACK。

（2）采用超时重传。

（3）增加 CRC 校验。

6.3.4 ISO 14443 协议 RFID 读写器应用系统的通信协议设计示例

软件程序设计是读写器的关键环节之一，通过编程完成芯片的驱动，从而实现射频卡的识别、数据的读写及更改密钥等。

6.3.4.1 应答器的数据内容

ISO 14443 协议 RFID 读写器，实现该协议应答器的识读，识别目标为 Mifare S50，主要技术指标和参数如下：

（1）容量为 8K 位（bits）EEPROM，分为 16 个扇区，每个扇区为 4 块，每块 16 个字节，以块为存取单位，每个扇区有独立的一组密码及访问控制。

（2）每张卡有唯一序列号，为 32 位。

（3）具有防冲突机制，支持多卡操作。

（4）无电源，自带天线，内含加密控制逻辑和通信逻辑电路。

（5）数据保存期为 10 年，可改写 10 万次，读无限次。

（6）工作温度：–20～50℃（湿度为 90%）。

（7）工作频率：13.56MHz。

（8）通信速率：106kbit/s。

（9）读写距离：10cm 以内（与读写器有关）。

Mifare S50 把 1K 字节的容量分为 16 个扇区（Sector0～Sector15），每个扇区包括 4 个数据块（Block0～Block3，通常也将 16 个扇区的 64 个块按绝对地址编号为 0～63），每个数据块包含 16 个字节（Byte0～Byte15），64×16=1024。M1 S50 存储结构如表 6.14 所示。

表 6.14 M1 S50 存储结构

	块 0	厂商数据存储区	数据块	0
扇区 0	块 1		数据块	1
	块 2		数据块	2
	块 3	密码 A　存取控制　密码 B	控制块	3
	块 0		数据块	4
扇区 1	块 1		数据块	5
	块 2		数据块	6
	块 3	密码 A　存取控制　密码 B	控制块	7
⋮	⋮		⋮	⋮
扇区 15	块 0～块 3		数据块	60～63

扇区 0 的块 0（即绝对地址 0 块），它用于存放厂商代码，已经被固化，不可更改，保存着只读的卡信息及厂商信息，如图 6.8 所示。

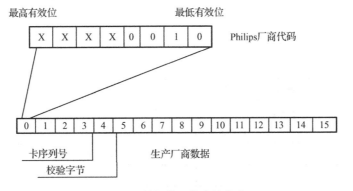

图 6.8 数据块 0 的存储信息

6.3.4.2 读写器的指令分析

读写器与应答器 S50 通信流程图如图 6.9 所示。从图中可以看出，应答器需要支持 4 个操作：读块、写块、加值和减值，再加上必要的 3 个指令：读取卡号、更改密钥和加载密钥。

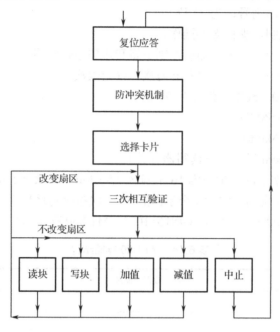

图 6.9　读写器与 S50 通信流程图

其中，加值和减值操作并不是直接在 Mifare 的块中进行的。这两个命令先把 Block 中的值读出来，然后进行加或减，加减后的结果暂时存放在卡上的易失性数据寄存器（RAM）中，再利用另一个命令传输（Transfer）将数据寄存器中的内容写入块中，因此可以作为保留的选项。

此外，为了提高读写器与系统软件之间的通信稳定性和便捷性，需要增加蜂鸣器的硬件测试指令、开启和关闭天线等指令，上述的项目可以作为推荐使用的选项。

ISO 14443 读写器支持的指令如表 6.15 所示。

表 6.15　ISO 14443 读写器支持的指令

指令名称	参数需求	应答需求	说　明
读取卡号	无	4 字节 UID 或者读取失败的状态	必要选项
读取数据块	数据块编号	16 字节数据 或者读取失败的状态	必要选项
写入数据库	数据块编号、数据内容	操作状态：写入成功或者失败	必要选项
加载密钥	扇区编号、密钥	操作状态：加载成功或者失败	必要选项
更改密钥	扇区编号、原密钥、新密钥	操作状态：修改成功或者失败	必要选项
联机指令	无	操作状态：联机成功或者失败	推荐选项
蜂鸣器指令	长音/短音	操作状态：成功或者失败	推荐选项
天线控制指令	开启/关闭	操作状态：成功或者失败	推荐选项
加值	数据块编号、增加的值	操作状态：成功或者失败	保留选项
减值	数据块编号、减小的值	操作状态：成功或者失败	保留选项
自动测试	无	测试失败的扇区	保留选项

在产品设计过程中，通信协议是否完善，决定了读写器是否满足应用系统的要求，同时也是读写器程序设计和应用程序功能设计的前提条件之一，因此是重要的技术文档。编写过程中，在注意合理性、全面性和严谨性的同时，还要考虑通用性和灵活性，尽量减少因为协议的问题导致的读写器程序重新设计的麻烦。

6.3.4.3 协议的方案设计

根据前面的分析及总结，完成了 ISO/IEC 14443 通信协议设计，设计内容包括两部分：读写器的接收协议和读写器发送数据的协议。

对于在 PC 上运行的系统应用软件而言，则有如下的规则：

（1）读写器的接收数据协议等同于系统软件的发送数据协议。

（2）读写器的发送数据协议等同于系统软件的接收数据协议。

本节及本章后续内容中无特殊说明的情况下，数据的接收和发送均对读写器而言。

1．协议的格式

在本方案中，发送和接收的通信协议采用的帧头和帧尾不同。通信协议的格式及定义如表 6.16 所示。如果为了降低通信协议的复杂性，则可以在发送和接收的协议中使用相同的帧头和帧尾。

表 6.16 通信协议的格式及定义

字 段 名 称	帧 头	指 令	数 据	帧 尾	校 验 码
数据长度（字节）	1	1	N	1	1
数据格式	HEX	HEX	ASCII	HEX	HEX
接收数据定义	0xCC			0x0D	根据所传输的数据，自动计算
发送数据定义	0x55			0xDD	

其中数据项，根据各指令的情况进行填充，数据长度最小值 N=0，即除了命令码，无参数需要传递。相关数据说明如下：

（1）数据帧头为 0xCC/0x55，为接收、发送数据的起始字符。

（2）数据帧尾为 0x0D/0xDD，为接收/发送数据的结束字符。

（3）尾字节为校验码，长度为 1 字节，校验方式为累加和，计算数据范围是命令码到帧尾的所有字节。

（4）发送端和接收端均为 HEX，省略字符"0x"。

2．各指令码数据帧定义及应答要求

（1）联机指令（80）

联机指令的数据包长度固定为 4 字节，联机指令的通信协议如表 6.17 所示。

应答数据为固定格式：55 DD。

表 6.17 联机指令的通信协议

地　　址	字 段 定 义	数 据 长 度	数 据 内 容	备　　注
0	帧头	1	CC	
1	命令码	1	80	
2	帧尾	1	0D	
3	校验	1	8D	

（2）蜂鸣器测试指令（81）

蜂鸣器测试指令的数据包长度固定为 5 字节，蜂鸣器测试指令的通信协议如表 6.18 所示。

应答数据为固定格式：55 DD

表 6.18　蜂鸣器测试指令的通信协议

地　址	字 段 定 义	数 据 长 度	数 据 内 容	备　注
0	帧头	1	CC	
1	命令码	1	81	
2	数据	1	30	30/31=长/短音蜂鸣音
3	帧尾	1	0D	
4	校验	1	BE	

（3）天线控制指令（82）

天线控制指令的数据包长度固定为 5 字节，天线控制指令的通信协议如表 6.19 所示。

应答数据为固定格式：55 DD

表 6.19　天线控制指令的通信协议

地　址	字 段 定 义	数 据 长 度	数 据 内 容	数 据 格 式	备　注
0	帧头	1	CC		
1	命令码	1	82		
2	数据	1	30	ASCII	30/31=开启/关闭天线
3	帧尾	1	0D		
4	校验	1	BF		

（4）读取卡号指令（A1）

读取卡号指令的数据包长度固定为 4 字节，读取卡号指令的通信协议如表 6.20 所示。

表 6.20　读取卡号指令的通信协议

地　址	字 段 定 义	数 据 长 度	数 据 内 容	数 据 格 式	备　注
0	帧头	1	CC		
1	命令码	1	A1		
2	帧尾	1	0D		
3	校验	1	BF		

有射频卡时应答数据为固定格式，长度为 7 字节；否则无应答，默认为应答超时。

读取卡号的答指令的通信协议如表 6.21 所示。

表 6.21　读取卡号的答指令的通信协议

地　址	字 段 定 义	数 据 长 度	数 据 内 容	数 据 格 式	备　注
0	帧头	1	55		
1	UID	4		HEX	4 字节的卡号

续表

地 址	字 段 定 义	数 据 长 度	数 据 内 容	数 据 格 式	备 注
5	帧尾	1	0D		
6	校验	1			

（5）加载密钥指令（A2）

加载密钥指令的数据包长度固定为 5 字节，加载密钥指令的通信协议如表 6.22 所示。

应答数据为固定格式：55 DD

表 6.22　加载密钥指令的通信协议

地 址	字 段 定 义	数 据 长 度	数 据 内 容	数 据 格 式	备 注
0	帧头	1	CC		
1	命令码	1	A2		
2	数据	12		ASCII	待加载的密钥
3	帧尾	1	0D		
4	校验	1			

（6）读数据块指令（A3）

读数据块指令的数据包长度固定为 8 字节，读数据块指令的通信协议如表 6.23 所示。

表 6.23　读数据块指令的通信协议

地 址	字 段 定 义	数 据 长 度	数 据 内 容	数 据 格 式	备 注
0	帧头	1	CC		
1	命令码	1	A3		
2	扇区号	2		ASCII	扇区：00～15
4	数据块号	2		ASCII	块号：00～02
6	帧尾	1	0D		
7	校验	1			

读数据块指令的应答数据包长度固定为 19 字节，应答通信协议如表 6.24 所示。

表 6.24　读数据块指令的应答通信协议

地 址	字 段 定 义	数 据 长 度	数 据 内 容	数 据 格 式	备 注
0	帧头	1	CC		
1	数据	16			数据块的内容
17	帧尾	1	0D		
18	校验	1			

（7）写数据块指令（A4）

写数据块指令的数据包长度固定为 40 字节，写数据块指令的通信协议如表 6.25 所示。

应答数据为固定格式：55 DD

表 6.25 写数据块指令的通信协议

地　址	字 段 定 义	数 据 长 度	数 据 内 容	数 据 格 式	备　注
0	帧头	1	CC		
1	命令码	1	A4		
2	扇区号	2		ASCII	扇区：00～15
4	数据块号	2		ASCII	块号：00～02
6	数据	32		ASCII	待写入的数据
38	帧尾	1	0D		
39	校验	1			

（8）修改密钥指令（A5）

修改密钥指令的数据包长度固定为 32 字节，修改密钥指令的通信协议如表 6.26 所示。

应答数据为固定格式：55 DD

表 6.26 修改密钥指令的通信协议

地　址	字 段 定 义	数 据 长 度	数 据 内 容	数 据 格 式	备　注
0	帧头	1	CC		
1	命令码	1	A5		
2	扇区号	2		ASCII	扇区：00～15
6	原密钥	12		ASCII	
18	新密钥	12		ASCII	
30	帧尾	1	0D		
31	校验	1			

6.4 基于 ISO/IEC 15693 协议的动态库程序设计

以下为 ISO/IEC 15693 协议中的术语及缩略语定义，在协议的文档中要求用法与之一致。在进行程序设计之前，需要完成协议的编写。

（1）VICC：Vicinity Integrated Circuit Card，即电子标签。

（2）UID：Unique Identifier，即电子标签的编号，不可修改，由 16 个 0～F 的字符组成，全球唯一。

（3）块号：电子标签提供 64 个可编辑的数据块，范围为 1～64。

（4）块数：编辑和读取数据块的数量，范围为 1～16。

（5）DSFID：Data Storage Format Identifier，即数据存储格式标识。

（6）AFI：Application Family Identifier，即应用标识。

（7）Flag：VICC 执行命令时，根据该标识判定命令中是否有相应的数据。2 位 ASCII 字符，根据不同命令，定义不同，具体数据参见附录 B。

6.4.1 ISO/IEC 15693 协议的应答器基本信息

ISO/IEC 15693 协议的应答器具有多个数据块，与 ISO/IEC14443 协议的应答器相比，每个数据块的容量小，没有密钥控制区，但是每个数据块均有锁定位（Lock Bits），一旦锁定位被锁定，那么该数据块将只能读取，不能被改写。

1. 数据的内部存储结构

图 6.10 为 ISO/IEC 15693 协议的 Tag-it 应答器存储结构示意图，多个数据块按照功能进行分工，可以实现一卡多用的功能。应答器的内部数据应用结构如表 6.27 所示。

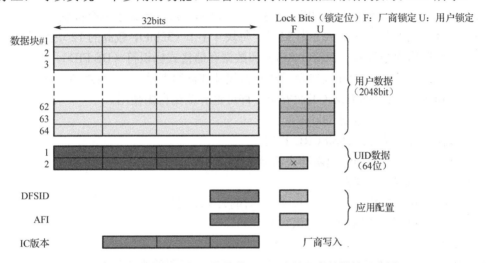

图 6.10　ISO/IEC 15693 协议的 Tag-it 应答器存储结构示意图

表 6.27　应答器的内部数据应用结构

扇　区	字　节	项　目	内　容	长度/字节
0-1	8	门禁系统数据	视不同设备而定	
2-3	8	停车场停留系统	场号	1
			保留	1
			进入时间（DDHHMM）	3
			离开时间（DDHHMM）	3
4-5	8	小钱包	钱包类型	1
			钱包余额	3
			钱包认证码	4
6-15	40	最近两笔交易记录	交易时间	4
			交易流水号（含终端号部分）	4
			交易金额	3
			交易前钱包余额	3
			交易类型	1

扇 区	字 节	项 目	内 容	长度/字节
			保留	1
			交易认证码	4
			第二条记录内容同上	20

2．基本特征

ISO/IEC 15693 标准的应答器简要特征如下：

（1）数据和电能的供给非接触方式传输（无须电池供电）。

（2）每个芯片具有不可改变的唯一的标识符（序列号），保证了每个标签的唯一性。

（3）1024bit 的 EEPROM，共分为 32 块，每块 4 字节（32bit），较高的 12 块为用户数据块。

（4）支持应用程序系列标识符（AFI）和数据存储格式标识符（DS FID）。

（5）操作距离：可达 1.5m（依赖天线几何尺寸和读写器功率），写距离与读距离相同。

（6）工作频率：13.56MHz（工业安全，许可世界范围自由使用）。

（7）快速数据传送：达到 53kbit/s。

（8）数据高度完整性：16bit CRC 校验。

（9）真正防冲突，附加快速防冲突机制。

（10）电子物品监测（EAS）。

（11）超过 10 年的数据保持能力，擦写周期大于十万次。

（12）每个块具有锁定机制（写保护）。

3．命令

ISO/IEC 15693 标准中定义的命令如表 6.28 所示，代码的格式为 HEX。

表 6.28　ISO/IEC 15693 标准中定义的命令

代 码 定 义	类 型	功 能	代 码 定 义	类 型	功 能
01	强制	清点	27	可选	读取 AFI
02	强制	静默	28	可选	锁定 AFI
03-1F	强制	RFU	29	可选	读取 DSFID
20	可选	读取一个数据块	2A	可选	锁定 DSFID
21	可选	写入一个数据块	2B	可选	读取系统信息
22	可选	锁定数据块	2C	可选	读取多个数据块的安全状态
23	可选	读取多个数据块	2D-9F	可选	RFU
24	可选	写入多个数据块	A0-DF	自定义	IC 厂商保留命令
25	可选	选择	E0-DF	保留	IC 厂商保留命令
26	可选	复位			

6.4.2　动态库的协议设计

动态库接收来自应用软件的数据，通过 RS232 串口，将数据发送给标签读写器。同时，

PC 通过 RS232 串口，接收来自读写器的数据，并将数据返回应用软件。

动态库处理的数据为标准 ASCII 字符串。

6.4.2.1　读写器与动态库函数之间的通信协议

在读写器与 PC 的通信过程中，PC 控制读写器对电子标签的操作。

1. 串口连接的接口定义

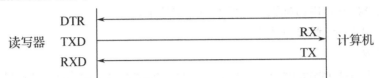

2. 通信握手

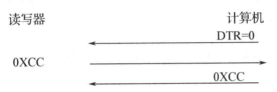

通信握手过程如下：

（1）PC 通过动态库控制 DTR，当 DTR 为低电平时，表示向读写器发出握手请求。

（2）读写器检测到 DTR 为低电平后，向 PC 发送数据"0XCC"，作为握手请求的应答信号。

（3）动态库收到数据"0XCC"后，向读写器发送"0XCC"。

（4）读写器接收到"0XCC"后，握手成功，准备接收数据。

6.4.2.2　通信数据格式

数据的通信格式包括两方面：计算机的数据发送和读写器的数据接收。在通信过程中，使用了数据校验技术，校验的规则为通信数据的累加和。

1. 计算机→读写器

在本协议的通信过程中，应用软件是通信的发起方，读写器是接收方。计算机发送数据格式定义如表 6.29 所示。

累加和的计算公式为：sum = cmd+data+0x0d，单字节。

2. 读写器→计算机

在本协议的通信过程中，读写器是通信的接收方，在收到数据后，读写器进行指令解析，然后根据解析的结果执行相应的操作，最后将操作结果按照指定的格式，发送给计算机。

读写器发送数据格式定义如表 6.30 所示。

length：传输数据的长度，即"data"字节数。

sum：传输数据的累加和，即"data"的累加和。

表 6.29　计算机发送数据格式定义

命　　令	数　　据	结 束 符	校 验 和
cmd	data	0x0d	sum
1 byte	X byte	1 byte	1 byte

表 6.30　读写器发送数据格式定义

长　　度	数　　据	校 验 和
length	data	sum
1 byte	length byte	1 byte

6.4.2.3 动态库调用函数定义

本动态库的输出只有两个函数，分别用于设置串口函数和通信函数，各自定义的功能如下。

1．设置串口函数

名称：int SETCOM (uchar bCom)。

功能：设置串口。

入口参数：bCom：串口标识，数据类型为字符串。

出口参数：0/1：设置成功/失败。

2．通信函数

名称：int SCMD (unsigned char cmd , unsigned char *parm , unsigned char *back)。

功能：将接收到的字符串发送到读写器，接收读写器返回的数据。

入口参数说明如下：

（1）参数 cmd：对标签的操作命令，命令定义参见附录 B。

（2）参数 parm：发送给读写器的数据的首地址，数据为标准 ASCII 字符。parm 参数的格式固定，对于不同的命令，参数内容不同，如表 6.31 所示。

表 6.31　参数 parm 的数据定义

字 段 名 称	Flag	UID	块　　号
长度（字节）	(2)	(16)	(2)

表中：

➢ ( )内的数字表示数据的长度，即按 ASCII 统计的字符个数。

➢ Flag 的值决定参数中是否有 UID。

附录 B 中的数据类型定义为："表示字符串，其他数字为十进制数据。"

（3）参数 back：保存从读写器返回的数据的首地址，数据为标准 ASCII 字符。根据 cmd（命令）的不同，返回的数据长度也不同，参见附录 B。

调用函数前，需要对入口指针参数 parm、back 的存储空间大小进行声明，使用 C 语言编程时格式要求如下：

① unsigned char back[500]；

② unsigned char parm[100]；

入口参数中如果包含 UID 信息，则 UID 数据必须符合 ISO/IEC 15693 协议，即低字节在前，高字节在后。

（4）返回参数说明：0/1：通信成功/失败。

① 读数据成功，返回读出的数据内容；其他操作成功，返回 0xdd。操作失败，无数据返回。

② 详细数据参见各指令的返回参数。

6.4.2.4 通信函数调用举例

读取一个数据块，函数的具体参数要求如下：

1．命令码

cmd = '2'；

2．parm 参数

读取一个数据块的参数如表 6.32 所示。

表 6.32　读取一个数据块的参数

Flag（2）	UID（16）	块号（2）	描　述
'00'	无	01	参数无 UID，不返回数据块的状态
'20'	'E0070000016A8B08'	01	参数有 UID，不返回数据块的状态
'40'	无	01	参数无 UID，返回数据块的状态
'60'	'E0070000016A8B08'	01	参数有 UID，返回数据块的状态

（1）Flag（2）：表示 Flag 的长度为 2 个字节。

（2）UID（16）：表示 UID 的长度为 16 个字节，如电子标签的 UID 号码为 E0070000016A8B08；Flag 的值决定参数中是否有 UID。

当 Flag= '00'或'40'时，表示参数中无 UID，此时 UID 长度=0。

当 Flag= '20'或'60'时，表示参数中有 UID，此时 UID 长度=16。

（3）块号（2）：表示要读取的数据块的编号，为十进制数据，范围为 01～64。

3．back 参数

从读写器返回的数据，数据为标准 ASCII 字符。

名称：int Return = SCMD （'2', parm , back ） 。

对应入口参数 cmd = '2'，根据不同的入口参数进行函数的调用。读取一个数据块时不同的参数及返回值示例如表 6.33 所示。

表 6.33　读取一个数据块时不同的参数及返回值示例

参数 parm[ ]	参数 解 析	操作的含义	返回参数 back[ ]
0001	"00" 为 "Flag"；"01" 为数据块的编号	参数无 UID，不返回数据块的状态	A1A2A3A4
20E0070000016A8B0801	"20" 为 "Flag"；"E0070000016A8B08" 为 UID；"01" 为数据块的编号	参数有 UID，不返回数据块的状态	A1A2A3A4
4001	"40" 为 "Flag"；"01" 为数据块的编号	参数无 UID，返回数据块的状态	00A1A2A3A4 00：数据块的状态
60E0070000016A8B0801	"60" 为 "Flag"；"E0070000016A8B08" 为 UID；"01" 为数据块的编号	参数有 UID，返回数据块的状态	00A1A2A3A4 00：数据块的状态

6.4.3　动态库的程序设计

本动态库的开发环境为 VS2010，程序设计从创建工程开始。

6.4.3.1　创建一个 DLL 工程 Reader_Dll@15693

在创建工程时，选择开发环境为 C++后，按照图 6.11 所示，选择 dll 工程并命名为 Reader_Dll@15693。

图 6.11　创建 Win32 项目类型工程文件

单击"确定"按钮，在出现的 Win32 应用程序向导的概述对话框中单击"下一步"按钮。然后根据向导，选择"DLL"选项，勾选附加选项下的"空项目"选项，如图 6.12 所示，单击"完成"按钮，创建项目。

图 6.12　完成创建

6.4.3.2　在 Reader_Dll@15693.cpp 文件中添加源代码

由于在本 dll 文件中，需要调用系统的 API 函数，因此首先需要添加代码"#include <windows.h>"，然后添加相应的变量、函数声明及函数实现等。

1．添加头文件及变量、函数的声明

源代码如代码示例 6.2 所示。

【代码示例 6.2】添加头文件及变量、函数的声明

```
#include <windows.h>

#define uchar    unsigned char
#define uint     unsigned int
#define ulong    unsigned long
```

```
/* CMD*/
#define        PC_INVENTORY        0xa0        /* CMD_INVENTORY*/
#define        PC_WMBLOCK          0xa1        /* Stay CMD_QUIET*/
#define        PC_RBLOCK           0xa2        /* Read single block*/
#define        PC_WBLOCK           0xa3        /* Write single block*/
#define        PC_LBLOCK           0xa4        /* Lock block*/
#define        PC_RMBLOCK          0xa5        /* Read multiple blocks*/
#define        PC_SELECT           0xa6        /* CMD_SELECT*/
#define        PC_READY            0xa7        /* Reset to ready*/
#define        PC_WAFI             0xa8        /* Write AFI*/
#define        PC_LAFI             0xa9        /* Lock AFI*/
#define        PC_WDSFID           0xaa        /* Write DSFID*/
#define        PC_LDSFID           0xab        /* Lock DSFID*/
#define        PC_INFO             0xac        /* Get system information*/
#define        PC_SECURITY         0xad        /* Get multiple block security status*/
#define        COMM_OK             0xae        /* communication succeed*/
#define        COMM_FAIL           0xaf        /* communication fail*/
#define        CMD_ERROR           0xb0        /* command error*/

static char g_bpComm_Name[] = "COM1";
uchar g_bpBuf[100];
uchar g_bComm,g_bAnswer;
ulong g_dwData;
DWORD g_DWMask;
DCB     dcb;
HANDLE hcom;
COMMTIMEOUTS     g_Timeouts;

uchar Open_Port(void);
uchar Shake(uint DWData);
uchar Wait_Answer(uint wDelay);

int SETCOM (uchar bCom);
int SCMD(uchar bCmd,const char *bpParm,uchar *bpBack);
```

2. 添加函数

源代码如代码示例 6.3 所示。

【代码示例 6.3】添加函数

```
/***********************************************
功能:     动态库接口函数
入口:     bCmd: 命令
          bpParm: 接收数据首地址
          bpBack: 返回数据首地址
出口:     发送成功/失败
***********************************************/
int SCMD(uchar bCmd,const char *bpParm,uchar *bpBack)
```

```
    {
        uchar bSum,bI,bReturn,bReturn_Flag,bpData[400];
        uint wI,wSend_Len,wDelay;
        ulong dwTemp;

        if (bCmd <= 0x39)
            bCmd -= 0x30;
        else
            bCmd -= 0x37;
        bCmd += 0xa0;

        wSend_Len = strlen(bpParm);
        bReturn_Flag = 0;
        wDelay = 3000;
        switch (bCmd)
        {
            case     PC_INVENTORY:
                     bReturn_Flag ++;
                     break;
            case     PC_WMBLOCK:
                     wDelay = 30000;
                     break;
            case     PC_READY:
            case     PC_LAFI:
            case     PC_LDSFID:
                     break;
            case     PC_RBLOCK:
                     bReturn_Flag ++;
                     break;
            case     PC_WBLOCK:
                     break;
            case     PC_LBLOCK:
                     break;
            case     PC_RMBLOCK:
                     bReturn_Flag ++;
                     break;
            case     PC_SELECT:
                     break;
            case     PC_WAFI:
            case     PC_WDSFID:
                     break;
            case     PC_INFO:
                     bReturn_Flag ++;
                     break;
            case     PC_SECURITY:
                     bReturn_Flag ++;
                     break;
            case     COMM_OK:
```

```
            case        COMM_FAIL:
                        wSend_Len = 0;
                        break;
            default:
                        bCmd = CMD_ERROR;
                        wSend_Len = 0;
                        break;
    }
    g_bpBuf[0] = bCmd;
    memcpy((g_bpBuf + 1),bpParm,wSend_Len);
    wSend_Len ++;
    bSum = 0;
    for (wI = 0;wI < wSend_Len ;wI ++ )
        bSum += g_bpBuf[wI];
    g_bpBuf[wI] = 0x0d;
    wSend_Len ++;
    bSum += 0x0d;
    g_bpBuf[wSend_Len] = bSum;
    wSend_Len ++;

    //串口发送数据
    bReturn = Open_Port();
    if (!bReturn)
    {
        CloseHandle(hcom);
        return 1;
    }
    bReturn = Shake(wSend_Len);
    if (!bReturn)
    {
        CloseHandle(hcom);
        return 2;
    }
    EscapeCommFunction(hcom,CLRDTR);//禁止发送
    PurgeComm(hcom,PURGE_RXCLEAR);//清空接收缓冲区

    if (!bReturn_Flag)
    {
        bReturn = Wait_Answer(5000);
        if (bReturn)
        {
            if (g_bAnswer != 0xdd)
            {
                CloseHandle(hcom);
                return 3;
            }
            else
```

```
                              bReturn = 0;
        }
        else
        {
              EscapeCommFunction(hcom,SETDTR);
              Sleep(40);
              EscapeCommFunction(hcom,CLRDTR);
              CloseHandle(hcom);
              return 4;
        }
    }
    else
    {
        bSum = 0;
        bReturn = Wait_Answer(wDelay);
        if (!bReturn)
        {
              EscapeCommFunction(hcom,SETDTR);
              Sleep(40);
              EscapeCommFunction(hcom,CLRDTR);
              CloseHandle(hcom);
              return 5;
        }
        bpData[0] = g_bAnswer;
        g_bAnswer ++;
        EscapeCommFunction(hcom,SETDTR);//允许发送
        bReturn = ReadFile(hcom,(bpData + 1),g_bAnswer,&dwTemp,NULL);
        if (bReturn && (g_bAnswer == (uchar)dwTemp))
        {
              for (bI = 1;bI < g_bAnswer ;bI ++ )
                    bSum += bpData[bI];
              if (bSum == bpData[bI])
              {
                    wSend_Len = 0;
                    for (wI = 1;wI < (uint)dwTemp; wI ++)
                    {
                          bpBack[wSend_Len] = bpData[wI] >> 4;
                          if (bpBack[wSend_Len] <= 9)
                                bpBack[wSend_Len] += 0x30;
                          else
                                bpBack[wSend_Len] += 0x37;
                          wSend_Len ++;
                          bpBack[wSend_Len] = bpData[wI] & 0x0f ;
                          if (bpBack[wSend_Len] <= 9)
                                bpBack[wSend_Len] += 0x30;
                          else
                                bpBack[wSend_Len] += 0x37;
                          wSend_Len ++;
```

```
                      }
                      bpBack[wSend_Len] = 0x00;
                      wSend_Len ++;
                      bReturn = 0;
                  }
                  else//check error or do not receiver the check value
                      bReturn = 7;
              }
              else
                  bReturn = 6;
          }
          CloseHandle(hcom);

          return bReturn;
      }
/**************************************************
  功能：      设置串口
  入口：      bCom：串口编号
  出口：      成功/失败：       1/0
**************************************************/
      int SETCOM (uchar bCom)
      {
          uchar bReturn;

          g_bpComm_Name[3] = bCom;
          if ((hcom = CreateFile(g_bpComm_Name,(GENERIC_READ |
GENERIC_WRITE),0,NULL, OPEN_EXISTING,0,NULL)) < 0)
                  return 0;
          bReturn = SetupComm(hcom,2048,512);
          if (!bReturn)
                  return 0;
          CloseHandle(hcom);
          return 1;
      }
/**************************************************
  功能：      打开串口
  入口：
  出口：
**************************************************/
      uchar Open_Port(void)
      {
          uint wReturn;

          wReturn = 0;
          if ((hcom = CreateFile(g_bpComm_Name,(GENERIC_READ |
GENERIC_WRITE),0,NULL, OPEN_EXISTING,0,NULL)) < 0)
                  return 0;
          if (SetupComm(hcom,2048,512))
```

```
                    wReturn |= 0x01;
        if (GetCommState(hcom,&dcb))
                wReturn |= 0x02;

    dcb.BaudRate = 115200;
    dcb.fBinary = TRUE;
    dcb.XonLim = 2048;
    dcb.XoffLim = 512;
    dcb.ByteSize = 8;
    dcb.StopBits = TWOSTOPBITS;
    dcb.XonChar = 17;
    dcb.XoffChar = 19;

    dcb.fBinary = TRUE;
    dcb.fParity = FALSE;
    dcb.fOutxCtsFlow = FALSE;
    dcb.fOutxDsrFlow = FALSE;
    dcb.fDtrControl = DTR_CONTROL_DISABLE;
    dcb.fDsrSensitivity = FALSE;
    dcb.fTXContinueOnXoff = FALSE;
    dcb.fOutX = FALSE;
    dcb.fInX = FALSE;
    dcb.ErrorChar = FALSE;
    dcb.fNull = FALSE;
    dcb.fRtsControl = FALSE;
    dcb.fAbortOnError = FALSE;
    dcb.fDummy2 = FALSE;
    dcb.wReserved = FALSE;
    dcb.Parity = NOPARITY;
    dcb.ErrorChar = FALSE;
    dcb.EofChar = FALSE;
    dcb.EvtChar = FALSE;
    dcb.wReserved1 = FALSE;

    if (SetCommState(hcom,&dcb))//串口参数配置
            wReturn |= 0x04;
    if (GetCommTimeouts(hcom,&g_Timeouts))
            wReturn |= 0x08;

    g_Timeouts.ReadIntervalTimeout = 0;
    g_Timeouts.ReadTotalTimeoutMultiplier = 0;
    g_Timeouts.ReadTotalTimeoutConstant = 0;

    if (SetCommTimeouts(hcom,&g_Timeouts))
            wReturn |= 0x10;
    if (SetCommMask(hcom,EV_TXEMPTY))
            wReturn |= 0x20;
PurgeComm(hcom,PURGE_TXCLEAR|PURGE_RXCLEAR);/*清空发送缓冲区+清空接收缓冲区*/
```

```
        if (wReturn == 0x3f)
            return 1;
        return 0;
}
/**********************************************
功能:     读字节
入口:
出口:
**********************************************/
uchar Read_Byte(uint wTime)
{
    uchar bReturn = 0;

    g_bAnswer = 0;
    g_dwData = 0;
    GetCommTimeouts(hcom,&g_Timeouts);
    g_Timeouts.ReadTotalTimeoutConstant = wTime;
    if (SetCommTimeouts(hcom,&g_Timeouts))
    {
        if (ReadFile(hcom,&g_bAnswer,1,&g_dwData,NULL))
        {
            if (g_dwData == 1)
                bReturn = 1;
        }
    }
    return bReturn;
}
/**********************************************
功能:     握手
入口:     wLen: 数据长度
出口:     成功/失败
**********************************************/
uchar Shake(uint wLen)
{
    uchar bReturn;
    ulong wWrite_Len;

    wWrite_Len = 0;
    PurgeComm(hcom,PURGE_RXCLEAR);//清空接收缓冲区
    PurgeComm(hcom,PURGE_TXCLEAR);//清空发送缓冲区
    EscapeCommFunction(hcom,SETDTR); //允许发送
    bReturn = Wait_Answer(1000);
    EscapeCommFunction(hcom,CLRDTR);//禁止发送
    if (bReturn && (g_bAnswer == 0xcc))
    {
        g_bAnswer = 0xcc;
        bReturn = WriteFile(hcom,&g_bAnswer,1,&wWrite_Len,NULL);
        if (bReturn && (wWrite_Len == 1))
```

```
                    {
                        bReturn = WriteFile(hcom,g_bpBuf,wLen,&wWrite_Len,NULL);
                        if (bReturn && (wWrite_Len == wLen))//写入成功
                        {
                                EscapeCommFunction(hcom,SETDTR);//允许发送
                                bReturn = Wait_Answer(1000);
                                EscapeCommFunction(hcom,CLRDTR);//禁止发送
                                if (bReturn && (g_bAnswer == 0x55))//单片机接收成功
                                        return 1;
                        }
                    }
            EscapeCommFunction(hcom,CLRDTR);//禁止发送
            return 0;
    }
    /**************************************************
    功能:           等待应答
    入口:           wDelay:超时的时间参数
    出口:           接收到的数据长度
    **************************************************/
    uchar Wait_Answer(uint wDelay)
    {
            uchar bReturn;
            ulong dwLen;

            GetCommTimeouts(hcom,&g_Timeouts);
            g_Timeouts.ReadTotalTimeoutConstant = wDelay;
            g_bAnswer = 0;
            dwLen = 0;
            bReturn = SetCommTimeouts(hcom,&g_Timeouts);
            if (bReturn)
                    bReturn = ReadFile(hcom,&g_bAnswer,1,&dwLen,NULL);
            return (uchar)dwLen;
    }
```

6.4.3.3　def 文件的编写

在 def 文件中添加导出的函数,如代码示例 6.4 所示。

【代码示例 6.4】在 def 文件中添加导出函数

```
    ; Reader_dll@15693.def:声明 DLL 的模块参数。

    LIBRARY Reader_dll@15693

    EXPORTS
        ; 此处可以是显式导出
            SETCOM
            SCMD
```

注意：.def 文件注释使用分号 "；"，而不是 "//"。

将生成的 Reader_dll@15693.dll 文件拷贝到 D:\WINDOWS\system32 目录下，完成动态库文件的注册，也可以将该动态库文件直接复制到与执行文件相同的目录下。

6.5 RFID 读写器应用系统的二次开发实例

应用系统的开发有两种方式：基于动态库技术和基于通信协议，两种方式各有优缺点，如表 6.34 所示。

表 6.34 基于动态库技术和基于通信协议的开发优缺点对比

对　象	基于动态库技术	基于通信协议
用户角度	（1）调用动态库、调用函数； （2）受限于动态库、可扩展性差； （3）开发过程简单、难度低、进度快	（1）根据协议自主设计程序； （2）灵活性强、可扩展性好； （3）开发过程较为复杂、难度高、进度慢
供应商角度	（1）需要提供动态库及动态库函数调用声明文档； （2）不需要提供协议，对于产品具有一定的保护性； （3）动态库的设计、开发难度较大	（1）仅需要提供协议文档； （2）对于产品的保护能力较弱； （3）开发成本较低

当用户进行二次开发时，根据设备的情况、提供的资源情况以及自身的条件进行选择。

基于动态库技术的应用系统设计，最大的优势体现在如下两个方面：

（1）节省内存和代码重用。当多个程序使用同一个函数库时，DLL 可以减少在磁盘和物理内存中加载代码的重复量，且有助于代码的重用。

（2）模块化。DLL 有助于促进模块化程序开发。模块化允许仅仅更改几个应用程序共享的一个 DLL 中的代码和数据而不需要更改应用程序自身。

6.5.1 基于动态库的 ISO/IEC 15693 协议读写器的二次开发

在本实例中，开发环境基于 PowerBuilder，动态库为 6.4 节中的 Reader_Dll@15693.dll。

6.5.1.1 界面设计

根据协议中的需求，设计 ISO/IEC 15693 协议读写器通用演示系统界面，如图 6.13 所示。

在该界面中，上方的图片为外部图片，可以根据用户的需要进行修改，只需替换相同尺寸图片即可，而不必修改程序代码。

6.5.1.2 程序设计

使用 PowerBuilder 进行基于动态库的应用系统设计，开发过程简单，程序代码较少，因此效率较高。实现图 6.13 功能，添加控件，然后添加各自的源代码。

1."连接"功能的源代码

"连接"功能，用于自动检测与系统连接的串口设备，本质是设置端口，该功能的源代码如代码示例 6.5 所示。

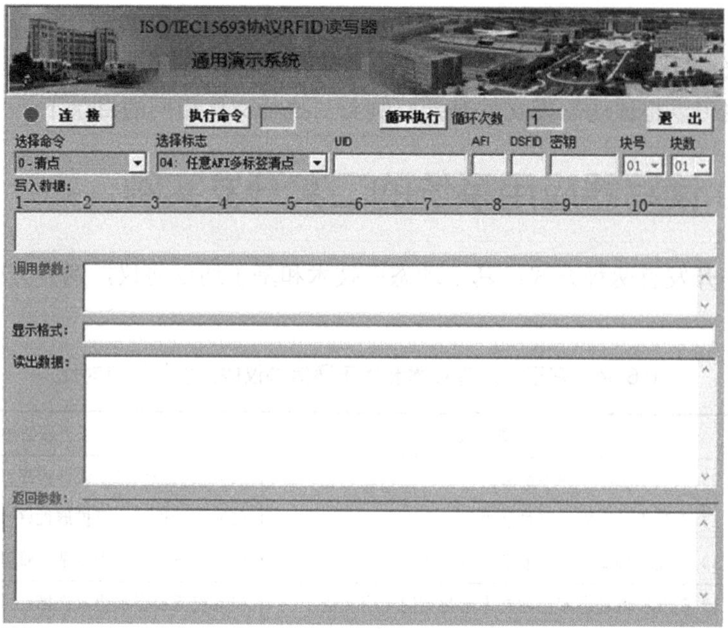

图 6.13　ISO/IEC 15693 协议读写器通用演示系统界面

【代码示例 6.5】"连接"功能的源代码

```
//功能：自动扫描当前连接的串口端口，检测到连接的串口时，将指示灯设置为绿色
string com,ls_data,ls_parm
int i,li_yesno

FOR i=1 TO 10
    com = string(i)
    ls_data=space(2)
    li_yesno=SETCOM (com)

    if li_yesno=1 then
        li_yesno=SCMD('E',ls_data , ls_parm)
        if li_yesno=0 then
            oval_1.FillColor=RGB(0,255,0) //green
            exit
        end if
    end if
NEXT
```

2."选择命令"源代码

执行"选择命令"，从下拉菜单中选择相应的指令，只需要将相应的指令名称填入即可，源代码如代码示例 6.6 所示。

【代码示例 6.6】"选择命令"的源代码

```
ddlb_cmd.reset()
ddlb_cmd.additem('0 - 清点')
ddlb_cmd.additem('1 - 写多块')
```

```
ddlb_cmd.additem('2 - 读单块')
ddlb_cmd.additem('3 - 写单块')
ddlb_cmd.additem('4 - 锁定块')
ddlb_cmd.additem('5 - 读多块')
ddlb_cmd.additem('6 - 选择')
ddlb_cmd.additem('7 - 准备')
ddlb_cmd.additem('8 - 写 AFI')
ddlb_cmd.additem('9 - 锁定 AFI')
ddlb_cmd.additem('A - 写 DSFID')
ddlb_cmd.additem('B - 锁定 DSFID')
ddlb_cmd.additem('C - 读系统信息')
ddlb_cmd.additem('D - 读块安全信息')
ddlb_cmd.additem('P - 认证密钥写单块')
ddlb_cmd.additem('K - 销毁标签')
ddlb_cmd.text = '0 - 清点'
```

与代码示例 6.6 类似的代码添加方式还包括选择标志、块号、块数。

3."执行命令"源代码

该功能是本应用系统的核心，源代码见代码示例 6.7，根据选择的各参数及指令，完成如下功能：

（1）各参数的合法性检查和判断。

（2）各参数的赋值。

（3）按照通信协议，完成数据帧的填充，包括校验字节。

（4）向读写器发送数据。

（5）接收读写器的应答数据。

（6）解析数据。

（7）按照指令，将数据显示到指定的控件中或者指定的位置、系统提示信息等。

【代码示例 6.7】"执行命令"的源代码

```
string ls_str, flag, cmd,ls_str_ok,ls_data, ls_parm
integer i,li_count,li_num
int li_return

ls_data=space(1000)
ls_parm=space(2000)
sle_input.text = ""
flag=left(ddlb_flag.text,2)
cmd=left(ddlb_cmd.text,1)
//--1--验证是否输入 UID，是否含有非法字符及长度是否正确？
if (flag='20') or (flag='60') then
    if len(em_uid.text) = 0 then
            messagebox("提示信息",'未输入 UID，请输入 0-F 的十六进制数')
            return
    end if
    ls_str = em_uid.text
    ls_str = Upper( ls_str )
```

```
                li_count = len(em_uid.text)
                FOR i=1 TO li_count
                        li_num = ASC(mid(ls_str,i,1))
                        //0--9,A--F
                        if (48 <= li_num and li_num <= 57) or (65 <= li_num and li_num <= 70) then
                                ls_str_ok = ls_str_ok + mid(ls_str,i,1)
                        else
                                messagebox("提示信息",'UID 含有非法字符，请输入 0-F 的十六进制数')
                                return
                        end if
                NEXT
                IF len(em_uid.text) <> 16 THEN
                        messagebox("提示信息",'UID 长度不够，请修改')
                        return
                END IF
        end if
//--2--验证是否输入写入数据，是否含有非法字符及长度是否正确？
if (cmd='1') or (cmd='3') or (cmd='P') then
        if len(sle_data.text) = 0 then
                messagebox("提示信息",'未输入写入数据，请输入 0-F 的十六进制数')
                return
        end if
        ls_str = sle_data.text
        ls_str = Upper( ls_str )
        li_count = len(sle_data.text)
        FOR i=1 TO li_count
                li_num = ASC(mid(ls_str,i,1))
                //0--9,A--F
                if (48 <= li_num and li_num <= 57) or (65 <= li_num and li_num <= 70) then
                        ls_str_ok = ls_str_ok + mid(ls_str,i,1)
                else
                        messagebox("提示信息",'写入数据含有非法字符，请输入 0-F 的十六进制数')
                        return
                end if
        NEXT
        if (cmd='1')    then
                IF len(sle_data.text) <> 8 * integer(ddlb_block_count.text) THEN
                        messagebox("提示信息",'写入数据长度不对，请修改')
                        return
                END IF
        else
                IF len(sle_data.text) <> 8    THEN
                        messagebox("提示信息",'写入数据长度不对，请修改')
                        return
                END IF
        end if
end if
//--3--验证是否输入 AFI，是否含有非法字符及长度是否正确？
```

```
if (cmd='0') or (cmd='8') then
    ls_str = em_afi.text
    ls_str = Upper( ls_str )
    li_count = len(em_afi.text)
    if cmd='0' then
        if (flag='14') or (flag='34') then
            if len(em_afi.text) = 0 then
                messagebox("提示信息",'未输入 AFI, 请输入 0-F 的十六进制数')
                return
            end if
            FOR i=1 TO li_count
                li_num = ASC(mid(ls_str,i,1))
                //0--9,A--F
                if (48 <= li_num and li_num <= 57) or (65 <= li_num and li_num <= 70) then
                    ls_str_ok = ls_str_ok + mid(ls_str,i,1)
                else
                    messagebox("提示信息",'AFI 含有非法字符，请输入 0-F 的十六进制数')
                    return
                end if
            NEXT
            IF len(em_afi.text) <> 2 THEN
                messagebox("提示信息",'AFI 长度不对，请修改')
                return
            END IF
        end if
    end if
    if cmd='8' then
        if (flag='40') or (flag='60') then
            if len(em_afi.text) = 0 then
                messagebox("提示信息",'未输入 AFI, 请输入 0-F 的十六进制数')
                return
            end if
            FOR i=1 TO li_count
                li_num = ASC(mid(ls_str,i,1))
                //0--9,A--F
                if (48 <= li_num and li_num <= 57) or (65 <= li_num and li_num <= 70) then
                    ls_str_ok = ls_str_ok + mid(ls_str,i,1)
                else
                    messagebox("提示信息",'AFI 含有非法字符，请输入 0-F 的十六进制数')
                    return
                end if
            NEXT
            IF len(em_afi.text) <> 2 THEN
                messagebox("提示信息",'AFI 长度不对，请修改')
                return
            END IF
        end if
    end if
```

```
        end if
//--4--验证是否输入 DSFID，是否含有非法字符及长度是否正确？
if cmd='A' then
        if len(em_dsfid.text) = 0 then
                messagebox("提示信息",'未输入 DSFID, 请输入 0-F 的十六进制数')
                return
        end if
        ls_str = em_dsfid.text
        ls_str = Upper( ls_str )
        li_count = len(em_dsfid.text)
        FOR i=1 TO li_count
                li_num = ASC(mid(ls_str,i,1))
                //0--9,A--F
                if (48 <= li_num and li_num <= 57) or (65 <= li_num and li_num <= 70) then
                        ls_str_ok = ls_str_ok + mid(ls_str,i,1)
                else
                        messagebox("提示信息",'DSFID 含有非法字符，请输入 0-F 的十六进制数')
                        return
                end if
        NEXT
        IF len(em_dsfid.text) <> 2 THEN
                messagebox("提示信息",'DSFID 长度不对，请修改')
                return
        END IF
end if
//--5--验证是否输入密钥，是否含有非法字符及长度是否正确？
if (cmd='K') or (cmd='P') then
        if len(em_password.text) = 0 then
                messagebox("提示信息",'未输入密钥, 请输入 0-F 的十六进制数')
                return
        end if
        ls_str = em_password.text
        ls_str = Upper( ls_str )
        li_count = len(em_password.text)
        FOR i=1 TO li_count
                li_num = ASC(mid(ls_str,i,1))
                //0--9,A--F
                if (48 <= li_num and li_num <= 57) or (65 <= li_num and li_num <= 70) then
                        ls_str_ok = ls_str_ok + mid(ls_str,i,1)
                else
                        messagebox("提示信息",'密钥含有非法字符，请输入 0-F 的十六进制数')
                        return
                end if
        NEXT
        IF len(em_password.text) <> 8 THEN
                messagebox("提示信息",'密钥长度不对，请修改')
                return
        END IF
```

```
        end if
//--6--make Command String to ----> ls_command
        string ls_command
        ls_command = cmd + flag

        CHOOSE CASE cmd
            CASE '0' //清点
                if (flag='14') or (flag='34') then
                    ls_command = ls_command + em_afi.text
                end if
            CASE '1' //写单块
                if flag = '40' then
                    ls_command = ls_command + ddlb_block_no.text + ddlb_block_count.text +
sle_data.text
                end if
                if flag = '60' then
                    ls_command = ls_command + order_conver(em_uid.text,16,16) + ddlb_block_no.text +
ddlb_block_count.text + sle_data.text
                end if
            CASE '2' //读单块
                if (flag='00') or (flag='40') then
                    ls_command = ls_command + ddlb_block_no.text
                end if
                if (flag='20') or (flag='60') then
                    ls_command =ls_command + order_conver(em_uid.text,16,16) + ddlb_block_no.text
                end if
            CASE '3' //写单块
                if flag = '40' then
                    ls_command = ls_command + ddlb_block_no.text + sle_data.text
                end if
                if flag = '60' then
                    ls_command = ls_command + order_conver(em_uid.text,16,16) + ddlb_block_no.text +
sle_data.text
                end if
            CASE '4' //锁定块
                if flag = '40' then
                    ls_command = ls_command + ddlb_block_no.text
                end if
                if flag = '60' then
                    ls_command = ls_command + order_conver(em_uid.text,16,16) + ddlb_block_no.text
                    end if
            CASE '5' //读多块
                if (flag='00') or (flag='40') then
                    ls_command = ls_command + ddlb_block_no.text + ddlb_block_count.text
                end if
                if (flag='20') or (flag='60') then
                    ls_command = ls_command + order_conver(em_uid.text,16,16) + ddlb_block_no.text +
ddlb_block_count.text
```

```
                end if
            CASE '6' //选择
                ls_command = ls_command + order_conver(em_uid.text,16,16)
            CASE '7' //准备
                if flag = '20' then
                    ls_command = ls_command + order_conver(em_uid.text,16,16)
                end if
            CASE '8' //写 AFI
                if flag = '40' then
                    ls_command = ls_command + em_afi.text
                end if
                if flag = '60' then
                    ls_command = ls_command + order_conver(em_uid.text,16,16) + em_afi.text
                end if
            CASE '9'    //锁定 AFI
                if flag = '60' then
                    ls_command = ls_command + order_conver(em_uid.text,16,16)
                end if
            CASE 'A'    //写 DSFID
                if flag = '40' then
                    ls_command = ls_command + em_dsfid.text
                end if
                if flag = '60' then
                    ls_command = ls_command + order_conver(em_uid.text,16,16) + em_dsfid.text
                end if
            CASE 'B'    //锁定 DSFID
                if flag = '60' then
                    ls_command = ls_command + order_conver(em_uid.text,16,16)
                end if
            CASE 'C'    //读系统信息
                if flag = '20' then
                    ls_command = ls_command + order_conver(em_uid.text,16,16)
                end if
            CASE 'D'    //读块安全信息
                if flag = '00' then
                    ls_command = ls_command + ddlb_block_no.text + ddlb_block_count.text
                end if
                if flag = '20' then
                    ls_command = ls_command + order_conver(em_uid.text,16,16) + ddlb_block_no.text +
ddlb_block_count.text
                end if
            CASE 'K' //销毁标签
                    ls_command = ls_command + '07' + order_conver(em_uid.text,16,16) + em_password.text
            CASE 'P' //认证密钥写单块
                    ls_command = ls_command + '07' + order_conver(em_uid.text,16,16) + em_password.text +
ddlb_block_no.text + sle_data.text
        CASE ELSE
                ls_command = 'END'
```

```
END CHOOSE
sle_input.text = Upper(ls_command)

//--7--function int SCMD(char cmd , ref string parm , ref string back ) library "rfiddxq.dll"
mle_1.text=""
sle_2.text=""
sle_3.text=""
sle_back.text=""
ls_command = Upper(ls_command)
ls_data = Right ( ls_command, len(ls_command) - 1 )
li_return=SCMD(left(ls_command,1) , ls_data , ls_parm)
if li_return=0 then
        //mle_1.text=ls_parm
        sle_back.text = ls_parm
        CHOOSE CASE cmd
                CASE '0'   //Inventory
                        sle_3.text= 'UID(16 位)'
                        em_uid.text = order_conver(ls_parm, 16, 16)
                        mle_1.text = order_conver( ls_parm, len(ls_parm), 16 )
                CASE '2' //读单块
                        if (flag='40') or (flag='60') then
                                sle_3.text= '块号-安全标志(2 位)数据(8 位)'
                                mle_1.text = block_num(ls_parm, integer(ddlb_block_no.text), 1, 10 )
                                //mle_1.text = space_s(ls_parm, 10, 10)
                        else
                                sle_3.text= '块号-数据(8 位)'
                                mle_1.text = block_num(ls_parm, integer(ddlb_block_no.text), 1, 8 )
                                //mle_1.text = space_s(ls_parm, 8, 8)
                        end if
                CASE '5' //读多块
                        if (flag='40') or (flag='60') then
                                sle_3.text= '块号-安全标志(2 位)数据(8 位)'
                                mle_1.text = block_num(ls_parm, integer(ddlb_block_no.text), integer
(ddlb_block_count.text), 10 )
                        else
                                sle_3.text= '块号-数据(8 位)'
                                mle_1.text = block_num(ls_parm, integer(ddlb_block_no.text), integer
(ddlb_block_count.text), 8 )
                        end if
                CASE 'C' //读系统信息
                        sle_3.text = '信息标志(2 位)UID(16 位)DSFID(2 位)AFI(2 位)块数量(2 位)块字
节数(2 位)IC reference(2 位)'
                        mle_1.text = mid(ls_parm,1,2) + order_conver( mid(ls_parm, 3, 16), 16,16) +
mid(ls_parm,19,10)
                CASE 'D'  //读块安全信息
                        sle_3.text= '块号-安全标志(2 位)'
                        mle_1.text = block_num(ls_parm, integer(ddlb_block_no.text), integer(ddlb_
block_count.text), 2 )
```

```
                              CASE ELSE
                                   sle_3.text= "
                        END CHOOSE
                    li_return=SCMD('E',ls_data , ls_parm)    //成功则蜂鸣一长声
                    sle_2.text="OK"
            else
                    li_return=SCMD('F',ls_data , ls_parm)    //失败则蜂鸣三短声
                    sle_2.text="FAIL"
            end if
```

6.5.2　基于通信协议的 RFID 读写器通用系统设计

根据 6.3 节中的协议，完成本设计，开发环境为 VC++6.0，未使用数据库。

6.5.2.1　界面设计

根据协议的设计，要求本系统具有如下的功能：通信设置、基础操作、密钥操作、扇区操作、读数据、写数据、0 扇区 0 数据块的数据解析、读卡 UID、结果提示。

ISO/IEC 14443 协议 RFID 读写器的应用系统界面如图 6.14 所示。

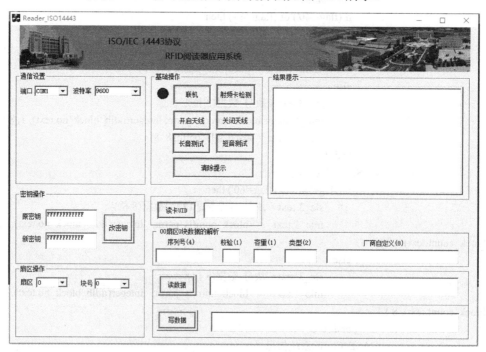

图 6.14　ISO/IEC 14443 协议 RFID 读写器的应用系统界面

设计时，设计者可以直接从工具栏中添加相应的工具，如按钮、下拉框、输入框、背景图片等，因此设计界面较为美观，效率比较高。

VC++6.0 具有强大的数据处理能力，在通信方面，使用系统的 API 函数，因此通信效率较高，但编程难度有所提高。本工程文件为基于 MFC Dialog 的设计，相关的工程文件清单如图 6.15 所示。

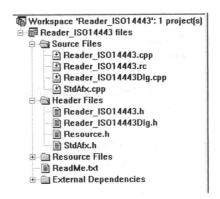

图 6.15　14443 协议读写器应用系统的工程文件清单

6.5.2.2　串口通信相关程序设计

进行串口通信时，在设置端口及参数方面，可以直接调用系统的 API 函数，这里不再描述，代码示例 6.8 为本节内容涉及主要源代码，其余部分代码参见电子版材料。

【代码示例 6.8】串行通信相关源代码

```
/**************************************************
功能:      发送通信数据
入口:      bCmd: 命令码
           bpFill_Buff: 数据首地址
出口:      应答的数据长度
**************************************************/
byte CReader_ISO14443Dlg::SendCmd(byte bCmd,byte *bpFill_Buff)
{
    byte bCheck_Sum,wReadlen;
    word wI,wLen;
    int wReturn;

    g_bpBuf[0] = 0xcc;
    g_bpBuf[1] = bCmd;
    wLen = 0;
    wReadlen = 1;
    switch(bCmd)
    {
        case  CMD_LOAD_KEY://load
                    memcpy(g_bpBuf+2,bpFill_Buff,12);
                    wLen = 15;
                    break;
        case  CMD_READ_BLOCK://read
                    memcpy(g_bpBuf+2,bpFill_Buff,4);
                    wLen = 7;
                    wReadlen = 18;
                    break;
        case  CMD_READ_UID://read id:CC A7 0D B4
```

```
                                          wLen = 3;
                                          wReadlen = 5;
                                          break;
                    case  CMD_WRITE_BLOCK://write sector
                                          memcpy(g_bpBuf+2,bpFill_Buff,36);
                                          wLen = 39;
                                          break;
                    case  CMD_BELL_LONG://bell long
                    case  CMD_BELL_SHORT://bell short
                                          wLen = 4;
                                          g_bpBuf[2] = bpFill_Buff[0];
                                          break;
                    case  CMD_OPEN_ANT:
                    case  CMD_CLOSE_ANT:
                                          wLen = 3;
                                          break;
                    case  CMD_MODIFY_KEY://modify key:
                                          wLen = 29;
                                          break;
          }
          bCheck_Sum = 0;
          g_bpBuf[wLen - 1] = 0x0d;

          for (wI = 1;wI < wLen ;wI ++ )
          {
                bCheck_Sum += g_bpBuf[wI];
          }
          g_bpBuf[wI] = bCheck_Sum;
          wLen ++;

          wReturn = CReader_ISO14443Dlg::Send_Data(1,wLen);
          if(wReturn)
                wReadlen = 0;
          return (wReadlen);
}
/*************************************************
功能:      发送数据函数
入口:      bRW_Flag: 读写标记
          bLen: 发送数据的长度
出口:      发送成功/失败
*************************************************/
int CReader_ISO14443Dlg::Send_Data(byte bRW_Flag,byte bLen)
{
     byte bReturn;
     dword dwTemp;

     //串口发送数据
     CloseHandle(hcom);
```

```
        bReturn = CReader_ISO14443Dlg::Open_Port();
        if (!bReturn)
        {
            CloseHandle(hcom);
            return 1;
        }

        PurgeComm(hcom,PURGE_TXCLEAR|PURGE_RXCLEAR);/*清发送缓冲区+清接收缓冲区*/

        bReturn = WriteFile(hcom,g_bpBuf,bLen,&dwTemp,NULL);
        if (!bReturn || (dwTemp != bLen))//写入失败
        {
            CloseHandle(hcom);
            return 3;
        }
        bReturn = 0;
        return bReturn;
    }
```

6.5.2.3　密钥数据处理程序

密钥数据处理相关源代码如代码示例 6.9 所示。

【代码示例 6.9】密钥数据处理相关源代码

```
/**********************************************
功能:       密钥数据处理
入口:       *bpBuf:密钥的数据首地址
            bKeyFlag:密钥标记
                    =0/1:原密钥,新密钥
出口:       成功/失败
**********************************************/
byte CReader_ISO14443Dlg::Get_Key(byte *bpKey,byte bKeyFlag)
{
    byte bI,bReturn,bpTemp[12];
    //get key
    if(!bKeyFlag)//old key
        bReturn= m_StrKeyOld.GetLength();
    else
        bReturn= m_StrKeyNew.GetLength();
    if (bReturn < 12)
    {
        m_ListResult.AddString("密钥位数不足 6 字节! ");
        bReturn = 0;
    }
    else
    {
        if(!bKeyFlag)//old key
            memcpy(bpTemp,m_StrKeyOld,bReturn);
```

```
            else
                memcpy(bpTemp,m_StrKeyNew,bReturn);
            memcpy(bpKey,bpTemp,bReturn);
            for (bI = 0;bI < bReturn;)
            {
                if ((bpKey[bI] >= '0' && bpKey[bI] <= '9') || (bpKey[bI] >= 'a' && bpKey[bI] <= 'f') ||
(bpKey[bI] >= 'A' && bpKey[bI] <= 'F'))
                {
                    bI ++;
                }
                else
                {
                    break;
                }
            }
            if (bI < bReturn)
            {
                m_ListResult.AddString("密钥数据非 HEX！");
                bReturn = 0;
            }
            else
                bReturn = 1;
    }
    UpdateData(FALSE);
    return bReturn;
}
```

6.5.2.4 其他函数相关程序

其他函数包括蜂鸣器的驱动、操作结果信息提示等处理，关于蜂鸣器处理，可以直接使用 API 函数中的 Beep 和 Sleep，通过控制鸣叫和停止时间等参数，实现不同声音的提示效果，相关的源代码如代码示例 6.10 所示。

【代码示例 6.10】其他函数相关源代码

```
/*************************************************
功能:     用蜂鸣器进行成功提示函数
入口:     无
出口:     无
*************************************************/
void CReader_ISO14443Dlg::OK_Beep(void)
{
    Beep(1700,80);
    Sleep(50);
    Beep(2000,80);
    Sleep(50);
    Beep(2300,80);
    Sleep(50);
}
```

```
/*****************************************
功能：用蜂鸣器进行失败提示函数
入口：无
出口：无
*****************************************/
void CReader_ISO14443Dlg::Error_Beep(void)
{
    Beep(400,200);
}
```

6.6 延伸阅读：程序设计语言的新宠——Python

Python 是一种跨平台的计算机程序设计语言。

Python 是一个高层次的，结合了解释性、编译性、互动性和面向对象的脚本语言。Python 最初被设计用于编写自动化脚本（Shell），随着版本的不断更新和语言新功能的添加，更多地被用于独立的、大型项目的开发。

6.6.1 Python 的由来与发展历程

自从 20 世纪 90 年代初 Python 语言诞生至今，它已被广泛应用于系统管理任务的处理和 Web 编程。

Python 的创始人为荷兰人吉多·范罗苏姆（Guido van Rossum）。1989 年圣诞节期间，在阿姆斯特丹，Guido 为了打发圣诞节的无趣，决心开发一个新的脚本解释程序，作为 ABC 语言的一种继承。之所以选中 Python（蟒蛇）作为该编程语言的名字，是取自英国 20 世纪 70 年代首播的电视喜剧《蒙提·派森的飞行马戏团》（*Monty Python's Flying Circus*）。

ABC 是由 Guido 参加设计的一种教学语言。就 Guido 本人看来，ABC 这种语言非常优美和强大，是专门为非专业程序员设计的。但是 ABC 语言并没有成功，究其原因，Guido 认为是其非开放造成的。Guido 决心在 Python 中避免这一错误。同时，他还想实现在 ABC 中闪现过但未曾实现的东西。

就这样，Python 在 Guido 手中诞生了。可以说，Python 是从 ABC 发展起来的，主要受到了 Modula-3（另一种相当优美且强大的语言，为小型团体所设计）的影响，并且结合了 Unix Shell 和 C 语言的习惯。

Python 已经成为最受欢迎的程序设计语言之一。2004 年以后，Python 的使用率呈线性增长。Python 2 于 2000 年 10 月 16 日发布，稳定版本是 Python 2.7。Python 3 于 2008 年 12 月 3 日发布，不完全兼容 Python 2。2011 年 1 月，它被 TIOBE 编程语言排行榜评为 2010 年度语言。

由于 Python 语言的简洁性、易读性及可扩展性，在国外用 Python 做科学计算的研究机构日益增多，一些知名大学已经采用 Python 来教授程序设计课程，例如卡内基梅隆大学的编程基础、麻省理工学院的计算机科学及编程导论就使用 Python 语言讲授。

众多开源的科学计算软件包都提供了 Python 的调用接口，例如著名的计算机视觉库 OpenCV、三维可视化库 VTK、医学图像处理库 ITK。而 Python 专用的科学计算扩展库就更多了，例如 NumPy、SciPy 和 matplotlib，它们分别为 Python 提供了快速数组处理、数值运算以及绘图功能。因此，Python 语言及其众多的扩展库所构成的开发环境十分适合工程技术、科研人员处理实验数据、制作图表，甚至开发科学计算应用程序。

6.6.2　Python 概述

1．应用领域

（1）Web 和 Internet 开发。

（2）科学计算和统计。

（3）人工智能。

（4）桌面界面开发。

（5）软件开发。

（6）后端开发。

（7）网络爬虫。

2．与 MATLAB 的对比

说起科学计算，首先会被提到的可能是 MATLAB。然而除 MATLAB 的一些专业性很强的工具箱还无法被替代外，MATLAB 的大部分常用功能都可以在 Python 世界中找到相应的扩展库。

和 MATLAB 相比，用 Python 做科学计算有如下优点：

（1）MATLAB 是一款商用软件，并且价格不菲。而 Python 完全免费，众多开源的科学计算库都提供了 Python 的调用接口。用户可以在任何计算机上免费安装 Python 及其绝大多数扩展库。

（2）与 MATLAB 相比，Python 是一门更易学、更严谨的程序设计语言，能让用户编写出更易读、易维护的代码。

（3）MATLAB 主要专注于工程和科学计算。然而即使在计算领域，也经常会遇到文件管理、界面设计、网络通信等各种需求。而 Python 有着丰富的扩展库，可以轻易完成各种高级任务，开发者可以用 Python 实现完整应用程序所需的各种功能。

3．设计定位

Python 的设计哲学是"优雅""明确""简单"。此外，Python 是完全面向对象的语言，函数、模块、数字、字符串都是对象，并且它完全支持继承、重载、派生、多继承，有益于增强源代码的复用性。

Python 支持重载运算符和动态类型。相对于 Lisp 这种传统的函数式编程语言，Python 对函数式设计只提供了有限的支持。有两个标准库（functools、itertools）提供了 Haskell 和 Standard ML 中久经考验的函数式程序设计工具。

Python 本身被设计为可扩充的。并非所有的特性和功能都集成到语言核心。Python 提供了丰富的 API 和工具，以便程序员能够轻松地使用 C 语言、C++、Cython 来编写扩充模块。Python 编译器本身也可以被集成到其他需要脚本语言的程序内。因此，很多人还把 Python 作为一种"胶水语言"（Glue Language）使用。使用 Python 将其他语言编写的程序进行集成和封装。

4．Python 的优点

（1）简单：Python 是一种代表简单主义思想的语言。

阅读一个良好的 Python 程序就感觉像是在读英语一样。它使你能够专注于解决问题而不是去搞明白语言本身。

（2）易学：Python 极其容易上手，因为 Python 有极其简单的说明文。

（3）速度快：Python 的底层是用 C 语言编写的，很多标准库和第三方库也都是用 C 语言编写的，运行速度非常快。

（4）免费、开源：Python 是 FLOSS（自由/开放源码软件）之一。使用者可以自由地发布这个软件的拷贝、阅读它的源代码、对它做改动、把它的一部分用于新的自由软件中。FLOSS 是基于一个团体分享知识的概念。

（5）高层语言：用 Python 语言编写程序的时候无须考虑诸如如何管理你的程序使用的内存一类的底层细节。

（6）可移植性：由于它的开源本质，Python 已经被移植在许多平台上（经过改动使它能够工作在不同平台上）。这些平台包括 Linux、Windows、FreeBSD、Macintosh、Solaris、OS/2、Amiga、AROS、AS/400、BeOS、OS/390、z/OS、Palm OS、QNX、VMS、Psion、Acom RISC OS、VxWorks、PlayStation、Sharp Zaurus、Windows CE、PocketPC、Symbian，以及 Google 基于 linux 开发的 Android 平台。

（7）解释性：一个用编译性语言（如 C 语言或 C++语言）编写的程序可以从源文件（即 C 语言或 C++语言）转换到一个其他的计算机使用的语言（二进制代码，即 0 和 1）。

这个过程通过编译器和不同的标记、选项完成。运行程序时，连接/转载器软件把程序从硬盘复制到内存中并且运行。而 Python 语言编写的程序不需要编译成二进制代码，可以直接从源代码运行程序。这使得使用 Python 更加简单，也使得 Python 程序更加易于移植。

（8）面向对象：Python 既支持面向过程的编程，也支持面向对象的编程。

在"面向过程"的语言中，程序是由过程或可重用代码的函数构建起来的。在"面向对象"的语言中，程序是由数据和功能组合而成的对象构建起来的。

（9）可扩展性：如果需要让一段关键代码运行得更快或者希望某些算法不公开，则可以部分程序用 C 语言或 C++语言编写，然后在 Python 程序中使用它们。

（10）可嵌入性：可以把 Python 嵌入 C/C++程序，从而向程序用户提供脚本功能。

（11）丰富的库：Python 标准库确实很庞大。

它可以帮助处理各种工作，包括正则表达式、文档生成、单元测试、线程、数据库、网页浏览器、CGI、FTP、电子邮件、XML、XML-RPC、HTML、WAV 文件、密码系统、GUI（图形用户界面）、Tk 和其他与系统有关的操作。这被称作 Python 的"功能齐全"理念。

除了标准库，还有许多其他高质量的库，如 wxPython、Twisted 和 Python 图像库等。

（12）规范的代码：Python 采用强制缩进的方式使得代码具有较好的可读性，而 Python 语言编写的程序不需要编译成二进制代码。

5．缺点

（1）单行语句和命令行输出问题：很多时候不能将程序连写成一行，如 import sys;for i in sys.path:print i。

（2）独特的语法：用缩进来区分语句关系的方式。

（3）运行速度慢：这里是指与 C 语言和 C++语言相比。

第7章 物联网典型应用案例

【内容提要】

物联网技术作为重要的第三信息技术，是在计算机技术和互联网技术后的一项重要技术。物联网技术最早于 1999 年在麻省理工学院被提出，2005 年开始普及，2009 年获得快速发展。

本章主要介绍了基于物联网技术的应用方案，重点为基于 RFID 技术的应用。本章所采用的方案均为来自企业的真实项目。

【案例分析】 从物联网产业链图谱看物联网的发展

由于云平台的加入，物联网的体系架构定义有所变化，自下而上分为四个层次：感知层、网络层、平台层、应用层。根据这四个层次，物联网的产业链又大致可分为八大环节，如图 7.1 所示：芯片提供商、传感器供应商、无线模组（含天线）厂商、网络运营商（含 SIM 卡商）、平台服务商、系统及软件开发商、智能硬件厂商、系统集成及应用服务提供商。

图 7.1 物联网体系架构的新定义和八大环节

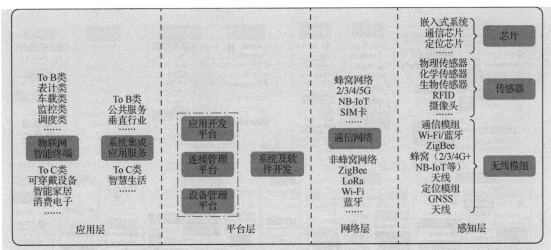

资料来源：中国信通院，公开资料，东兴证券研究所。

图 7.1　物联网体现结构的新定义和八大环节（续）

物联网产业分布图如图 7.2 所示。图中除了可以看到谷歌、苹果、亚马逊、微软等国际巨头企业，同样可以看到中国移动、中国联通、华为等国内厂商，意味着物联网领域正在不断地扩张。

图 7.2　物联网产业分布图

2019 年 9 月，前瞻产业研究院发布了《2019 年物联网行业市场研究报告》，对物联网行业发展环境、现状、产业链、前景及趋势进行了深度分析，整理出了物联网产业链全景图谱，如图 7.3 所示。

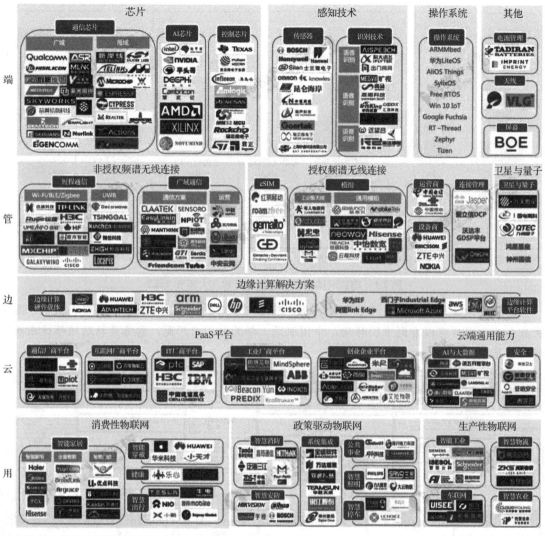

资料来源：前瞻产业研究院整理。

图 7.3　2019 年物联网产业链全景图谱

对比 2016 年的物联网产业图谱，可以发现物联网技术的发展是快速的，同时也是动态的，具体表现在参与物联网行业的企业在数量方面的增加和解决方案越来越丰富，特色越来越突出，同时看到了国内公司的崛起，这一点在云平台及边缘计算方面表现得尤为明显。

以下案例中涉及的系统方案、数据及设备均来自企业，并获得企业的授权。其中，7.1～7.6 节的案例来自沈阳卡得智能科技有限公司，7.7 节的案例来自上海庆科信息技术有限公司。

7.1　基于物联网技术的智慧校园

智慧校园是校园信息化的高级形态，它综合运用云计算、物联网、移动互联、大数据、人工智能、社交网络等各类新兴信息技术，全面感知校园环境，智能识别师生群体的学习、工作情景和个体特征。基于建设智慧校园的方案设计与实施为目的，通过构建全校范围内统一的大数据中心、统一的业务流程网络和统一的服务门户，打破部门界限和系统"信息孤岛"现象，实现全校范围内的信息网络化，从而提高教学、科研、管理等各个业务环节的效率。

平台的主界面如图 7.4 所示。

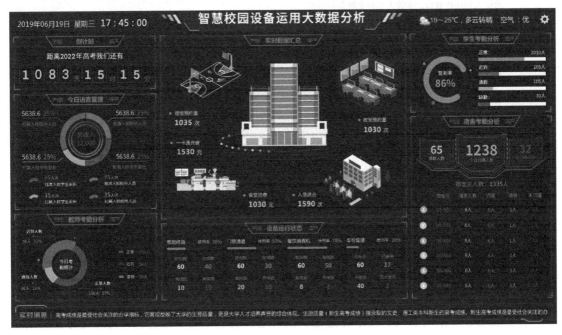

图 7.4　平台的主界面

7.1.1　校园出入管理系统

校园出入管理系统包括校园出入口控制系统和访客登记管理系统两个部分。

1. 校园出入口控制系统

校园出入口控制系统是该公司自主研发的系统平台，系统把精巧的机械设计与微处理器控制及各种读写技术有机地融为一体，通过各种读写操作，完成校园出入口通行控制，并能实现有效身份人员的自动识别，杜绝非法出入，广泛应用于需对人员出入控制的场合。

校园出入口控制系统融计算机技术、信息技术、自动控制技术等现代高新技术为一体，成功地解决了完全依赖人工管理模式固有的速度慢、漏洞多、出错率高、劳动强度大等缺点，极大地提高了校园人员管理的智能化、人性化、安全化、信息化程度，对安全防范工作有极大的帮助。

校园出入口控制系统不仅能保障学生和教职工的生命和财产安全，还可以使学校人员管理有序化、智能化，提高学校校园生活质量。学校可以将进出校门的人员进行分类，教职工和学生可持校园卡或采用人脸识别方式进出，外来人员需通过手机端进行访客登记申请，经授权后持身份证进行人证比对后进入。进出人员的身份数据通过校园网实时传送到学校的管理平台中，方便安保部门或管理部门及时掌握进出人员的身份信息，追踪外来人员的轨迹，以及访客或参观者的人流量。

校园出入口管理系统通过与数字化校园的融合，使数字化校园获得了感知、判断、辨别、记忆等能力，让数字化校园拥有智慧，让学校实现更加便捷、高效的校园管理。

校园出入管理系统如图 7.5 所示。

> 被授权人员（学生或教职工）通过通道时，利用人脸识别/电子标签快速、准确地判定其通过状态，合法人员快速放行，无效人员声光报警并拍照。

图 7.5 校园出入管理系统

2. 访客登记管理系统

访客登记管理系统是指一套能有效快捷地管理校园外来人员进出校园大门所需要填写进出记录等相关信息的管理软件。在校园出入口建立一套信息化的来访登记系统，控制和管理访客人员进出。

访客登记管理系统取代手写来访登记，创新地实现了"数字化登记、网络化办公、安全化管理"，大幅提升接待工作效率、服务品质和单位形象。将访客登记管理系统和门禁、通道控制等系统集成后，可提供学校关于外来人员进出管理及智慧校园的全面解决方案。

该系统充分利用现代化信息技术，保证整体运作的安全性，做到人员、证件、照片三者统一，实现了"进门登记、出门登记、人像一一对应、随身物品登记、分级管理、历史记录查询、报表汇总"等功能，能够高效记录、存储、查询汇总访客的相关信息，成功解决了临时来访人员来访登记管理这一薄弱环节。

7.1.2 宿舍管理系统

传统的宿舍管理系统采用刷卡通行方式，存在卡片混用、盗用、丢失、忘带等一系列安全隐患，导致考勤数据不准，外部人员容易混入，无法做到有效管控。

智能宿舍管理系统采用人脸识别通行方式，通过刷脸考勤，解决原有代刷、混刷问题，保证考勤数据准确性，无卡化通行更加快捷方便省事省力。

人脸识别通道应用场景如图 7.6 所示，可实现如下主要功能。

1. 人脸识别通道

在宿舍楼门口放置有人行通道闸机，学生出入寝室需要进行人脸识别，系统实时监控某一时间段内未回宿舍或者没有归寝签到记录的学生。

当外来人员或无权限人员通过时，通道会发出声光报警提醒宿舍管理人员，宿管老师可快速确认非法闯入人员或查询学生归寝情况。学生每天通过通道闸机后，数据自动上传到后台管理系统中，同时系统会自动推送学生归寝相关信息给宿管老师和家长手机端。

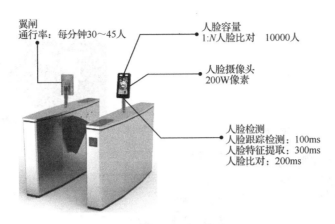

翼闸
通行率：每分钟30~45人

人脸容量
1:*N*人脸比对　10000人

人脸摄像头
200W像素

人脸检测
人脸跟踪检测：100ms
人脸特征提取：300ms
人脸比对：200ms

图 7.6　人脸识别通道应用场景

2．宿舍无感考勤管理

人脸识别监控方案也是近年来普遍被学校采用的考勤管理方式之一。它的优点是可通过人脸监控设备快速抓拍人脸进行身份比对，从而对有效考勤人员进行准确数据分析；缺点是无法精准判定所有考勤人员进出记录，不能达到 100% 的精准考勤。

学校可在每栋宿舍楼门前安装智能人脸比对摄像机用于学生归寝考勤。宿舍管理老师可按学校预设的晚自习时间，在系统中进行归寝时间段设置预案。预案可设置多个，例如晚上 21:00 回宿舍，21:30 宿舍大门关门，学生可以按已设置的预案规则进行人脸签到。如在统计时间段内未回宿舍，系统未识别到人脸签到信息，系统则记录该学生未回宿舍，可预警提示宿管老师，宿管老师可快速确认学生归寝情况。

学生人脸考勤签到成功后，数据会自动上传到管理系统中，同时系统会自动推送学生归寝相关信息给宿管老师和家长手机端。

7.1.3　餐饮消费管理系统

传统的食堂消费刷卡机存在排队时间长、忘卡丢卡、现金充值等问题，随着智慧校园人脸识别的应用，传统的食堂消费刷卡机已无法满足学校对智慧校园管理的要求，为了提高校园智慧化消费管理，推出智慧食堂管理系统，将刷卡消费升级成人脸识别消费，全面提升校园消费多环节、全方位的智慧化进程。

基于 RFID+人脸识别消费在校园的应用，有效减轻了食堂排队压力，缩短了识别、付款、取餐时间，更全面提升了校园后勤保障，有效减少食堂的运营成本，提升学生的就餐体验，已逐渐成为主导未来食堂的主流管理方式，因此食堂消费系统的升级改造已势在必行。

智慧食堂管理系统应用场景如图 7.7 所示。

7.1.4　电子班牌管理系统

电子班牌是当今校园文化建设、数字化建设的系统之一，是学校日常工作、班级文化展示和拓展课堂交流等实现智慧校园的一个良好应用载体。

每个班级配置一台电子班牌，方便使用的同时极大地丰富了学校整体的信息技术环境。电子班牌管理系统的架构如图 7.8 所示。

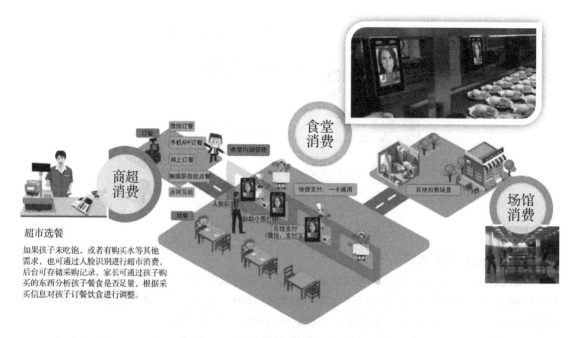

超市选餐

如果孩子未吃饱，或者有购买水等其他
需求，也可通过人脸识别进行超市消费，
后台可存储采购记录，家长可通过孩子购
买的东西分析孩子餐食是否足量，根据采
买信息对孩子订餐饮食进行调整。

图 7.7　智慧食堂管理系统应用场景

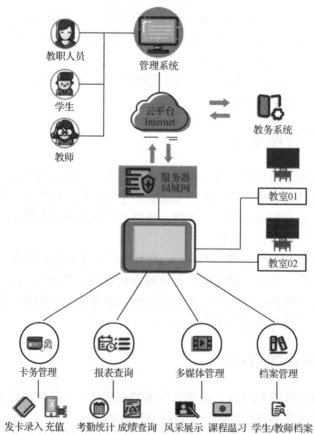

图 7.8　电子班牌管理系统的架构

电子班牌多用来显示班级信息、当前课程信息、班级活动信息以及学校的通知信息，信息内容为文字、图片、多媒体、Flash 内容等，为学生和老师提供新颖的师生交流及校园服务平台。

智能电子班牌不仅仅只局限于显示信息内容，而是将终端数据采集的目标也纳入架构之内。采用兼容性最高的安卓 5.1 系统，可根据客户需求及智慧教育发展的要求，在应用方面不断推陈出新，真正实现以一次投资，达到长期领先的使用模式。

对于现有的校园硬件设备，只要通过增加新的接口程序，即可堆积和更新实时显现的功能。例如通过兼容智慧校园设备，对接实验室、会议室数据，即可实现书目查阅、预借等功能，使智慧校园的理念真正得到体现。

同时，电子班牌借助校园局域网络，有助于促进班级之间、师生之间形成校园虚拟社区，发挥智慧校园优势，丰富教学生活。

电子班牌管理系统主界面如图 7.9 所示。

图 7.9　电子班牌管理系统主界面

电子班牌管理系统的特点如表 7.1 所示。

表 7.1　电子班牌管理系统的特点

特　　点	描　　述
信息可视化	通过安装多功能电子班牌、传达室多功能一体机，打通并连接校园所有显示屏，将学生刷卡、人脸识别、二维码识别、智能语音等技术嵌入，实现校园数据"采集、显示、交互"智能化，构建智慧校园软硬件结合的整体环境
沟通平台化	移动端具备配套教师端、家长端独立 APP 及微信公众号，家长通过留言与学生和教师进行沟通，在学生没有手机的情况下通过电子班牌进行有效的沟通，方便快捷

特　点	描　述
校园展示	系统具备校园展示样式，包括校园介绍、校园活动、本周工作、楼层导引、优秀班级展示、优秀教师、优秀学生等
管理移动化	将学校内部管理，全面向移动端移植，校长和教师在手机 APP 上就可以完成日常的教务和班级管理工作
排课智能化	可以按照设置好的规则智能化排课，可以自由选择排课班级、科目
统一数据中心	排课数据与学校其他业务模块（如成绩模块等）实现数据共享，互联互通
调课可视化	调课简单方便，可以分别按教师、按课程、按班级调课；提示哪些位置可以直接调整，哪些可以间接调整；自动提示冲突原因。 可满足学校的普通课、走班课、合班分层课、单双周课的排课需要
选课排课数据一体化	排课与学生走班选课数据无缝对接。避免数据冗余，减少工作量
合班分层功能强大	满足某个学科多个班合班分层上课，合班分层课可分别设置老师、场地、上课学生。完美解决学校合班分层上课的新需求。如1班和2班的体育课分成篮球、足球、排球三层上课
系统拓展性强	班牌系统可用于出入考勤、门禁、办公室职工信息展示等
人脸识别签到	班牌系统可扩展人脸识别签到考勤功能，支持5个人同时识别，语音播报姓名，并支持脱机人脸识别
人脸识别登录	班牌系统可扩展人脸识别登录功能，支持教师人脸登录操作德育考评、查看课表，支持学生登录操作查看作业、课表、留言、个人成绩、走班选课查问卷等功能
直播教室内监控画面	支持直播教室内监控画面，能够实现同步预览教室内的摄像机，上课时教导主任在走廊能够实时看到教室的画面信息
可对接智慧校园系统平台	可对接智慧校园系统，包括校园宿舍管理、门禁系统、考勤系统、食堂消费系统、实验室、会议室系统、课程管理系统、预约系统等

7.1.5　智能预约管理系统

智能预约管理系统以服务各大院校全面实施信息化管理、提高教学水平为宗旨，包括通用场所预约管理系统和会议预约管理系统两种类型。

1. 通用场所预约管理系统

通用场所预约管理系统以自习室、图书馆、实验室等管理的解决方案为导向，是学校实现信息化管理的重要支撑平台。

通用场所预约管理系统显示界面如图 7.10 所示。

该系统主要解决自习室、图书馆、实验室等资源优化，提高使用效率。学生可通过该系统进行预约，或者通过智慧校园 APP 移动终端预约场所，在规定时间内到达场所，并且在场所设置的签到设备上进行打卡签到，系统可进行预约权限、次数、时长等设置，对多次预约不签到学生会被系统列入黑名单，限制其预约权限。

2. 会议预约管理系统

随着人工智能（AI）的盛行，各领域面临前所未有的技术革新。

人脸识别作为人工智能的一项重要技术，为工作和生活带来极大便利，增效赋能。人脸识别会议签到系统，正是应用先进的人脸识别技术来实现参会人员的自主签到，实现了从传统人工签到到 1 秒"刷脸"签到的高效转变。

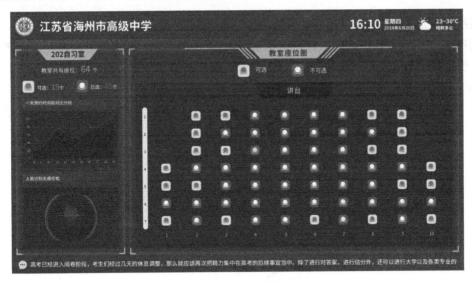

图 7.10　通用场所预约管理系统显示界面

　　智能会议预约签到管理系统是以人脸识别技术为核心的签到统计管理系统。系统首先通过后台批量采集导入人员照片，现场快速刷脸认证签到。卡得蓓蕾会议预约签到管理系统不仅避免了传统手动签到、刷卡签到的种种弊端，更将签到转变为秒级签到，可快速单人或多人签到，快速生成会议考勤报表，真正做到智能化签到、自动化统计。

　　智能会议预约管理系统显示界面如图 7.11 所示。

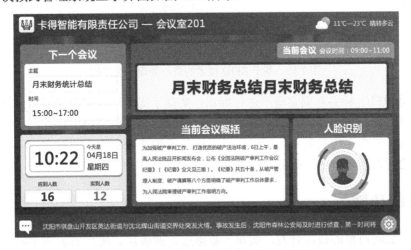

图 7.11　智能会议预约管理系统显示界面

7.2　基于 RFID 技术的资产管理系统

　　智能固定资产管理系统，是以实物管理为基础，以 RFID 技术应用为核心，实现资产管理 RFID 信息化的专业实物资产管理软件。

7.2.1　系统构成

系统通过成熟的 RFID 技术对固定资产实物从购置、领用、转移、调拨、维修、盘点、清理到报废等进行全方位准确监管，记录资产每次变更、结合资产使用状态表、资产变更明细表、资产统计表等报表，真正实现"账、卡、物"相符。

基于 RFID 技术的资产管理系统结构如图 7.12 所示。

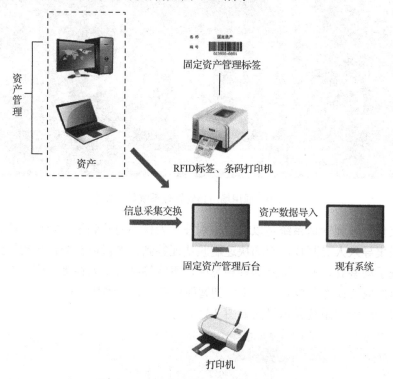

图 7.12　基于 RFID 技术的资产管理系统结构

系统采用 RFID 标签对固定资产进行标识，实现了固定资产生命周期和使用状态的全程跟踪。标识后的资产在进行清查或巡检时显示出 RFID 技术最突出的特点：方便、快速、准确，大大提高了清查工作的效率，同时保证了信息流和资产实物流的对应，可以有效解决企业固定资产的管理难题，使企业更轻松、更有效地管理固定资产。

7.2.2　系统功能

系统采用面向对象的技术开发，实现了数据层、业务层、用户表示层（用户界面）的分离，可以挂接各种后台数据库。同时，由于采用了多层架构，对于用户的特殊需求，通过很少的改动和定制就能满足要求，降低了用户的实施成本，具有极高的性价比。

基于 RFID 技术的资产管理系统主界面如图 7.13 所示。

该系统包括以下 4 个功能模块。

1．资产标签制作模块

用户利用系统提供的标签制作功能，可以根据自身单位的要求，自行定义标签的格式和内容，同时支持一维条码标签和二维条码标签。

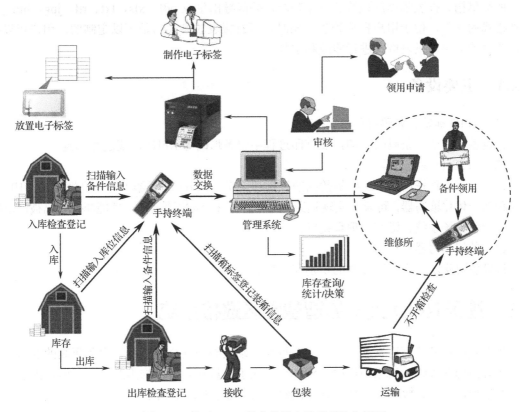

图 7.13　基于 RFID 技术的资产管理系统主界面

根据资产类别的不同，系统甚至可以为不同类别的资产定义不同类型的资产标签样式。

2. 数据采集模块

针对固定资产管理中经常出现的实物与财务账目不符的情况，以实物管理为目标，以化繁为简为目的。该系统以 RFID 标签和条码为载体，提供了自动扫描或手工两种录入方式，完成资产信息的采集。

系统克服了传统管理模式下依赖纸面单据或通过手工方式录入原始数据而带来的低效及错误，解决了固定资产管理过程中的实物管理的问题，实现了信息流和实物流的统一，并且大大降低了库管人员的工作强度，提高了工作效率。

此外，系统还提供了强大的数据导入导出功能。利用该项功能，用户可以从文件、手持数据采集终端中导入数据，系统本身支持多种数据采集终端，用户也可以根据自身的需要，按照系统提供的数据导入导出规范，在其他类型数据采集终端上开发数据采集程序，极大地方便了用户的使用。

系统中所有需要进行资产信息录入的环节都提供数据导入导出功能。

3. 日常管理模块

该系统提供丰富的日常管理功能，包括资产卡片管理、录入、启用、转移、借用、维修、停用、退出等，各种功能操作都非常简单方便，操作员无须专门的培训就可以使用，大大减少了误操作的概率。

4．打印预览及打印模块

所有单据、报表都提供预览和打印功能，并能导出生成 pdf、xls、txt、rtf、jpg、html 等多种格式的文件，便于用户日后处理。同时，所有报表的格式都是可以定制的，用户可以根据本单位的需要对报表格式进行修改和定制。

7.2.3　主要设备

（1）RFID 标签、条码打印机

该设备实现资产条码的打印，在打印过程中将条形码与 RFID 标签进行绑定。

（2）RFID 标签读写器

该设备可实现资产 RFID 标签数据的识别和采集，RFID 读写器为一款高性能的 UHF 频段远距离一体化读写器，可真正实现远距离、单标签 100%快速读取，性能卓越，已被广泛应用于智能停车场系统、资产管理系统等。

（3）条码读写器

该设备可实现资产条码数据的识别和采集。

7.3　基于 RFID 技术的智慧园区巡检系统

随着我国经济的高速发展，各企业对重点基础设施的安全运行也提出了更高的要求，各大企业集团均在线路、设施的巡检和维护上投入了大量的人力、物力及财力。但是由于技术条件的限制，使得巡检环节上存在着巡检效率低、难于管理等诸多不足。

7.3.1　系统构成

RFID 智能巡检系统采用超高频远距离读写标签，作为巡检目标的 ID 信息钮，具有识读距离远、效率高等特点，适用于企业的设备管理部门。该系统有利于减轻巡检人员和设备管理人员的工作量，提高工作效率，同时对加强巡查人员的监管、加强巡查与检修工作的衔接力度，起到了非常好的促进作用。

巡检设备采用超高频手持机或超高频平板电脑，是基于 Android 操作系统和 Windows CE 操作系统的巡检管理系统，用于独立支持巡检手持机日常工作。

基于 RFID 技术的智能巡检系统如图 7.14 所示。

7.3.2　系统功能

智能巡检系统包括以下 5 个功能模块。

1．用户基础信息输入模块

该模块可使用企业 ERP 或 OA 系统的原有数据，如部门信息、部门专业信息、部门员工信息、部门设备信息、设备缺陷状态代码信息、巡检设备分工、巡检标准、巡检计划、巡检任务单、用户基础信息的输入、ID 信息钮管理基本信息、巡检手持机管理基本信息等，也可按部门重新定义。

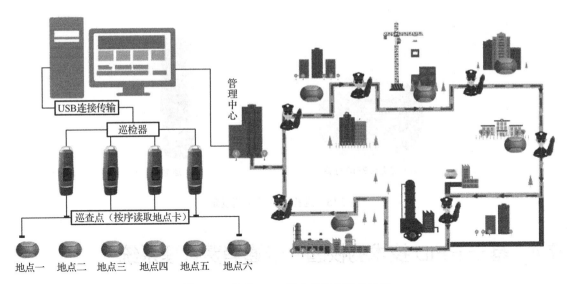

图 7.14　基于 RFID 技术的智能巡检系统

2．用户基础信息输出模块

巡检信息查询、统计输出模块系统信息等可按用户设置的条件，如何人、何时、何地、何周期、何工作、何结果等，任意组合进行查询。

系统可提供多种查询方式，如按类别查、按设备查、按巡检人员查、按日期查，或按时间段查。系统信息可按用户需求以目前流行的数据库（如 Excel 等）进行转换输出，方便用户进行系统功能的二次开发。系统提供的报表可根据用户需求定制开发，并能采用多种报表形式。

3．异常信息数据管理模块

软件平台能将巡检过程中获取的数据进行统计，并进行分类，生成的异常数据归入"异常数据统计"模块管理，通过对巡检数据的统计，找出异常设备的数据，可以清楚地看到现场设备出现异常的情况，为设备的日常维护工作提供依据。异常的数据可按值别、专业、计划等进行分类统计，系统提供统计清单、明细报表等功能。

4．漏检信息模块

该模块主要功能是考核巡检人员是否按计划要求完成巡检的各项工作，以此来检查巡检的质量，漏检情况可以按部门、专业、计划、值别、班次统计。通过统计可发现巡检人员的工作认真程度，以及工作中存在的问题和漏洞并加以更正。

5．工时统计模块

通过该模块可对巡检现场作业过程进行详细描述，统计结果清楚地反映巡检工时在巡检路线上的具体分布情况，直观反映出巡检工作的整个过程，为管理人员提供改进的客观依据。

7.3.3　主要设备

巡检系统的主要设备如图 7.15 所示。

（1）巡更点为 RFID 标签，如图 7.15（a）所示，巡更点无须电源，无须布线，具备夜视功能。

（2）巡检器可实现对 RFID 标签的识别、数据采集、汇总，并将数据上传到系统中，如图 7.15（b）所示。采用工业级元件，橡胶外套，金属外壳，硅胶内胆，防护等级为 IP67。

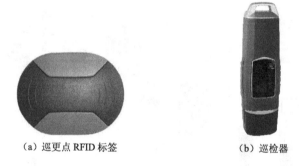

（a）巡更点 RFID 标签   （b）巡检器

图 7.15　巡检系统的主要设备

7.4　基于 RFID 技术的校园一卡通消费管理系统

过去校园的消费主要为日常的衣食住行，而当今校园消费不再仅仅满足于每日的温饱，现在的学生除了一日三餐，每月的生活费还用于休闲娱乐、旅游及人际交往等各个方面，学生的消费结构向多元化的方向发展。

7.4.1　系统构成

校园一卡通消费管理是通过学生校园卡实现各种消费的支付过程，而系统在后台强大的软环境和完善的硬件基础上完成信息加工处理工作，统一进行校园卡的发行、授权、撤销、挂失、充值等工作，并可查询、统计、清算、报表打印各类消费信息及其他相关业务信息。该系统也符合数字化校园的整体设计思想，不仅具有消费、身份认证、金融服务等功能，还具备相应的管理功能，保证了整个系统的先进性、实用性、安全性和扩展性。

基于 RFID 技术的食堂消费管理系统如图 7.16 所示。

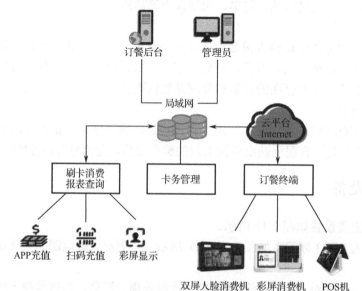

图 7.16　基于 RFID 技术的食堂消费管理系统

7.4.2　系统功能及特点

该系统的功能如下：

（1）界面友好，交互性强。

（2）双键盘、双屏幕。

（3）照片显示、语音播报。

（4）数据安全性高，存储量大。

（5）终端设备自动上下线功能、终端软件远程升级。

（6）报表统计、查询。

（7）支持限次、限额、限制消费场所等各种功能。

（8）卡挂失后记录保存机制、交易记录实时上传、终端信息实时更新。

该系统具有如下特点：

（1）微支付：设备上除了能完成卡片消费，还能轻松兼容微信支付、支付宝支付等多种支付手段。

（2）自定义：可自定义语音、指示灯提示及显示界面风格。

（3）大容量：支持 100 万人档案数据，并提供人员照片的快速显示。

（4）可扩展：最大支持 16GTF 卡，可以进行海量存储、小票打印、多媒体播放等。

（5）多功能：支持多种消费模式，如微信存款、标准存款、取款、计算器消费、份饭消费、点餐等，支持 99999 种菜品信息，可通过数字编码+9 宫格简拼输入法快速查询菜品信息。

（6）全兼容：支持 CPU、NFC、IC、ID 等多重卡片类型，并能与传统卡消费系统兼容使用。

7.4.3　主要设备

食堂消费管理系统的主要设备如图 7.17 所示。

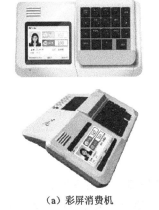

（a）彩屏消费机　　　　　　　（b）POS 机　　　　　　　（c）双屏人脸消费机

图 7.17　食堂消费管理系统的主要设备

1. 彩屏消费机

彩屏消费机如图 7.17（a）所示，它支持消费密码修改，终端中卡挂失后记录保存机制保证了临界状态下的卡片操作记录不丢失。彩屏消费机具有报表统计、查询功能，操作员可随时查看本机终端报表、日报表、餐报表，了解交易详情，终端可查看每一笔交易的详细信息，并可根据日期、卡号、商品名称进行条件查询。

2. POS 机

POS 机如图 7.17（b）所示，用于常规的刷卡消费。

3. 双屏人脸消费机

双屏人脸消费机如图 7.17（c）所示，搭载安卓 7.1 操作系统，支持人脸和刷卡两种模式的消费。

7.5 基于 RFID 技术的水控、电控管理系统

由于学校扩招，校园住校生逐步增加，因此校园能源管控显得尤为重要，科学有效地节约用水不仅能够为社会建设提供强有力的保障，同时也能提高学生的节约意识。

7.5.1 需求分析

校园作为人员集中的场所，生活用水、用电量非常大，节约用水、用电就显得很有现实意义，不但具有积极的社会意义，也有重大的经济意义。

智慧校园水控电控管理系统不仅可以很好地避免浪费、节约增效，而且可以培养人们的节能环保意识。智慧校园水控电控管理系统是一款成熟稳定的产品，具有计费准确、控制灵活、使用方便等特点，从而发挥"按需使用、智能管理"的重要作用。

7.5.2 水控管理系统

校园水控管理是利用智能校园卡射频卡技术，利用校园卡作为身份识别和费用结算的依据，使用水控器自动控制电磁阀，并可以实现自动计时或采集水流量计算水费。结合计算机技术与自动控制技术的最新发展，成为当前节水管理系统的最新应用。

水控管理系统设备图如图 7.18 所示。

系统应用及优势如下：

（1）改变传统用水管理模式，变被动节水为主动节水。

（2）降低单次用水量，达到节水节能的目的，节约增效。

（3）实现实时控水管理，严格现场用水控制管理。

（4）提高用水安全性，防范非法用水。

（5）提供用水管理核算依据，准确确定用水费用，提高效益。

系统的主要功能如下：

（1）充值购水：向智能 IC 卡内充值买水，用水付费，多用多付费，少用少付费。

（2）定额免费：根据不同卡类设置按天或按月免费用水的额度，超出免费额度部分须付费。

（3）卡类设置：可对用户卡进行分类设置，对不同的卡类可以设置不同费率以及在控制器可否使用。

（4）脱机使用：控制器可脱机使用，保存消费总额，网络结构简单，易于维护，省去了网络布线带来的麻烦。

（5）计费方式：支持计时间方式、计流量方式。

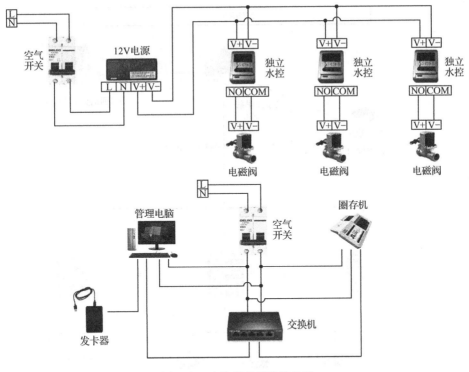

图 7.18 水控管理系统设备图

（6）扣费方式：使用先扣钱后供水的消费模式，计费准确合理。

（7）控制器分组管理：可以对节水控制器进行分组管理（如冷水、开水），针对不同的分组设定不同卡类别的使用权限以及费率。

（8）钱包独立：通过转存机往小钱包中转款，用于用水消费，转款金额额度可调。

（9）挂失功能：选配转存机可对卡片中的电子存折金额进行挂失，最大限度保证持卡人利益。

7.5.3 电控管理系统

高校在建设新校区时，很重视水电管理，尤其是用电安全管理。如果采用常规的人工抄表管理，则其管理工作将十分烦琐，而且管理效果并不好。因此，学校为了加强对用电的安全管控，通常采用校园电控管理系统。该系统分别对校园教学楼、宿舍楼及其他多媒体教室进行电能智能计量和用电收费管理。

电控管理系统设备图如图 7.19 所示。

该系统对于提高日常管理的效率是十分必要的。系统集成时段控制、电能计量、实时监控、负荷控制等诸多功能于一体，便于电表集中管理，同时可防止各类偷电、漏电、超负荷用电等现象，从而取得良好的安全管理效果。

校园电控管理系统适用于集体公寓、学生宿舍、教学楼、多媒体教室及后勤等场所的用电管理，彻底解决以往偷电、漏电、管理混乱、使用违规等安全管理问题。

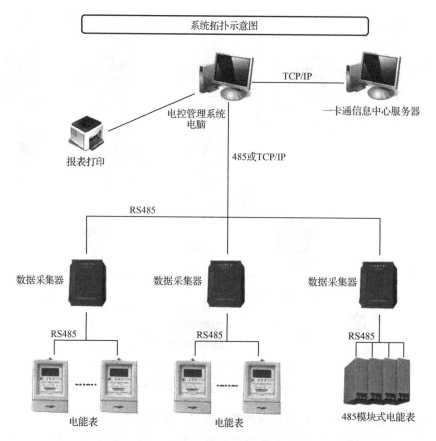

图 7.19 电控管理系统设备图

7.6 汽车 RFID 智慧物联整车物流平台

物联网、人工智能技术的落地，使较为封闭的汽车物流行业受到了较大冲击，也为具有敏锐洞察的企业带来新转机。

"汽车 RFID 智慧物联整车物流平台"项目，打造基于海量业务场景大数据进行运营管理的新模式，通过自动化、智能化赋能物流全链条，提升运营效率，引领行业数据标准，打造智慧汽车物流新标杆。

该平台围绕人、仓、车、货这四个重要资源要素的智能发展和融合共享，使得物流效率更高、运营过程更安全、成本更低，从而实现了汽车企业从安全生产、智能管理、运营效率、价值共享等方面赋能智慧物流，实现相互融合的智慧物流新生态。

通过先进信息技术的应用，在仓储、运输、包装、配送等环节赋予物流智能化，并以大数据、互联网为依托，构建开放共享、合作共赢、高效便捷、绿色安全的智慧物流生态体系，使得物流过程中人、仓、车、货这四个要素能够实现资源的共享、模式的创新。

汽车 RFID 智慧物联整车物流平台功能结构图如图 7.20 所示。

通过对整车出厂、零部件入厂及备件物流等汽车物流全场景各主要环节的数字化布局，华晨宝马"汽车 RFID 智慧物联整车物流平台"引入了以下全新功能和设计。

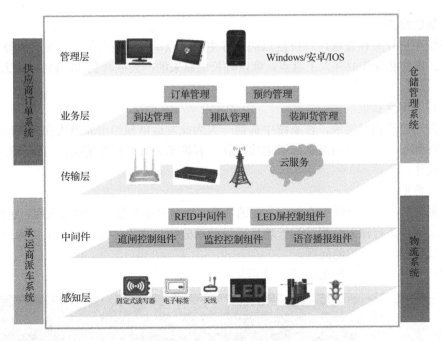

图 7.20　汽车 RFID 智慧物联整车物流平台功能结构图

（1）门卫无人值守

库区采用智能摄像头，联动 TSS 系统发运计划，物流公司运输车辆自动识别车牌入场；离场时根据装车情况判断完成情况自动抬杆离场。

系统在无人值守时的工作过程如图 7.21 所示。

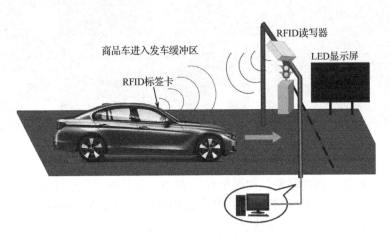

图 7.21　系统在无人值守时的工作过程

（2）工作节点管控

RFID 设备通过采集板车司机和商品车司机操作步骤，完整记录每个工作节点的完成时间，方便后续系统给出 KPI。

（3）视觉系统

收车区、发运区安装报警器、红绿灯和 LED 屏幕，让商品车司机直观看到系统反馈结果。

（4）智能盘点

在系统中进行库存查询，将待盘点的库存生成盘点单，盘点时停止此盘点区域内车辆进出库业务。该功能替代原有人工盘点，盘点时长由原来的一天缩减到 30 分钟，大大提高了盘点效率。

（5）智能调度系统

物流公司查询到发运单，在系统中提前一天为此发运单预约出库道次和出库时间，预约成功后需在预约时间到预约道次提取运输车辆。若物流公司有特殊情况，可进行延迟发货和取消预约操作。

（6）大数据分析平台

大数据分析及维护管理中心结合上传的数据，对商品车在物流园内的入库、运维、洗车、出库等各项活动进行深入分析，为管理者提供效率分析和决策辅助，解决了快速开发以及对整体平台及数据进行维护的问题。

大数据分析平台显示结果如图 7.22 所示。

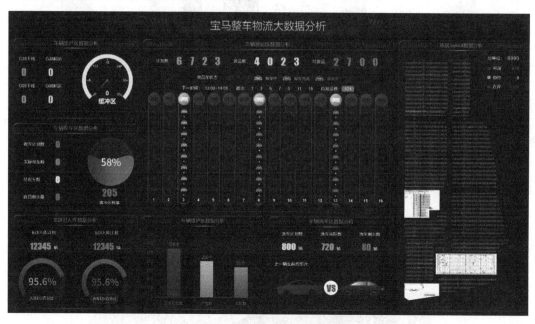

图 7.22　大数据分析平台显示结果

通过"汽车 RFID 智慧物联整车物流平台"，在整个运营的过程中能够真正地实现车与车、车与货、货与仓、人与货的互通链接，在整个流程过程中实现自动识别，有效提高车辆出勤率，加速提货、提升车货配合、优化货仓配置、规范货物摆放，完成从接口管理到过程管理精细化，提升社会整体物流效率，降低物流成本。

7.7　适合教学和科研的 AIoT 物联网解决方案

AIoT（Artificial Intelligence & Internet of Things）即人工智能物联网。

AIoT 融合 AI 技术和 IoT 技术，通过物联网产生、收集海量的数据存储于云端、边缘端，再通过大数据分析，以及更高形式的人工智能，实现万物数据化、万物智联化。物联网技术与人工智能追求的是一个智能化生态体系，除了技术上需要不断革新，技术的落地与应用更是现阶段物联网与人工智能领域亟待突破的核心问题。

从广泛的定义来看，AIoT 就是人工智能技术与物联网在实际应用中的落地融合。它并不是新技术，而是一种新的 IoT 应用形态，从而与传统 IoT 应用区分开来。如果物联网是将所有可以行使独立功能的普通物体实现互联互通，那么 AIoT 则是在此基础上，赋予其更智能化的特性，做到真正意义上的万物互联。

本节涉及的方案均来自企业，并获得公司的授权。

7.7.1　AIoT 功能模块

EMW3080 模块是基于 AT 固件及指令工作的无线模组开发板，如图 7.23 所示。

EMW3080 对外提供标准 Arduino 接口，快速为传统设备主控 MCU（如 ST、TI、Microchip 等）添加无线 Wi-Fi 通信功能，同时支持基于 Arduino 接口的外设调试功能。

开发板的无线模组 EMW3080 内置 AT 固件，支持通用 AT 指令和直联云 AT 指令两大模式。通过直联云的 AT 指令，可无缝连接阿里云等平台。

该模块目前可以支持 ST、Microchip、TI 三大主流 MCU 的开发板，本节将结合案例进行详细介绍。各开发板的具体型号如下：

图 7.23　EMW3080 模块开发板

（1）Nucleo-STM32F411 开发板；

（2）Microchip 的 SAML2x-IoT 开发板；

（3）TI 的 MSP-EXP432 LaunchPad™开发板。

7.7.2　应用模式及系统构成

基于 EMW3080Wi-Fi 模块，结合企业的云平台与智家精灵 APP，在 ST、TI、Microchip 等具有 Arduino 接口的开发板上，可以快速实现端云一体化智能硬件的开发。

AIoT 解决方案拓扑结构如图 7.24 所示。

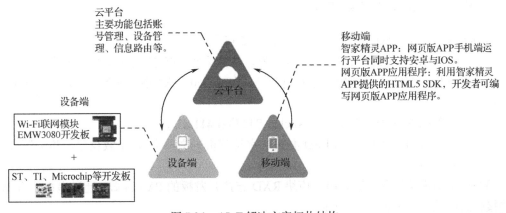

图 7.24　AIoT 解决方案拓扑结构

学习环境采用两端一云架构，两端指智能硬件端（简称硬件端）、移动控制端（简称移动端），一云指云平台。通常智能硬件的典型应用为用户使用移动端给硬件端下发控制指令，硬件端执行该指令后返回状态信息到移动端，云平台在该流程中起到承载交互信息的功能。

AIoT 典型应用场景如智能家居、智慧农业、智能交通、智能陪伴等领域。AIoT 解决方案系统结构如图 7.25 所示。

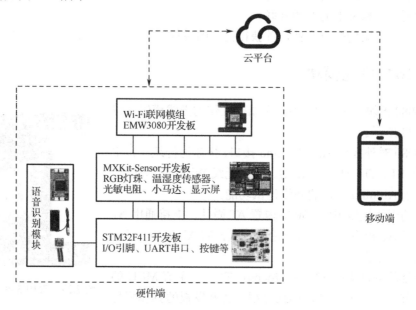

图 7.25　AIoT 解决方案系统结构

硬件端由各类传感器、MCU、联网模块、I/O 等单元组成，作为与用户直接互动或采集数据的物理实体，通常用来执行控制指令、回传数据等工作。

移动端通常以 APP 的形式存在，AIoT 解决方案及智能开发套件提供了配套的安卓端和 IOS 端的 APP 来控制硬件端，作为硬件端的控制手段，读者可以通过 APP 来快速验证开发好的硬件端程序，提高学习效率。

7.7.3　开发案例

7.7.3.1　STM32 开发板示例

Nucleo-STM32F411xE 开发板实物图如图 7.26 所示。

本节以 Nucleo-STM32F411xE 开发板为例，实现通过 APP 控制开发板 LED 灯亮灭，工作原理为通过解析 UART 中断接收的字符含有 ":1" 或 ":0" 来判断 LED 灯的亮灭，实施步骤如下：

（1）将配好网的 EMW3080 插到 Nucleo-STM32F411xE 上。

（2）打开"实验 1-APP 控制 LED 亮灭（字符解析）文件夹"，下载程序，相关源代码见配套的电子版材料。

（3）把串口模块连入电脑，串口模块 RXD 连接开发板的 PA3 引脚，通过串口查看 Wi-Fi 模块接收到的数据，如图 7.27 所示。

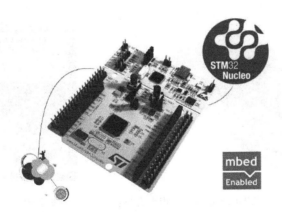

图 7.26 Nucleo-STM32F411xE 开发板实物图

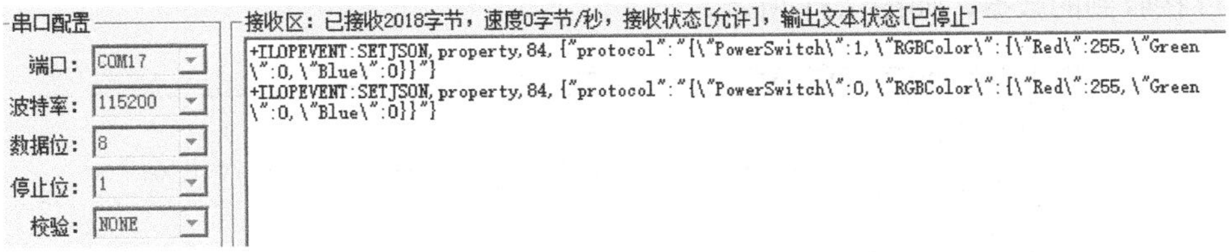

图 7.27 Nucleo-STM32F411xE 串口接收数据的显示界面

（4）UART 中断回调函数处理，处理字符数据的代码，通过判断含有 ":1" 和 ":0" 并且接收到回车换行（0d 0a）就可以确定开关灯和接收完成。

（5）下载并联网成功后，用 APP-MXlab 默认页面的中间开关就可以控制 Nucleo-STM32F411xE 板上 LD2 灯的亮灭了。STM32 开发板实际操作结果图如图 7.28 所示。

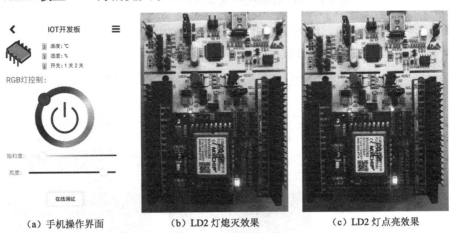

（a）手机操作界面　　　　（b）LD2 灯熄灭效果　　　　（c）LD2 灯点亮效果

图 7.28 STM32 开发板实际操作结果图

7.7.3.2 TI 开发板示例

TI 公司的 MSP-EXP432P401R LaunchPad™ 开发板采用 IoT-MSP432 扩展板适配。图 7.29 和图 7.30 分别为 TI 公司的开发板以及与之配套的 Wi-Fi 模块。

图 7.29　TI 公司的 MSP-EXP432P401R LaunchPad™ 开发板

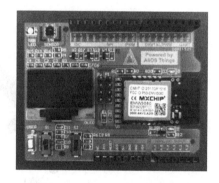

图 7.30　EMW3080 Wi-Fi 模块

按照配套的使用说明，完成开发板与模块的连接和配置后，通过 USB 串口查看调试数据和 Wi-Fi 接收到的数据，如图 7.31 所示。

```
接收区：已接收1087字节，速度268字节/秒，接收状态[允许]，输出文本状态[已停止]
q.front:112      q.rear:229
raw_jsonLength=115
normal:jsonLength:115
buffer_JSON:+ILOPEVENT:SETJSON,property,84,{"protocol":"{\"PowerSwitch\":0,\"RGBColor\":{\"Red
\":255,\"Green\":0,\"Blue\":0}}"}
isEmpty(&q):=0
DeQueuecount: 116
q.front:229      q.rear:229
isEmpty(&q):  1

q.front:229      q.rear:346
raw_jsonLength=115
normal:jsonLength:115
buffer_JSON:+ILOPEVENT:SETJSON,property,84,{"protocol":"{\"PowerSwitch\":1,\"RGBColor\":{\"Red
\":255,\"Green\":0,\"Blue\":0}}"}
isEmpty(&q):=0
DeQueuecount: 116
q.front:346      q.rear:346
isEmpty(&q):  1
```

图 7.31　IoT-MSP432 开发板调试数据的显示界面

编译下载并联网成功后，用 APP-Emlab 默认页面的中间开关就可以控制 IOT-MSP432 板上 LD2 灯亮灭了。图 7.32 是 TI 开发板实际操作结果图。

（a）手机操作界面

（b）LD2 灯熄灭效果　　　　　　（c）LD2 灯点亮效果

图 7.32　TI 开发板实际操作结果图

7.7.3.3　Microchip 开发板示例

SAML2x-IoT 提供了大量传感器与扩展接口，用于演示一个物联网实际产品的功能，板载提供的 IoT 接入模组 EMW3080，将数据传输至云服务和手机客户端。Microchip 的 SAML2x-IoT 开发板实物图如图 7.33 所示。

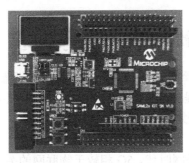

图 7.33 Microchip 的 SAML2x-IoT 开发板实物图

按照配套的使用说明，完成开发板配置和代码编写后，通过 USB 串口查看调试数据和 Wi-Fi 接收到的数据，如图 7.34 所示。

接收区：已接收16203字节，速度0字节/秒，接收状态[允许]，输出文本状态[已停止]
q.front:219   q.rear:336
raw_jsonLength=115
normal:jsonLength:115
buffer_JSON:+ILOPEVENT:SETJSON,property,84,{"protocol":"{\"PowerSwitch\":1,\"RGBColor\":{\"Red\":255,\"Green\":0,\"Blue\":0}}"}
PowerSwitch:1
isEmpty(&q):=0
DeQueuecount: 116
q.front:336   q.rear:336
isEmpty(&q): 1

q.front:336   q.rear:453
raw_jsonLength=115
normal:jsonLength:115
buffer_JSON:+ILOPEVENT:SETJSON,property,84,{"protocol":"{\"PowerSwitch\":0,\"RGBColor\":{\"Red\":255,\"Green\":0,\"Blue\":0}}"}
PowerSwitch:0
isEmpty(&q):=0
DeQueuecount: 116
q.front:453   q.rear:453
isEmpty(&q): 1

图 7.34 SAML2x-IoT 开发板调试数据的显示界面

编译下载并联网成功后，用 APP-Emlab 默认页面的中间开关就可以控制 SAML2x-IoT 板上 RGB 灯（绿色）亮灭了。SAML2x-IoT 开发板实际操作结果图如图 7.35 所示。

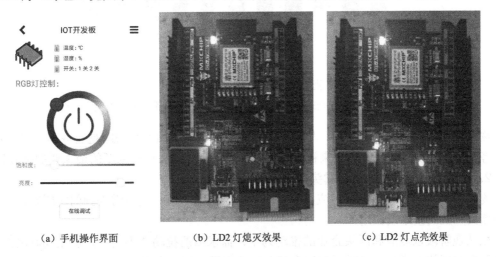

（a）手机操作界面　　　　（b）LD2 灯熄灭效果　　　　（c）LD2 灯点亮效果

图 7.35 SAML2x-IoT 开发板实际操作结果图

7.8 延伸阅读：开启万物互联的新时代

7.8.1 5G 落地将推动社会进入万物互联时代

从中国高层的多次部署，到资本市场的资金热捧，近期最受舆论关注的概念之一莫过于"新基建"。其中，5G 被多次提及，成为"新基建"的主要抓手。作为颠覆性技术，5G 的落地将推动社会迈入万物互联的物联网时代。

1. 万物互联时代到来

5G 的落地将正式开启物联网时代。5G 相较于物联网的关系，可以看成 4G 之于互联网的关系。5G 的本质是把对人的通信延伸到万物互联，它将带来一场新的革命。

物联网是建立在互联网基础上的网络发展的一个新阶段。它可以通过各种有线或无线网络与互联网融合，广泛应用于网络的融合中，也因此被称为继计算机、互联网之后世界信息产业发展的第三次浪潮。

2015 年，全球物联网设备数量仅为 38 亿台。2018 年底，全球联网设备数量已经超过 170 亿台，扣除智能手机、平板电脑、笔记本电脑或固定电话等连接外，物联网设备数量达到 70 亿台，并预测 2025 年全球物联网设备数量将突破 200 亿台。2015—2025 年全球物联网设备数量统计情况及预测如图 7.36 所示。

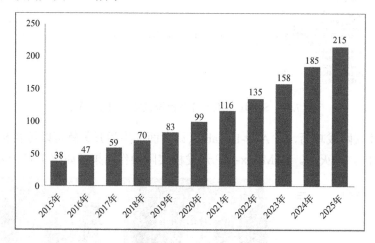

资料来源：前瞻产业研究院。

图 7.36 2015—2025 年全球物联网设备数量统计情况及预测图（单位：亿台）

物联网是互联网的应用拓展，与其说物联网是网络，不如说物联网是业务和应用。因此，毫不夸张地说，物联网将成为未来社会经济发展、社会进步和科技创新的最重要的基础设施。

2. 中国物联网行业发展渐露头角

物联网作为一种新兴技术的应用，目前尚处于探索阶段。当前常提到的物联网，基本泛指该新兴产业的技术及应用。

虽然现阶段以政府和巨头企业的推动为主，需求端的拉动并不明显，但是物联网终端的数量已经出现快速增长，物联网在许多行业中的应用也相继出现。

从物联网的连接构成看，目前应用最多三个方向为智能硬件、智能家电和智能计量，细分行业中智能家居和智能安防的发展最快，这一切应该与巨头企业的推动有关。

另据资料显示，阿里提出 5 年内将达到百亿链接的目标。与此同时，在 2019 年召开的云栖峰会上，更是提出了 16 家芯片公司、52 家设备商、18 款模组和网关支持阿里 IoT 操作系统和边缘计算产品的宏大计划，并明确了城市、家庭、工业和汽车四大应用场景。

3．从产业链角度寻找投资机会

大规模的应用，意味着物联网的投资规模有望迅速膨胀，从而提供了相关产业链的下游需求。可以说创新时机和模式已经到了一个非常明确的时间点，从而给物联网的相关产业链带来了巨大的投资机会。就目前来看，有两个角度供市场参与者参考。

一是产业链的纵向角度。比如说上游的芯片、模组领域。而在下游硬件领域，目前全球领先的部分科技类公司已将制造重点从软件向硬件领域转移，因为智能硬件更契合物联网的发展趋势，盈利能力、产业趋势更为确定、乐观。智能穿戴则是代表。

二是产业链的横向角度。主要是应用领域的拓展，因为目前国内物联网的应用主要包括小米系列的智能家居，未来则有望在车联网、计量表的抄表系统、工业物联网领域得到广阔的应用。

7.8.2　预见2021：2021 年中国 NB-IoT 产业全景图谱

NB-IoT（窄带物联网）是 IoT 领域的一个新兴技术，支持低功耗设备在广域网的蜂窝数据连接，也被称为低功耗广域网（LPWA），具有广覆盖、低能耗、海量连接、低成本等特点，是新一代移动通信技术发展方向。

2020 年 5 月，NB-IoT 纳入 5G 标准，意味着 NB-IoT 技术的生命周期和应用场景将得到极大扩展，行业应用前景和应用空间进一步得到确认。未来，随着国家对新基建的重视，以及三大运营商全面推进 5G 基站建设，将带动 NB-IoT 发展，加快拓展了 NB-IoT 低时延、高可靠、大连接等应用场景。

NB-IoT 产业链包括上游芯片供应商、模组供应商、基站供应商，中游的通信运营商、平台服务商以及下游的终端供应商、应用服务商。NB-IoT 行业产业链如图 7.37 所示。

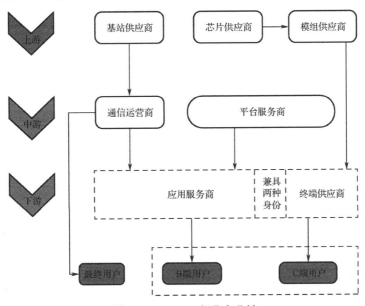

图 7.37　NB-IoT 行业产业链

1. 上游

为中游的通信运营商提供 NB-IoT 基站设备产品，芯片供应商为模组供应商提供 NB-IoT 专用芯片产品，模组供应商为下游的终端供应商提供 NB-IoT 模组产品。

2. 中游

为下游的应用服务商以及 B 端、C 端最终用户提供 NB-IoT 运营服务，平台服务商为下游的应用服务商提供连接管理、应用开发、设备管理等平台服务。

3. 下游

提供基于 NB-IoT 的应用服务，包括智慧水务、智慧燃气、智慧车锁、智慧照明、智慧烟感等，终端供应商提供的终端设备产品，包括水表、燃气表、烟雾感应器、灯具、垃圾箱、井盖等。下游的部分企业兼具应用服务商和终端供应商两种主体身份，既能为 B 端和 C 端客户提供终端设备产品，又能通过集成终端来提供不同垂直领域的应用服务方案。

附录 A 常用缩略语及术语

A1 常用缩略语、全称及应用

缩略语	全称	中文含义	备注说明
AFI	Application family identifier	应用标识	ISO/IEC 15693 协议专用
AIoT	Artificial Intelligence & Internet of Things	人工智能物联网	
AMI	Alternative Mark Inversion	传号交替反转（码）	码制
API	Application Programming Interface	应用程序编程接口	MCU 与后台软件的通信接口
C/S	Client Server	客户端/服务器	系统架构
CDMA	Code Division Multiple Access	码分多路	
CMI	Coded Mark Inversion	传号反转（码）	码制
COS	Chip Operating System	芯片操作系统	
CRC	Cyclic Redundancy Check	循环冗余校验	
CS	Chip Select	片选	
DBP	Differential Binary Phase	差分双相码	码制
DES	Data Encryption Standard	数据加密标准	
DLL	Dynamic Link Library	动态链接库	
DSFID	Data Storage Format Identifier	数据存储格式标识	ISO/IEC 15693 协议专用
DSP	Digital Signal Processing /Processor	数字信号处理器	
EC2	Elastic Compute Cloud	亚马逊弹性计算云	
EMC	Electromagnetic Compatibility	电磁兼容性	
EMI	Electromagnetic Interference	电磁干扰	
EMS	Electromagnetic Susceptibility	电磁耐受性	
EOF	End of Frame	帧结束信号	RFID 通信中数据帧的结构
EPC	Electronic Product Code	产品电子代码	
FDMA	Frequency Division Multiple Access	频分多路	
FDX	Full Duplex	全双工	
FM0	Bi-Phase Space	双相间隔码编码	码制
FPGA	Field-Programmable Gate Array	现场可编程门阵列	

缩 略 语	全 称	中 文 含 义	备 注 说 明
FSK	Frequency-shift Keying	频移键控	调制方式
HaaS	Hardware as a Service	硬件即服务	
HDX	Half Duplex	半双工	
HF	High Frequency	高频	
I²C	Inter-Integrated Circuit	内部集成电路总线	
IaaS	Infrastructure as a Service	基础设施即服务	
IAP	In applicating Programing	在应用编程	
IC（Card）	Integrated Circuit（Card）	集成电路（卡）	
ICR	Image Character Recognition	图像字符识别	
	Intelligent Character Recognition	智能字符识别	
IoT	Internet of Things	物联网	
ISP	In System Programing	在系统编程	
LF	Low Frequency	低频	
LPN	Low-Power Network	低功率网络	
LPWA	Low-Power Wide-Area 或 Low-Power Wide-Area Network，LPWAN	低功率广域网络	
M2M	Machine to Machine	机器与机器的（对话）	
MaaS	M2M as a Service	物联网即服务	
MAC	Message Authentication Code	安全报文鉴别码	
MAI	M2M Application Integration	内部 MaaS	
MCU	Microcontroller Unit	嵌入式微控制器，简称单片机	
MISO	Master Input Slave Output	主器件数据输入，从器件数据输出	SPI 的接口定义
MOM	Message-Oriented Middleware	面向消息的中间件	
MOSI	Master Output Slave Input	主器件数据输出，从器件数据输入	SPI 的接口定义
MW	Microwave	微波	
NB-IoT	Narrow Band Internet of Things	窄带物联网	
NFC	Near Field Communication	近距无线通信	
NRZ	Non-return-to-zero	不归零（码）	码制
OCR	Optical Character Recognition	光学字符识别	
ONS	Object Naming Service	对象名称服务	
OOK	On-Off Keying	开关键控	调制方式
P2P	Peer to Peer	对等网络	
PaaS	Platform as a Service	平台即服务	
PB	PowerBuilder	美国著名的数据库应用开发工具生产厂商 PowerSoft 推出的成功产品	开发环境
PE	Phase Encode	相位编码	码制
PIE	Pulse Interval Encoding	脉冲宽度编码	码制

缩 略 语	全 称	中 文 含 义	备 注 说 明
PML	Physical Markup Language	实体标记语言	
PPM	Pulse Position Modulation	脉冲位置编码	
PSK	Phase-Shift Keying	相移键控	调制方式
RFID	Radio Frequency Identification	射频识别	
RTF	Reader Talk First	读写器先发言	
RXD	Receive Data	接收数据	
RZ	Return-to-zero	归零（码）	码制
SaaS	Software as a Service	软件即服务	
SCL	Serial Clock	串行时钟	SPI 的接口定义
SDA	Serial Data	串行数据	SPI 的接口定义
SDMA	Space Division Multiple Access	空分多路	
SOF	Start of Frame	帧开始信号	RFID 通信中的数据帧的结构
SPI	Serial Peripheral Interface	串行外设接口	
TDMA	Time Division Multiple Access	时分多路	
TTF	Tag Talk First	标签先发言	
TXD	Transmit Data	发送数据	
UART	Universal Asynchronous Receiver/Transmitter	通用异步收发传输器	
UHF	Ultra-High Frequency	超高频	
UID	Ubiquitous ID Center	泛在识别中心	日本电子标签 RFID 技术的标准化组织
UID	Unique Identifier	电子标签的编号，不可修改，由 16 个 0~F 的字符组成，全球唯一	
USB	Universal Serial Bus	通用串行总线	
VB	Visual Basic	简称 VB	Microsoft 公司开发的一种通用的基于对象的程序设计语言
VC	Microsoft Visual C++	简称 Visual C++、MSVC、VS 或 VC	微软公司的 C++开发工具
VCD	Vicinity Coupling Device	遥耦合设备	
VICC	Vicinity Integrated Circuit Card	遥耦合卡	
VS	Microsoft Visual Studio	简称 VS	微软的开发工具，是支持多种程序设计语言的集成开发环境
VSWR	Voltage Standing Wave Ratio	电压驻波比	
WLAN	Wireless Local Area Network	无线局域网	

A2 常用术语及含义

全　称	中 文 含 义
Biometric Recognition 或 Biometric Authentication	生物特征识别
Cloud Technology	云技术
Cloud Computing	云计算
Cloud Security	云安全
Private Cloud	私有云
Passive Tag	无源标签或被动标签
Active Tag	有源标签或主动标签
Middleware	中间件
Application	应用软件
Reader	射频读写器
Tag	射频识别标签、应答器
Antenna	天线
Inductive Coupling	电感耦合
Resonance	谐振
Manchester Encoding	曼彻斯特码
Parity Check	奇偶校验
Differential Manchester Encoding	差分曼彻斯特码
Public-Key Cryptosystem	公钥密码体制
Asymmetric Cryptosystem	非对称密码体制
Two-Key Cryptosystem	双钥密码体制
Secondary Key	二级密钥
Master Key	主密钥
Anti-Collision	防碰撞
One-Wire BUS	单总线
Device Driver	设备驱动程序
Machine Language	机器语言
High-level Programming Language	高级语言

附录B ISO/IEC 15693协议动态库命令详解

动态库接收来自应用软件的数据，通过 RS232 串口，将数据发送给标签读写器。同时，PC 通过 RS232 串口，接收来自读写器的数据，并将数据返回给应用软件。

动态库处理的数据为标准 ASCII 字符串，所有指令均通过函数 SCMD 实现，调用不同的指令，填写的格式相同，但数据内容不同，函数的定义如下：

int SCMD (unsigned char cmd , unsigned char *parm , unsigned char *back)

功能：将接收到的字符串发送到读写器，接收读写器的返回数据。

在本节中，（）中的数字表示字段的长度，单位为字节，各命令及参数详解如下。

1. 保持沉默

cmd = '1';

功能：使 VICC 保持沉默。

入口参数：

Flag（2）	UID（16）
'20'	'E0070000016A8B08'

返回值：成功/失败。

返回参数：无。

2. 读单块

cmd = '2';

功能：读 VICC 的某一块数据，块号为 01～64 。

入口参数：

Flag（2）	UID（16）	块号（2）	描　　述
'00'	无	01	参数无 UID，不返回数据块的状态
'20'	'E0070000016A8B08'	01	参数有 UID，不返回数据块的状态
'40'	无	02	参数无 UID，返回数据块的状态
'60'	'E0070000016A8B08'	02	参数有 UID，返回数据块的状态

返回值：成功/失败。

返回参数：操作成功时，标签按"Flag"返回应答数据。内容如下：

数据块的状态（2）	数据（8）
无（Flag='00'）	'A1A2A3A4'
无（Flag='20'）	'A1A2A3A4'
'00'（Flag='40'）	'B1B2B3B4'
'00'（Flag='60'）	'B1B2B3B4'

3．写单块

cmd = '3'；

功能：写 VICC 的某一块数据，块号为 01～64，写入数据为 Data。

入口参数：

Flag（2）	UID（16）	块号（2）	Data（8）	描　述
'40'	0	01	'11111111'	参数无 UID
'60'	'E0070000016A8B08'	02	'22222222'	参数有 UID

返回值：成功/失败。

返回参数：无。

4．锁定块

cmd = '4'；

功能：锁定 VICC 的某一块数据，块号为 01～64。

入口参数：

Flag（2）	UID（16）	块号（2）	描　述
'40'	0	63	参数无 UID
'60'	'E0070000016A8B08'	64	参数有 UID

返回值：成功/失败。

返回参数：无。

5．读多块

cmd = '5'；

功能：读 VICC 的某些块数据，起始块号为 01～64，块数为 01～16。

入口参数：

Flag（2）	UID（16）	起始块编号（2）	块数（2）	描　述
'00'	无	01	02	无 UID，不返回数据块的状态
'20'	'E0070000016A8B08'	01	02	有 UID，不返回数据块的状态
'40'	无	01	02	无 UID，返回数据块的状态
'60'	'E0070000016A8B08'	01	02	有 UID，返回数据块的状态

返回值：成功/失败。

返回参数：操作成功：

数据块 1 的安全状态（2）	数据 1（8）	……	数据块 N 的安全状态（2）	数据 N（8）
根据 Flag 决定是否返回该数据			根据 Flag 决定是否返回该数据	

根据入口参数，返回数据如下：

Flag（入口参数）	数据块的状态及数据（16 或 20 个字符）
'00'	'A1A2A3A4 B1B2B3B4'
'20'	'A1A2A3A4 B1B2B3B4'

Flag（入口参数）	数据块的状态及数据（16 或 20 个字符）
'40'	'00A1A2A3A400 B1B2B3B4'
'60'	'00A1A2A3A4 00B1B2B3B4'

6. 选择

cmd = '6';

功能：使 VICC 进入选择状态。

入口参数：

Flag（2）	UID（16）
'20'	'E0070000016A8B08'

返回值：成功/失败。

返回参数：无。

7. 返回准备

cmd = '7';

功能：使 VICC 返回准备状态。

入口参数：

Flag（2）	UID（16）	描　　述
'00'	无	参数无 UID
'20'	'E0070000016A8B08'	参数有 UID

返回值：成功/失败。

返回参数：无。

8. 写 AFI

cmd = '8';

功能：对 VICC 写入应用家族识别码。

入口参数：

Flag（2）	UID（16）	AFI（2）	描　　述
'40'	无	'04'	参数无 UID
'60'	'E0070000016A8B08'	'06'	参数有 UID

返回值：成功/失败。

返回参数：无。

9. 锁定 AFI

cmd = '9';

功能：锁定 VICC 的应用家族识别码。

入口参数：

Flag（2）	UID（16）	描　　述
'40'	无	参数无 UID
'60'	'E0070000016A8B08'	参数有 UID

返回值：成功/失败。

返回参数：无。

10．写 DSFID

cmd = 'A'；

功能：对 VICC 写入数据结构识别码。

入口参数：

Flag（2）	UID（16）	DSFID（2）	描　述
'40'	无	01	参数无 UID
'60'	'E0070000016A8B08'	02	参数有 UID

返回值：成功/失败。

返回参数：无。

11．锁定 DSFID

cmd = 'B'；

功能：锁定 VICC 的数据结构识别码。

入口参数：

Flag（2）	UID（16）	描　述
'40'	无	参数无 UID
'60'	'E0070000016A8B08'	参数有 UID

返回值：成功/失败。

返回参数：无。

12．读系统信息

cmd = 'C'；

功能：读 VICC 的系统信息。

入口参数：

Flag（2）	UID（16）	描　述
'00'	无	参数无 UID
'20'	'E0070000016A8B08'	参数有 UID

返回值：成功/失败。

返回参数：操作成功：

Info flag（2）	UID（16）	DSFID（2）	AFI（2）	Memory size（2）	块数（2）
'0F'	'E0070000016A8B08'	'02'	'06'	'04'	'64'

13．读多块安全状态

cmd = 'D'；

功能：读 VICC 多块的安全状态。

入口参数：

Flag（2）	UID（16）	起始块编号（2）	块数（2）	描　　述
'00'	无	01	02	参数无 UID
'20'	'E0070000016A8B08'	02	02	参数有 UID

返回值：成功/失败。

返回参数：操作成功：

安　全　状　态	……	安　全　状　态
2		2

根据入口参数，返回数据如下：

Flag（入口参数）	数据块的状态
'00'	'0000'
'20'	'0000'

14．清点标签

cmd = '0'；

功能：清点感应区域的 VICCs。

入口参数：

Flag（2）	AFI（2）	描　　述	备　　注
'04'	无	16 个 slots，参数无 AFI	
'14'	'00'	16 个 slots，参数有 AFI	AFI：'00'～'0F'
'24'	无	1 个 slots，参数无 AFI	
'34'	'00'	1 个 slots，参数有 AFI	

返回值：成功/失败。

返回参数：操作成功：

DSFID（2）	UID(16)	…　…	DSFID(2)	UID(16)
'00'	'E0070000016A8B08'		'00'	'E00700000188C64A'

15．提示通信成功

cmd = 'E'；

功能：通信成功指示灯点亮一次，蜂鸣器响一声。

16．提示通信失败

cmd = 'F'；

功能：通信失败指示灯点亮三次，蜂鸣器响三声。

附录 C　单片机常见编译错误及警告解析

C1　Keil C51 开发环境

C1.1　Keil C51 编译时的语法类错误

1. 语法警告：C206（函数未定义）

提示信息	MAIN.C(15): warning C206: 'delay1': missing function-prototype
信息说明	缺少函数的定义
原因	该函数没定义
解决办法	添加函数定义

2. 语法错误：C141（缺少分号）

提示信息	MAIN.C(22): error C141: syntax error near 'P3'
信息说明	在 "P3" 附近存在错误
原因	缺少 ";"

常见形式	{
	pval = P1
	P3 = pval;
	}

解决办法	P1 后加 ";"

3. 语法错误：C129（汇编与 C 后缀问题）

提示信息	error c129, miss; before 0000;
说明/原因	缺少 ";"
原因	如果保存为 c0.asm，就不会出现这个错误，而保存为 c 的话，要先调用 C51 编译器，按 C 语言的要求编译，这样就会出现错误
解决办法	例如写这么一段小程序，保存为 c0.c

4. 语法错误：C100、C141 和 C129 程序有中文标点

提示信息	D:\ D:\KEIL\C51\INC\REG52.H(2): error C141: syntax error near '#' D:\KEIL\C51\INC\REG52.H(2): error C129: missing ';' before'<'KEIL\C51\INC\REG52.H(1): error C100: unprintable character 0xA1
信息说明	在 '#' 附近有非法（错误）的符号

续表

原因	程序里有带中文标点（全角的字符、标点符号）
解决办法	用英文重新写一遍即可

5. 语法错误：C101 和 C141 关于数组引号问题

提示信息	Build target 'Target 1' compiling shaomiao.c... SHAOMIAO.C(3): error C101: "0': invalid character constant SHAOMIAO.C(3): error C141: syntax error near 'xfe' SHAOMIAO.C(3): error C101: "}': invalid character constant Target not created
信息说明	存在无效的符号或字符
常见形式	定义了如下的数组，可是编译的时候总通不过： unsigned char a[36]={'0xfe','0xfd','0xfb','0xf7','0xef','0xdf','0xbf','0x7f','0x7e','0x7d','0x7b','0x77','0x6f',' 0x5f','0x3f','0x3e','0x3d','0x3b','0x37','0x2f','0x1f','0x1e','0x1d','0x1b','0x17','0x0f','0x0e','0 x0d','0x0b','0x07','0x06','0x05','0x03','0x02','0x01','0x00'};
解决办法	去掉 '...' 引号

6. 语法错误：A45 汇编出现数字、字母混淆

提示信息	ledtest.asm(11): error A45: UNDEFINED SYMBOL (PASS-2) ledtest.asm(14): error A45: UNDEFINED SYMBOL (PASS-2) ledtest.asm(15): error A45: UNDEFINED SYMBOL (PASS-2) ledtest.asm(19): error A45: UNDEFINED SYMBOL (PASS-2) ledtest.asm(20): error A45: UNDEFINED SYMBOL (PASS-2) Target not created
信息说明	未定义的符号
原因	字母 "O" 和数字 "0"，应该输入数字 "0"，结果输入了字母 "O"

常见形式	MOV PO,A ;put on next 11
	
	...
	
	MOV RO,#0FFH ; 14
	
	MOV R1,#0FFH ; 15
	
	...
	
	DJNZ RO,DLY_LP ;19
	
	MOV R0,#0FFH ; 20
	
	...

解决办法	修改为数字 0

7. 语法警告：未使用的变量和不存在的文件

提示信息	（1）Warning 280: ' i ' :unreferenced local variable （2）Warning 206: ' Music3 ' :missing function-prototype （3）Compling :C:\8051\MANN.C Error 318:can ' t open file ' beep.h '
信息说明	（1）程序中包含未被使用的变量； （2）找不到指定的文件
原因	（1）说明局部变量 i 在函数中未做任何的存取操作； （2）Music3( )函数未做宣告或未做外部宣告，所以无法被其他函数调用； （3）说明在编译 C:\8051\MANN.C 程序过程中由于 MAIN.C 用了指令# include " beep.h "，但却找不到
解决办法	（1）删除函数中 i 变量的调用，或者补充该变量的声明； （2）将 void Music3(void)写在程序的最前端作声明，如果是其他文件的函数，则要写成 extern void Music3(void)，即作外部声明； （3）写一个 beep.h 的包含档并存入到 C:\8051 的工作目录中

8. 语法错误：Error 237 重复定义

提示信息	Compling:C:\8051\LED.C Error 237: ' LedOn ' :function already has a body
信息说明	LedOn( )函数名称重复定义，即有两个以上一样的函数名称
解决办法	修正其中的一个函数名称，使得函数名称都是唯一的

9. 语法警告 WARNING 206 和错误 Error 267

提示信息	WARNING 206: ' DelayX1ms ' : missing function-prototype　C:\8051\INPUT.C Error 267 : ' DelayX1ms ' :requires ANSI-style prototype　C:\8051\INPUT.C
信息说明	程序中有调用 DelayX1ms 函数但该函数没定义，即未编写程序内容或函数已定义但未做声明
解决办法	DelayX1ms 函数的内容编写完后，也要作声明或作外部声明，可在 delay.h 文件中声明为外部函数，以便其他函数调用

C1.2　Keil C51 编译时的连接错误及警告

1. 连接警告：WARNING 1 和 2

提示信息	***WARNING 1:UNRESOLVED EXTERNAL SYMBOL SYMBOL:MUSIC3 MODULE:C:\8051\MUSIC.OBJ(MUSIC) ***WARNING 2:REFERENCE MADE TO UNRESOLVED EXTERNAL SYMBOL:MUSIC3 MODULE:C:\8051\MUSIC.OBJ(MUSIC) ADDRESS:0018H
信息说明	程序中有调用 MUSIC 3 函数，但未将该函数的 C 文件加入工程档 Prj 作编译和连接
解决办法	将 MUSIC3 函数所在的 MUSIC C 文件添加到工程文件中

2．连接警告：WARNING 6

提示信息	***WARNING 6 :XDATA SPACE MEMORY OVERLAP FROM : 0025H TO: 0025H
信息说明	外部资源 ROM 的 0025H 重复定义地址
解决办法	外部资源 ROM 的定义如下：Pdata unsigned char XFR_ADC_at_0x25，其中 XFR_ADC 变量的名称为 0x25，请检查是否有其他的变量名称也是定义在 0x25 处并修正它

3．连接警告：WARNING 16

提示信息	***WARNING 16:UNCALLED SEGMENT,IGNORED FOR OVERLAY PROCESS SEGMENT: ?PR?_DELAYX1MS?DELAY
信息说明	DelayX1ms( )函数未被其他函数调用也会占用程序存储空间
解决办法	去掉 DelayX1ms( )函数或利用条件编译 #if … .#endif，可保留该函数并不编译

4．提示无 M51 文件

提示信息	F:\...\XX.M51 File has been changed outside the editor, reload ？
信息说明	文件被修改
原因	文件被修改后，需要重新加载
解决办法	重新生成项目，产生 STARTUP.A51 即可

5．连接警告：L15（重复调用）

提示信息	***WARNING L15: MULTIPLE CALL TO SEGMENT SEGMENT: ?PR?SPI_RECEIVE_WORD?D_SPI CALLER1: ?PR?VSYNC_INTERRUPT?MAIN CALLER2: ?C_C51STARTUP
信息说明	该警告表示连接器发现有一个函数可能会被主函数和一个中断服务程序（或者调用中断服务程序的函数）同时调用，或者同时被多个中断服务程序调用
原因	（1）这个函数是不可重入性函数。当该函数运行时，它可能会被一个中断打断，从而使得结果发生变化并可能引起一些变量形式的冲突（即引起函数内一些数据的丢失，可重入性函数在任何时候都可以被 ISR 打断，一段时间后又可以运行，但是相应数据不会丢失）。 （2）用于局部变量和变量的内存区被其他函数的内存区所覆盖，如果该函数被中断，则它的内存区就会被使用，这将导致其他函数的内存冲突
常见形式	例如：警告中，函数 SPI_RECEIVE_WORD 在 D_SPI 或 D_SPI.A51 中被定义，它被一个中断服务程序或者一个调用了中断服务程序的函数所调用，调用它的函数是 VSYNC_INTERRUPT，在 MAIN.C 中
解决办法	（1）如果确定两个函数决不会在同一时间执行（该函数被主程序调用并且中断被禁止），并且该函数不占用内存（假设只使用寄存器），则可以完全忽略这种警告

解决办法	（2）如果该函数占用了内存，则应该使用连接器（linker）OVERLAY 指令将函数从覆盖分析（overlayanalysis）中除去，例如： OVERLAY (?PR?_WRITE_GMVLX1_REG?D_GMVLX1 ! *) （3）上面的指令防止了该函数使用的内存区被其他函数覆盖。如果该函数中调用了其他函数，而这些被调用的函数在程序中的其他地方也被调用，则可能也需要将这些函数排除在覆盖分析（overlay analysis）之外。这种 OVERLAY 指令能使编译器除去上述警告信息。 （4）如果函数可以在其执行时被调用，则情况会变得更复杂一些。这时可以采用以下几种方法： ① 主程序调用该函数时禁止中断，可以在该函数被调用时用#pragma disable 语句来实现禁止中断的目的。必须使用 OVERLAY 指令将该函数从覆盖分析中除去。 ② 复制两份该函数的代码，一份到主程序中，另一份到中断服务程序中。 ③ 将该函数设为重入型，例如： void myfunc(void) reentrant {...} 这种设置将会产生一个可重入堆栈，该堆栈被用于存储函数值和局部变量，用这种方法时重入堆栈必须在 STARTUP.A51 文件中配置。这种方法会消耗更多的 RAM 并会降低重入函数的执行速度

6. 连接警告：L16（无调用）

提示信息	*** WARNING L16: UNCALLED SEGMENT, IGNORED FOR OVERLAY PROCESS SEGMENT: ?PR?_COMPARE?TESTLCD
信息说明	这条警告信息前应该还有一条信息指出是哪个函数导致了这一问题。只要做点简单的调整就可以，也可以不用理会
原因	程序中有些函数如 COMPARE（或片段）以前（调试过程中）从未被调用过，或者根本没有调用它的语句
解决办法	去掉 COMPARE()函数或利用条件编译#if ... ..#endif，可保留该函数并不编译

7. 连接警告：L10 和 L16 主程序名写错（或无主程序）

提示信息	*** WARNING L16: UNCALLED SEGMENT, IGNORED FOR OVERLAY PROCESS SEGMENT: ?PR?MIAN?MAIN *** WARNING L10: CANNOT DETERMINE ROOT SEGMENTProgram Size: data=8.0 xdata=0 code=9
信息说明	缺少主程序
原因	有可能笔误
常见形式	void mian (void)
解决办法	将 mian 改为 main

8. 连接警告：L16（主程序没用到前面定义的函数）

提示信息	*** WARNING L16: UNCALLED SEGMENT, IGNORED FOR OVERLAY PROCESS SEGMENT: ?PR?DELAY?MAIN
信息说明	主程序里没用到前面定义的函数
原因	函数定义后，未被调用
解决办法	删除未调用的函数

9. 连接警告：L210（程序前生成 SRC 语句）

提示信息	Build target 'Target 1' assembling STARTUP.A51... compiling test.C... linking... BL51 BANKED LINKER/LOCATER V6.00 - SN: K1JXC-94Z4V9 COPYRIGHT KEIL ELEKTRONIK GmbH 1987 – 2005 "STARTUP.obj", "test.obj" TO "test" *** FATAL ERROR L210: I/O ERROR ON INPUT FILE: EXCEPTION 0021H: PATH OR FILE NOT FOUND FILE: test.obj Target not created
信息说明	文件或指定的路径不存在
原因	设置上的问题
解决办法	在程序里屏蔽掉#pragma src 即可

10. 连接错误：ERROR 107 和 ERROR 118

提示信息	***ERROR 107:ADDESS SPACE OVERFLOW SPACE: DATA SEGMENT: _DATA_GOUP_ LENGTH: 0018H ***ERROR 118: REFERENCE MADE TO ERRONEOUS EXTERNAL SYMBOL: VOLUME MODULE: C:\8051\OSDM.OBJ (OSDM) ADDRESS: 4036H
说明/原因	data 存储空间的地址范围为 0~0x7f，如果公用变量数目和函数里的局部变量存储模式设为 SMALL，则局部变量先使用工作寄存器 R2~R7 作暂存。当存储器不够时，则会以 data 型在其他空间作暂存，当暂存的个数超过 0x7f 时就会出现地址不够的现象
解决办法	将以 data 型定义的公共变量修改为 idata 型

C2 Keil MDK 开发环境

C2.1 Keil MDK 编译器警告详解

1. 警告：#550-D

提示信息	warning: #550-D: variable "d" was set but never used
说明/原因	变量'd'定义但从未使用，或者虽然这个变量使用了，但编译器认为变量'd'所在的语句没有意义，编译器把它优化了
解决办法	仔细衡量所定义的变量'd'是否有用： （1）若是认定变量'd'所在语句有意义，那么尝试用 volatile 关键字修饰变量'd'； （2）若是真的没有用，那么应删除以释放可能的内存

2. 警告：#1-D

提示信息	warning: #1-D: last line of file ends without a newline
说明/原因	文件最后一行不是新的一行。编译器要求程序文件的最后一行必须是空行
解决办法	可以不理会；或者在出现警告的文件的最后一行敲个回车，空出一行

3. 警告：#111-D

提示信息	warning: #111-D: statement is unreachable

说明/原因	声明不可能到达，多出现在这种场合：
	int main(void)
	{
	  ...
	  while(1) //无限循环，这在不使用操作系统的程序中最常见
	  {
	    ...
	  }
	  return 0; //这句声明在正常情况下不可能执行，编译器发出警告
	}

解决办法	不理会

4. 警告：#C3017W

提示信息	warning: C3017W: data may be used before being set

说明/原因	变量'data'在使用前没有明确的赋值，如：
	uint8 i,data; //定义变量 i 和 data，二者都没有明确赋值
	for (i = 0; i < 8; i++) //变量'i'在语句中被赋值 0
	{
	  if (IO1PIN & SO_CC2420)
	    data |= 0x01; //变量'data'在使用前没有明确赋值，编译器发出警告
	  else
	    data &= ～0x01;
	}

续表

解决办法	应仔细衡量该变量的初始值是否为 0： （1）若是，可以不理会这个警告； （2）若不是，忽略这个警告则可能会引起致命错误

5. 警告：#177-D

提示信息	warning: #177-D: variable "temp" was declared but never referenced
说明/原因	变量'temp'进行了声明但没有引用，多出现在声明了一个变量，但却没有使用它。 与 warning: #550-D: variable "temp" was set but never used 不同之处在于'temp'从没有使用过
解决办法	（1）若是定义的变量确实没有用，删除； （2）若是有用，则在程序中使用。 与该警告类似的还有 warning: #177-D: function "MACProcessBeacon" was declared but never referenced

6. 警告：#940-D

提示信息	warning: #940-D: missing return statement at end of non-void function "DealwithInspect2"

说明/原因	返回非空的函数"DealwithInspect2"的最后缺少返回值声明，如：
	int DealwithInspect2(uint32 test)
	{
	　　...
	　　...
	　　...
	　　//此处应该是 return x;返回一个 int 型数据，若是没有返回值，编译器产生警告
	}

解决办法	添加返回值

7. 警告：#1295-D

提示信息	warning: #1295-D: Deprecated declaration lcd_init - give arg types
说明/原因	在定义函数的时候，如果写上函数参数，就会有这个警告，比如： void timer_init(); 这里就没有形参，如果这样的话，编译器就会给出警告
解决办法	添加形参，如 void timer_init(void)

C2.2　Keil MDK 编译器错误详解

1. 错误：#65

提示信息	error: #65: expected a ";"
说明/原因	缺少分号，大多是漏忘';'
解决办法	双击错误行，在定位到错误点的附近找到没加';'号的语句，加上分号。并不一定是在定位到的错误行才缺分号，可能是这行的上一行，也可能是这行的下一行

2. 错误：#65 与#20 同时出现

提示信息	error: #65: expected a ";"和 error: #20: identifier "xxxx" is undefined 一块出现，而且后面有很多的 error: #20
说明/原因	在.h 文件声明外部变量或者函数时，没有在声明语句的最后加分号
解决办法	仔细检查.h 文件，将分号补上

3. 错误：#L6200E

提示信息	error: #L6200E: Symbol flagu multiply defined (by uart0.o and main.o)
说明/原因	变量 flagu 多处定义，通常错在全局变量定义重复。 比如：在 main.c 中定义全局变量 flagu：uint8 flagu=0; 在 uart0.c 中也用到该变量，声明为 extern uint8 flagu=0
解决办法	找到重复定义的变量，修改为 extern uint8 flagu，而不是赋值

4. 错误：#159

提示信息	error: #159: declaration is incompatible with previous "wr_lcd" (declared at line 40)
说明/原因	在 wr_lcd 函数还没有声明之前就已经使用了
解决办法	调用之前，添加函数声明

5. 错误：#137

提示信息	error: #137: expression must be a modifiable lvalue
说明/原因	表达式必须是一个可以修改的左值
解决办法	（1）放弃赋值； （2）修改变量属性

6. 错误：#18

提示信息	.error: #18: expected a ")"
说明/原因	（1）如果是出现在 c 文件中，则多半是因为少了一个")"; （2）或者错误行有编译器不识别的字符； （3）如果出现在头文件中，错误行又是一个函数声明，则多半是因为在函数声明中有编译器不认识的字符
解决办法	按照原因修改

7. 错误：#7

提示信息	error: #7: unrecognized token
说明/原因	未识别的标记，多半是切换成了中文标点
解决办法	修改标记，或者切换为半角

参 考 文 献

[1] 胡晏如. 高频电子线路[M]. 5 版. 北京：高等教育出版社，2018.

[2] 付丽华，等. RFID 技术及产品设计[M]. 北京：电子工业出版社，2017.

[3] 单承赣，等. 射频识别（RFID）原理与应用[M]. 2 版. 北京：电子工业出版社，2015.

[4] 金明涛. CST 天线仿真与工程设计[M]. 北京：电子工业出版社，2014.

[5] 刘平，等. 自动识别技术概论[M]，北京：清华大学出版社，2013.

[6] 陈桂友，等. 物联网智能网关设计与应用——STC 单片机与网络通信技术[M]. 北京：北京航空航天大学出版社，2013.

[7] 雷振甲. 网络工程师教程[M]，北京：清华大学出版社，2009.

[8] 桑顿，游战清. 无线射频识别系统安全指南[M]，北京：电子工业出版社，2007.

[9] 王晓东，H.Vincent Poor. 无线通信系统——信号检测与处理技术[M]. 北京：电子工业出版社，2004.

[10] 特南鲍姆. 计算机网络[M]. 4 版. 潘爱民，译. 北京：清华大学出版社，2004.

[11] 游战清，李苏剑，等，无线射频识别技术[M]，北京：电子工业出版社，2004.

[12] ISO/IEC 15693-3:2009Identification cards — Contactless integrated circuit cards — Vicinity cards — Part 3: Anticollision and transmission protocol [EB/OL]. https://www.iso.org/standard/73602.html.

[13] RFID 中国标准[EB/OL]，中国自动识别协会. http://www.aimchina.org.cn.

[14] 中国物品编码中心. 汉信码软件 [EB/OL]. http://www.ancc.org.cn/Service/Book.aspx?classid=1.

[15] MFRC522 数据手册[EB/OL]. https://www.nxp.com.cn/docs/en/data-sheet/MFRC522.pdf .

[16] MFRC500 非接触式读写芯片数据手册 [EB/OL]. http://datasheet.eeworld.com.cn/part/MFRC500,PHILIPS,152331.html.

[17] TRF7960 多协议全集成 13.56MHz RFID 读/写器 IC 数据手册[EB/OL]. https://www.ti.com.cn/product/cn/TRF7960.

[18] FM1702SL 中文说明书[EB/OL]. http://datasheet.eeworld.com.cn/new_part/FM1702SL,fm,22635239.html.

[19] STM32F103C8T6 Datasheet[EB/OL]. https://pdf1.alldatasheet.com/datasheet-pdf/view/201596/STMICROELECTRONICS/STM32F103C8T6.html.

[20] STC12C2052AD 系列单片机器件手册 [EB/OL]. http://www.stcmcu.com/datasheet/stc/STC-AD-PDF/STC12C2052AD.pdf.

[21] STC12C5201AD 系列单片机器件手册 [EB/OL]. http://www.stcmcu.com/datasheet/stc/STC-AD-PDF/STC12C5201AD.pdf.

[22] 我国自主知识产权二维码国家标准《汉信码》正式发布 [EB/OL]. (2007-9-13). http://cscode.gs1cn.org/Article/3293.

[23] "云计算"的诱人前景与应用障碍[EB/OL]. (2009-05-25). http://cloud.it168.com/a2009/0525/576/000000576966.shtml.

[24] Micrometal 磁芯目录 (Micrometals iron powder cores) [EB/OL]. (2010-10-18). https://wenku.baidu.com/view/bb58781755270722192ef75b.html.

[25] 校园一卡通[EB/OL]. http://baike.so.com/doc/6292946.html.

[26] RFID 系统天线设计[EB/OL]. (2009-12-22). http://www.eefocus.com/rf-microwave/208623.

[27] 沈阳卡得智能科技有限公司. http://www.51kad.com.

[28] 上海庆科信息技术有限公司. https://www.mxchip.com.

[29] 深圳市远望谷信息技术股份有限公司. http://www.invengo.cn.

[30] 物联网世界. http://www.rfidworld.com.cn.